ÁLGEBRA LINEAR

ÁLGEBRA LINEAR

STEINBRUCH, Alfredo

Professor de Matemática da Universidade Federal do Rio Grande do Sul
(de 1953 a 1980) e da Pontifícia Universidade Católica do
Rio Grande do Sul (de 1969 a 1978)

WINTERLE, Paulo

Professor de Matemática da Universidade Federal do Rio Grande do Sul e da
Pontifícia Universidade Católica do Rio Grande do Sul

© 1987 by Pearson Education do Brasil

Todos os direitos reservados. Nenhuma parte desta publicação poderá ser reproduzida ou transmitida de qualquer modo ou por qualquer outro meio, eletrônico ou mecânico, incluindo fotocópia, gravação ou qualquer outro tipo de sistema de armazenamento e transmissão de informação, sem prévia autorização, por escrito, da Pearson Education do Brasil.

Ilustrações: Valmir Balbinot

Dados Internacionais de Catalogação na Publicação (CIP)
(Câmara Brasileira do Livro, SP, Brasil)

Steinbruch, Alfredo.
  Álgebra linear, 2. ed./Steinbruch, Alfredo ; Winterle, Paulo

São Paulo : Pearson Makron Books, 1987.

1. Álgebra linear I. Winterle, Paulo. II. Título
ISBN: 978-00-745-0412-3

86.1651   CDD-512.5

Índice para catálogo sistemático

1. Álgebra linear   512.5

Printed in Brazil by Reproset RPSZ 219268

Distribuição
Grupo A Educação
www.grupoa.com.br
Fone: 0800 703 3444

Direitos exclusivos cedidos à
Pearson Education do Brasil Ltda.,
uma empresa do grupo Pearson Education
Avenida Santa Marina, 1193
CEP 05036-001 - São Paulo - SP - Brasil
Fone: 11 2178-8609 e 11 2178-8653
pearsonuniversidades@pearson.com

SUMÁRIO

Prefácio da 2ª edição

Capítulo 1	**VETORES**	
	Vetores	1
	Operações com vetores	3
	Vetores no $\mathbb{R}^2$	5
	Igualdade e operações.................................	6
	Vetor definido por dois pontos	8
	Produto escalar	9
	Ângulo de dois vetores	10
	Paralelismo e ortogonalidade de dois vetores........	12
	Vetores no $\mathbb{R}^3$	13
Capítulo 2	**ESPAÇOS VETORIAIS**	
	Introdução...	15
	Espaços vetoriais......................................	18
	Propriedades dos espaços vetoriais	24
	Subespaços vetoriais..................................	25
	Combinação linear	39
	Espaços vetoriais finitamente gerados	53
	Dependência e independência linear	53
	Base e Dimensão	66
	Espaços vetoriais isomorfos..........................	86
	Problemas	
Capítulo 3	**ESPAÇOS VETORIAIS EUCLIDIANOS**	
	Produto interno em espaços vetoriais	106

V

Espaço vetorial euclidiano 111
Módulo de um vetor 112
Ângulo de dois vetores 116
Vetores ortogonais 119
Conjunto ortogonal de vetores 120
Conjuntos ortogonais entre si 130
Complemento ortogonal 132
Problemas

Capítulo 4   TRANSFORMAÇÕES LINEARES
Transformações lineares 151
Núcleo de uma transformação linear 168
Imagem 171
Matriz de uma transformação linear 181
Operações com transformações lineares 192
Transformações lineares planas 195
Transformações lineares no espaço 206
Problemas

Capítulo 5   OPERADORES LINEARES
Operadores lineares 230
Operadores inversíveis 230
Mudança de base 234
Matrizes semelhantes 244
Operador ortogonal 252
Operador simétrico 261
Problemas

Capítulo 6   VETORES PRÓPRIOS E VALORES PRÓPRIOS
Vetor próprio e valor próprio de um operador linear 276
Determinação dos valores próprios e dos vetores próprios 278
Propriedades dos vetores próprios e valores próprios 286
Diagonização de operadores 289
Diagonização de matrizes simétricas 299
Problemas

Capítulo 7   FORMAS QUADRÁTICAS
Forma quadrática no plano 323
Cônicas 328
Notas complementares 347
Forma quadrática no espaço tridimensional 353
Quádricas 358
Problemas

Apêndice A   MATRIZES/DETERMINANTES/SISTEMAS DE EQUAÇÕES LINEARES
MATRIZES
Definição de matriz 369
Matriz quadrada 371

Matriz zero	374
Igualdade de matrizes	374
Adição de matrizes	374
Produto de uma matriz por um escalar	375
Produto de uma matriz por outra	376
Matriz transposta	398
Matriz simétrica	400
Matriz anti-simétrica	401
Matriz ortogonal	402
Matriz triangular superior	403
Matriz triangular inferior	403
Potência de uma matriz	404

DETERMINANTES

Classe de uma permutação	420
Termo principal	421
Termo secundário	421
Determinante de uma matriz	421
Ordem de um determinante	421
Representação de um determinante	421
Preliminares para o cálculo dos determinantes de 2^a e de 3ª ordem	422
Cálculo do determinante de 2ª ordem	423
Cálculo do determinante de 3ª ordem	426
Desenvolvimento de um determinante por uma linha ou por uma coluna	432
Propriedades dos determinantes	433
Cálculo de um determinante de qualquer ordem	446

INVERSÃO DE MATRIZES

Matriz inversa	466
Matriz singular	466
Matriz não-singular	467
Propriedades da matriz inversa	468
Operações elementares	470
Equivalência de matrizes	471
Inversão de uma matriz por meio de operações elementares	476

SISTEMAS DE EQUAÇÕES LINEARES

Equação linear	505
Sistemas de equações lineares	505
Solução de um sistema linear	505
Sistema compatível	506
Sistemas equivalentes	507
Operações elementares e sistemas equivalentes	508
Sistema linear homogêneo	510
Estudo e solução dos sistemas de equações lineares	510
Problemas	

PREFÁCIO DA 2ª EDIÇÃO

Este prefácio, embora relativamente curto, está dividido em duas partes:

1ª Um livro de ÁLGEBRA LINEAR E GEOMETRIA ANALÍTICA foi publicado pela primeira vez no início de 1971, em Edição do autor e, a partir de 1972, passou a ser publicado pela Editora McGraw-Hill, em sucessivas reimpressões, até o final de 1985. Nesses 15 anos, fui distinguido com a confiança de professores e estudantes, confiança que tem crescido nos últimos anos e que se traduz pelo aumento das aquisições do livro em todos Estados do País. Para retribuir a essa distinção e continuar merecendo essa confiança, resolvi, em comum acordo com a Editora McGraw-Hill, transformar o livro em dois outros — um de ÁLGEBRA LINEAR e outro de GEOMETRIA ANALÍTICA —, e fazer uma revisão geral nos conteúdos programáticos de modo a torná-los ainda mais acessíveis, embora mantendo a diretriz didática original. Para a realização dessa tarefa, convidei para colaborar comigo o Prof. Paulo Winterle, pela sua capacidade, competência e conhecimento das disciplinas.

ALFREDO STEINBRUCH

2ª Com exceção do Apêndice, que foi revisto exclusivamente pelo autor de ÁLGEBRA LINEAR E GEOMETRIA ANALÍTICA, os autores, trabalhando em conjunto nesta edição de ÁLGEBRA LINEAR, procederam a uma revisão no sentido mais amplo da palavra: reformularam conceitos, fizeram supressões e acréscimos e, sobretudo, enriqueceram o livro com 519 problemas que o livro citado no início não continha.

Em suma, o texto se tornou mais prático e mais simples para atender ao objetivo maior que é o de ser útil no processo de ensino-aprendizagem.

O Apêndice, que se encontra no fim do volume, versa sobre Matrizes, Determinantes e Sistemas de Equações Lineares. Esses assuntos, que se constituem nos únicos pré-requisitos deste

Curso de ÁLGEBRA LINEAR, poderão ser ministrados, a título de revisão, em poucas aulas, uma vez que o cálculo de determinantes, a inversão de matrizes e a resolução de sistemas de equações lineares passou a apresentar um tratamento uniforme e de fácil assimilação pelos estudantes.

O texto foi preparado para um Curso a ser ministrado em um semestre com uma carga de 4 aulas por semana, podendo, eventualmente e em condições excepcionais, ser ministrado em 3 aulas semanais.

Críticas, sugestões e informações sobre eventuais erros, enganos ou omissões, serão bem recebidas no endereço dos autores[*].

ALFREDO STEINBRUCH
PAULO WINTERLE

---

[*] Rua Vieira de Castro, 275/601
90040 – Porto Alegre – RS – BR

CAPÍTULO 1

VETORES

1.1 VETORES

Este capítulo tem por finalidade precípua revisar resumidamente a noção de vetor no $\mathbb{R}^2$ e no $\mathbb{R}^3$ e suas propriedades, as quais já devem ser do conhecimento do leitor[1].

Sabe-se que os vetores do plano ou do espaço são representados por *segmentos orientados*. Todos os segmentos orientados que têm a mesma direção, o mesmo sentido e o mesmo comprimento são *representantes* de um mesmo vetor. Por exemplo, no paralelogramo da Figura 1.1a, os segmentos orientados AB e CD determinam o mesmo vetor v, e escreve-se

$$v = \overrightarrow{AB} = \overrightarrow{CD}$$

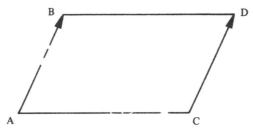

Figura 1. a

---

[1] O assunto pode ser visto em detalhes no livro *Geometria Analítica*, dos autores desta *Álgebra Linear*, Editora McGraw-Hill.

Quando escrevemos $v = \overrightarrow{AB}$, estamos afirmando que o vetor é determinado pelo segmento orientado AB de origem A e extremidade B. Porém, qualquer outro segmento de mesmo comprimento, mesma direção e mesmo sentido de AB representa também o mesmo vetor v. Assim sendo, cada ponto do espaço pode ser considerado como origem de um segmento orientado que é representante do vetor v.

O comprimento ou o módulo, a direção e o sentido de um vetor v é o módulo, a direção e o sentido de qualquer um de seus representantes. Indica-se o módulo de v por $|v|$.

Qualquer ponto do espaço é representante do vetor zero (ou vetor nulo), que é indicado por 0.

A cada vetor não-nulo v corresponde um vetor oposto -v, que tem o mesmo módulo, a mesma direção, porém sentido contrário ao de v (Figura 1.1b).

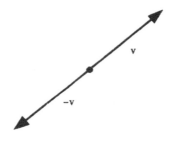

Figura 1.1b

Um vetor v é unitário se $|v| = 1$.

Dois vetores u e v são *colineares* se tiverem a mesma direção. Em outras palavras: u e v são colineares se tiverem representantes AB e CD pertencentes a uma mesma reta ou a retas paralelas (Figura 1.1c).

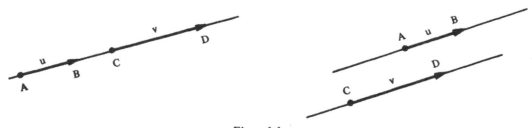

Figura 1.1c

Se os vetores não-nulos u, v e w (o número de vetores não importa) possuem representantes AB, CD e EF pertencentes a um mesmo plano π (Figura 1.1d), diz-se que eles são *coplanares*.

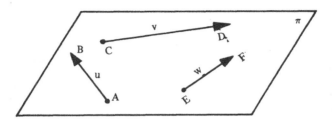

Figura 1.1d

1.2 OPERAÇÕES COM VETORES

1.2.1 Adição de Vetores

Sejam os vetores u e v representados pelos segmentos orientados AB e BC, respectivamente (Figura 1.2a).

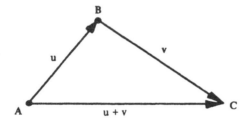

Figura 1.2a

Os pontos A e C determinam o vetor soma $\vec{AC}$ = u + v.

1.2.1.1 Propriedades da adição

I) Associativa: $(u + v) + w = u + (v + w)$.

II) Comutativa: $u + v = v + u$.

III) Existe um só vetor nulo 0 tal que, para todo vetor v, se tem:

$$v + 0 = 0 + v = v$$

IV) Qualquer que seja o vetor v, existe um só vetor -v (vetor oposto de v) tal que:

$$v + (-v) = -v + v = 0$$

Observações

1) A *diferença* de dois vetores u e v quaisquer é o vetor u + (-v). Sejam os vetores u e v representados pelos segmentos orientados AB e AC, respectivamente. Construído o paralelogramo ABCD (Figura 1.2b), verifica-se que a soma u + v é representada pelo segmento orientado AD (uma das diagonais) e que a diferença u - v é representada pelo segmento orientado CB (a outra diagonal).

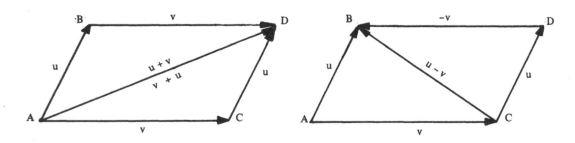

Figura 1.2b

2) Quando os vetores u e v estão aplicados no mesmo ponto, verifica-se que:

a) a soma u + v (ou v + u) tem origem no referido ponto;

b) a diferença u - v tem origem na extremidade de v (e, por conseguinte, a diferença v - u tem origem na extremidade de u).

1.2.2 Multiplicação de um Número Real por um Vetor

Dado um vetor $v \neq 0$ e um número real $k \neq 0$, chama-se *produto do número real* k *pelo vetor* v o vetor p = kv, tal que:

a) módulo: $|p| = |kv| = |k||v|$;

b) direção: a mesma de v;

c) sentido: o mesmo de v se $k > 0$; e contrário ao de v se $k < 0$.

A Figura 1.2.2 mostra o vetor v e os correspondentes 2v e -3v.

Observações:

1) Se k = 0 ou v = 0, o vetor kv é o vetor 0;

2) Se k = -1, o vetor (-1) v é o oposto de v, isto é, (-1) v = -v.

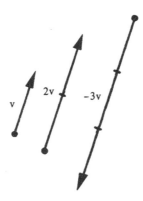

Figura 1.2.2

1.2.2.1 Propriedades da Multiplicação por um Número Real

Se u e v são vetores quaisquer e a e b números reais, temos:

I) a(bu) = (ab)u
II) (a + b)u = au + bu
III) a(u + v) = au + av
IV) 1u = u

1.3 VETORES NO $\mathbb{R}^2$

O conjunto

$$\mathbb{R}^2 = \mathbb{R} \times \mathbb{R} = \{(x, y) / x, y \in \mathbb{R}\}$$

é interpretado geometricamente como sendo o plano cartesiano xOy.

Qualquer vetor $\overrightarrow{AB}$ considerado neste plano tem sempre um representante (segmento orientado OP) cuja origem é a origem do sistema (Figura 1.3a).

Em nosso estudo consideraremos geralmente vetores representados por segmentos orientados com origem na origem do sistema. Nessas condições, cada vetor do plano é determinado pelo ponto extremo do segmento. Assim, o ponto P(x, y) individualiza o vetor v = $\overrightarrow{OP}$ (Figura 1.3b) e escreve-se:

$$v = (x, y)$$

identificando-se as coordenadas de P com as componentes de v.

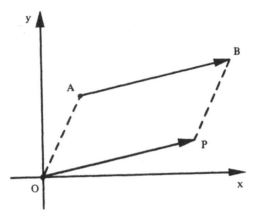

Figura 1.3a

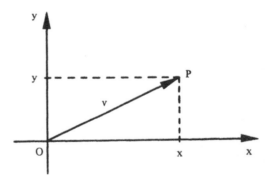

Figura 1.3b

A origem do sistema $O(0, 0)$ representa o vetor nulo.

O vetor oposto de $v = (x, y)$ é o vetor $-v = (-x, -y)$.

1.4 IGUALDADE E OPERAÇÕES

1.4.1 Igualdade

Dois vetores $u = (x_1, y_1)$ e $v = (x_2, y_2)$ são iguais se, e somente se, $x_1 = x_2$ e $y_1 = y_2$, e escreve-se $u = v$.

Exemplos:

1) Os vetores $u = (3, 5)$ e $v = (3, 5)$ são iguais.

2) Se o vetor $u = (x + 1, 4)$ é igual ao vetor $v = (5, 2y - 6)$, de acordo com a definição de igualdade de vetores, $x + 1 = 5$ e $2y - 6 = 4$ ou $x = 4$ e $y = 5$. Assim, se $u = v$, então $x = 4$ e $y = 5$.

1.4.2 Operações

Sejam os vetores $u = (x_1, y_1)$ e $v = (x_2, y_2)$ e $a \in \mathbb{R}$. Define-se:

a) $u + v = (x_1 + x_2, y_1 + y_2)$

b) $au = (ax_1, ay_1)$

Portanto, para somar dois vetores, somam-se suas componentes correspondentes e, para multiplicar um vetor por um número, multiplica-se cada componente do vetor por este número.

Por exemplo, se $u = (4, 1)$ e $v = (2, 6)$, a Figura 1.4.2a mostra que:

$$u + v = (4, 1) + (2, 6) = (4 + 2, 1 + 6) = (6, 7)$$

e a Figura 1.4.2b mostra que:

$$2u = 2(4, 1) = (2(4), 2(1)) = (8, 2)$$

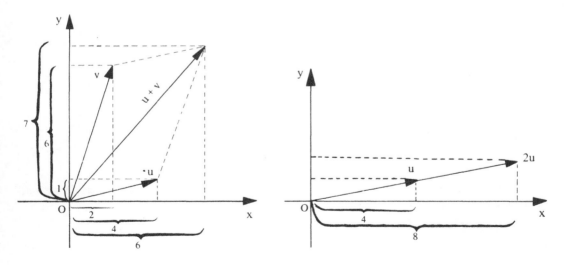

Figura 1.4.2a   Figura 1.4.2b

1.5 VETOR DEFINIDO POR DOIS PONTOS

Ocorre, às vezes, o caso de um vetor ser representado por um segmento orientado que não parte da origem do sistema. Consideremos o vetor $\overrightarrow{AB}$ de origem no ponto $A(x_1, y_1)$ e extremidade $B(x_2, y_2)$ (Figura 1.5).

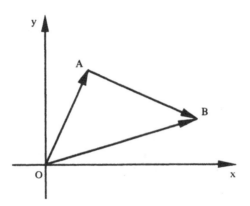

Figura 1.5

De acordo com o que foi visto no item 1.2.1.1 − (Observação 2), o vetor $\overrightarrow{AB}$ é a diferença entre os vetores $\overrightarrow{OB}$ e $\overrightarrow{OA}$:

$$\overrightarrow{AB} = \overrightarrow{OB} - \overrightarrow{OA}$$

e, portanto:

$$\overrightarrow{AB} = (x_2, y_2) - (x_1, y_1)$$

ou:

$$\overrightarrow{AB} = (x_2 - x_1, y_2 - y_1)$$

isto é, as componentes do vetor $\overrightarrow{AB}$ são obtidas pela diferença entre as coordenadas da extremidade B e as da origem A.

Por exemplo, se $A(-1, 3)$ e $B(2, -2)$, o vetor $\overrightarrow{AB}$ será:

$$\overrightarrow{AB} = B - A = (2, -2) - (-1, 3) = (3, -5)$$

1.6 PRODUTO ESCALAR

1.6.1 Definição

Chama-se *produto escalar* (ou produto interno usual) de dois vetores $u = (x_1, y_1)$ e $v = (x_2, y_2)$, e se representa por $u \cdot v$, ao número real:

$$u \cdot v = x_1 x_2 + y_1 y_2$$

O produto escalar de u por v também é indicado por $<u, v>$ e se lê "u escalar v". Por exemplo, se $u = (2, 3)$ e $v = (4, -1)$, tem-se:

$$u \cdot v = 2(4) + 3(-1) = 8 - 3 = 5$$

1.6.2 Módulo de um Vetor

Módulo de um vetor $v = (x, y)$, representado por $|v|$, é o número real não-negativo:

$$|v| = \sqrt{v \cdot v}$$

ou, em coordenadas:

$$|v| = \sqrt{(x, y) \cdot (x, y)}$$

ou, ainda:

$$|v| = \sqrt{x^2 + y^2}$$

Por exemplo, se $v = (3, -4)$, então:

$$|v| = \sqrt{3^2 + (-4)^2} = \sqrt{9 + 16} = \sqrt{25} = 5$$

A partir de cada vetor $v \neq 0$ é possível obter um vetor unitário u fazendo $u = \dfrac{v}{|v|}$.

Por exemplo, é unitário o vetor:

$$u = \frac{(3, -4)}{|(3, -4)|} = \frac{(3, -4)}{\sqrt{3^2 + (-4)^2}} = \frac{(3, -4)}{\sqrt{9 + 16}} = \frac{(3, -4)}{\sqrt{25}} = \frac{(3, -4)}{5} = \left(\frac{3}{5}, -\frac{4}{5}\right)$$

Observação: Dado um vetor $\overrightarrow{AB}$ com extremidades nos pontos $A(x_1, y_1)$ e $B(x_2, y_2)$, o módulo desse vetor será:

$$|\overrightarrow{AB}| = \sqrt{(x_2 - x_1)^2 + (y_2 - y_1)^2}$$

Assinale-se que a distância entre os pontos A e B é calculada pela mesma fórmula.

1.6.3 Propriedades do Produto Escalar

Dados os vetores u, v e w quaisquer e $k \in \mathbb{R}$, tem-se:

I) $u \cdot u \geq 0$ e $u \cdot u = 0$ se, e somente se, $u = 0 = (0, 0)$
II) $u \cdot v = v \cdot u$ (comutativa)
III) $u \cdot (v + w) = u \cdot v + u \cdot w$ (distributiva em relação à adição de vetores)
IV) $(mu) \cdot v = m(u \cdot v) = u \cdot (mv)$
V) $u \cdot u = |u|^2$

Observações: Como conseqüência das propriedades do produto escalar, vem:

1) $|u + v|^2 = |u|^2 + 2u \cdot v + |v|^2$

Com efeito:

$|u + v|^2 = (u + v) \cdot (u + v) = u \cdot (u + v) + v \cdot (u + v)$
$|u + v|^2 = u \cdot u + u \cdot v + v \cdot u + v \cdot v$
$|u + v|^2 = |u|^2 + 2u \cdot v + |v|^2$

2) De modo análogo, mostra-se que:

$|u - v|^2 = |u|^2 - 2u \cdot v + |v|^2$

1.7 ÂNGULO DE DOIS VETORES

O *ângulo* de dois vetores $u = OA$ e $v = OB$, não-nulos (Figura 1.7a), é o ângulo θ formado pelas semi-retas OA e OB (Figura 1.7b) e tal que $0 \leq \theta \leq \pi$.

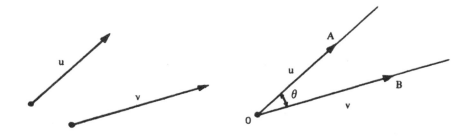

Figura 1.7a   Figura 1.7b

1.7.1 Cálculo do Ângulo de Dois Vetores

Sejam os vetores $u \neq 0$ e $v \neq 0$. O ângulo θ formado por u e v pode ser calculado pela fórmula:

$$\cos \theta = \frac{u \cdot v}{|u||v|}$$

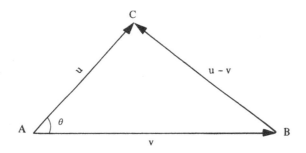

Figura 1.7.1

Com efeito, aplicando a lei dos co-senos ao triângulo ABC da Figura 1.7.1, vem:

$$|u - v|^2 = |u|^2 + |v|^2 - 2|u||v| \cos \theta \qquad (1)$$

Mas, de acordo com o item 1.6.3 (Observação 2), pode-se escrever:

$$|u - v|^2 = |u|^2 - 2u \cdot v + |v|^2 \qquad (2)$$

Comparando as igualdades (2) e (1):

$$|u|^2 - 2u \cdot v + |v|^2 = |u|^2 + |v|^2 - 2|u||v| \cos \theta$$

logo:

$$u \cdot v = |u||v| \cos \theta$$

e:

$$\cos \theta = \frac{u \cdot v}{|u||v|} \qquad (1.7.1)$$

Uma vez calculado o $\cos \theta$, o ângulo θ é encontrado numa tabela de co-senos.

12 *Álgebra linear*

Por exemplo, se $u = (-2, -2)$ e $v = (0, -2)$, o ângulo θ pode ser calculado por intermédio da Fórmula (1.7.1):

$$\cos \theta = \frac{u \cdot v}{|u||v|} = \frac{(-2,-2) \cdot (0,-2)}{\sqrt{(-2)^2 + (-2)^2} \times \sqrt{0^2 + (-2)^2}}$$

$$\cos \theta = \frac{0 + 4}{\sqrt{4 + 4} \times \sqrt{0 + 4}} = \frac{4}{\sqrt{8} \times \sqrt{4}} = \frac{4}{2\sqrt{2} \times 2}$$

$$\cos \theta = \frac{1}{\sqrt{2}} = \frac{\sqrt{2}}{2}$$

$$\theta = \arccos \frac{\sqrt{2}}{2}$$

$$\theta = 45°$$

1.8 PARALELISMO E ORTOGONALIDADE DE DOIS VETORES

a) Se dois vetores $u = (x_1, y_1)$ e $v = (x_2, y_2)$ são paralelos (ou colineares), existe um número k tal que:

$$u = kv$$

ou:

$$(x_1, y_1) = k(x_2, y_2)$$

o que implica:

$$\frac{x_1}{x_2} = \frac{y_1}{y_2} = k$$

isto é, dois vetores u e v são paralelos quando suas componentes são proporcionais. Representa-se por u // v dois vetores u e v paralelos.

Por exemplo, os vetores $u = (-2, 3)$ e $v = (-4, 6)$ são paralelos, pois:

$$\frac{-2}{-4} = \frac{3}{6}$$

ou seja:

$$u = \frac{1}{2} v$$

b) Se dois vetores $u = (x_1, y_1)$ e $v = (x_2, y_2)$ são ortogonais, o ângulo θ por eles formado é de 90°, e, portanto, $\cos \theta = \cos 90° = 0$, o que implica, pela Fórmula (1.7.1):

$$u \cdot v = 0$$

ou:

$$x_1 x_2 + y_1 y_2 = 0$$

isto é, dois vetores u e v são ortogonais quando o produto escalar deles é nulo. Representa-se por $u \perp v$ dois vetores u e v ortogonais.

Por exemplo, os vetores $u = (2, 3)$ e $v = (-3, 2)$ são ortogonais, pois:

$$u \cdot v = 2(-3) + 3(2) = -6 + 6 = 0$$

1.9 VETORES NO $\mathbb{R}^3$

O conjunto

$$\mathbb{R}^3 = \mathbb{R} \times \mathbb{R} \times \mathbb{R} = \{(x, y, z) \mid x, y, z \in \mathbb{R}\}$$

é interpretado geometricamente como sendo o espaço cartesiano tridimensional $Oxyz$.

Da mesma forma como fizemos para o plano, consideraremos geralmente vetores representados por segmentos orientados com a origem na origem do sistema. Nessas condições, cada vetor do espaço é determinado pelo ponto extremo do segmento. Assim, o ponto $P(x, y, z)$ individualiza o vetor $v = \overrightarrow{OP}$ (Figura 1.9) e escreve-se:

$$v = (x, y, z)$$

identificando-se as coordenadas de P com as componentes de v.

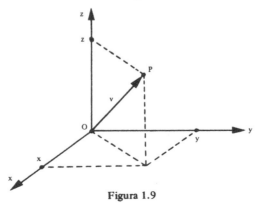

Figura 1.9

A origem do sistema $O(0,0,0)$ representa o vetor nulo.

O vetor oposto de $v = (x, y, z)$ é o vetor $-v = (-x, -y, -z)$.

De forma análoga à que tivemos no plano, teremos no espaço:

I) Dois vetores $u = (x_1, y_1, z_1)$ e $v = (x_2, y_2, z_2)$ são iguais se, e somente se, $x_1 = x_2$, $y_1 = y_2$ e $z_1 = z_2$.

II) Dados os vetores $u = (x_1, y_1, z_1)$ e $v = (x_2, y_2, z_2)$ e $a \in \mathbb{R}$, define-se:

$$u + v = (x_1 + x_2, y_1 + y_2, z_1 + z_2)$$

$$au = (ax_1, ay_1, az_1)$$

III) Se $A(x_1, y_1, z_1)$ e $B(x_2, y_2, z_2)$ são dois pontos quaisquer no espaço, então:

$$\overrightarrow{AB} = (x_2 - x_1, y_2 - y_1, z_2 - z_1)$$

IV) O produto escalar dos vetores $u = (x_1, y_1, z_1)$ e $v = (x_2, y_2, z_2)$ é o número real:

$$u \cdot v = x_1 x_2 + y_1 y_2 + z_1 z_2$$

V) O módulo do vetor $v = (x, y, z)$ é dado por:

$$|v| = \sqrt{x^2 + y^2 + z^2}$$

VI) se u e v são vetores não-nulos e θ é o ângulo formado por eles, então:

$$\cos \theta = \frac{u \cdot v}{|u||v|}$$

VII) Para $u = (x_1, y_1, z_1)$ e $v = (x_2, y_2, z_2)$, tem-se:

a) $u \mathbin{/\mkern-5mu/} v$ se, e somente se, $\dfrac{x_1}{x_2} = \dfrac{y_1}{y_2} = \dfrac{z_1}{z_2}$;

b) $u \perp v$ se, e somente se, $x_1 x_2 + y_1 y_2 + z_1 z_2 = 0$.

CAPÍTULO 2

ESPAÇOS VETORIAIS

2.1 INTRODUÇÃO

Sabe-se que o conjunto:

$$\mathbb{R}^2 = \{(x, y) / x, y \in \mathbb{R}\}$$

é interpretado geometricamente como sendo o plano cartesiano. Um par (x, y) pode ser encarado como um ponto (Figura 2.1a) e, nesse caso, x e y são coordenadas, ou pode ser encarado como um vetor (Figura 2.1b) e, nesse caso, x e y são componentes (ou coordenadas).

Essa mesma idéia, em relação ao plano, estende-se para o espaço tridimensional que é a interpretação geométrica do conjunto $\mathbb{R}^3$. Embora se perca a visão geométrica de espaços com dimensão acima de 3, é possível estender essa idéia a espaços como $\mathbb{R}^4$, $\mathbb{R}^5$, ..., $\mathbb{R}^n$. Assim,

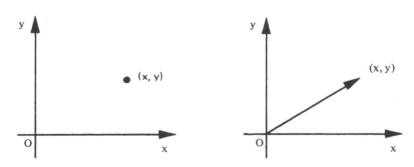

Figura 2.1a   Figura 2.1b

quádruplas de números (x_1, x_2, x_3, x_4) podem ser vistas como pontos ou vetores no espaço $\mathbb{R}^4$ de quarta dimensão. A quíntupla $(2, -1, 3, 5, 4)$ será interpretada como um ponto ou um vetor no espaço $\mathbb{R}^5$ de dimensão cinco. Então, o espaço de dimensão n (ou espaço n-dimensional) será constituído pelo conjunto de todas as n-uplas ordenadas e representado por $\mathbb{R}^n$, isto é:

$$\mathbb{R}^n = \{(x_1, x_2, ..., x_n); x_i \in \mathbb{R}\}$$

A maneira de se trabalhar nesses espaços é idêntica àquela vista em $\mathbb{R}^2$ e em $\mathbb{R}^3$.

Por exemplo, se:

$$u = (x_1, x_2, ..., x_n) \quad e \quad v = (y_1, y_2, ..., y_n)$$

são vetores no $\mathbb{R}^n$ e α um escalar, define-se:

a) $u = v$ se, e somente se, $x_1 = y_1, x_2 = y_2, ..., x_n = y_n$.

b) $u + v = (x_1 + y_1, x_2 + y_2, ..., x_n + y_n)$.

c) $\alpha u = (\alpha x_1, \alpha x_2, ..., \alpha x_n)$.

d) $u \cdot v = x_1 y_1 + x_2 y_2 + ... + x_n y_n$.

e) $|u| = \sqrt{u \cdot u} = \sqrt{x_1^2 + x_2^2 + ... + x_n^2}$.

Desde já é bom observar que o vetor $u = (x_1, x_2, ..., x_n)$ aparecerá, às vezes, com a notação matricial (matriz-coluna n × 1):

$$u = \begin{bmatrix} x_1 \\ x_2 \\ \cdot \\ \cdot \\ x_n \end{bmatrix}$$

e é fácil ver que $u + v$ e αu na notação matricial são os vetores:

$$u + v = \begin{bmatrix} x_1 \\ x_2 \\ \cdot \\ \cdot \\ x_n \end{bmatrix} + \begin{bmatrix} y_1 \\ y_2 \\ \cdot \\ \cdot \\ y_n \end{bmatrix} = \begin{bmatrix} x_1 + y_1 \\ x_2 + y_2 \\ \cdot \\ \cdot \\ x_n + y_n \end{bmatrix}$$

$$\alpha u = \alpha \begin{bmatrix} x_1 \\ x_2 \\ \cdot \\ \cdot \\ \cdot \\ x_n \end{bmatrix} = \begin{bmatrix} \alpha x_1 \\ \alpha x_2 \\ \cdot \\ \cdot \\ \cdot \\ \alpha x_n \end{bmatrix}$$

Vamos agora transmitir uma idéia nova. Para tanto, consideremos dois conjuntos: o $\mathbb{R}^n$ e o conjunto das matrizes reais de ordem m × n, representado por M(m, n). Como nesses conjuntos estão definidas as operações de adição e multiplicação por escalar, constata-se a existência de uma série de propriedades comuns a seguir enumeradas.

Se $u, v, w \in \mathbb{R}^n$, se $\alpha, \beta \in \mathbb{R}$ e se $A, B, C \in M(m, n)$, podemos verificar que:

a) *Em relação à adição valem as propriedades:*

1) $(u + v) + w = u + (v + w)$ e

   $(A + B) + C = A + (B + C)$ (associatividade da adição)

2) $u + v = v + u$ e

   $A + B = B + A$ (comutatividade da adição)

3) Existe um só elemento em $\mathbb{R}^n$ e um só em $M(m, n)$ indicado por 0 e tal que:

   $u + 0 = u$ e

   $A + 0 = A$ (existência do elemento neutro)

   O elemento 0, nesse caso, será o vetor $0 = (0, 0, ..., 0) \in \mathbb{R}^n$, na primeira igualdade, e a matriz nula:

$$0 = \begin{bmatrix} 0 & 0 & ... & 0 \\ 0 & 0 & ... & 0 \\ \multicolumn{4}{c}{............} \\ 0 & 0 & ... & 0 \end{bmatrix} \in M(m, n)$$

na segunda igualdade.

4) Para cada vetor $u \in \mathbb{R}^n$ e para cada matriz $A \in M(m, n)$ existe um só vetor $-u \in \mathbb{R}^n$ e uma só matriz $-A \in M(m, n)$ tais que

$u + (-u) = 0$ e

$A + (-A) = 0$ \hfill (existência do elemento simétrico)

Por exemplo, se tivermos $u = (x_1, x_2, ..., x_n)$, então o vetor simétrico é $-u = (-x_1, -x_2, ..., -x_n)$, e, caso semelhante, para a matriz A e sua correspondente simétrica $-A$.

b) *Em relação à multiplicação por escalar valem as propriedades:*

1) $(\alpha\beta) u = \alpha (\beta u)$ e
$(\alpha\beta) A = \alpha (\beta A)$

2) $(\alpha + \beta) u = \alpha u + \beta u$ e
$(\alpha + \beta) A = \alpha A + \beta A$

3) $\alpha (u + v) = \alpha u + \alpha v$ e
$\alpha (A + B) = \alpha A + \alpha B$

4) $1u = u$ e
$1A = A$

Conforme acabamos de ver, os conjuntos $\mathbb{R}^n$ e $M(m, n)$, munidos desse par de operações, apresentam uma "estrutura" comum em relação a essas operações. Esse fato não só vale para esses dois conjuntos com essas operações mas para muitos outros, razão porque vamos estudá-los simultaneamente. Esses conjuntos serão chamados *espaços vetoriais*.

2.2 ESPAÇOS VETORIAIS

Seja um conjunto V, não-vazio, sobre o qual estão definidas as operações adição e multiplicação por escalar, isto é:

$\forall u, v \in V, u + v \in V$

$\forall \alpha \in \mathbb{R}, \forall u \in V, \alpha u \in V$

O conjunto V com essas duas operações é chamado *espaço vetorial real* (ou espaço vetorial sobre $\mathbb{R}$) se forem verificados os seguintes axiomas:

A)   Em relação à adição:

   A_1) $(u + v) + w = u + (v + w)$, $\forall u, v, w \in V$

   A_2) $u + v = v + u$, $\forall u, v \in V$

   A_3) $\exists 0 \in V$, $\forall u \in V$, $u + 0 = u$

   A_4) $\forall u \in V$, $\exists (-u) \in V$, $u + (-u) = 0$

M)   Em relação à multiplicação por escalar:

   M_1) $(\alpha\beta) u = \alpha(\beta u)$

   M_2) $(\alpha + \beta) u = \alpha u + \beta u$

   M_3) $\alpha(u + v) = \alpha u + \alpha v$

   M_4) $1u = u$

para $\forall u, v \in V$ e $\forall \alpha, \beta \in \mathbb{R}$.

Observações

1) Os elementos do espaço vetorial V serão chamados *vetores*, independentemente de sua natureza. Pode parecer estranho, e à primeira vista não deixa de ser, o fato de se chamar de vetores os *polinômios* (quando V for constituído de polinômios), as *matrizes* (quando V for constituído por matrizes) os *números* (quando V for um conjunto numérico), e assim por diante. A justificativa está no fato de as operações de adição e multiplicação por escalar realizadas com esses elementos de natureza tão distinta se comportarem de forma idêntica, como se estivéssemos trabalhando com os próprios *vetores* do $\mathbb{R}^2$ ou do $\mathbb{R}^3$. Assim, a familiaridade que temos com os vetores do $\mathbb{R}^2$ e do $\mathbb{R}^3$ terá continuidade nesses conjuntos, chamando seus elementos também de vetores.

2) Se na definição acima tivéssemos tomado para escalares o conjunto C dos números complexos, V seria um *espaço vetorial complexo*. Daqui por diante, salvo referência expressa em contrário, serão considerados somente espaços vetoriais reais. Assim, quando se disser que V é um espaço vetorial, deve ficar subentendido que V é um espaço vetorial sobre o conjunto $\mathbb{R}$, dos números reais.

Exemplos

1) O conjunto $V = \mathbb{R}^2 = \{(x,y)/x, y \in \mathbb{R}\}$ é um espaço vetorial com as operações de adição e multiplicação por um número real assim definidas:

$(x_1, y_1) + (x_2, y_2) = (x_1 + x_2, y_1 + y_2)$

$\alpha(x, y) = (\alpha x, \alpha y)$

Essas são as operações usuais de adição e multiplicação por escalar.

Para verificarmos os oito axiomas de espaço vetorial, consideremos $u = (x_1, y_1)$, $v = (x_2, y_2)$ e $w = (x_3, y_3)$. Tem-se:

A_1) $(u + v) + w = ((x_1, y_1) + (x_2, y_2)) + (x_3, y_3)$

$(u + v) + w = ((x_1 + x_2, y_1 + y_2)) + (x_3, y_3)$

$(u + v) + w = ((x_1 + x_2) + x_3, (y_1 + y_2) + y_3)$

$(u + v) + w = (x_1 + (x_2 + x_3), y_1 + (y_2 + y_3))$

$(u + v) + w = (x_1, y_1) + (x_2 + x_3, y_2 + y_3)$

$(u + v) + w = (x_1, y_1) + ((x_2, y_2) + (x_3, y_3))$

$(u + v) + w = u + (v + w)$

A_2) $u + v = (x_1, y_1) + (x_2, y_2)$

$u + v = (x_1 + x_2, y_1 + y_2)$

$u + v = (x_2 + x_1, y_2 + y_1)$

$u + v = (x_2, y_2) + (x_1, y_1)$

$u + v = v + u$

A_3) $\exists 0 = (0, 0) \in \mathbb{R}^2$, $\forall u \in \mathbb{R}^2$, $u + 0 = (x_1, y_1) + (0, 0)$

$u + 0 = (x_1 + 0, y_1 + 0)$

$u + 0 = (x_1, y_1)$

$u + 0 = u$

A_4) $\forall u = (x_1, y_1) \in \mathbb{R}^2$, $\exists (-u) = (-x_1, -y_1) \in \mathbb{R}^2$,

$u + (-v) = (x_1, y_1) + (-x_1, -y_1)$

$u + (-u) = (x_1 - x_1, y_1 - y_1)$

$u + (-u) = (0, 0) = 0$

M_1) $(\alpha\beta) u = (\alpha\beta)(x_1, y_1) = ((\alpha\beta) x_1, (\alpha\beta) y_1) = (\alpha(\beta x_1), \alpha(\beta y_1))$

$(\alpha\beta) u = \alpha(\beta x_1, \beta y_1) = \alpha(\beta(x_1, y_1))$

$(\alpha\beta) u = \alpha(\beta u)$

M_2) $(\alpha + \beta) u = (\alpha + \beta)(x_1, y_1) = ((\alpha + \beta) x_1, (\alpha + \beta) y_1) = (\alpha x_1 + \beta x_1, \alpha y_1 + \beta y_1)$

$(\alpha + \beta) u = (\alpha x_1, \alpha y_1) + (\beta x_1, \beta y_1) = \alpha(x_1, y_1) + \beta(x_1, y_1)$

$(\alpha + \beta) u = \alpha u + \beta u$

M_3) $\alpha(u + v) = \alpha((x_1, y_1) + (x_2, y_2)) = \alpha(x_1 + x_2, y_1 + y_2) = (\alpha(x_1 + x_2), \alpha(y_1 + y_2))$

$\alpha(u + v) = (\alpha x_1 + \alpha x_2, \alpha y_1 + \alpha y_2) = (\alpha x_1, \alpha y_1) + (\alpha x_2, \alpha y_2)$

$\alpha(u + v) = \alpha(x_1, y_1) + \alpha(x_2, y_2) = \alpha u + \alpha v$

M_4) $1u = 1(x_1, y_1) = (1 x_1, 1 y_1) = (x_1, y_1)$

$1u = u$

2) Os conjuntos $\mathbb{R}^3, \mathbb{R}^4, ..., \mathbb{R}^n$ são espaços vetoriais com as operações de adição e multiplicação por escalar usuais. Depois de verificados os oito axiomas de espaço vetorial para o $\mathbb{R}^2$, os mesmos ficam também evidentes nos conjuntos acima citados.

3) O conjunto $\mathbb{R}$ em relação às operações usuais de adição e multiplicação por escalar. Os vetores, nesse caso, são números reais, e sabe-se que a adição de números reais verifica as propriedades A_1, A_2, A_3 e A_4 da definição de espaço vetorial. Assim, também, o produto de reais é um número real, e a operação multiplicação satisfaz os axiomas M_1, M_2, M_3 e M_4.

4) O conjunto $M(m, n)$ das matrizes $m \times n$ com as operações adição e multiplicação por escalar usuais.

Em particular, o conjunto $M(n, n)$ das matrizes quadradas, de ordem n, é um espaço vetorial relativamente às mesmas operações.

5) O conjunto

$$P_n = \{ a_0 + a_1 x + a_2 x^2 + ... + a_n x^n ; a_i \in \mathbb{R} \}$$

dos polinômios com coeficientes reais de grau $\leq n$, mais o polinômio nulo, em relação às operações usuais de adição de polinômios e multiplicação por escalar.

Em particular, o conjunto

$$P_2 = \{ a_0 + a_1 x + a_2 x^2 ; a_i \in \mathbb{R} \}$$

é um espaço vetorial relativamente às mesmas operações.

6) O conjunto

$$V = \{ f : \mathbb{R} \longrightarrow \mathbb{R} \}$$

das funções reais definidas em toda reta. Se $f, g \in V$ e $\alpha \in \mathbb{R}$, define-se:

$f + g : \mathbb{R} \longrightarrow \mathbb{R}$

$$x \longmapsto (f + g)(x) = f(x) + g(x)$$

e:

$\alpha f: \mathbb{R} \longrightarrow \mathbb{R}$

$$x \longmapsto (\alpha f)(x) = \alpha f(x)$$

7) O conjunto

$$V = \{ (x, x^2)/x \in \mathbb{R} \}$$

com as operações definidas por:

$$(x_1, x_1^2) \oplus (x_2, x_2^2) = (x_1 + x_2, (x_1 + x_2)^2)$$

$$\alpha \odot (x, x^2) = (\alpha x, \alpha^2 x^2)$$

é um espaço vetorial sobre $\mathbb{R}$.

Os símbolos $\oplus$ e $\odot$ são utilizados para indicar que a adição e a multiplicação por escalar não são as usuais.

8) O conjunto

$$V = \{ (x, y)/x, y > 0 \}$$

é um espaço vetorial com as operações adição e multiplicação por escalar definidas assim:

$$(x_1, y_1) \oplus (x_2, y_2) = (x_1 \times x_2, y_1 \times y_2)$$

$$\alpha \odot (x, y) = (x^\alpha, y^\alpha)$$

O trabalho de testar os oito axiomas de espaço vetorial é um ótimo exercício para o leitor, o qual observará, por exemplo, que o elemento neutro da adição $\oplus$ (axioma A_3) é o vetor $(1,1)$ e que o elemento simétrico (axioma A_4) de cada vetor $(x,y) \in V$ é o vetor $(\frac{1}{x}, \frac{1}{y}) \in V$.

9) Seja o conjunto:

$$\mathbb{R}^2 = \{(a,b)/a, b \in \mathbb{R}\}$$

Vamos mostrar que o conjunto $\mathbb{R}^2$ *não* é um espaço vetorial em relação às operações assim definidas:

$$(a,b) + (c,d) = (a+c, b+d)$$
$$k(a,b) = (ka, b)$$

Ora, como a adição aqui definida é a usual, verificam-se os axiomas A_1, A_2, A_3 e A_4 de espaço vetorial, conforme vimos no exemplo 1. Logo, devem falhar algum ou alguns dos axiomas relativos à multiplicação. Vamos testá-los.

Consideremos:

$$u = (x_1, y_1), \quad v = (x_2, y_2) \quad e \quad \alpha, \beta \in \mathbb{R}$$

Temos, então:

M_1) $(\alpha\beta) u = (\alpha\beta)(x_1, y_1) = ((\alpha\beta) x_1, y_1) = (\alpha(\beta x_1), y_1) = \alpha(\beta x_1, y_1)$

$(\alpha\beta) u = \alpha(\beta(x_1, y_1)) = \alpha(\beta u)$

(Este axioma se verifica.)

M_2) $(\alpha + \beta) u = (\alpha + \beta)(x_1, y_1) = ((\alpha + \beta) x_1, y_1) = (\alpha x_1 + \beta x_1, y_1)$

$\alpha u + \beta u = \alpha(x_1, y_1) + \beta(x_1, y_1) = (\alpha x_1, y_1) + (\beta x_1, y_1) = (\alpha x_1 + \beta x_1, 2y_1)$

Como se vê:

$$(\alpha + \beta) u \neq \alpha u + \beta u$$

e, portanto, não se verifica o axioma M_2, o que comprova *não* ser um espaço vetorial o conjunto de que trata esse exemplo.

2.3 PROPRIEDADES DOS ESPAÇOS VETORIAIS

Da definição de espaço vetorial V decorrem as seguintes propriedades:

I) Existe um único vetor nulo em V (elemento neutro da adição).

II) Cada vetor $u \in V$ admite apenas um simétrico $(-u) \in V$.

III) Para quaisquer $u, v, w \in V$, se $u + w = v + w$, então $u = v$.

IV) Qualquer que seja $v \in V$, tem-se:

$$-(-v) = v$$

isto é, o oposto de $-v$ é v.

V) Quaisquer que sejam $u, v \in V$, existe um e somente um $x \in V$ tal que:

$$u + x = v$$

Esse vetor x será representado por:

$$x = v - u$$

VI) Qualquer que seja $v \in V$, tem-se:

$$0v = 0$$

Naturalmente, o primeiro zero é o número real zero, e o segundo é o vetor $0 \in V$.

VII) Qualquer que seja $\lambda \in \mathbb{R}$, tem-se:

$$\lambda 0 = 0$$

VIII) $\lambda v = 0$ implica $\lambda = 0$ ou $v = 0$.

IX) Qualquer que seja $v \in V$, tem-se:

$$(-1)v = -v$$

X) Quaisquer que sejam $v \in V$ e $\lambda \in \mathbb{R}$, tem-se:

$$(-\lambda) v = \lambda (-v) = - (\lambda v)$$

2.4 SUBESPAÇOS VETORIAIS

Sejam V um espaço vetorial e S um subconjunto não-vazio de V. O subconjunto S é um *subespaço vetorial* de V se S é um espaço vetorial em relação à adição e à multiplicação por escalar definidas em V.

Para mostrar que um subconjunto S é um subespaço vetorial de V, deveríamos testar os oito axiomas de espaço vetorial relativos à adição e à multiplicação por escalar. No entanto, como S é parte de V, que já se sabe ser um espaço vetorial, não há necessidade da verificação de certos axiomas em S. Por exemplo, o axioma A_2 diz que $u + v = v + u$, $\forall u, v \in V$. Ora, se a comutatividade da adição é válida para todos os vetores de V, ela valerá, conseqüentemente, para todos os vetores de S. Existem outros axiomas de espaço vetorial merecedores de comentário idêntico. O teorema seguinte estabelece as condições para que um subconjunto S de um espaço vetorial V seja um subespaço vetorial de V.

2.4.1 Teorema

Um subconjunto S, *não-vazio*, de um espaço vetorial V é um subespaço vetorial de V se estiverem satisfeitas as condições:

I) Para quaisquer $u, v \in S$, tem-se:

$u + v \in S$

II) Para quaisquer $\alpha \in \mathbb{R}$, $u \in S$, tem-se:

$\alpha u \in S$

Vamos mostrar que sendo válidas essas duas condições em S, os oito axiomas de espaço vetorial também se verificam em S.

De fato:

Seja u um vetor qualquer de S. Pela condição II, $\alpha u \in S$ para todo $\alpha \in \mathbb{R}$. Fazendo $\alpha = 0$, vem $0u \in S$, ou seja, $0 \in S$ (axioma A_3). Fazendo $\alpha = -1$, segue $(-1) u = -u \in S$ (axioma A_4).

Os demais axiomas A_1, A_2, M_1, M_2, M_3 e M_4 de espaço vetorial são verificados em S pelo fato de ser S um subconjunto não-vazio de V.

Observação

Todo espaço vetorial V admite pelo menos dois subespaços: o conjunto $\{0\}$, chamado subespaço zero ou subespaço nulo, e o próprio espaço vetorial V. Esses dois são os subespaços *triviais* de V. Os demais subespaços são denominados subespaços *próprios* de V.

Por exemplo, os subespaços triviais de $V = \mathbb{R}^3$ são $\{(0,0,0)\}$ (verificar as condições I e II do teorema 2.4.1) e o próprio $\mathbb{R}^3$. Os subespaços próprios do $\mathbb{R}^3$ são as retas e os planos que passam pela origem.

Para $V = \mathbb{R}^2$, os subespaços triviais são: $\{(0,0)\}$ e $\mathbb{R}^2$, enquanto os subespaços próprios são as retas que passam pela origem.

Exemplos

1) Sejam $V = \mathbb{R}^2$ e $S = \{(x,y) \in \mathbb{R}^2 / y = 2x\}$ ou $S = \{(x, 2x); x \in \mathbb{R}\}$, isto é, S é o conjunto dos vetores do plano que têm a segunda componente igual ao dobro da primeira.

Evidentemente, $S \neq \phi$, pois $(0,0) \in S$.

Verifiquemos as condições I e II.

Para $u = (x_1, 2x_1) \in S$ e $v = (x_2, 2x_2) \in S$, tem-se:

I) $u + v = (x_1 + x_2, 2x_1 + 2x_2) = (x_1 + x_2, 2(x_1 + x_2)) \in S$, pois a segunda componente de $u + v$ é igual ao dobro da primeira.

II) $\alpha u = \alpha (x_1, 2x_1) = (\alpha x_1, 2(\alpha x_1)) \in S$, pois a segunda componente de αu é igual ao dobro da primeira.

Portanto, S é um subespaço vetorial de $\mathbb{R}^2$.

Esse subespaço S representa geometricamente uma reta que passa pela origem (Figura 2.4.1a).

Observemos que ao tomarmos dois vetores u e v da reta, o vetor soma $u + v$ ainda é da reta. E se multiplicarmos um vetor u da reta por um número real α, o vetor αu ainda estará na reta.

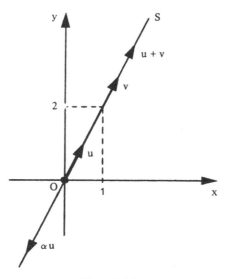

Figura 2.4.1a

O mesmo não ocorre quando a reta não passa pela origem. Por exemplo, a reta:

S = { (x, 4 - 2x); x ∈ $\mathbb{R}$ }

não é um subespaço vetorial do $\mathbb{R}^2$. Se escolhermos os vetores u = (1, 2) e v = (2, 0) de S, temos u + v = (3, 2) ∉ S (Figura 2.4.1b).

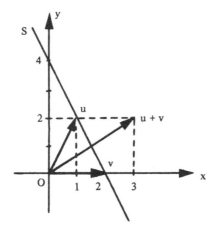

Figura 2.4.1b

Observemos ainda que $\alpha u \notin S$, para $\alpha \neq 1$.

Os exemplos destas duas últimas retas sugerem, para qualquer subconjunto S de um espaço vetorial V, que: sempre que $0 \notin S$, S *não* é subespaço de V. Aliás, esse fato é sempre útil para detectar, muitas vezes de imediato, que um subconjunto S não é subespaço vetorial. No entanto, não nos enganemos pensando que, se $0 \in S$, S é subespaço, pois podemos ter $0 \in S$ sem que S seja subespaço. É o caso do subconjunto

$$S = \{(x; |x|); x \in \mathbb{R}\} \subset \mathbb{R}^2$$

Observemos que $(0, 0) \in S$ e que, se tomarmos os vetores $u = (3, 3)$ e $v = (-2, 2)$ de S, teremos $u + v = (1, 5) \notin S$ (Figura 2.4.1c).

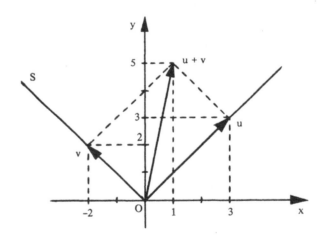

Figura 2.4.1c

Observemos ainda que $\alpha u \notin S$, $\alpha < 0$.

Observação

Nos exemplos trabalharemos somente com conjuntos não-vazios, ficando dispensada a necessidade de mostrar que o conjunto é não-vazio.

2) Sejam $V = \mathbb{R}^3$ e

$S = \{(x, y, z)/ \in \mathbb{R}^3 /ax + by + cz = 0\}$

Nesse caso:

$u = (x_1, y_1, z_1) \in S$ implica $ax_1 + by_1 + cz_1 = 0$

$v = (x_2, y_2, z_2) \in S$ implica $ax_2 + by_2 + cz_2 = 0$

I) Somando essas igualdades, resulta:

$a(x_1 + x_2) + b(y_1 + y_2) + c(z_1 + z_2) = 0$

e essa igualdade mostra que:

$u + v = (x_1 + x_2, y_1 + y_2, z_1 + z_2) \in S$

pois as coordenadas de $u + v$ satisfazem a equação

$ax + by + cz = 0$

II) Por outro lado,

$\alpha u = (\alpha x_1, \alpha y_1, \alpha z_1) \in S$

pois, se:

$ax_1 + by_1 + cz_1 = 0,$

então:

$\alpha(ax_1 + by_1 + cz_1) = \alpha 0$

ou:

$a(\alpha x_1) + b(\alpha y_1) + c(\alpha z_1) = 0$

o que vem mostrar que as coordenadas de αu satisfazem a equação $ax + by + cz = 0$. Logo, S é um subespaço vetorial de $\mathbb{R}^3$. Esse subespaço S representa um plano qualquer passando pela origem no $\mathbb{R}^3$.

3) Sejam $V = \mathbb{R}^4$

e

$S = \{(x, y, z, 0); x, y, z \in \mathbb{R}\}$

isto é, S é o conjunto dos vetores de $\mathbb{R}^4$ que têm a quarta componente nula.

Verifiquemos as condições I e II de subespaço.

Para $u = (x_1, y_1, z_1, 0) \in S$ e $v = (x_2, y_2, z_2, 0) \in S$, tem-se:

I) $u + v = (x_1 + x_2, y_1 + y_2, z_1 + z_2, 0) \in S$, pois a quarta componente de $u + v$ é nula.

II) $\alpha u = (\alpha x_1, \alpha y_1, \alpha z_1, 0) \in S$, pois a quarta componente de αu é nula.

Logo, S é um subespaço vetorial de $\mathbb{R}^4$.

4) Sejam

$$V = M(2, 2) = \left\{ \begin{bmatrix} a & b \\ c & d \end{bmatrix}; \ a, b, c, d \in \mathbb{R} \right\}$$

e

$$S = \left\{ \begin{bmatrix} a & b \\ 0 & 0 \end{bmatrix}; \ a, b \in \mathbb{R} \right\}$$

isto é, S é o conjunto das matrizes quadradas, de ordem 2, cujos elementos da segunda linha são nulos.

Para quaisquer

$$u = \begin{bmatrix} a_1 & b_1 \\ 0 & 0 \end{bmatrix} \in S, \quad v = \begin{bmatrix} a_2 & b_2 \\ 0 & 0 \end{bmatrix} \in S \text{ e } \alpha \in \mathbb{R}$$

tem-se:

I) $u + v \in S$

II) $\alpha u \in S$

Logo, S é um subespaço vetorial de $M(2, 2)$.

Observação

É interessante observar que se tivéssemos considerado $V = \mathbb{R}^4$ e
$S = \{(a, b, 0, 0); a, b \in \mathbb{R}\}$,
o raciocínio seria idêntico ao que foi feito para as matrizes acima.

5) Sejam $V = M(n, n)$, B uma matriz fixa de V e

$$S = \{A \in M(n, n) / AB = 0\}$$

isto é, S é o conjunto das matrizes que, multiplicadas à esquerda por B, têm como resultado a matriz nula.

Então:

$A_1 \in S$ implica $A_1 B = 0$

$A_2 \in S$ implica $A_2 B = 0$

I) Somando essas igualdades, vem:

$A_1 B + A_2 B = 0$

ou:

$(A_1 + A_2) B = 0$

e, portanto:

$A_1 + A_2 \in S$

II) Multiplicando por α real a primeira igualdade, vem:

$$\alpha(A_1 B) = \alpha 0$$

ou:

$$(\alpha A_1) B = 0$$

e, portanto:

$$\alpha A_1 \in S.$$

Logo, S é um subespaço vetorial de M(2, 2).

6) Sejam $V = M(3, 1)$ e
S o conjunto-solução de um sistema linear homogêneo a três variáveis.

Consideremos o sistema homogêneo

$$\begin{cases} 3x + 4y - 2z = 0 \\ 2x + y - z = 0 \\ x - y + 3z = 0 \end{cases}$$

Fazendo:

$$A = \begin{bmatrix} 3 & 4 & -2 \\ 2 & 1 & -1 \\ 1 & -1 & 3 \end{bmatrix}, X = \begin{bmatrix} x \\ y \\ z \end{bmatrix} \text{ e } 0 = \begin{bmatrix} 0 \\ 0 \\ 0 \end{bmatrix}$$

o sistema, em notação matricial, será dado por $AX = 0$, sendo X elemento do conjunto-solução S.

Se

$$u = X_1 = \begin{bmatrix} x_1 \\ y_1 \\ z_1 \end{bmatrix} \text{ e } v = X_2 = \begin{bmatrix} x_2 \\ y_2 \\ z_2 \end{bmatrix}$$

são soluções do sistema, então:

$$AX_1 = 0 \quad e \quad AX_2 = 0$$

I) Somando essas igualdades, vem:

$$AX_1 + AX_2 = 0$$

ou:

$$A(X_1 + X_2) = 0$$

o que implica

$$X_1 + X_2 \in S$$

isto é, a soma de duas soluções é ainda uma solução do sistema.

II) Multiplicando por α real a primeira igualdade, vem:

$$\alpha(AX_1) = \alpha 0$$

ou:

$$A(\alpha X_1) = 0$$

o que implica

$$\alpha X_1 \in S$$

isto é, o produto de uma constante por uma solução é ainda uma solução.

Logo, o conjunto-solução S do sistema linear homogêneo é um subespaço vetorial de $M(3, 1)$.

Observações

1) Esse conjunto-solução S pode também ser considerado subespaço de $\mathbb{R}^3$, pois um vetor $(x, y, z) \in \mathbb{R}^3$ tem notação matricial:

$$\begin{bmatrix} x \\ y \\ z \end{bmatrix}$$

2) Esse subespaço S é também chamado *espaço-solução* do sistema AX = 0.

3) Se tivermos um sistema homogêneo de m equações lineares com n variáveis, o espaço-solução será um subespaço de $\mathbb{R}^n$.

4) Se um sistema linear é *não-homogêneo*, o seu conjunto-solução S *não* é um subespaço vetorial (verificação a cargo do leitor).

7) Sejam V = $\mathbb{R}^2$

e

S = { (x, y); x > 0 }

isto é, S é o conjunto dos vetores de $\mathbb{R}^2$ cuja primeira componente é positiva.

Sendo

u = (x_1, y_1), $x_1 > 0$,   e

v = (x_2, y_2), $x_2 > 0$

vetores quaisquer do S, temos:

I) u + v = $(x_1 + x_2, y_1 + y_2) \in$ S pois $x_1 + x_2 > 0$, isto é, a soma de dois vetores com a primeira componente positiva é um vetor cuja primeira componente é também positiva.

II) $\alpha u = (\alpha x_1, \alpha y_1) \notin$ S quando $\alpha \leq 0$, isto é, nem sempre o produto de um vetor com a primeira componente positiva por um número real α resulta um vetor cuja primeira componente é positiva. Por exemplo, u = (3, -4) $\in$ S e -2(3, -4) = (-6, 8) $\notin$ S.
Logo, S não é subespaço de $\mathbb{R}^2$.

Para chegar a essa conclusão poderíamos ter usado o fato de que (0, 0) $\notin$ S (imediata).

2.4.2 Interseção de dois Subespaços Vetoriais

Sejam S_1 e S_2 dois subespaços vetoriais de V. A interseção S de S_1 e S_2, que se representa por S = $S_1 \cap S_2$, é o conjunto de todos os vetores v $\in$ V tais que v $\in S_1$ e v $\in S_2$.

2.4.2.1 Teorema

A interseção S de dois subespaços vetoriais S_1 e S_2 de V é um subespaço vetorial de V. De fato:

I) se $u, v \in S_1$, então $u + v \in S_1$;

se $u, v \in S_2$, então $u + v \in S_2$.

Logo:

$u + v \in S_1 \cap S_2 = S$.

II) Para qualquer $\lambda \in \mathbb{R}$:

se $v \in S_1$, então $\lambda v \in S_1$;

se $v \in S_2$, então $\lambda v \in S_2$.

Logo:

$\lambda v \in S_1 \cap S_2 = S$

Exemplos:

1) Seja V o espaço vetorial das matrizes quadradas de ordem 2:

$$V = \left\{ \begin{bmatrix} a & b \\ c & d \end{bmatrix} ; \ a, b, c, d \in \mathbb{R} \right\}$$

Sejam S_1 e S_2 subespaços vetoriais de V:

$$S_1 = \left\{ \begin{bmatrix} a & b \\ 0 & 0 \end{bmatrix} ; \ a, b \in \mathbb{R} \right\}$$

$$S_2 = \left\{ \begin{bmatrix} a & 0 \\ c & 0 \end{bmatrix} ; \ a, c \in \mathbb{R} \right\}$$

A interseção $S = S_1 \cap S_2$ é um subespaço vetorial de V:

$$S = \left\{ \begin{bmatrix} a & 0 \\ 0 & 0 \end{bmatrix} ; \ a \in \mathbb{R} \right\}$$

2) Seja o espaço vetorial $\mathbb{R}^3 = \{(a, b, c); \ a, b, c \in \mathbb{R}\}$ e os subespaços vetoriais $S_1 = \{(a, b, 0); \ a, b \in \mathbb{R}\}$ e $S_2 = \{(0, 0, c); \ c \in \mathbb{R}\}$. A interseção $S_1 \cap S_2$ é o subespaço vetorial $S = \{(0, 0, 0)\} = \{0\}$.

2.4.3 Soma de dois Subespaços Vetoriais

Sejam S_1 e S_2 dois subespaços vetoriais de V. A soma S de S_1 e S_2, que se representa por $S = S_1 + S_2$, é o conjunto de todos os vetores $u + v$ de V tais que $u \in S_1$ e $v \in S_2$.

2.4.3.1 Teorema

A soma S de dois subespaços vetoriais S_1 e S_2 de V é um subespaço vetorial de V. De fato:

I) se $u_1, u_2 \in S_1$, então $u_1 + u_2 \in S_1$;

se $v_1, v_2 \in S_2$, então $v_1 + v_2 \in S_2$.

Por outro lado:

$u_1 + v_1 \in S$

$u_2 + v_2 \in S$

logo:

$(u_1 + v_1) + (u_2 + v_2) = (u_1 + u_2) + (v_1 + v_2) \in S_1 + S_2 = S$

II) Para qualquer $\lambda \in \mathbb{R}$:

se $u_1 \in S_1$, então $\lambda u_1 \in S_1$;

se $v_1 \in S_2$, então $\lambda v_1 \in S_2$.

Por outro lado:

$u_1 + v_1 \in S$

logo:

$\lambda(u_1 + v_1) = \lambda u_1 + \lambda v_1 \in S_1 + S_2 = S$

Exemplos

1) A soma S dos subespaços vetoriais S_1 e S_2 referidos no exemplo 1 de 2.4.2.1 é um subespaço vetorial de V:

$$S = \left\{ \begin{bmatrix} a & b \\ c & 0 \end{bmatrix}; \ a, b, c \in \mathbb{R} \right\}$$

2) Sejam os subespaços vetoriais $S_1 = \{(a, b, 0); \ a, b \in \mathbb{R}\}$ e $S_2 = \{(0, 0, c); \ c \in \mathbb{R}\}$ do espaço vetorial $\mathbb{R}^3 = \{(a, b, c); \ a, b, c \in \mathbb{R}\}$.

A soma $S_1 + S_2$ é o subespaço vetorial $S = \{(a, b, c); \ a, b, c \in \mathbb{R}\}$, que, no caso, é o próprio $\mathbb{R}^3$.

2.4.4 Soma Direta de dois Subespaços Vetoriais

Sejam S_1 e S_2 dois subespaços vetoriais de V. Diz-se que V é a *soma direta* de S_1 e S_2, e se representa por $V = S_1 \oplus S_2$, se $V = S_1 + S_2$ e $S_1 \cap S_2 = \{0\}$.

2.4.4.1 Teorema

Se V é a soma direta de S_1 e S_2, todo vetor $v \in V$ se escreve, de modo único, na forma:

$$v = u + w$$

onde:

$$u \in S_1 \quad e \quad w \in S_2$$

De fato, de $V = S_1 \oplus S_2$, vem, para qualquer $v \in V$:

$$v = u + w, \quad \text{onde} \quad u \in S_1 \quad e \quad v \in S_2 \tag{2.4.4.1-I}$$

Suponhamos que v pudesse exprimir-se também pela forma:

$$v = u' + w', \quad \text{onde} \quad u' \in S_1 \quad e \quad w' \in S_2 \tag{2.4.4.1-II}$$

As igualdades 2.4.4.1-I e 2.4.4.1-II permitem escrever:

$$u + w = u' + w'$$

ou:

$$u - u' = w' - w$$

onde:

$$u - u' \in S_1 \quad e \quad w' - w \in S_2$$

Tendo em vista que $S_1 \cap S_2 = \{0\}$:

$$u - u' = w' - w = 0$$

isto é:

$$u = u' \quad e \quad w = w'$$

Exemplo:

O espaço vetorial $\mathbb{R}^3 = \{(a, b, c); a, b, c \in \mathbb{R}\}$ é a soma direta dos subespaços vetoriais:

$S_1 = \{(a, b, 0); a, b \in \mathbb{R}\}$ e $S_2 = \{(0, 0, c); c \in \mathbb{R}\}$

pois qualquer vetor $(a, b, c) \in \mathbb{R}^3$ pode ser escrito como soma de um vetor de S_1 e um vetor de S_2 de modo único:

$(a, b, c) = (a, b, 0) + (0, 0, c)$

e, portanto:

$\mathbb{R}^3 = S_1 \oplus S_2$

2.5 COMBINAÇÃO LINEAR

Sejam os vetores $v_1, v_2, ..., v_n$ do espaço vetorial V e os escalares $a_1, a_2, ..., a_n$. Qualquer vetor $v \in V$ da forma:

$v = a_1 v_1 + a_2 v_2 + ... + a_n v_n$

é uma *combinação linear* dos vetores $v_1, v_2, ..., v_n$.

Exemplo

No espaço vetorial P_2 dos polinômios de grau $\leqslant 2$, o polinômio $v = 7x^2 + 11x - 26$ é uma combinação linear dos polinômios:

$v_1 = 5x^2 - 3x + 2$ e $v_2 = -2x^2 + 5x - 8$

De fato:

$v = 3v_1 + 4v_2$

isto é:

$7x^2 + 11x - 26 = 3(5x^2 - 3x + 2) + 4(-2x^2 + 5x - 8)$
$7x^2 + 11x - 26 = 15x^2 - 9x + 6 - 8x^2 + 20x - 32$
$7x^2 + 11x - 26 = 7x^2 + 11x - 26$

2.5.1 Problemas Resolvidos

Para os problemas de 1 a 4, consideremos, no $\mathbf{R}^3$, os seguintes vetores: $v_1 = (1, -3, 2)$ e $v_2 = (2, 4, -1)$.

1) Escrever o vetor $v = (-4, -18, 7)$ como combinação linear dos vetores v_1 e v_2.

Solução

Pretende-se que:

$$v = a_1 v_1 + a_2 v_2$$

sendo a_1 e a_2 escalares a determinar. Então, devemos ter:

$$(-4, -18, 7) = a_1(1, -3, 2) + a_2(2, 4, -1)$$

ou:

$$(-4, -18, 7) = (a_1, -3a_1, 2a_1) + (2a_2, 4a_2, -a_2)$$

ou:

$$(-4, -18, 7) = (a_1 + 2a_2, -3a_1 + 4a_2, 2a_1 - a_2)$$

Pela condição de igualdade de dois vetores, resulta o sistema:

$$\begin{cases} a_1 + 2a_2 = -4 \\ -3a_1 + 4a_2 = -18 \\ 2a_1 - a_2 = 7 \end{cases}$$

cuja solução é $a_1 = 2$ e $a_2 = -3$.

Portanto,

$$v = 2v_1 - 3v_2$$

Observação

Esse sistema e outros deste Capítulo estão resolvidos no Apêndice.

2) Mostrar que o vetor $v = (4, 3, -6)$ não é combinação linear dos vetores v_1 e v_2.

Solução

Deve-se mostrar que não existem escalares a_1 e a_2 tais que:

$$v = a_1 v_1 + a_2 v_2$$

Com procedimento análogo ao do problema anterior, temos:

$$(4, 3, -6) = a_1(1, -3, 2) + a_2(2, 4, -1)$$

de onde resulta o sistema:

$$\begin{cases} a_1 + 2a_2 = 4 \\ -3a_1 + 4a_2 = 3 \\ 2a_1 - a_2 = -6 \end{cases}$$

Observemos que esse sistema difere do anterior pelos termos independentes. Como é incompatível, o vetor v *não* pode ser escrito como combinação linear de v_1 e v_2.

3) Determinar o valor de k para que o vetor $u = (-1, k, -7)$ seja combinação linear de v_1 e v_2.

Solução

Devemos ter:

$$u = a_1 v_1 + a_2 v_2$$

ou:

$$(-1, k, -7) = a_1(1, -3, 2) + a_2(2, 4, -1)$$

de onde vem o sistema:

$$\begin{cases} a_1 + 2a_2 = -1 \\ -3a_1 + 4a_2 = k \\ 2a_1 - a_2 = -7 \end{cases}$$

do qual resulta, como solução do problema proposto, $k = 13$ ($a_1 = -3$ e $a_2 = 1$).

De fato:

$(-1, 13, -7) = -3(1, -3, 2) + 1(2, 4, -1)$

$(-1, 13, -7) = (-3, 9, -6) + (2, 4, -1)$

$(-1, 13, -7) = (-1, 13, -7)$.

4) Determinar a condição para x, y e z de modo que (x, y, z) seja combinação linear dos vetores v_1 e v_2.

Solução

Devemos ter:

$(x, y, z) = a_1(1, -3, 2) + a_2(2, 4, -1)$

de onde vem o sistema:

$$\begin{cases} a_1 + 2a_2 = x \\ -3a_1 + 4a_2 = y \\ 2a_1 - a_2 = z \end{cases}$$

O vetor (x, y, z) somente será combinação linear de v_1 e v_2 se o sistema tiver solução, e isto somente ocorre se:

$x - y - 2z = 0$

ou:

$x = y + 2z$

Assim, todos os vetores $(x, y, z) \in \mathbb{R}^3$, que são combinações lineares de v_1 e v_2, têm a forma:

$(y + 2z, y, z)$

com $y, z \in \mathbb{R}$.

Podemos fazer a interpretação geométrica desse resultado. Observemos que os vetores v_1 e v_2 não são colineares. O vetor $a_1 v_1$ tem a direção de v_1, e o vetor $a_2 v_2$, a direção de v_2. Logo, todos os vetores $(x, y, z) \in \mathbb{R}^3$ do tipo

$(x, y, z) = a_1 v_1 + a_2 v_2$

formam um plano π que passa pela origem conforme sugere a figura 2.5.1. Esse plano tem equação $x - y - 2z = 0$, que estabelece a condição solicitada entre os componentes x, y e z.

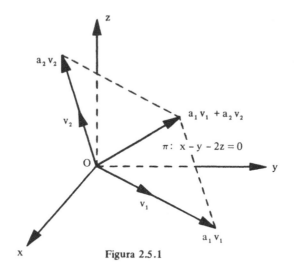

Figura 2.5.1

5) Mostrar que o vetor $v = (3, 4) \in \mathbb{R}^2$ pode ser escrito de infinitas maneiras como combinação linear dos vetores $v_1 = (1, 0)$, $v_2 = (0, 1)$ e $v_3 = (2, -1)$.

Solução

Tem-se:

$(3, 4) = a(1, 0) + b(0, 1) + c(2, -1)$

donde:

$$\begin{cases} a + 2c = 3 \\ b - c = 4 \end{cases}$$

ou:

$$\begin{cases} a = 3 - 2c \\ b = 4 + c \end{cases}$$

e, portanto, para cada valor de c obtém-se um valor para a e outro para b.

2.5.2 Subespaços Gerados

Seja V um espaço vetorial. Consideremos um subconjunto $A = \{v_1, v_2, ..., v_n\} \subset V$, $A \neq \phi$.

O conjunto S de todos os vetores de V que são combinações lineares dos vetores de A é um subespaço vetorial de V.

De fato, se:

$$u = a_1 v_1 + a_2 v_2 + ... + a_n v_n$$

e

$$v = b_1 v_1 + b_2 v_2 + ... + b_n v_n$$

são dois vetores quaisquer de S, pode-se escrever:

$$u + v = (a_1 + b_1) v_1 + (a_2 + b_2) v_2 + ... + (a_n + b_n) v_n$$

$$\alpha u = (\alpha a_1) v_1 + (\alpha a_2) v_2 + ... + (\alpha a_n) v_n$$

Tendo em vista que $u + v \in S$ e que $\alpha u \in S$, por serem combinações lineares de $v_1, v_2, ..., v_n$, conclui-se que S é um subespaço vetorial de V.

Simbolicamente, o subespaço S é:

$$S = \{v \in V / v = a_1 v_1 + ... + a_n v_n, \ a_1, ..., a_n \in \mathbb{R}\}$$

Observações

1) O subespaço S diz-se *gerado* pelos vetores $v_1, v_2, ..., v_n$, ou gerado pelo conjunto A, e representa-se por:

$$S = [v_1, v_2, ..., v_n] \quad \text{ou} \quad S = G(A)$$

Os vetores $v_1, v_2, ..., v_n$ são chamados *geradores* do subespaço S, enquanto A é o *conjunto gerador* de S.

2) Para o caso particular de $A = \phi$, define-se: $[\phi] = \{0\}$.

3) $A \subset G(A)$, ou seja, $\{v_1, ..., v_n\} \subset [v_1, ..., v_n]$.

4) Todo conjunto $A \subset V$ gera um subespaço vetorial de V, podendo ocorrer $G(A) = V$. Nesse caso, A é um conjunto gerador de V.

Exemplos

1) Os vetores $i = (1, 0)$ e $j = (0, 1)$ geram o espaço vetorial $\mathbb{R}^2$, pois qualquer $(x, y) \in \mathbb{R}^2$ é combinação linear de i e j:

$$(x, y) = xi + yj = x(1, 0) + y(0, 1) = (x, 0) + (0, y) = (x, y)$$

Então:

$$[i, j] = \mathbb{R}^2$$

2) Os vetores $i = (1, 0, 0)$ e $j = (0, 1, 0)$ do $\mathbb{R}^3$ geram o subespaço

$$S = \{(x, y, 0) \in \mathbb{R}^3 / x, y \in \mathbb{R}\}$$

pois:

$$(x, y, 0) = x(1, 0, 0) + y(0, 1, 0)$$

Então:

$[i, j] = S$ é um subespaço próprio do $\mathbb{R}^3$ e representa, geometricamente o plano xOy.

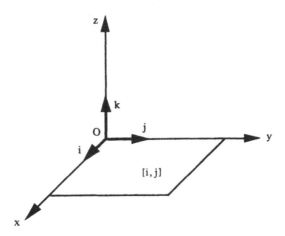

3) Os vetores $e_1 = (1, 0, 0)$, $e_2 = (0, 1, 0)$ e $e_3 = (0, 0, 1)$ geram o espaço vetorial $\mathbb{R}^3$, pois qualquer $v = (x, y, z) \in \mathbb{R}^3$ é combinação linear de e_1, e_2 e e_3:

$(x, y, z) = x(1, 0, 0) + y(0, 1, 0) + z(0, 0, 1)$

ou:

$v = xe_1 + ye_2 + ze_3$

Então:

$[e_1, e_2, e_3] = \mathbb{R}^3$

Observação

Antes de resolvermos alguns problemas e fornecermos certas interpretações geométricas, atentemos para um fato importante.

Dados n vetores $v_1, ..., v_n$ de um espaço vetorial V, se $w \in V$ é tal que

$w = a_1 v_1 + ... + a_n v_n$

então:

$[v_1, ..., v_n, w] = [v_1, ..., v_n]$

pois *todo vetor v que é combinação linear de* $v_1, ..., v_n, w$ *é também combinação linear de* $v_1, ..., v_n$.

Supondo que:

$$v \in [v_1, \ldots, v_n, w]$$, então existem números reais $b_1, \ldots, b_n, b$

tais que

$$v = b_1 v_1 + \ldots + b_n v_n + bw$$

mas:

$$w = a_1 v_1 + \ldots + a_n v_n$$

logo:

$$v = b_1 v_1 + \ldots + b_n v_n + b(a_1 v_1 + \ldots + a_n v_n)$$

ou

$$v = (b_1 + a_1 b) v_1 + \ldots + (b_n + a_n b) v_n$$

e, portanto, v é combinação linear de $v_1, \ldots, v_n$, isto é,

$$v \in [v_1, \ldots, v_n]$$

A recíproca, ou seja,

se $v \in [v_1, \ldots, v_n]$, então $v \in [v_1, \ldots, v_n, w]$

é trivial, pois

se $v = a_1 v_1 + \ldots + a_n v_n$, então $v = a_1 v_1 + \ldots + a_n v_n + 0w$.

Assim, sendo S um subespaço gerado por um conjunto A, ao acrescentarmos vetores de S a esse conjunto A, os novos conjuntos continuarão gerando o mesmo subespaço S. Esse fato faz entender que um determinado subespaço S *pode ser gerado por uma infinidade de vetores, porém existe um número mínimo de vetores para gerá-lo.*

2.5.2.1 Problemas Resolvidos

6) Seja $V = \mathbb{R}^3$. Determinar o subespaço gerado pelo vetor $v_1 = (1, 2, 3)$.

Solução

Temos:

$$[v_1] = \{ (x, y, z) \in \mathbb{R}^3 / (x, y, z) = a(1, 2, 3),\ a \in \mathbb{R} \}$$

Da igualdade:

$(x, y, z) = a(1, 2, 3)$

vem:

$x = a$
$y = 2a$
$z = 3a$

donde

$y = 2x$
$z = 3x$

Logo,

$[v_1] = \{(x, y, z) \in \mathbb{R}^3 / y = 2x \text{ e } z = 3x\}$

ou

$[v_1] = \{(x, 2x, 3x); x \in \mathbb{R}\}$

O subespaço gerado por um vetor $v_1 \in \mathbb{R}^3$, $v_1 \neq 0$, é uma *reta que passa pela origem* (Figura 2.5.2a). Se a esse vetor acrescentarmos $v_2, v_3, ...$, todos *colineares* entre si, o subespaço gerado por 2, 3, ... vetores continuará sendo a mesma reta:

$[v_1] = [v_1, v_2] = [v_1, v_2, v_3] = ...$ (Figura 2.5.2b)

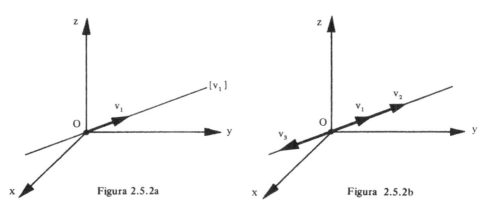

Figura 2.5.2a   Figura 2.5.2b

7) Seja $V = \mathbb{R}^3$. Determinar o subespaço gerado pelo conjunto $A = \{v_1, v_2\}$, sendo $v_1 = (1, -2, -1)$ e $v_2 = (2, 1, 1)$.

Solução

Temos:

$[v_1, v_2] = \{(x, y, z) \in \mathbb{R}^3 / (x, y, z) = a_1(1, -2, -1) + a_2(2, 1, 1), a_1, a_2 \in \mathbb{R}\}$

Da igualdade acima, vem:

$$\begin{cases} a_1 + 2a_2 = x \\ -2a_1 + a_2 = y \\ -a_1 + a_2 = z \end{cases}$$

O vetor $(x, y, z) \in [v_1, v_2]$ se, e somente se, o sistema tem solução, e isto somente ocorre quando $x + 3y - 5z = 0$ (exercício a cargo do leitor).

Logo:

$[v_1, v_2] = \{(x, y, z) \in \mathbb{R}^3 / x + 3y - 5z = 0\}$

O subespaço gerado pelos vetores $v_1, v_2 \in \mathbb{R}^3$, *não-colineares*, é um *plano π que passa pela origem* (Figura 2.5.2c). Se a esses dois vetores acrescentarmos $v_3, v_4, ...,$ todos *coplanares*, o subespaço gerado por 3, 4, ... vetores continuará sendo o mesmo plano π:

$[v_1, v_2] = [v_1, v_2, v_3] = [v_1, v_2, v_3, v_4] = ...$ (Figura 2.5.2d)

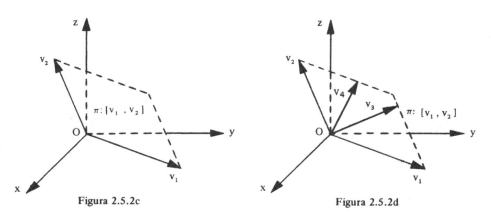

Figura 2.5.2c   Figura 2.5.2d

8) Seja $V = \mathbb{R}^3$. Determinar o subespaço gerado pelo conjunto $A = \{v_1, v_2, v_3\}$, sendo $v_1 = (1, 1, 1)$, $v_2 = (1, 1, 0)$ e $v_3 = (1, 0, 0)$.

Solução

Para todo vetor $(x, y, z) \in [v_1, v_2, v_3]$, tem-se:

$(x, y, z) = a_1(1, 1, 1) + a_2(1, 1, 0) + a_3(1, 0, 0)$

Desta igualdade, vem:

$$\begin{cases} a_1 + a_2 + a_3 = x \\ a_1 + a_2 = y \\ a_1 = z \end{cases}$$

ou:

$$\begin{cases} a_1 = z \\ a_2 = y - z \\ a_3 = x - y \end{cases}$$

Portanto:

$(x, y, z) = z(1, 1, 1) + (y - z)(1, 1, 0) + (x - y)(1, 0, 0)$

e, por conseguinte, os vetores v_1, v_2 e v_3 geram o $\mathbb{R}^3$, pois cada vetor do $\mathbb{R}^3$ é combinação linear dos vetores dados.

Logo:

$[v_1, v_2, v_3] = \mathbb{R}^3$

O subespaço gerado por três vetores *não-coplanares* é o próprio $\mathbb{R}^3$ (Figura 2.5.2e). Se a esses três vetores acrescentarmos $v_4, v_5, \ldots$ quaisquer, o subespaço gerado pelos 4, 5, ... vetores continuará sendo o próprio $\mathbb{R}^3$:

$[v_1, v_2, v_3] = [v_1, v_2, v_3, v_4] = \ldots$

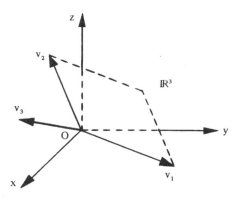

Figura 2.5.2e

9) Mostrar que o conjunto $A = \{(3, 1), (5, 2)\}$ gera o $\mathbb{R}^2$.

Solução

Vamos mostrar que todo vetor $(x, y) \in \mathbb{R}^2$ é combinação linear dos vetores do conjunto A, isto é, sempre existem os números reais a_1 e a_2 tais que:

$(x, y) = a_1(3, 1) + a_2(5, 2)$

Daí vem o sistema:

$$\begin{cases} 3a_1 + 5a_2 = x \\ a_1 + 2a_2 = y \end{cases}$$

que, resolvido em termos de x e y, fornece:

$a_1 = 2x - 5y$ e $a_2 = 3y - x$

Portanto:

$(x, y) = (2x - 5y)(3, 1) + (3y - x)(5, 2)$

isto é:

$G(A) = \mathbb{R}^2$

10) Sejam $V = M(2, 2)$ e o subconjunto

$$A = \left\{ \begin{bmatrix} -1 & 2 \\ -2 & 3 \end{bmatrix}, \begin{bmatrix} 3 & -1 \\ 1 & 1 \end{bmatrix} \right\}$$

Determinar o subespaço $G(A)$.

Solução

Para todo vetor

$$v = \begin{bmatrix} x & y \\ z & t \end{bmatrix} \in G(A),$$

tem-se:

$$\begin{bmatrix} x & y \\ z & t \end{bmatrix} = a \begin{bmatrix} -1 & 2 \\ -2 & 3 \end{bmatrix} + b \begin{bmatrix} 3 & -1 \\ 1 & 1 \end{bmatrix}$$

e daí o sistema:

$$\begin{cases} -a + 3b = x \\ 2a - b = y \\ -2a + b = z \\ 3a + b = t \end{cases}$$

que é compatível se:

$z = -y$ e $x = -2y + t$

Logo:

$$G(A) = \left\{ \begin{bmatrix} -2y + t & y \\ -y & t \end{bmatrix} ; y, t \in \mathbb{R} \right\}$$

2.6 ESPAÇOS VETORIAIS FINITAMENTE GERADOS

Um espaço vetorial V é *finitamente gerado* se existe um conjunto finito A, A ⊂ V, tal que V = G(A).

Com exceção do Exemplo 6 de 2.2, os demais exemplos de espaços vetoriais citados até aqui são finitamente gerados. Por exemplo, vimos que o $\mathbb{R}^3$ é gerado pelo conjunto finito de três vetores

$$A = \{(1, 0, 0), (0, 1, 0), (0, 0, 1)\}$$

pois, para todo (x, y, z) ∈ $\mathbb{R}^3$, tem-se:

$$(x, y, z) = x(1, 0, 0) + y(0, 1, 0) + z(0, 0, 1)$$

Em nosso estudo trataremos somente de espaços vetoriais finitamente gerados.

Um exemplo de espaço vetorial que *não* é finitamente gerado é o espaço P de todos os polinômios reais.

Na verdade, dado A = { $p_1, ..., p_n$ } ⊂ P, onde p_i é um polinômio de grau i e p_n o de mais alto grau, qualquer combinação linear

$$a_1 p_1 + a_2 p_2 + ... + a_n p_n$$

tem grau ⩽ n. Assim, o subespaço [$p_1, ..., p_n$] contém somente polinômios de grau menor ou igual ao grau de p_n. Como P é formado por todos os polinômios, existem nele polinômios de grau maior que o de p_n. Logo, G(A) ≠ P para todo conjunto finito A ⊂ P.

2.7 DEPENDÊNCIA E INDEPENDÊNCIA LINEAR

No problema 8 de 2.5.2.1, chamamos a atenção para o fato de que o espaço vetorial $\mathbb{R}^3$ pode ser gerado por três vetores, ou também por quatro, ou por cinco etc. Assim, três vetores constituem o número mínimo necessário para gerar o $\mathbb{R}^3$. No entanto, quatro, cinco ou mais vetores podem gerar o $\mathbb{R}^3$. Porém, nesse caso, sobram vetores no conjunto gerador. Em nosso estudo temos grande interesse no conjunto gerador que seja o menor possível. Para a determinação do menor conjunto gerador de um espaço vetorial, precisamos ter a noção de dependência e independência linear.

2.7.1 Definição

Sejam V um espaço vetorial e

$A = \{v_1, ..., v_n\} \subset V$

Consideremos a equação

$a_1 v_1 + ... + a_n v_n = 0$ (2.7)

Sabemos que essa equação admite pelo menos uma solução:

$a_1 = 0, \quad a_2 = 0, \quad ..., a_n = 0$

chamada solução trivial.

O conjunto A diz-se *linearmente independente* (LI), ou os vetores $v_1, ..., v_n$ são LI, caso a equação (2.7) admita *apenas a solução trivial.*

Se existirem soluções $a_i \neq 0$, diz-se que o conjunto A é *linearmente dependente* (LD), ou que os vetores $v_1, ..., v_n$ são LD.

Exemplos

1) No espaço vetorial $V = \mathbb{R}^3$, os vetores $v_1 = (2, -1, 3)$, $v_2 = (-1, 0, -2)$ e $v_3 = (2, -3, 1)$ formam um conjunto linearmente dependente, pois

   $3v_1 + 4v_2 - v_3 = 0$

   ou seja:

   $3(2, -1, 3) + 4(-1, 0, -2) - (2, -3, 1) = (0, 0, 0)$

2) No espaço vetorial $V = \mathbb{R}^4$, os vetores $v_1 = (2, 2, 3, 4)$, $v_2 = (0, 5, -3, 1)$ e $v_3 = (0, 0, 4, -2)$ são linearmente independentes. De fato:

   $a(2, 2, 3, 4) + b(0, 5, -3, 1) + c(0, 0, 4, -2) = (0, 0, 0, 0)$

   $(2a, 2a, 3a, 4a) + (0, 5b, -3b, b) + (0, 0, 4c, -2c) = (0, 0, 0, 0)$

   $(2a, 2a + 5b, 3a - 3b + 4c, 4a + b - 2c) = (0, 0, 0, 0)$

isto é:

$$\begin{cases} 2a & = 0 \\ 2a + 5b & = 0 \\ 3a - 3b + 4c & = 0 \\ 4a + b - 2c & = 0 \end{cases}$$

O sistema admite unicamente a solução:

$a = 0$, $b = 0$ e $c = 0$

3) No espaço vetorial $\mathbb{R}^3$, o conjunto $\{e_1, e_2, e_3\}$, tal que $e_1 = (1, 0, 0)$, $e_2 = (0, 1, 0)$ e $e_3 = (0, 0, 1)$, é LI.

De fato, a equação:

$a_1 e_1 + a_2 e_2 + a_3 e_3 = 0$

ou:

$a_1(1, 0, 0) + a_2(0, 1, 0) + a_3(0, 0, 1) = (0, 0, 0)$

transforma-se em:

$(a_1, a_2, a_3) = (0, 0, 0)$

e, portanto:

$a_1 = a_2 = a_3 = 0$

Logo, o conjunto:

$\{(1, 0, 0), (0, 1, 0), (0, 0, 1)\}$

é LI.

De forma análoga mostra-se que os vetores

$e_1 = (1, 0, 0, ..., 0)$, $e_2 = (0, 1, 0, ..., 0)$, ..., $e_n = (0, 0, 0, ..., 1)$

formam um conjunto linearmente independente no $\mathbb{R}^n$.

4) No espaço vetorial M(3, 1) das matrizes-colunas, de ordem 3 × 1, os vetores:

$$e_1 = \begin{bmatrix} 1 \\ 0 \\ 0 \end{bmatrix}, \quad e_2 = \begin{bmatrix} 0 \\ 1 \\ 0 \end{bmatrix}, \quad e_3 = \begin{bmatrix} 0 \\ 0 \\ 1 \end{bmatrix}$$

são LI (verificação a cargo do leitor).

5) No $\mathbb{R}^2$, os vetores $e_1 = (1, 0)$ e $e_2 = (0, 1)$ são LI. No entanto, os vetores e_1, e_2 e $v = (a, b)$ são LD. De fato:

$x(1, 0) + y(0, 1) + z(a, b) = (0, 0)$

$(x, 0) + (0, y) + (az, bz) = (0, 0)$

$(x + az, y + bz) = (0, 0)$

isto é:

$$\begin{cases} x + az = 0 \\ y + bz = 0 \end{cases}$$

O sistema admite ao menos uma solução não-trivial. Por exemplo, fazendo $z = 1$, vem:

$x = -a$ e $y = -b$

Logo:

$-ae_1 - be_2 + v = 0$

6) No espaço vetorial M(2, 2), o conjunto

$$A = \left\{ \begin{bmatrix} -1 & 2 \\ -3 & 1 \end{bmatrix}, \begin{bmatrix} 2 & -3 \\ 3 & 0 \end{bmatrix}, \begin{bmatrix} 3 & -4 \\ 3 & 1 \end{bmatrix} \right\}$$

é LD.

Examinemos a equação

$$a_1 v_1 + a_2 v_2 + a_3 v_3 = 0 \qquad (1)$$

$$a_1 \begin{bmatrix} -1 & 2 \\ -3 & 1 \end{bmatrix} + a_2 \begin{bmatrix} 2 & -3 \\ 3 & 0 \end{bmatrix} + a_3 \begin{bmatrix} 3 & -4 \\ 3 & 1 \end{bmatrix} = \begin{bmatrix} 0 & 0 \\ 0 & 0 \end{bmatrix}$$

ou, de modo equivalente:

$$\begin{bmatrix} -a_1 + 2a_2 + 3a_3 & 2a_1 - 3a_2 - 4a_3 \\ -3a_1 + 3a_2 + 3a_3 & a_1 + a_3 \end{bmatrix} = \begin{bmatrix} 0 & 0 \\ 0 & 0 \end{bmatrix}$$

e daí o sistema:

$$\begin{cases} -a_1 + 2a_2 + 3a_3 = 0 \\ 2a_1 - 3a_2 - 4a_3 = 0 \\ -3a_1 + 3a_2 + 3a_3 = 0 \\ a_1 + a_3 = 0 \end{cases}$$

cuja solução é $a_1 = -a_3$ e $a_2 = -2a_3$.

Como existem soluções $a_i \neq 0$ para a equação (1), o conjunto A é LD.

Observação

Vamos substituir a solução do sistema na equação (1):

$$-a_3 v_1 - 2a_3 v_2 + a_3 v_3 = 0$$

ou:

$$a_3 v_1 + 2a_3 v_2 - a_3 v_3 = 0$$

para todo $a_3 \in \mathbb{R}$.

Dividindo ambos os membros dessa igualdade por $a_3 \neq 0$, resulta:

$$v_1 + 2v_2 - v_3 = 0$$

e daí, vem:

$$v_1 = -2v_2 + v_3 \qquad (v_1 \text{ é combinação linear de } v_2 \text{ e } v_3)$$

ou:

$$v_2 = -\frac{1}{2}v_1 + \frac{1}{2}v_3 \qquad (v_2 \text{ é combinação linear de } v_1 \text{ e } v_3)$$

ou, ainda:

$$v_3 = v_1 + 2v_2 \qquad (v_3 \text{ é combinação linear de } v_1 \text{ e } v_2)$$

Como se observa, sendo A um conjunto LD, então um vetor de A é combinação linear dos outros. Esse fato e sua recíproca constituem o teorema seguinte.

2.7.2 Teorema

"Um conjunto $A = \{v_1, ..., v_i, ..., v_n\}$ é LD se, e somente se, pelo menos um desses vetores é combinação linear dos outros."

A demonstração é constituída de duas partes:

1ª) Seja A linearmente dependente. Então, por definição, um dos coeficientes da igualdade:

$$a_1 v_1 + ... + a_i v_i + ... + a_n v_n = 0$$

deve ser diferente de zero. Supondo que $a_i \neq 0$, vem:

$$a_i v_i = -a_1 v_1 - ... - a_{i-1} v_{i-1} - a_{i+1} v_{i+1} - ... - a_n v_n$$

ou:

$$v_i = -\frac{a_1}{a_i} v_1 - ... - \frac{a_{i-1}}{a_i} v_{i-1} - \frac{a_{i+1}}{a_i} v_{i+1} - ... - \frac{a_n}{a_i} v_n$$

e, portanto, v_i é uma combinação linear dos outros vetores.

2ª) Por outro lado, seja v_i uma combinação linear dos outros vetores:

$$v_i = b_1 v_1 + ... + b_{i-1} v_{i-1} + b_{i+1} v_{i+1} + ... + b_n v_n$$

ou, ainda:

$$b_1 v_1 + ... + b_{i-1} v_{i-1} - 1 v_i + b_{i+1} v_{i+1} + ... + b_n v_n = 0$$

e, portanto, a equação

$$b_1 v_1 + ... + (-1) v_i + ... + b_n v_n = 0$$

se verifica para $b_i \neq 0$. No caso, $b_i = -1$.

Logo, A é LD.

Observações

1) Esse último teorema pode ser enunciado de forma equivalente:

"Um conjunto $A = \{v_1, ..., v_n\}$ é LI se, e somente se, nenhum desses vetores for combinação linear dos outros."

2) Para o caso particular de dois vetores, temos:

"Dois vetores v_1 e v_2 são LD se, e somente se, um vetor é múltiplo escalar do outro."

Por exemplo, os vetores

$$v_1 = (1, -2, 3) \quad e \quad v_2 = (2, -4, 6)$$

são LD, pois

$$v_1 = \frac{1}{2} v_2$$

ou:

$$v_2 = 2 v_1$$

enquanto:

$v_1 = (1, -2, 3)$ e $v_2 = (2, 1, 5)$

são LI, pois

$v_1 \neq k v_2$
para todo $k \in \mathbb{R}$

3) Nos gráficos a seguir apresentamos uma interpretação geométrica da dependência linear de dois e três vetores no $\mathbb{R}^3$.

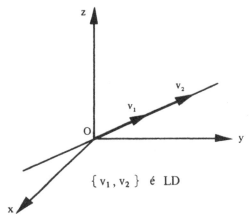

$\{v_1, v_2\}$ é LD

(v_1 e v_2 estão representados na mesma reta que passa pela origem)

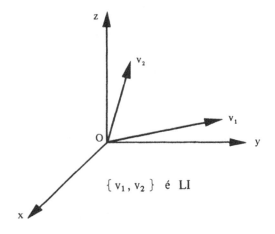

$\{v_1, v_2\}$ é LI

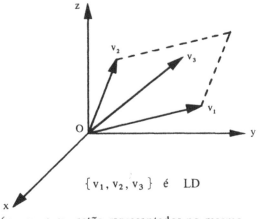

$\{v_1, v_2, v_3\}$ é LD

(v_1, v_2 e v_3 estão representados no mesmo plano que passa pela origem)

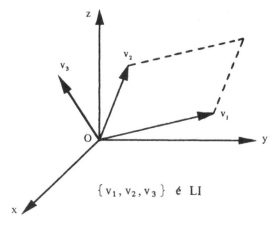

$\{v_1, v_2, v_3\}$ é LI

Espaços vetoriais 61

2.7.3 Problemas Resolvidos

11) Verificar se são LI ou LD os seguintes conjuntos:

a) $\left\{ \begin{bmatrix} 1 & 2 \\ -4 & -3 \end{bmatrix}, \begin{bmatrix} 3 & 6 \\ -12 & -9 \end{bmatrix} \right\} \subset M(2,2)$

b) $\{(2,-1),(1,3)\} \subset \mathbb{R}^2$

c) $\{(-1,-2,0,3),(2,-1,0,0),(1,0,0,0)\} \subset \mathbb{R}^4$

d) $\{1 + 2x - x^2,\ 2 - x + 3x^2,\ 3 - 4x + 7x^2\} \subset P_2$

Solução

a) Como o conjunto tem apenas dois vetores com um deles sendo múltiplo escalar do outro (o segundo vetor é o triplo do primeiro), o conjunto é LD, de acordo com a Observação 2 do Teorema 2.7.2.

b) Tendo em vista que um vetor não é múltiplo escalar do outro, o conjunto é LI.

Mesmo que fôssemos examinar a igualdade:

$a(2,-1) + b(1,3) = (0,0)$

concluiríamos que o sistema

$\begin{cases} 2a + b = 0 \\ -a + 3b = 0 \end{cases}$

admite somente a solução trivial, o que vem confirmar ser o conjunto LI.

c) Consideremos a equação:

$$a(-1, -2, 0, 3) + b(2, -1, 0, 0) + c(1, 0, 0, 0) = (0, 0, 0, 0)$$

Portanto:

$$\begin{cases} -a + 2b + c = 0 \\ -2a - b = 0 \\ 3a = 0 \end{cases}$$

Como o sistema admite apenas a solução trivial:

$a = b = c = 0$,

o conjunto é LI.

d) Seja a equação:

$$a(1 + 2x - x^2) + b(2 - x + 3x^2) + c(3 - 4x + 7x^2) = 0 \qquad (1)$$

ou:

$$(a + 2b + 3c) + (2a - b - 4c)x + (-a + 3b + 7c)x^2 = 0 + 0x + 0x^2$$

Pelo princípio da identidade de polinômios, vem:

$$\begin{cases} a + 2b + 3c = 0 \\ 2a - b - 4c = 0 \\ -a + 3b + 7c = 0 \end{cases}$$

Como esse sistema admite outras soluções além da trivial, o conjunto é LD.

Observação

O leitor deve ter notado que a variável x nos polinômios desse problema não desempenha nenhum papel no cálculo. Com o objetivo de simplificar, a cada polinômio do tipo $a_0 + a_1 x + a_2 x^2$, associa-se a terna (a_0, a_1, a_2).

Assim, a igualdade (1) desse problema poderia ter sido escrita assim:

$a(1, 2, -1) + b(2, -1, 3) + c(3, -4, 7) = (0, 0, 0)$

Simplificações análogas a essa podem ser feitas, por exemplo, associando:

1) $a_0 + a_1 x + a_2 x^2 + a_3 x^3 \in P_3$ com $(a_0, a_1, a_2, a_3) \in \mathbb{R}^4$

2) $\begin{bmatrix} a & b \\ c & d \end{bmatrix} \in M(2, 2)$ com $(a, b, c, d) \in \mathbb{R}^4$

3) $a + cx^2 \in P_2$ com $(a, 0, c) \in \mathbb{R}^3$

e assim por diante.

12) Provar que se u e v são LI, então u + v e u - v também o são.

Solução

Consideremos a igualdade

$a(u + v) + b(u - v) = 0$ \hfill (2)

da qual resulta

$(a + b)u + (a - b)v = 0$ \hfill (3)

Como u e v são LI, nessa igualdade (3) deve-se ter:

$$\begin{cases} a + b = 0 \\ a - b = 0 \end{cases}$$

sistema que admite somente a solução $a = b = 0$. Logo, pela igualdade (2), u + v e u - v são LI.

13) Determinar o valor de k para que o conjunto

$\{(1, 0, -1), (1, 1, 0), (k, 1, -1)\}$

seja LI.

Solução

O conjunto será LI se, e somente se, a equação

$a(1, 0, -1) + b(1, 1, 0) + c(k, 1, -1) = (0, 0, 0)$

admitir apenas a solução $a = b = c = 0$. Dessa equação, vem:

$$\begin{cases} a + b + kc = 0 \\ b + c = 0 \\ -a \quad -c = 0 \end{cases}$$

Para que esse sistema admita apenas a solução trivial, deve-se ter $k \neq 2$ (a cargo do leitor).

Logo, o conjunto será LI se $k \neq 2$.

2.7.4 Propriedades da Dependência e da Independência Linear

Seja V um espaço vetorial.

I) Se $A = \{v\} \subset V$ e $v \neq 0$, então A é LI.

De fato:

Como $v \neq 0$, a igualdade

$av = 0$

só se verifica se $a = 0$.

Observação

Considera-se, por definição, que o conjunto vazio ϕ é LI.

II) Se um conjunto $A \subset V$ contém o vetor nulo, então A é LD.

De fato:

Seja o conjunto $A = \{v_1, ..., 0, ..., v_n\}$.

Então, a equação

$0.v_1 + ... + a.0 + ... + 0.v_n = 0$

se verifica para todo $a \neq 0$. Portanto, A é LD.

III) Se uma parte de um conjunto $A \subset V$ é LD, então A é também LD.

De fato:

Sejam $A = \{v_1, ..., v_r, ..., v_n\}$ e a parte

$A_1 = \{v_1, ..., v_r\} \subset A$, A_1 é LD.

Como A_1 é LD, existem $a_i \neq 0$ que verificam a igualdade:

$a_1 v_1 + ... + a_r v_r = 0$

e esses mesmos $a_i \neq 0$ verificam também a igualdade

$a_1 v_1 + ... + a_r v_r + 0.v_{r+1} + ... + 0.v_n = 0$

Logo, $A = \{v_1, ..., v_r, ..., v_n\}$ é LD.

IV) Se um conjunto $A \subset V$ é LI, qualquer parte A_1 de A é também LI.

De fato, se A_1 fosse LD, pela propriedade anterior o conjunto A seria também LD, o que contradiz a hipótese.

Observação

Se todos os subconjuntos próprios de um conjunto finito de vetores são LI, o fato não significa que o conjunto seja LI. De fato, se considerarmos no $\mathbb{R}^2$ os vetores $e_1 = (1, 0)$, $e_2 = (0, 1)$ e $v = (4, 5)$, verificaremos que cada um dos subconjuntos $\{e_1, e_2\}$, $\{e_1, v\}$, $\{e_2, v\}$, $\{e_1\}$, $\{e_2\}$ e $\{v\}$ é LI, enquanto o conjunto $\{e_1, e_2, v\}$ é LD.

V) Se $A = \{v_1, ..., v_n\} \subset V$ é LI e $B = \{v_1, ..., v_n, w\} \subset V$ é LD, então w é combinação linear de $v_1, ..., v_n$.

De fato:

Como B é LD, existem escalares $a_1, ..., a_n, b$, nem todos nulos, tais que:

$a_1 v_1 + ... + a_n v_n + bw = 0$.

Ora, se $b = 0$, então algum dos a_i não é zero na igualdade:

$a_1 v_1 + ... + a_n v_n = 0$

Porém esse fato contradiz a hipótese de que A é LI. Conseqüentemente, tem-se $b \neq 0$, e, portanto:

$bw = -a_1 v_1 - ... - a_n v_n$

o que implica:

$w = -\dfrac{a_1}{b} v_1 - ... - \dfrac{a_n}{b} v_n$

isto é, w é combinação linear de $v_1, ..., v_n$.

2.8 BASE E DIMENSÃO

2.8.1 Base de um Espaço Vetorial

Um conjunto $B = \{v_1, ..., v_n\} \subset V$ é uma base do espaço vetorial V se:

I) B é LI;

II) B gera V.

Exemplos:

1)   B = {(1, 1), (-1, 0)} é base de $\mathbb{R}^2$.

De fato:

I) B é LI, pois $a(1, 1) + b(-1, 0) = (0, 0)$ implica:

$$\begin{cases} a - b = 0 \\ a = 0 \end{cases}$$

e daí:

$a = b = 0$

II) B gera $\mathbb{R}^2$, pois para todo $(x, y) \in \mathbb{R}^2$, tem-se:

$(x, y) = y(1, 1) + (y - x)(-1, 0)$

Realmente, a igualdade

$(x, y) = a(1, 1) + b(-1, 0)$

implica:

$$\begin{cases} a - b = x \\ a = y \end{cases}$$

donde:

$a = y$ e $b = y - x$

Os vetores da base B estão representados na Figura 2.8.1. Em 2.7.2 já havíamos visto que dois vetores não-colineares são LI. Sendo eles do $\mathbb{R}^2$, irão gerar o próprio $\mathbb{R}^2$. Na verdade, quaisquer dois vetores não-colineares do $\mathbb{R}^2$ formam uma base desse espaço.

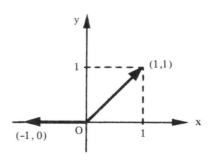

Figura 2.8.1

2) $B = \{(1, 0), (0, 1)\}$ é base de $\mathbb{R}^2$, denominada *base canônica*.

De fato:

I)   B é LI, pois $a(1, 0) + b(0, 1) = (0, 0)$ implica $a = b = 0$;

II) B gera $\mathbb{R}^2$, pois todo vetor $(x, y) \in \mathbb{R}^2$ é tal que:

$(x, y) = x(1, 0) + y(0, 1)$

3)   Consideremos os vetores $e_1 = (1, 0, 0, ..., 0)$, $e_2 = (0, 1, 0, ..., 0)$, ..., $e_n = (0, 0, 0, ..., 1)$. No exemplo 3 de 2.7.1 deixamos claro que o conjunto $B = \{e_1, e_2, ..., e_n\}$ é LI em $\mathbb{R}^n$. Tendo em vista que todo vetor $v = (x_1, x_2, ..., x_n) \in \mathbb{R}^n$ pode ser escrito como combinação linear de $e_1, e_2, ..., e_n$, isto é:

$v = x_1 e_1 + x_2 e_2 + ... + x_n e_n$

conclui-se que B gera o $\mathbb{R}^n$. Portanto, B é uma base de $\mathbb{R}^n$. Essa base é conhecida como *base canônica* do $\mathbb{R}^n$.

Conseqüentemente:

$\{(1, 0, 0, 0), (0, 1, 0, 0), (0, 0, 1, 0), (0, 0, 0, 1)\}$ é a base canônica de $\mathbb{R}^4$;

$\{(1, 0, 0), (0, 1, 0), (0, 0, 1)\}$ é a base canônica de $\mathbb{R}^3$;

$\{(1, 0), (0, 1)\}$ é a base canônica de $\mathbb{R}^2$;

$\{1\}$ é a base canônica de $\mathbb{R}$.

4) $B = \left\{ \begin{bmatrix} 1 & 0 \\ 0 & 0 \end{bmatrix}, \begin{bmatrix} 0 & 1 \\ 0 & 0 \end{bmatrix}, \begin{bmatrix} 0 & 0 \\ 1 & 0 \end{bmatrix}, \begin{bmatrix} 0 & 0 \\ 0 & 1 \end{bmatrix} \right\}$

é a base canônica de $M(2,2)$.

De fato:

$$a \begin{bmatrix} 1 & 0 \\ 0 & 0 \end{bmatrix} + b \begin{bmatrix} 0 & 1 \\ 0 & 0 \end{bmatrix} + c \begin{bmatrix} 0 & 0 \\ 1 & 0 \end{bmatrix} + d \begin{bmatrix} 0 & 0 \\ 0 & 1 \end{bmatrix} = \begin{bmatrix} 0 & 0 \\ 0 & 0 \end{bmatrix}$$

ou:

$$\begin{bmatrix} a & b \\ c & d \end{bmatrix} = \begin{bmatrix} 0 & 0 \\ 0 & 0 \end{bmatrix}$$

e daí:

$a = b = c = d = 0$.

Portanto, B é LI.

Por outro lado, B gera o espaço $M(2,2)$, pois qualquer

$$\begin{bmatrix} a & b \\ c & d \end{bmatrix} \in M(2,2)$$

pode ser escrito assim:

$$\begin{bmatrix} a & b \\ c & d \end{bmatrix} = a \begin{bmatrix} 1 & 0 \\ 0 & 0 \end{bmatrix} + b \begin{bmatrix} 0 & 1 \\ 0 & 0 \end{bmatrix} + c \begin{bmatrix} 0 & 0 \\ 1 & 0 \end{bmatrix} + d \begin{bmatrix} 0 & 0 \\ 0 & 1 \end{bmatrix}$$

Logo, B é base de $M(2,2)$.

5) O conjunto $B = \{1, x, x^2, ..., x^n\}$ é uma base do espaço vetorial P_n.

De fato:

$$a_0 1 + a_1 x + a_2 x^2 + ... + a_n x^n = 0$$

implica $a_0 = a_1 = a_2 = ... = a_n = 0$ pela condição de identidade de polinômios. Portanto, B é LI.

Por outro lado, B gera o espaço vetorial P_n, pois qualquer polinômio $p \in P_n$ pode ser escrito assim:

$$p = a_0 + a_1 x + a_2 x^2 + ... + a_n x^n$$

que é uma combinação linear de $1, x, x^2, ..., x^n$.

Logo, B é uma base de P_n. Essa é a *base canônica* de P_n e tem $n + 1$ vetores.

6) $B = \{(1, 2), (2, 4)\}$ não é base de $\mathbb{R}^2$, pois B é LD (exercício a cargo do leitor).

7) $B = \{(1, 0), (0, 1), (3, 4)\}$ não é base de $\mathbb{R}^2$, pois B é LD (exercício a cargo do leitor).

8) $B = \{(2, -1)\}$ não é base de $\mathbb{R}^2$. B é LI, mas não gera todo $\mathbb{R}^2$, isto é, $[(2, -1)] \neq \mathbb{R}^2$. Esse conjunto gera uma reta que passa pela origem.

9) $B = \{(1, 2, 1), (-1, -3, 0)\}$ não é base de $\mathbb{R}^3$. B é LI, mas não gera todo $\mathbb{R}^3$.

Observação

"*Todo conjunto LI de um espaço vetorial V é base do subespaço por ele gerado.*"

Por exemplo, o conjunto $B = \{(1, 2, 1), (-1, -3, 0)\} \subset \mathbb{R}^3$ é LI e gera o subespaço $S = \{(x, y, z) \in \mathbb{R}^3 / 3x - y - z = 0\}$

Então, B é base de S, pois B é LI e gera S.

2.8.2 Teorema

Se $B = \{v_1, v_2, ..., v_n\}$ *for uma base de um espaço vetorial* V, *então todo conjunto com mais de* n *vetores será linearmente dependente.*

De fato:

Seja $B' = \{w_1, w_2, ..., w_m\}$ um conjunto qualquer de m vetores de V, com $m > n$. Pretende-se mostrar que B' é LD. Para tanto, basta mostrar que existem escalares $x_1, x_2, ..., x_n$ *não todos nulos* tais que

$$x_1 w_1 + x_2 w_2 + ... + x_m w_m = 0 \qquad (1)$$

Como B é uma base de V, cada vetor w_i pertencente a B' é uma combinação linear dos vetores de B, isto é, existem números $\alpha_i, \beta_i, \cdots, \delta_i$ tais que:

$$\begin{aligned}
w_1 &= \alpha_1 v_1 + \alpha_2 v_2 + ... + \alpha_n v_n \\
w_2 &= \beta_1 v_1 + \beta_2 v_2 + ... + \beta_n v_n \\
&\vdots \\
w_m &= \delta_1 v_1 + \delta_2 v_2 + ... + \delta_n v_n
\end{aligned} \qquad (2)$$

Substituindo as relações (2) em (1), obtemos:

$$\begin{aligned}
& x_1 (\alpha_1 v_1 + \alpha_2 v_2 + ... + \alpha_n v_n) + \\
+ & x_2 (\beta_1 v_1 + \beta_2 v_2 + ... + \beta_n v_n) + \\
& \cdots\cdots\cdots\cdots\cdots\cdots\cdots\cdots\cdots \\
+ & x_m (\delta_1 v_1 + \delta_2 v_2 + ... + \delta_n v_n) = 0
\end{aligned}$$

ou ordenando os termos convenientemente:

$$\begin{aligned}
& (\alpha_1 x_1 + \beta_1 x_2 + ... + \delta_1 x_m) v_1 + \\
+ & (\alpha_2 x_1 + \beta_2 x_2 + ... + \delta_2 x_m) v_2 + \\
& \cdots\cdots\cdots\cdots\cdots\cdots\cdots\cdots\cdots \\
+ & (\alpha_n x_1 + \beta_n x_2 + ... + \delta_n x_m) v_n = 0
\end{aligned}$$

Tendo em vista que $v_1, v_2, ..., v_n$ são LI, os coeficientes dessa combinação linear são nulos:

$$\begin{cases} \alpha_1 x_1 + \beta_1 x_2 + ... + \delta_1 x_m = 0 \\ \alpha_2 x_1 + \beta_2 x_2 + ... + \delta_2 x_m = 0 \\ \vdots \quad \vdots \quad \quad \vdots \\ \alpha_n x_1 + \beta_n x_2 + ... + \delta_n x_m = 0 \end{cases}$$

Esse sistema linear homogêneo possui m variáveis $x_1, x_2, ..., x_m$ e n equações. Como $m > n$, existem soluções não-triviais, isto é, existe $x_i \neq 0$. Logo, $B' = \{w_1, w_2, ..., w_m\}$ é LD.

2.8.3 Corolário

Duas bases quaisquer de um espaço vetorial têm o mesmo número de vetores.

De fato:

Sejam $A = \{v_1, ..., v_n\}$ e $B = \{w_1, ..., w_m\}$ duas bases de um espaço vetorial V.

Como A é base e B é LI, pelo teorema anterior, $n \geq m$. Por outro lado, como B é base e A é LI, tem-se $n \leq m$. Portanto, $n = m$.

Exemplos

1) A base canônica do $\mathbb{R}^3$ tem três vetores. Logo, qualquer outra base do $\mathbb{R}^3$ terá também três vetores.

2) A base canônica de $M(2, 2)$ tem quatro vetores. Portanto, toda base de $M(2, 2)$ terá quatro vetores.

2.8.4 Dimensão de um Espaço Vetorial

Seja V um espaço vetorial.

Se V possui uma base com n vetores, então V tem dimensão n e anota-se dim V = n.

Se V não possui base, dim V = 0.

Se V tem uma base com infinitos vetores, então a dimensão de V é infinita e anota-se dim V = ∞.

Exemplos

1) dim $\mathbb{R}^2$ = 2, pois toda base do $\mathbb{R}^2$ tem dois vetores.

2) dim $\mathbb{R}^n$ = n.

3) dim M(2, 2) = 4.

4) dim M(m, n) = m × n.

5) dim P_n = n + 1.

6) dim {0} = 0.

Observações

1) Seja V um espaço vetorial tal que dim V = n.

    Se S é um subespaço de V, então dim S ⩽ n. No caso de dim S = n, tem-se S = V.

    Para permitir uma interpretação geométrica, consideremos o espaço tridimensional $\mathbb{R}^3$ (dim $\mathbb{R}^3$ = 3).

    A dimensão de qualquer subespaço S do $\mathbb{R}^3$ só poderá ser 0, 1, 2 ou 3. Portanto, temos os seguintes casos:

    I) dim S = 0, então S = {0} é a origem.

    II) dim S = 1, então S é uma reta que passa pela origem.

III) dim S = 2, então S é um plano que passa pela origem.

IV) dim S = 3, então S é o próprio $\mathbb{R}^3$.

2) Seja V um espaço vetorial de dimensão n. Então, qualquer subconjunto de V com mais de n vetores é LD.

3) Sabemos que um conjunto B é base de um espaço vetorial V se B for LI e se B gera V. No entanto, se soubermos que dim V = n, para obtermos uma base de V basta que apenas uma das condições de base esteja satisfeita. A outra condição ocorre automaticamente. Assim:

I) Se dim V = n, *qualquer subconjunto de* V *com* n *vetores* LI *é uma base de* V.

II) Se dim V = n, *qualquer subconjunto de* V *com* n *vetores geradores de* V *é uma base de* V.

Exemplo

O conjunto B = {(2, 1), (-1, 3)} é uma base do $\mathbb{R}^2$.

De fato, como dim $\mathbb{R}^2$ = 2 e os dois vetores dados são LI (pois nenhum vetor é múltiplo escalar do outro), eles formam uma base do $\mathbb{R}^2$.

2.8.5 Teorema

Seja V um espaço vetorial de dimensão n.

Qualquer conjunto de vetores LI *em* V *é parte de uma base, isto é, pode ser completado até formar uma base de* V.

A demonstração está baseada no Teorema 2.7.2 e no conceito de dimensão.

Deixaremos de demonstrar o teorema e daremos apenas um exemplo a título de ilustração.

Exemplo

Sejam os vetores $v_1 = (1, -1, 1, 2)$ e $v_2 = (-1, 1, -1, 0)$.

Completar o conjunto $\{v_1, v_2\}$ de modo a formar uma base do $\mathbb{R}^4$.

Solução

Como $\dim \mathbb{R}^4 = 4$, uma base terá quatro vetores LI. Portanto, faltam dois. Escolhemos um vetor $v_3 \in \mathbb{R}^4$ tal que v_3 *não* seja uma combinação linear de v_1 e v_2, isto é, $v_3 \neq a_1 v_1 + a_2 v_2$ para todo $a_1, a_2 \in \mathbb{R}$. Dentre os infinitos vetores existentes, um deles é o vetor $v_3 = (1, 1, 0, 0)$, e o conjunto $\{v_1, v_2, v_3\}$ é LI (se v_3 fosse combinação linear de v_1 e v_2 esse conjunto seria LD de acordo com o Teorema 2.7.2).

Para completar, escolhemos um vetor v_4 que *não* seja uma combinação linear de v_1, v_2 e v_3. Um deles é o vetor $v_4 = (1, 0, 0, 0)$, e o conjunto $\{v_1, v_2, v_3, v_4\}$ é LI. Logo,

$$\{(1, -1, 1, 2), (-1, 1, -1, 0), (1, 1, 0, 0), (1, 0, 0, 0)\}$$

é uma base de $\mathbb{R}^4$.

2.8.6 Teorema

Seja $B = \{v_1, v_2, ..., v_n\}$ uma base de um espaço vetorial V. Então, *todo vetor* $v \in V$ *se exprime de maneira única como combinação linear dos vetores de* B.

De fato:

Tendo em vista que B é uma base de V, para $v \in V$ pode-se escrever:

$$v = a_1 v_1 + a_2 v_2 + ... + a_n v_n \tag{1}$$

Supondo que o vetor v pudesse ser expresso como outra combinação linear dos vetores da base, ter-se-ia:

$$v = b_1 v_1 + b_2 v_2 + ... + b_n v_n \tag{2}$$

76   Álgebra linear

Subtraindo, membro a membro, a igualdade (2) da igualdade (1), vem:

$$0 = (a_1 - b_1)v_1 + (a_2 - b_2)v_2 + \ldots + (a_n - b_n)v_n$$

Tendo em vista que os vetores da base são LI:

$$a_1 - b_1 = 0, \quad a_2 - b_2 = 0, \ldots, a_n - b_n = 0$$

isto é:

$$a_1 = b_1, \quad a_2 = b_2, \ldots, a_n = b_n$$

Os números $a_1, a_2, \ldots, a_n$ são, pois, univocamente determinados pelo vetor v e pela base $\{v_1, v_2, \ldots, v_n\}$.

2.8.7 Componentes de um Vetor

Seja $B = \{v_1, v_2, \ldots, v_n\}$ uma *base* de V. Tomemos $v \in V$ sendo:

$$v = a_1 v_1 + a_2 v_2 + \ldots + a_n v_n$$

Os números $a_1, a_2, \ldots, a_n$ são chamados *componentes* ou *coordenadas* de v em relação à base B e se representa por:

$$\boxed{v_B = (a_1, a_2, \ldots, a_n)}$$

ou, com a notação matricial:

$$v_B = \begin{bmatrix} a_1 \\ a_2 \\ \vdots \\ a_n \end{bmatrix}$$

A n-upla $(a_1, a_2, ..., a_n)$ é chamada *vetor-coordenada* de v em relação à base B, e o vetor-coluna

$$\begin{bmatrix} a_1 \\ a_2 \\ \vdots \\ a_n \end{bmatrix}$$

é chamado *matriz-coordenada* de v em relação à base B.

Exemplo

No $\mathbb{R}^2$, consideremos as bases

$A = \{(1, 0), (0, 1)\}$, $B = \{(2, 0), (1, 3)\}$ e $C = \{(1, -3), (2, 4)\}$

Dado o vetor $v = (8, 6)$, tem-se:

$(8, 6) = 8(1, 0) + 6(0, 1)$

$(8, 6) = 3(2, 0) + 2(1, 3)$

$(8, 6) = 2(1, -3) + 3(2, 4)$

Com a notação acima, escrevemos:

$v_A = (8, 6) \quad v_B = (3, 2) \quad v_C = (2, 3)$

O gráfico da página seguinte mostra a representação do vetor $v = (8,6)$ em relação às bases A e B.

Observação

No decorrer do estudo de Álgebra Linear temos, às vezes, a necessidade de identificar rapidamente a dimensão de um espaço vetorial. E, uma vez conhecida a dimensão, obtém-se facilmente uma base desse espaço.

Uma forma prática para determinar a dimensão de um espaço vetorial é verificar o *número de variáveis livres* de seu vetor genérico. Esse número é a *dimensão* do espaço.

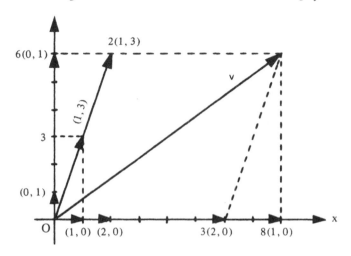

Exemplo

Determinar a dimensão e uma base do espaço vetorial

$S = \{(x, y, z) \in \mathbb{R}^3 / 2x + y + z = 0\}$

Solução

Isolando z (poderíamos também isolar x ou y) na equação de definição, tem-se:

$z = -2x - y$

onde x e y são as variáveis livres.

Qualquer vetor $(x, y, z) \in S$ tem a forma:

$(x, y, -2x - y)$

e, portanto, podemos escrever:

$(x, y, z) = (x, y, -2x - y)$

ou:

$$(x, y, z) = (x, 0, -2x) + (0, y, -y)$$

ou:

$$(x, y, z) = x(1, 0, -2) + y(0, 1, -1) \tag{1}$$

isto é, todo vetor de S é combinação linear dos vetores $(1, 0, -2)$ e $(0, 1, -1)$. Como esses dois vetores geradores de S são LI, o conjunto $\{(1, 0, -2), (0, 1, -1)\}$ é uma base de S e, conseqüentemente, dim S = 2.

Por outro lado, tendo em vista que a cada variável livre corresponde um vetor da base na igualdade (1), *conclui-se que o número de variáveis livres é a dimensão do espaço.*

Na prática podemos adotar uma maior simplificação para determinar uma base de um espaço. Para esse mesmo espaço vetorial S, onde $z = -2x - y$, temos:

fazendo $x = 1$ e $y = 1$, vem $z = -2(1) - 1 = -3$ ∴ $v_1 = (1, 1, -3)$

fazendo $x = -1$ e $y = 2$, vem $z = -2(-1) - 2 = 0$ ∴ $v_2 = (-1, 2, 0)$

e o conjunto

$$\{(1, 1, -3), (-1, 2, 0)\}$$

é outra base de S. Na verdade, esse espaço S tem infinitas bases, porém todas elas com dois vetores.

2.8.8 Problemas Resolvidos

14) Sejam os vetores $v_1 = (1, 2, 3)$, $v_2 = (0, 1, 2)$ e $v_3 = (0, 0, 1)$.

Mostrar que o conjunto $B = \{v_1, v_2, v_3\}$ é uma base do $\mathbb{R}^3$.

Solução

Para provar que B é LI, deve-se mostrar que

$$a_1 v_1 + a_2 v_2 + a_3 v_3 = 0$$

admite somente a solução $a_1 = a_2 = a_3 = 0$.

Com efeito,

$$a_1(1, 2, 3) + a_2(0, 1, 2) + a_3(0, 0, 1) = (0, 0, 0)$$

equivale ao sistema:

$$\begin{cases} a_1 & = 0 \\ 2a_1 + a_2 & = 0 \\ 3a_1 + 2a_2 + a_3 & = 0 \end{cases}$$

cuja única solução é a trivial:

$a_1 = a_2 = a_3 = 0$

Logo, B é LI.

Para mostrar que B gera o $\mathbb{R}^3$, deve-se mostrar que qualquer vetor $v = (x, y, z) \in \mathbb{R}^3$ pode ser expresso como uma combinação linear dos vetores de B:

$v = a_1 v_1 + a_2 v_2 + a_3 v_3$

Em termos de componentes, tem-se

$$(x, y, z) = a_1(1, 2, 3) + a_2(0, 1, 2) + a_3(0, 0, 1)$$

ou:

$$\begin{cases} a_1 & = x \\ 2a_1 + a_2 & = y \\ 3a_1 + 2a_2 + a_3 & = z \end{cases}$$

sistema esse que admite solução para quaisquer valores de x, y, z, ou seja, todo vetor $v = (x, y, z)$ é combinação linear dos vetores de B. Resolvendo o sistema encontramos:

$a_1 = x, \quad a_2 = -2x + y, \quad a_3 = x - 2y + z$

isto é:

$(x, y, z) = x(1, 2, 3) + (-2x + y)(0, 1, 2) + (x - 2y + z)(0, 0, 1)$

Satisfeitas as duas condições de base, mostramos que B é base do $\mathbb{R}^3$.

15) No problema anterior mostramos que:

$B = \{(1, 2, 3), (0, 1, 2), (0, 0, 1)\}$

é uma base do $\mathbb{R}^3$.

a) Determinar o vetor-coordenada e a matriz-coordenada de $v = (5, 4, 2)$ em relação a B.

b) Determinar o vetor $v \in \mathbb{R}^3$ cujo vetor-coordenada em relação a B é $v_B = (2, -3, 4)$.

Solução

a) Devemos encontrar escalares a_1, a_2, a_3 tais que:

$(5, 4, 2) = a_1(1, 2, 3) + a_2(0, 1, 2) + a_3(0, 0, 1)$

ou:

$$\begin{cases} a_1 = 5 \\ 2a_1 + a_2 = 4 \\ 3a_1 + 2a_2 + a_3 = 2 \end{cases}$$

Resolvendo o sistema, obtém-se

$a_1 = 5$, $a_2 = -6$ e $a_3 = -1$

Portanto:

$v_B = (5, -6, -1)$ e $v_B = \begin{bmatrix} 5 \\ -6 \\ -1 \end{bmatrix}$

Se tivéssemos aproveitado o resultado do problema anterior, onde:

$$(x, y, z) = x(1, 2, 3) + (-2x + y)(0, 1, 2) + (x - 2y + z)(0, 0, 1)$$

teríamos imediatamente:

$$(5, 4, 2) = 5(1, 2, 3) - 6(0, 1, 2) - 1(0, 0, 1)$$

pois, nesse caso:

$$x = 5$$
$$-2x + y = -2(5) + 4 = -6$$
$$x - 2y + z = 5 - 2(4) + 2 = -1$$

b) Por definição de vetor-coordenada $v_B = (2, -3, 4)$, obtém-se:

$$v = 2(1, 2, 3) - 3(0, 1, 2) + 4(0, 0, 1) = (2, 1, 4)$$

Observemos que em relação à base canônica

$$A = \{(1, 0, 0), (0, 1, 0), (0, 0, 1)\}$$

tem-se:

$$v = v_A$$

pois:

$$v = (2, 1, 4) = 2(1, 0, 0) + 1(0, 1, 0) + 4(0, 0, 1)$$

16) Consideremos os seguintes subespaços do $\mathbb{R}^4$:

$S_1 = \{(a, b, c, d)/a + b + c = 0\}$ e

$S_2 = \{(a, b, c, d)/a - 2b = 0 \quad e \quad c = 3d\}$

Determinar:

a) dim S_1 e uma base de S_1.

b) dim S_2 e uma base de S_2.

Solução

a) A condição:

$$a + b + c = 0$$

é equivalente a:

$$a = -b - c$$

Portanto, as variáveis livres são b, c e d. Logo, dim S_1 = 3, e qualquer subconjunto de S_1 com três vetores LI forma uma base de S_1. Façamos

(1) b = 1, c = 0, d = 0

(2) b = 0, c = 1, d = 0

(3) b = 0, c = 0, d = 1

para obter os vetores:

$v_1 = (-1, 1, 0, 0)$, $v_2 = (-1, 0, 1, 0)$, $v_3 = (0, 0, 0, 1)$

O conjunto $\{v_1, v_2, v_3\}$ é uma base de S_1.

b) Um vetor $(a, b, c, d) \in S_2$ se a = 2b e c = 3d. As variáveis livres são b e d. Logo, dim S_2 = 2, e qualquer subconjunto de S_2 com dois vetores LI forma uma base desse espaço. Façamos:

(1) b = 1, d = 0   e
(2) b = 0, d = 1

para obter os vetores

$v_1 = (2, 1, 0, 0)$ e $v_2 = (0, 0, 3, 1)$

O conjunto $\{v_1, v_2\}$ é uma base de S_2.

17) Seja S o subespaço de $P_2 = \{at^2 + bt + c / a, b, c \in \mathbb{R}\}$ gerado pelos vetores $v_1 = t^2 - 2t + 1$, $v_2 = t + 2$ e $v_3 = t^2 - 3t - 1$.

Determinar:

a) Uma base de S e dim S.

b) Uma base de P_2 com a presença de v_1 e v_2.

Solução

a) Para facilitar a notação, observemos que os vetores v_1, v_2 e v_3 em relação à base canônica $A = \{t^2, t, 1\}$ de P_2 são:

$$(v_1)_A = (1, -2, 1), (v_2)_A = (0, 1, 2) \text{ e } (v_3)_A = (1, -3, -1)$$

Vejamos se esses vetores são LI ou LD. Para tanto, examinemos a igualdade

$$a_1 v_1 + a_2 v_2 + a_3 v_3 = 0$$

ou:

$$a_1(1, -2, 1) + a_2(0, 1, 2) + a_3(1, -3, -1) = (0, 0, 0)$$

ou, ainda:

$$\begin{cases} a_1 + a_3 = 0 \\ -2a_1 + a_2 - 3a_3 = 0 \\ a_1 + 2a_2 - a_3 = 0 \end{cases}$$

sistema que admite soluções $a_i \neq 0$.

Logo, os vetores v_1, v_2 e v_3 são LD e, portanto, o conjunto $\{v_1, v_2, v_3\}$ não é base de S, isto é, dim S $\neq$ 3.

Observando que o conjunto $\{v_1, v_2\}$ é LI (pois nenhum vetor é múltiplo escalar do outro), ele constitui uma base de S. Logo, dim S = 2.

b) Tendo em vista que $\dim P_2 = 3$, precisamos acrescentar um vetor v ao conjunto $\{v_1, v_2\}$ de modo que $v \neq a_1 v_1 + a_2 v_2$. Um deles é o vetor $v = t^2$ ou $(v)_A = (1, 0, 0)$. (verificação a cargo do leitor).

Logo, o conjunto:

$$\{t^2 - 2t + 1, \; t + 2, \; t^2\}$$

é uma base de P_2.

18) Determinar uma base e a dimensão do espaço-solução do sistema homogêneo

$$\begin{cases} x + 2y - 4z + 3t = 0 \\ x + 2y - 2z + 2t = 0 \\ 2x + 4y - 2z + 3t = 0 \end{cases}$$

Solução

O conjunto-solução do sistema é:

$$S = \{(x, y, z, t) / t = 2z \; \text{ e } \; x = -2y - 2z\}$$

que é um subespaço vetorial do $\mathbb{R}^4$.

Tendo em vista serem duas as variáveis livres (y e z), conclui-se que $\dim S = 2$. Logo, qualquer subconjunto de S com dois vetores LI forma uma base de S. Façamos

(1) $y = 1, \; z = 0$

(2) $y = 0, \; z = 1$

para obter os vetores

$v_1 = (-2, 1, 0, 0)$ e $v_2 = (-2, 0, 1, 2)$

O conjunto $\{v_1, v_2\}$ é uma base de S.

2.9 ESPAÇOS VETORIAIS ISOMORFOS

Consideremos o espaço vetorial

$$V = P_3 = \{at^3 + bt^2 + ct + d / a, b, c, d \in \mathbb{R}\}$$

e seja $B = \{v_1, v_2, v_3, v_4\}$ uma base de P_3. Fixada uma base, para cada vetor $v \in P_3$, existe uma só quádrupla $(a_1, a_2, a_3, a_4) \in \mathbb{R}^4$ tal que:

$$v = a_1 v_1 + a_2 v_2 + a_3 v_3 + a_4 v_4$$

Reciprocamente, dada uma quádrupla $(a_1, a_2, a_3, a_4) \in \mathbb{R}^4$, existe um só vetor em P_3 da forma:

$$a_1 v_1 + \dots + a_4 v_4$$

Assim sendo, a base $B = \{v_1, \dots, v_4\}$ determina uma *correspondência biunívoca* entre os vetores de P_3 e as quádruplas $(a_1, \dots, a_4)$ em $\mathbb{R}^4$.

Observemos ainda que:

a) Se $v = a_1 v_1 + \dots + a_4 v_4 \in P_3$ corresponde a $(a_1, \dots, a_4) \in \mathbb{R}^4$ e $w = b_1 v_1 + \dots + b_4 v_4 \in P_3$ corresponde a $(b_1, \dots, b_4) \in \mathbb{R}^4$ então:

$$v + w = (a_1 + b_1) v_1 + \dots + (a_4 + b_4) v_4 \in P_3$$

corresponde a

$$(a_1 + b_1, \dots, a_4 + b_4) \in \mathbb{R}^4$$

b) Para $k \in \mathbb{R}$,

$$kv = (ka_1) v_1 + \dots + (ka_4) v_4 \in P_3$$

corresponde a

$$(ka_1, \dots, ka_4) \in \mathbb{R}^4.$$

Assim, quando os vetores de P_3 são representados como combinação linear dos vetores da base $B = \{v_1, v_2, v_3, v_4\}$, a adição de vetores e a multiplicação por escalar se "comportam" exatamente da mesma forma como se fossem quádruplas do $\mathbb{R}^4$.

Em outras palavras diríamos que a correspondência biunívoca entre P_3 e $\mathbb{R}^4$ preserva as operações de adição de vetores e multiplicação por escalar, isto é:

$$(v + w)_B = v_B + w_B \quad e \quad (kv)_B = k(v_B)$$

e, nesse caso, dizemos que os espaços P_3 e $\mathbb{R}^4$ são *isomorfos*.

Observemos ainda que o espaço vetorial $M(2, 2)$ é também isomorfo ao $\mathbb{R}^4$.

De forma análoga, prova-se que:

P_2 é isomorfo a $\mathbb{R}^3$

$M(3, 1)$ é isomorfo a $\mathbb{R}^3$

$M(2, 1)$ é isomorfo a $\mathbb{R}^2$

e assim por diante.

De um modo geral, tem-se:

"Se V *é um espaço vetorial sobre* $\mathbb{R}$ *e* $\dim V = n$, *então* V *e* $\mathbb{R}^n$ *são isomorfos.*"

2.10 PROBLEMAS PROPOSTOS

Nos problemas 1 a 7 apresenta-se um conjunto com as operações de adição e multiplicação por escalar nele definidas. Verificar quais deles são espaços vetoriais. Para aqueles que não são espaços vetoriais, citar os axiomas que não se verificam.

1) $\mathbb{R}^3$, $(x, y, z) + (x', y', z') = (x + x', y + y', z + z')$

$k(x, y, z) = (0, 0, 0)$

2) $\{(x, 2x, 3x); x \in \mathbb{R}\}$ com as operações usuais

3) $\mathbb{R}^2$, $(a, b) + (c, d) = (a, b)$ e $\alpha(a, b) = (\alpha a, \alpha b)$

4) $\mathbb{R}^2, (x, y) + (x', y') = (x + x', y + y')$ e $\alpha(x, y) = (\alpha^2 x, \alpha^2 y)$

5) $\mathbb{R}^2, (x, y) + (x', y') = (x + x', y + y')$ e $\alpha(x, y) = (\alpha x, 0)$

6) $A = \{(x, y) \in \mathbb{R}^2 / y = 5x\}$ com as operações usuais

7) $A = \left\{ \begin{bmatrix} 0 & a \\ b & 0 \end{bmatrix} \in M(2, 2)/a, b \in \mathbb{R} \right\}$ com as operações usuais

Nos problemas 8 a 13 são apresentados subconjuntos de $\mathbb{R}^2$. Verificar quais deles são subespaços vetoriais do $\mathbb{R}^2$ relativamente às operações de adição e multiplicação por escalar usuais.

8) $S = \{(x, y)/y = -x\}$

9) $S = \{(x, x^2); x \in \mathbb{R}\}$

10) $S = \{(x, y)/x + 3y = 0\}$

11) $S = \{(y, y); y \in \mathbb{R}\}$

12) $S = \{(x, y)/y = x + 1\}$

13) $S = \{(x, y)/x \geq 0\}$

Nos problemas 14 a 25 são apresentados subconjuntos de $\mathbb{R}^3$. Verificar quais são seus subespaços em relação às operações de adição e multiplicação por escalar usuais. Para os que são subespaços, mostrar que as duas condições estão satisfeitas. Caso contrário, citar um contra-exemplo.

14) $S = \{(x, y, z)/x = 4y$ e $z = 0\}$

15) $S = \{(x, y, z)/z = 2x - y\}$

16) $S = \{(x, y, z)/x = z^2\}$

17) $S = \{(x, y, z)/y = x + 2$ e $z = 0\}$

18) $S = \{(x, x, x); x \in \mathbb{R}\}$

19) $S = \{(x, x, 0)/x \in \mathbb{R}\}$

20) $S = \{(x, y, z)/xy = 0\}$

21) $S = \{(x, y, z)/x = 0 \text{ e } y = |z|\}$

22) $S = \{(x, -3x, 4x); x \in \mathbb{R}\}$

23) $S = \{(x, y, z)/x \geq 0\}$

24) $S = \{(x, y, z)/x + y + z = 0\}$

25) $S = \{(4t, 2t, -t); t \in \mathbb{R}\}$

26) Verificar se os subconjuntos abaixo são subespaços de $M(2, 2)$:

a) $S = \left\{ \begin{bmatrix} a & b \\ c & d \end{bmatrix} ; c = a + b \text{ e } d = 0 \right\}$

b) $S = \left\{ \begin{bmatrix} a & b \\ 0 & c \end{bmatrix} ; a, b, c \in \mathbb{R} \right\}$ (matrizes triangulares superiores)

c) $S = \left\{ \begin{bmatrix} a & b \\ b & c \end{bmatrix} ; a, b, c \in \mathbb{R} \right\}$ (matrizes simétricas)

d) $S = \left\{ \begin{bmatrix} a & a+b \\ a-b & b \end{bmatrix} ; a, b \in \mathbb{R} \right\}$

e) $S = \left\{ \begin{bmatrix} a & 1 \\ a & b \end{bmatrix} ; a, b \in \mathbb{R} \right\}$

f) $S = \left\{ \begin{bmatrix} a & b \\ c & d \end{bmatrix} ; ad - bc \neq 0 \right\}$ (conjunto de matrizes inversíveis)

27) Sejam os vetores $u = (2, -3, 2)$ e $v = (-1, 2, 4)$ em $\mathbb{R}^3$.

a) Escrever o vetor $w = (7, -11, 2)$ como combinação linear de u e v.

b) Para que valor de k o vetor $(-8, 14, k)$ é combinação linear de u e v?

c) Determinar uma condição entre a, b e c para que o vetor (a, b, c) seja uma combinação linear de u e v.

28) Consideremos no espaço $P_2 = \{ at^2 + bt + c / a, b, c \in \mathbb{R} \}$ os vetores $p_1 = t^2 - 2t + 1$, $p_2 = t + 2$ e $p_3 = 2t^2 - t$.

a) Escrever o vetor $p = 5t^2 - 5t + 7$ como combinação linear de p_1, p_2 e p_3.

b) Escrever o vetor $p = 5t^2 - 5t + 7$ como combinação linear de p_1 e p_2.

c) Determinar uma condição para a, b e c de modo que o vetor $at^2 + bt + c$ seja combinação linear de p_2 e p_3.

d) É possível escrever p_1 como combinação linear de p_2 e p_3?

29) Seja o espaço vetorial $M(2, 2)$ e os vetores

$v_1 = \begin{bmatrix} 1 & 0 \\ 1 & 1 \end{bmatrix}$, $v_2 = \begin{bmatrix} -1 & 2 \\ 0 & 1 \end{bmatrix}$ e $v_3 = \begin{bmatrix} 0 & -1 \\ 2 & 1 \end{bmatrix}$

Escrever o vetor

$$v = \begin{bmatrix} 1 & 8 \\ 0 & 5 \end{bmatrix}$$

como combinação linear dos vetores v_1, v_2 e v_3.

30) Escrever o vetor $0 \in \mathbb{R}^2$ como combinação linear dos vetores

a) $v_1 = (1, 3)$ e $v_2 = (2, 6)$

b) $v_1 = (1, 3)$ e $v_2 = (2, 5)$

31) Sejam os vetores $v_1 = (-1, 2, 1)$, $v_2 = (1, 0, 2)$ e $v_3 = (-2, -1, 0)$. Expressar cada um dos vetores $u = (-8, 4, 1)$, $v = (0, 2, 3)$ e $w = (0, 0, 0)$ como combinação linear de v_1, v_2 e v_3.

32) Expressar o vetor $u = (-1, 4, -4, 6) \in \mathbb{R}^4$ como combinação linear dos vetores $v_1 = (3, -3, 1, 0)$, $v_2 = (0, 1, -1, 2)$ e $v_3 = (1, -1, 0, 0)$.

33) Seja S o subespaço do $\mathbb{R}^4$ definido por:

$S = \{ (x, y, z, t) \in \mathbb{R}^4 / x + 2y - z = 0 \text{ e } t = 0 \}$

Pergunta-se:

a) $(-1, 2, 3, 0) \in S$?

b) $(3, 1, 4, 0) \in S$?

c) $(-1, 1, 1, 1) \in S$?

34) Seja S o subespaço de $M(2, 2)$:

$$S = \left\{ \begin{bmatrix} a - b & 2a \\ a + b & -b \end{bmatrix} ; a, b \in \mathbb{R} \right\}$$

Pergunta-se:

a) $\begin{bmatrix} 5 & 6 \\ 1 & 2 \end{bmatrix} \in S?$

b) Qual deve ser o valor de k para que o vetor

$\begin{bmatrix} -4 & k \\ 2 & -3 \end{bmatrix}$

pertença a S?

35) Determinar os subespaços do $\mathbb{R}^3$ gerados pelos seguintes conjuntos:

a) A = { (2, -1, 3) }

b) A = { (-1, 3, 2), (2, -2, 1) }

c) A = { (1, 0, 1), (0, 1, 1), (-1, 1, 0) }

d) A = { (-1, 1, 0), (0, 1, -2), (-2, 3, 1) }

e) A = { (1, 2, -1), (-1, 1, 0), (-3, 0, 1), (-2, -1, 1) }

f) A = { (1, 2, -1), (-1, 1, 0), (0, 0, 2), (-2, 1, 0) }

36) Seja o conjunto $A = \{v_1, v_2\}$, sendo $v_1 = (-1, 3, -1)$ e $v_2 = (1, -2, 4)$.

Determinar:

a) O subespaço G(A).

b) O valor de k para que o vetor v = (5, k, 11) pertença a G(A).

37) Sejam os vetores $v_1 = (1, 1, 1)$, $v_2 = (1, 2, 0)$ e $v_3 = (1, 3, -1)$. Se $(3, -1, k) \in [v_1, v_2, v_3]$, qual o valor de k?

38) Determinar os subespaços de P_2 (espaço vetorial dos polinômios de grau ≤ 2) gerados pelos seguintes vetores:

a) $p_1 = 2x + 2$, $p_2 = -x^2 + x + 3$ e $p_3 = x^2 + 2x$

b) $p_1 = x^2$, $p_2 = x^2 + x$

c) $p_1 = 1$, $p_2 = x$, $p_3 = x^2$

39) Determinar o subespaço $G(A)$ para $A = \{(1, -2), (-2, 4)\}$. O que representa geometricamente esse subespaço?

40) Mostrar que os vetores $v_1 = (2, 1)$ e $v_2 = (1, 1)$ geram o $\mathbb{R}^2$.

41) Mostrar que os vetores $v_1 = (1, 1, 1)$, $v_2 = (0, 1, 1)$ e $v_3 = (0, 0, 1)$ geram o $\mathbb{R}^3$.

42) Seja o espaço vetorial $M(2, 2)$. Determinar seus subespaços gerados pelos vetores

a) $v_1 = \begin{bmatrix} -1 & 2 \\ 1 & 0 \end{bmatrix}$ e $v_2 = \begin{bmatrix} 2 & 1 \\ -1 & -1 \end{bmatrix}$

b) $v_1 = \begin{bmatrix} -1 & 0 \\ 0 & 1 \end{bmatrix}$, $v_2 = \begin{bmatrix} 1 & -1 \\ 0 & 0 \end{bmatrix}$ e $v_3 = \begin{bmatrix} 0 & 1 \\ 1 & 0 \end{bmatrix}$

43) Determinar o subespaço de P_3 (espaço dos polinômios de grau ≤ 3) gerado pelos vetores $p_1 = x^3 + 2x^2 - x + 3$ e $p_2 = -2x^3 - x^2 + 3x + 2$.

44) Determinar o subespaço de $\mathbb{R}^4$ gerado pelos vetores $u = (2, -1, 1, 4)$, $v = (3, 3, -3, 6)$ e $w = (0, 4, -4, 0)$.

45) Verificar se o vetor $v = (-1, -3, 2, 0)$ pertence ao subespaço do $\mathbb{R}^4$ gerado pelos vetores $v_1 = (2, -1, 3, 0)$, $v_2 = (1, 0, 1, 0)$ e $v_3 = (0, 1, -1, 0)$.

46) Classificar os seguintes subconjuntos do $\mathbb{R}^2$ em LI ou LD:

a) $\{(1, 3)\}$

b) $\{(1, 3), (2, 6)\}$

c) $\{(2, -1), (3, 5)\}$

d) $\{(1, 0), (-1, 1), (3, 5)\}$

47) Classificar os seguintes subconjuntos do $\mathbb{R}^3$ em LI ou LD:

a) $\{(2, -1, 3)\}$

b) $\{(1, -1, 1), (-1, 1, 1)\}$

c) $\{(2, -1, 0), (-1, 3, 0), (3, 5, 0)\}$

d) $\{(2, 1, 3), (0, 0, 0), (1, 5, 2)\}$

e) $\{(1, 2, -1), (2, 4, -2), (1, 3, 0)\}$

f) $\{(1, -1, -2), (2, 1, 1), (-1, 0, 3)\}$

g) $\{(1, 2, -1), (1, 0, 0), (0, 1, 2), (3, -1, 2)\}$

48) Quais dos seguintes conjuntos de vetores pertencentes ao P_2 são LD?

a) $2 + x - x^2, -4 - x + 4x^2, x + 2x^2$

b) $1 - x + 2x^2, x - x^2, x^2$

c) $1 + 3x + x^2, 2 - x - x^2, 1 + 2x - 3x^2, -2 + x + 3x^2$

d) $x^2 - x + 1, x^2 + 2x$

49) Quais dos seguintes conjuntos de vetores do $\mathbb{R}^4$ são LD?

a) $(2, 1, 0, 0), (1, 0, 2, 1), (-1, 2, 0, -1)$

b) $(0, 1, 0, -1), (1, 1, 1, 1), (-1, 2, 0, 1), (1, 2, 1, 0)$

c) $(1, -1, 0, 0), (0, 1, 0, 0), (0, 0, 1, -1), (1, 2, 1, -2)$

d) $(1, 1, 2, 4), (1, -1, -4, 2), (0, -1, -3, 1), (2, 1, 1, 5)$

50) Sendo V o espaço vetorial das matrizes 2×3, verificar se $\{A, B, C\}$ é LI ou LD, sendo

$$A = \begin{bmatrix} -1 & 2 & 1 \\ 3 & -2 & 4 \end{bmatrix}, \quad B = \begin{bmatrix} 0 & -1 & 2 \\ -2 & 1 & 0 \end{bmatrix} \quad e \quad C = \begin{bmatrix} -1 & 0 & 5 \\ -1 & 0 & 3 \end{bmatrix}$$

51) Determinar o valor de k para que seja LI o conjunto

$\{(-1, 0, 2), (1, 1, 1), (k, -2, 0)\}$

52) Determinar k para que

$$\left\{ \begin{bmatrix} 1 & 0 \\ 1 & 0 \end{bmatrix}, \begin{bmatrix} 1 & 1 \\ 0 & 0 \end{bmatrix}, \begin{bmatrix} 2 & -1 \\ k & 0 \end{bmatrix} \right\}$$

seja LD.

53) Mostrar que são LD os vetores v_1, v_2 e v_3, com v_1 e v_2 vetores arbitrários de um espaço vetorial V e $v_3 = 2v_1 - v_2$.

54) Mostrar que se u, v e w são LI, então u + v, u + w e v + w são também LI.

55) Sendo $v_1 = (1, 2) \in \mathbb{R}^2$, determinar $v_2 \in \mathbb{R}^2$ tal que $\{v_1, v_2\}$ seja base de $\mathbb{R}^2$.

56) Verificar quais dos seguintes conjuntos de vetores formam base do $\mathbb{R}^2$:

a) $\{(1, 2,), (-1, 3)\}$ c) $\{(0, 0), (2, 3)\}$

b) $\{(3, -6), (-4, 8)\}$ d) $\{(3, -1), (2, 3)\}$

57) Para que valores de k o conjunto $\beta = \{(1, k), (k, 4)\}$ é base do $\mathbb{R}^2$?

58) O conjunto $\beta = \{(2, -1), (-3, 2)\}$ é uma base do $\mathbb{R}^2$. Escrever o vetor genérico do $\mathbb{R}^2$ como combinação linear de β.

59) Quais dos seguintes conjuntos de vetores formam uma base do $\mathbb{R}^3$?

a) $(1, 1, -1), (2, -1, 0), (3, 2, 0)$

b) $(1, 0, 1), (0, -1, 2), (-2, 1, -4)$

c) $(2, 1, -1), (-1, 0, 1), (0, 0, 1)$

d) $(1, 2, 3), (4, 1, 2)$

e) $(0, -1, 2), (2, 1, 3), (-1, 0, 1), (4, -1, -2)$

60) Quais dos seguintes conjuntos de vetores formam base de P_2?

a) $2t^2 + t - 4, \; t^2 - 3t + 1$

b) $1, t, t^2$

c) $2, 1 - x, 1 + x^2$

d) $1 + x + x^2, \; x + x^2, \; x^2$

e) $1 + x, \; x - x^2, \; 1 + 2x - x^2$

61) Mostrar que o conjunto

$$\left\{ \begin{bmatrix} 2 & 3 \\ -1 & 0 \end{bmatrix}, \begin{bmatrix} 1 & -1 \\ 0 & -2 \end{bmatrix}, \begin{bmatrix} -3 & -2 \\ 1 & -1 \end{bmatrix}, \begin{bmatrix} 3 & -7 \\ -2 & 5 \end{bmatrix} \right\}$$

é uma base de $M(2, 2)$.

62) Mostrar que o conjunto

$\{(1, 1, 0, 0), (0, 0, 1, 1), (1, 0, 0, 3), (0, 0, 0, 5)\}$

é base do $\mathbb{R}^4$.

63) O conjunto

$A = \{ t^3, 2t^2 - t + 3, t^3 - 3t^2 + 4t - 1 \}$

é base de P_3? Justificar.

64) Mostrar que os vetores $v_1 = (1, 1, 1)$, $v_2 = (1, 2, 3)$, $v_3 = (3, 0, 2)$ e $v_4 = (2, -1, 1)$ geram o $\mathbb{R}^3$ e encontrar uma base dentre os vetores v_1, v_2, v_3 e v_4.

65) Mostrar que os polinômios $p_1 = 1 + 2x - 3x^2$, $p_2 = 1 - 3x + 2x^2$ e $p_3 = 2 - x + 5x^2$ formam uma base do espaço dos polinômios de grau ≤ 2 e calcular o vetor-coordenada de $p = -2 - 9x - 13x^2$ na base $\beta = \{p_1, p_2, p_3\}$.

66) Determinar uma base do subespaço do $\mathbb{R}^4$ gerado pelos vetores $v_1 = (1, -1, 0, 0)$, $v_2 = (-2, 2, 2, 1)$, $v_3 = (-1, 1, 2, 1)$ e $v_4 = (0, 0, 4, 2)$.

67) Seja $V = \mathbb{R}^3$ e o conjunto

$B = \{ (0, 1, 1), (1, 1, 0), (1, 2, 1) \} \subset \mathbb{R}^3$

a) Mostrar que B não é base do $\mathbb{R}^3$.

b) Determinar uma base do $\mathbb{R}^3$ que possua dois elementos de B.

68) Determinar o vetor coordenada de $v = (6, 2)$ em relação às seguintes bases:

$\alpha = \{ (3, 0), (0, 2) \}$ $\gamma = \{ (1, 0), (0, 1) \}$

$\beta = \{ (1, 2), (2, 1) \}$ $\delta = \{ (0, 1), (1, 0) \}$

69) No espaço vetorial $\mathbb{R}^3$, consideremos a seguinte base: $B = \{ (1, 0, 0), (0, 1, 0), (1, -1, 1) \}$. Determinar o vetor coordenada de $v \in \mathbb{R}^3$ em relação à base B se:

a) $v = (2, -3, 4)$,   b) $v = (3, 5, 6)$,   c) $v = (1, -1, 1)$

70) Seja $A = \{ 3, 2x, -x^2 \}$ uma base de P_2. Determinar o vetor-coordenada de $v = 6 - 4x + 3x^2$ em relação à base A.

71) Sejam os vetores $v_1 = (1, 0, -1)$, $v_2 = (1, 2, 1)$ e $v_3 = (0, -1, 0)$ do $\mathbb{R}^3$.

   a) Mostrar que $B = \{v_1, v_2, v_3\}$ é base do $\mathbb{R}^3$.

   b) Escrever $e_1 = (1, 0, 0)$, $e_2 = (0, 1, 0)$, $e_3 = (0, 0, 1)$ como combinação linear dos vetores da base B.

72) Determinar a dimensão e uma base para cada um dos seguintes espaços vetoriais:

   a) $\{(x, y, z) \in \mathbb{R}^3 / y = 3x\}$

   b) $\{(x, y, z) \in \mathbb{R}^3 / y = 5x \text{ e } z = 0\}$

   c) $\{(x, y) \in \mathbb{R}^2 / x + y = 0\}$

   d) $\{(x, y, z) \in \mathbb{R}^3 / x = 3y \text{ e } z = -y\}$

   e) $\{(x, y, z) \in \mathbb{R}^3 / 2x - y + 3z = 0\}$

   f) $\{(x, y, z) \in \mathbb{R}^3 / z = 0\}$

73) Determinar a dimensão e uma base para cada um dos seguintes subespaços vetoriais de $M(2, 2)$:

   a) $\left\{ \begin{bmatrix} a & b \\ c & d \end{bmatrix} ; \ b = a + c \text{ e } d = c \right\}$

   b) $\left\{ \begin{bmatrix} a & b \\ c & d \end{bmatrix} ; \ b = a + c \right\}$

   c) $\left\{ \begin{bmatrix} a & b \\ c & d \end{bmatrix} ; \ c = a - 3b \text{ e } d = 0 \right\}$

d) $\left\{ \begin{bmatrix} a & b \\ c & d \end{bmatrix} ; \; a + d = b + c \right\}$

74) Seja o subespaço S de M(2, 2):

$S = \left\{ \begin{bmatrix} a & b \\ c & d \end{bmatrix} / c = a + b \text{ e } d = a \right\}$

a) Qual a dimensão de S?

b) O conjunto

$\left\{ \begin{bmatrix} 1 & -1 \\ 0 & 1 \end{bmatrix}, \begin{bmatrix} 2 & 1 \\ 3 & 4 \end{bmatrix} \right\}$

é uma base de S? Justificar.

75) Encontrar uma base e a dimensão do espaço-solução dos sistemas:

a) $\begin{cases} x + 2y - 2z - t = 0 \\ 2x + 4y + z + t = 0 \\ x + 2y + 3z + 2t = 0 \end{cases}$

b) $\begin{cases} x + 2y - z + 3t = 0 \\ 2x - y + z - t = 0 \\ 4x + 3y - z + 5t = 0 \end{cases}$

c) $\begin{cases} x - 2y - z = 0 \\ 2x + y + 3z = 0 \\ x + 3y + 4z = 0 \end{cases}$

d) $\begin{cases} 2x + 2y - 3z = 0 \\ x - y - z = 0 \\ 3x + 2y + z = 0 \end{cases}$

e) $\begin{cases} x + y - 2z + t = 0 \\ 2x + 2y - 4z + 2t = 0 \end{cases}$

2.10.1 Respostas de Problemas Propostos

1. Não é espaço vetorial. Falha o axioma M_4

2. O conjunto é um espaço vetorial

3. Não é espaço vetorial. Falham os axiomas A_2, A_3 e A_4

4. Não é espaço vetorial. Falha o axioma M_2

5. Não é espaço vetorial. Falha o axioma M_4

6. O conjunto é um espaço vetorial

7. O conjunto é um espaço vetorial

8. S é subespaço

9. S não é subespaço

10. É

11. É

12. Não é

13. Não é

14. É

15. É

16. Não é

17. Não é

18. É

19. É

20. Não é

21. Não é

22. É

23. Não é

24. É

25. É

26. São subespaços: a), b), c), d)

27. a) w = 3u - v

    b) k = 12

    c) 16a + 10b - c = 0

28. a) p = 3p$_1$ + 2p$_2$ + p$_3$

    b) impossível

    c) a + 2b - c = 0

    d) não é possível

29. v = 4v$_1$ + 3v$_2$ - 2v$_3$

30. a) 0 = -2v$_1$ + v$_2$

    b) 0 = 0v$_1$ + 0v$_2$

31. u = 3v$_1$ - v$_2$ + 2v$_3$

    v = v$_1$ + v$_2$

    w = 0v$_1$ + 0v$_2$ + 0v$_3$

32. $v = -v_1 + 3v_2 + 2v_3$

33. a) sim b) não c) não

34. a) sim b) $k = -2$

35. a) $\{(x, y, z) \in \mathbb{R}^3 / x = -2y \text{ e } z = -3y\}$

   b) $\{(x, y, z) \in \mathbb{R}^3 / 7x + 5y - 4z = 0\}$

   c) $\{(x, y, z) \in \mathbb{R}^3 / x + y - z = 0\}$

   d) $\mathbb{R}^3$

   e) $\{(x, y, z) \in \mathbb{R}^3 / x + y + 3z = 0\}$

   f) $\mathbb{R}^3$

36. a) $G(A) = \{(x, y, z) \in \mathbb{R}^3 / 10x + 3y - z = 0\}$

   b) $k = -13$

37. $k = 7$

38. a) $\{ax^2 + bx + c / b = 2a + c\}$

   b) $\{ax^2 + bx / a, b \in \mathbb{R}\}$

   c) P_2

39. $\{(x, y) \in \mathbb{R}^2 / y = -2x\}$

   Representa uma reta que passa pela origem.

40. $(x, y) = (x - y)(2, 1) + (-x + 2y)(1, 1)$

41. $(x, y, z) = xv_1 + (y - x)v_2 + (z - y)v_3$

42. a) $\left\{ \begin{bmatrix} a & b \\ c & d \end{bmatrix} ; b = -2a - 5d \text{ e } c = -a - d \right\}$

b) $\left\{ \begin{bmatrix} a & b \\ c & d \end{bmatrix} ; \ a+b-c+d=0 \right\}$

43. $\{ax^3 + bx^2 + cx + d / b = 5a + 3c \ \text{ e } \ d = 11a + 8c\}$

44. $\{(x, y, z, t)/2x - t = 0 \ \text{ e } \ y + z = 0\}$

45. Pertence.

46. a) LI   b) LD   c) LI   d) LD

47. a) LI   b) LI   c) LD   d) LD

    e) LD   f) LI   g) LD

48. a, c

49. b, d

50. LI

51. $k \neq -3$

52. $k = 3$

55. $v_2 \neq kv_1, \ \forall k \in \mathbb{R}$

56. a, d

57. $k \neq \pm 2$

58. $(x, y) = (2x + 3y)(2, -1) + (x + 2y)(-3, 2)$

59. a), c)

60. b), c), d)

63. Não. $G(A) \neq \mathbb{R}^3$.

64. Base: $\{v_1, v_2, v_3\}$

65. $p_\beta = (1, 5, -4)$

66. Uma base: $\{v_1, v_2\}$.

67. Uma base: $\{(0, 1, 1), (1, 1, 0), (0, 0, 1)\}$

68. $v_\alpha = (2, 1), \quad v_\beta = (-\frac{2}{3}, \frac{10}{3})$

    $v_\gamma = (6, 2), \quad v_\delta = (2, 6)$

69. a) $v_B = (-2, 1, 4)$

    b) $v_B = (-3, 11, 6)$

    c) $v_B = (0, 0, 1)$

70. $v_A = (2, -2, -3)$

71. a) B é LI e $\forall (x, y, z) \in \mathbb{R}^3$

    $(x, y, z) = \frac{x-z}{2} v_1 + \frac{x+z}{2} v_2 + (x - y + z) v_3$

    b) $e_1 = \frac{1}{2} v_1 + \frac{1}{2} v_2 + v_3$

    $e_2 = -v_3$

    $e_3 = -\frac{1}{2} v_1 + \frac{1}{2} v_2 + v_3$

72. a) dim: 2   d) dim: 1

    b) dim: 1   e) dim: 2

    c) dim: 1   f) dim: 2

As bases ficarão a cargo do leitor.

73. a) dim: 2   c) dim: 2
    b) dim: 3   d) dim: 3
As bases ficarão a cargo do leitor.

74. a) 2

    b) Não, porque

    $$\begin{bmatrix} 2 & 1 \\ 3 & 4 \end{bmatrix} \notin S$$

75. a) dim: 2
    uma base: $\{(1, 0, 3, -5), (0, 1, 6, -10)\}$

    b) dim: 2
    uma base: $\{(0, -2, -1, 1), (1, -3, -5, 0)\}$

    c) dim: 1
    uma base: $\{(1, 1, -1)\}$

    d) dim: zero
    não existe base

    e) dim: 3
    uma base: $\{(-1, 0, 0, 1), (-1, 1, 0, 0), (2, 0, 1, 0)\}$

CAPÍTULO 3

ESPAÇOS VETORIAIS EUCLIDIANOS

3.1 PRODUTO INTERNO EM ESPAÇOS VETORIAIS

No Capítulo 1, foi definido o *produto escalar* ou *produto interno usual* de dois vetores no $\mathbb{R}^2$ e no $\mathbb{R}^3$ e foram estabelecidas, por meio desse produto, algumas propriedades geométricas daqueles vetores. Agora pretende-se generalizar o conceito de produto interno e, a partir dessa generalização, definir as noções de comprimento, distância e ângulo em espaços vetoriais mais genéricos.

Chama-se *produto interno* no espaço vetorial V uma função de $V \times V$ em $\mathbb{R}$ que a todo par de vetores $(u, v) \in V \times V$ associa um número real, indicado por $u \cdot v$ ou $<u, v>$, tal que os seguintes *axiomas* sejam verificados:

P_1) $u \cdot v = v \cdot u$

P_2) $u \cdot (v + w) = u \cdot v + u \cdot w$

P_3) $(\alpha u) \cdot v = \alpha (u \cdot v)$ para todo real α

P_4) $u \cdot u \geqslant 0$ e $u \cdot u = 0$ se, e somente se, $u = 0$

Observações

a) O número real $u \cdot v$ é chamado *produto interno* dos vetores u e v.

b) Dos quatro axiomas da definição acima decorrem as propriedades:

I) $0 \cdot u = u \cdot 0 = 0, \forall u \in V$

II) $(u + v) \cdot w = u \cdot w + v \cdot w$

III) $u \cdot (\alpha v) = \alpha(u \cdot v)$

IV) $u \cdot (v_1 + v_2 + \ldots + v_n) = u \cdot v_1 + u \cdot v_2 + \ldots + u \cdot v_n$

Fica a cargo do leitor a demonstração dessas propriedades.

Exemplos

1) No espaço vetorial $V = \mathbb{R}^2$, a função que associa a cada par de vetores $u = (x_1, y_1)$ e $v = (x_2, y_2)$ o número real

$u \cdot v = 3x_1 x_2 + 4y_1 y_2$

é um produto interno.

De fato:

P_1) $u \cdot v = 3x_1 x_2 + 4y_1 y_2$
$u \cdot v = 3x_2 x_1 + 4y_2 y_1$
$u \cdot v = v \cdot u$

P_2) Se $w = (x_3, y_3)$, então:

$u \cdot (v + w) = (x_1 y_1) \cdot (x_2 + x_3, y_2 + y_3)$
$u \cdot (v + w) = 3x_1(x_2 + x_3) + 4y_1(y_2 + y_3)$
$u \cdot (v + w) = (3x_1 x_2 + 4y_1 y_2) + (3x_1 x_3 + 4y_1 y_3)$
$u \cdot (v + w) = u \cdot v + u \cdot w$

P_3) $(\alpha u) \cdot v = (\alpha x_1, \alpha y_1) \cdot (x_2, y_2)$
$(\alpha u) \cdot v = 3(\alpha x_1) x_2 + 4(\alpha y_1) y_2$
$(\alpha u) \cdot v = \alpha(3x_1 x_2 + 4y_1 y_2)$
$(\alpha u) \cdot v = \alpha(u \cdot v)$

P_4) $u \cdot u = 3x_1 x_1 + 4y_1 y_1 = 3x_1^2 + 4y_1^2 \geq 0$ e
$u \cdot u = 3x_1^2 + 4y_1^2 = 0$ se, e somente se, $x_1 = y_1 = 0$,
isto é, se $u = (0, 0) = 0$.

Observação

O produto interno que acabamos de apresentar é diferente do produto interno usual no $\mathbb{R}^2$. Este seria definido por:

$$u \cdot v = x_1 x_2 + y_1 y_2$$

donde se depreende ser possível a existência de mais de um produto interno num mesmo espaço vetorial.

2) Se $u = (x_1, y_1, z_1)$ e $v = (x_2, y_2, z_2)$ são vetores quaisquer do $\mathbb{R}^3$, o número real

$$u \cdot v = x_1 x_2 + y_1 y_2 + z_1 z_2$$

define o produto interno usual no $\mathbb{R}^3$.

De forma análoga

$$u \cdot v = x_1 y_1 + x_2 y_2 + \ldots + x_n y_n$$

com $u = (x_1, x_2, \ldots, x_n)$ e $v = (y_1, y_2, \ldots, y_n)$, define o produto interno usual no $\mathbb{R}^n$.

3) Sejam $V = P_2$, $p = a_2 x^2 + a_1 x + a_0$ e $q = b_2 x^2 + b_1 x + b_0$ vetores quaisquer de P_2. A fórmula

$$p \cdot q = a_2 b_2 + a_1 b_1 + a_0 b_0$$

define um produto interno em P_2.

Por exemplo, se:

$$p = 3x^2 - 4x + 2 \quad \text{e} \quad q = 2x^2 + 3x - 1,$$

então:

$$p \cdot q = 3(2) - 4(3) + 2(-1) = -8$$

Observemos que

$$p \cdot q = a_2 b_2 + a_1 b_1$$

não define, sobre V, um produto interno. Nesse caso, falha o axioma P_4, pois existem polinômios $p \in V$ tais que $p \cdot p = 0$, sem que $p = 0$. Por exemplo, $p = 0x^2 + 0x + 3$.

4) Seja V o espaço das funções reais contínuas no intervalo [a, b].

Se f e g pertencem a V,

$$f \cdot g = \int_a^b f(x) g(x) \, dx$$

define sobre V um produto interno. (A verificação dos quatro axiomas fica a cargo do leitor.)

5) O número

$$u \cdot v = 2x_1 x_2 + y_1^2 y_2^2$$

sendo $u = (x_1, y_1)$ e $v = (x_2, y_2)$, não define no $\mathbb{R}^2$ um produto interno.

Nesse caso não se verificam os axiomas P_2 e P_3. Considerando o axioma P_3, tem-se:

$$(\alpha u) \cdot v = (\alpha x_1, \alpha y_1) \cdot (x_2, y_2) = 2\alpha x_1 x_2 + \alpha^2 y_1^2 y_2^2$$

enquanto:

$$\alpha(u \cdot v) = \alpha(2x_1 x_2 + y_1^2 y_2^2) = 2\alpha x_1 x_2 + \alpha y_1^2 y_2^2$$

e, portanto:

$$(\alpha u) \cdot v \neq \alpha(u \cdot v)$$

3.1.1 Problemas Resolvidos

1) Em relação ao produto interno usual do $\mathbb{R}^2$, calcular $u \cdot v$ sendo dados:

a) $u = (-3, 4)$ e $v = (5, -2)$

b) $u = (6, -1)$ e $v = (\frac{1}{2}, -4)$

c) $u = (2, 3)$ e $v = (0, 0)$

Solução

a) u . v = -3(5) + 4(-2) = -15 - 8 = -23

b) u . v = $6(\frac{1}{2})$ - 1(-4) = 3 + 4 = 7

c) u . v = 2(0) + 3(0) = 0 + 0 = 0

2) Para os mesmos vetores do exercício anterior, calcular u . v em relação ao produto interno do exemplo 1:

u . v = $3x_1 x_2 + 4y_1 y_2$

Solução

a) u . v = 3(-3)(5) + 4(4)(-2) = -45 - 32 = -77

b) u . v = $3(6)(\frac{1}{2})$ + 4(-1)(-4) = 9 + 16 = 25

c) u . v = 3(2)(0) + 4(3)(0) = 0 + 0 = 0

3) Consideremos o $\mathbb{R}^3$ munido do produto interno usual.

Sendo $v_1 = (1, 2, -3)$, $v_2 = (3, -1, -1)$ e $v_3 = (2, -2, 0)$ de $\mathbb{R}^3$, determinar o vetor u tal que u . v_1 = 4, u . v_2 = 6 e u . v_3 = 2.

Solução

Seja u = (x, y, z)

Então:

(x, y, z) . (1, 2, -3) = 4
(x, y, z) . (3, -1, -1) = 6
(x, y, z) . (2, -2, 0) = 2

Efetuando os produtos internos indicados, resulta o sistema:

$$\begin{cases} x + 2y - 3z = 4 \\ 3x - y - z = 6 \\ 2x - 2y = 2 \end{cases}$$

cuja solução é $x = 3$, $y = 2$ e $z = 1$.

Logo, o vetor procurado é $u = (3, 2, 1)$.

4) Seja $V = \{f: [0, 1] \to \mathbb{R};\ f \text{ é contínua}\}$ o espaço vetorial munido do produto interno:

$$f \cdot g = \int_0^1 f(t)\, g(t)\, dt$$

Determinar $h_1 \cdot h_2$ e $h_1 \cdot h_1$, tais que $h_1, h_2 \in V$ e $h_1(t) = t$ e $h_2(t) = t^2$.

Solução

a) $h_1 \cdot h_2 = \int_0^1 h_1(t) h_2(t)\, dt = \int_0^1 t \cdot t^2\, dt = \int_0^1 t^3\, dt = [\frac{t^4}{4}]_0^1 = \frac{1}{4}$

b) $h_1 \cdot h_1 = \int_0^1 h_1(t) h_1(t)\, dt = \int_0^1 t \cdot t\, dt = \int_0^1 t^2\, dt = [\frac{t^3}{3}]_0^1 = \frac{1}{3}$

3.2 ESPAÇO VETORIAL EUCLIDIANO

Um espaço vetorial real, de dimensão finita, no qual está definido um produto interno, é um *espaço vetorial euclidiano*. Neste capítulo serão considerados somente espaços vetoriais euclidianos.

3.3 MÓDULO DE UM VETOR

Dado um vetor v de um espaço vetorial euclidiano V, chama-se *módulo, norma* ou *comprimento* de v o número real não-negativo, indicado por $|v|$, definido por:

$$|v| = \sqrt{v \cdot v}$$

Observemos que se $u = (x_1, y_1, z_1)$ for um vetor do $\mathbb{R}^3$ com produto interno usual, tem-se:

$$|u| = \sqrt{(x_1, y_1, z_1) \cdot (x_1, y_1, z_1)} = \sqrt{x_1^2 + y_1^2 + z_1^2} \qquad (3.3)$$

3.3.1 Distância entre dois vetores

Chama-se *distância* entre dois vetores (ou pontos) u e v o número real representado por $d(u, v)$ e definido por:

$$d(u, v) = |u - v|$$

Sendo $u = (x_1, y_1, z_1)$ e $v = (x_2, y_2, z_2)$ vetores do $\mathbb{R}^3$ com produto interno usual, tem-se:

$$d(u, v) = |u - v| = |(x_1 - x_2, y_1 - y_2, z_1 - z_2)|$$

ou:

$$d(u, v) = \sqrt{(x_1 - x_2)^2 + (y_1 - y_2)^2 + (z_1 - z_2)^2} \qquad (3.3.1)$$

Observações

1) Se $|v| = 1$, isto é, $v \cdot v = 1$, o vetor v é chamado *vetor unitário*. Diz-se, nesse caso, que v está *normalizado*.

2) Todo vetor não-nulo $v \in V$ pode ser *normalizado*, fazendo:

$$u = \frac{v}{|v|}$$

Observemos que:

$$\frac{v}{|v|} \cdot \frac{v}{|v|} = \frac{v \cdot v}{|v|^2} = \frac{|v|^2}{|v|^2} = 1$$

e, portanto, $\frac{v}{|v|}$ é unitário.

Exemplo

Consideremos o espaço $V = \mathbb{R}^3$ com o produto interno $v_1 \cdot v_2 = 3x_1 x_2 + 2y_1 y_2 + z_1 z_2$, sendo $v_1 = (x_1, y_1, z_1)$ e $v_2 = (x_2, y_2, z_2)$. Dado o vetor $v = (-2, 1, 2) \in \mathbb{R}^3$, em relação a esse produto interno tem-se:

$$|v| = \sqrt{(-2, 1, 2) \cdot (-2, 1, 2)} = \sqrt{3(-2)^2 + 2(1)^2 + 2^2} = \sqrt{12 + 2 + 4} = \sqrt{18}$$

e normalizando v, resulta:

$$\frac{v}{|v|} = \frac{(-2, 1, 2)}{\sqrt{18}} = (-\frac{2}{\sqrt{18}}, \frac{1}{\sqrt{18}}, \frac{2}{\sqrt{18}}).$$

Observemos que, relativamente ao produto interno usual, tem-se:

$$|v| = \sqrt{(-2, 1, 2) \cdot (-2, 1, 2)} = \sqrt{(-2)^2 + 1^2 + 2^2} = \sqrt{4 + 1 + 4} = 3$$

e:

$$\frac{v}{|v|} = \frac{(-2, 1, 2)}{3} = (-\frac{2}{3}, \frac{1}{3}, \frac{2}{3})$$

É importante observar que o módulo depende do produto interno utilizado. Se o produto interno muda, o módulo também se modifica.

Assim, fica claro que os dois vetores $\frac{v}{|v|}$ acima, obtidos a partir de v, são unitários, cada um em relação ao respectivo produto interno.

3.3.2 Propriedades do Módulo de um Vetor

Seja V um espaço vetorial euclidiano.

I) $|v| \geq 0$, $\forall v \in V$ e $|v| = 0$, se, e somente se, $v = 0$.

Essa propriedade é uma conseqüência de P_4.

II) $|\alpha v| = |\alpha||v|$, $\forall v \in V$, $\forall \alpha \in \mathbb{R}$

De fato:

$$|\alpha v| = \sqrt{(\alpha v).(\alpha v)} = \sqrt{\alpha^2 (v.v)} = |\alpha| \sqrt{v.v} = |\alpha||v|$$

III) $|u.v| \leqslant |u||v|$, $\forall u, v \in V$

Se $u = 0$ ou $v = 0$, vale a igualdade $|u.v| = |u||v| = 0$.
Se nem u nem v são nulos, para qualquer $\alpha \in \mathbb{R}$ vale a desigualdade:

$$(u + \alpha v).(u + \alpha v) \geqslant 0$$

pelo axioma P_4.

Efetuando o produto interno, vem:

$$u.u + u.(\alpha v) + (\alpha v.u) + \alpha^2 (v.v) \geqslant 0$$

ou:

$$|v|^2 \alpha^2 + 2(u.v)\alpha + |u|^2 \geqslant 0$$

Obtivemos assim um trinômio do 2º grau em α (pois $|v|^2 \neq 0$), que deve ser positivo para qualquer valor de α. Como o coeficiente de α^2 é sempre positivo, o discriminante desse trinômio deve ser negativo ou nulo:

$$(2u.v)^2 - 4|v|^2 |u|^2 \leqslant 0$$

$$4(u.v)^2 - 4|u|^2 |v|^2 \leqslant 0$$

$$(u.v)^2 \leqslant |u|^2 |v|^2$$

Considerando a raiz quadrada positiva de ambos os membros dessa desigualdade, vem:

$$|u.v| \leqslant |u||v|$$

Essa desigualdade é conhecida com o nome de *Desigualdade de Schwarz* ou *Inequação de Cauchy-Schwarz*.

IV) $|u+v| \leq |u| + |v|$, $\forall u, v \in V$

De fato:

$|u+v| = \sqrt{(u+v) \cdot (u+v)}$

$|u+v| = \sqrt{u \cdot u + 2(u \cdot v) + v \cdot v}$

$|u+v|^2 = |u|^2 + 2(u \cdot v) + |v|^2$

mas:

$u \cdot v \leq |u \cdot v| \leq |u||v|$

logo:

$|u+v|^2 \leq |u|^2 + 2|u||v| + |v|^2$

ou:

$|u+v|^2 \leq (|u| + |v|)^2$

ou, ainda:

$|u+v| \leq |u| + |v|$

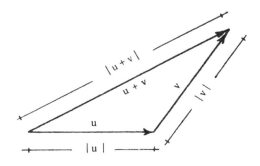

Figura 3.3.2

Essa desigualdade, denominada desigualdade triangular, vista no $\mathbb{R}^2$ ou no $\mathbb{R}^3$ confirma a propriedade geométrica de que, num triângulo, a soma dos comprimentos de dois lados é maior que o comprimento do terceiro lado (Figura 3.3.2)

A igualdade somente ocorre quando os dois vetores u e v são colineares

3.4 ÂNGULO DE DOIS VETORES

Sejam u e v vetores não-nulos de um espaço vetorial euclidiano V.

A desigualdade de Schwarz

$$|u \cdot v| \leqslant |u| \, |v|$$

pode ser escrita assim:

$$\frac{|u \cdot v|}{|u| \, |v|} \leqslant 1$$

ou:

$$\left| \frac{u \cdot v}{|u| \, |v|} \right| \leqslant 1$$

o que implica:

$$-1 \leqslant \frac{u \cdot v}{|u| \, |v|} \leqslant 1$$

Por esse motivo, pode-se dizer que a fração

$$\frac{u \cdot v}{|u| \, |v|}$$

é igual ao co-seno de um ângulo θ, denominado *ângulo dos vetores* u e v:

$$\cos \theta = \frac{u \cdot v}{|u| \, |v|} \quad , \quad 0 \leqslant \theta \leqslant \pi$$

Observemos que essa fórmula coincide com a (1.7.1) para o cálculo do ângulo de dois vetores no $\mathbb{R}^2$ (ou com a fórmula VI do item 1.9 do $\mathbb{R}^3$), considerando o produto interno usual.

3.4.1 Problemas Resolvidos

5) Consideremos o $\mathbb{R}^3$ com o produto interno usual. Determinar a componente c do vetor $v = (6, -3, c)$ tal que $|v| = 7$.

Solução

$$|v| = \sqrt{6^2 + (-3)^2 + c^2} = 7$$
$$36 + 9 + c^2 = 49$$
$$c^2 = 4$$
$$c = \pm 2$$

6) Seja o produto interno usual no $\mathbb{R}^3$ e no $\mathbb{R}^4$. Determinar o ângulo entre os seguintes pares de vetores:

a) $u = (2, 1, -5)$ e $v = (5, 0, 2)$

b) $u = (1, -1, 2, 3)$ e $v = (2, 0, 1, -2)$

Solução

a) $|u| = \sqrt{2^2 + 1^2 + (-5)^2} = \sqrt{30}$

$|v| = \sqrt{5^2 + 2^2} = \sqrt{29}$

$u \cdot v = 2(5) + 1(0) - 5(2) = 0$

Daí:

$$\cos \theta = \frac{u \cdot v}{|u||v|} = \frac{0}{\sqrt{30} \sqrt{29}} = 0 \quad \therefore \quad \theta = \frac{\pi}{2}$$

b) $|u| = \sqrt{1 + 1 + 4 + 9} = \sqrt{15}$

$|v| = \sqrt{4 + 1 + 4} = 3$

$u \cdot v = 1(2) - 1(0) + 2(1) + 3(-2) = -2$

Daí:

$$\cos \theta = \frac{-2}{\sqrt{15} \times 3} \quad \therefore \quad \theta = \text{arc cos} \left(-\frac{2}{3\sqrt{15}}\right)$$

7) Seja V um espaço vetorial euclidiano e u, v ∈ V. Determinar o co-seno do ângulo entre os vetores u e v, sabendo que $|u| = 3$, $|v| = 7$ e $|u + v| = 4\sqrt{5}$.

Solução

$$|u + v| = \sqrt{(u + v) \cdot (u + v)}$$

ou:

$$|u + v|^2 = |u|^2 + 2u \cdot v + |v|^2$$

e:

$$(4\sqrt{5})^2 = 3^2 + 2u \cdot v + 7^2$$
$$80 = 9 + 2u \cdot v + 49$$
$$2u \cdot v = 80 - 58$$
$$2u \cdot v = 22$$
$$u \cdot v = 11$$

logo:

$$\cos \theta = \frac{u \cdot v}{|u||v|} = \frac{11}{3 \times 7} = \frac{11}{21}$$

8) Consideremos, no $\mathbb{R}^2$, o produto interno definido por $v_1 \cdot v_2 = 3x_1 x_2 + y_1 y_2$, sendo $v_1 = (x_1, y_1)$ e $v_2 = (x_2, y_2)$. Em relação a esse produto interno, determinar um vetor v tal que:

$|v| = 4$, $v \cdot u = 10$ e $u = (1, -2)$

Solução

Seja $v = (x, y)$. Então:

$$|v| = \sqrt{3x^2 + y^2} = 4 \therefore 3x^2 + y^2 = 16$$

e:

$$v \cdot u = 3x - 2y = 10$$

Resolvendo o sistema

$$\begin{cases} 3x^2 + y^2 = 16 \\ 3x - 2y = 10 \end{cases}$$

obteremos:

$$x = 2 \text{ e } y = -2 \text{ ou } x = \frac{6}{7} \text{ e } y = -\frac{26}{7}$$

logo:

$$v = (2, -2) \text{ ou } v = (\frac{6}{7}, -\frac{26}{7})$$

3.5 VETORES ORTOGONAIS

Seja V um espaço vetorial euclidiano.

Diz-se que dois vetores u e v de V são *ortogonais*, e se representa por $u \perp v$, se, e somente se, $u \cdot v = 0$.

Exemplo

Seja $V = \mathbb{R}^2$ um espaço vetorial euclidiano em relação ao produto interno $(x_1, y_1) \cdot (x_2, y_2) = x_1 x_2 + 2y_1 y_2$. Em relação a este produto interno, os vetores $u = (-3, 2)$ e $v = (4, 3)$ são ortogonais, pois:

$$u \cdot v = -3(4) + 2(2)(3) = 0$$

Observações

1) O vetor $0 \in V$ é ortogonal a qualquer $v \in V$:

$0 \cdot v = 0$

De fato:

$0 \cdot v = (0v) \cdot v = 0(v \cdot v) = 0$

2) Se $u \perp v$, então $\alpha u \perp v$ para todo $\alpha \in \mathbb{R}$.

3) Se $u_1 \perp v$ e $u_2 \perp v$, então $(u_1 + u_2) \perp v$.

3.6 CONJUNTO ORTOGONAL DE VETORES

Seja V um espaço vetorial euclidiano.

Diz-se que um conjunto de vetores $\{v_1, v_2, ..., v_n\} \subset V$ é *ortogonal* se dois vetores quaisquer, distintos, são ortogonais, isto é, $v_i \cdot v_j = 0$ para $i \neq j$.

Exemplo

No $\mathbb{R}^3$, o conjunto

$\{(1, 2, -3), (3, 0, 1), (1, -5, -3)\}$

é ortogonal em relação ao produto interno usual, pois:

$(1, 2, -3) \cdot (3, 0, 1) = 0$

$(1, 2, -3) \cdot (1, -5, -3) = 0$

$(3, 0, 1) \cdot (1, -5, -3) = 0$

3.6.1 Teorema

Um conjunto ortogonal de vetores não-nulos $A = \{v_1, v_2, ..., v_n\}$ é linearmente independente (LI).

De fato:

Consideremos a igualdade

$$a_1 v_1 + a_2 v_2 + ... + a_n v_n = 0$$

e façamos o produto interno de ambos os membros da igualdade por v_i:

$$(a_1 v_1 + a_2 v_2 + ... + a_n v_n) \cdot v_i = 0 \cdot v_i$$

ou:

$$a_1(v_1 \cdot v_i) + ... + a_i(v_i \cdot v_i) + ... + a_n(v_n \cdot v_i) = 0$$

Como A é ortogonal, $v_j \cdot v_i = 0$ para $j \neq i$ e $v_i \cdot v_i \neq 0$, pois $v_i \neq 0$. Então, $a_i(v_i \cdot v_i) = 0$ implica $a_i = 0$ para $i = 1, 2, ..., n$. Logo, $A = \{v_1, v_2, ..., v_n\}$ é LI.

3.6.2 Base Ortogonal

Diz-se que uma base $\{v_1, ..., v_n\}$ de V é *ortogonal* se os seus vetores são dois a dois ortogonais.

Assim, levando em conta o teorema anterior, se dim $V = n$, qualquer conjunto de n vetores não-nulos e dois a dois ortogonais, constitui uma base ortogonal. Por exemplo, o conjunto apresentado no exemplo anterior

$$\{(1, 2, -3), (3, 0, 1), (1, -5, -3)\}$$

é uma base ortogonal do $\mathbb{R}^3$.

3.6.2.1 Base Ortonormal

Uma base $B = \{v_1, v_2, ..., v_n\}$ de um espaço vetorial euclidiano V é *ortonormal* se B é ortogonal e todos os seus vetores são unitários, isto é:

$$v_i \cdot v_j = \begin{cases} 0 & \text{para } i \neq j \\ 1 & \text{para } i = j \end{cases}$$

Exemplos

Em relação ao produto interno usual, o conjunto:

1) $B = \{(1, 0), (0, 1)\}$ é uma base ortonormal do $\mathbb{R}^2$ (é a base canônica);

2) $B = \{(\frac{\sqrt{3}}{2}, \frac{1}{2}), (-\frac{1}{2}, \frac{\sqrt{3}}{2})\}$ é também base ortonormal do $\mathbb{R}^2$ (verificar!);

3) $B = \{(1, 0, 0), (0, 1, 0), (0, 0, 1)\}$ é uma base ortonormal do $\mathbb{R}^3$ (é a base canônica);

4) $B = \{u_1, u_2, u_3\}$, sendo $u_1 = (\frac{1}{\sqrt{3}}, \frac{1}{\sqrt{3}}, \frac{1}{\sqrt{3}})$,

$u_2 = (-\frac{2}{\sqrt{6}}, \frac{1}{\sqrt{6}}, \frac{1}{\sqrt{6}})$ e $u_3 = (0, -\frac{1}{\sqrt{2}}, \frac{1}{\sqrt{2}})$,

é também base ortonormal do $\mathbb{R}^3$, pois:

$u_1 \cdot u_2 = u_1 \cdot u_3 = u_2 \cdot u_3 = 0$

e:

$u_1 \cdot u_1 = u_2 \cdot u_2 = u_3 \cdot u_3 = 1$

As bases ortonormais são particularmente importantes, como ainda veremos.

Observação

Já vimos que se v é um vetor não-nulo, o vetor $\dfrac{v}{|v|}$ é unitário. Diz-se, nesse caso, que v está *normalizado*. O processo que transforma v em $\dfrac{v}{|v|}$ chama-se *normalização de* v.

Assim, uma base ortonormal sempre pode ser obtida de uma base ortogonal normalizando cada vetor.

Por exemplo, a base $B = \{v_1, v_2, v_3\}$, sendo $v_1 = (1, 1, 1)$, $v_2 = (-2, 1, 1)$ e $v_3 = (0, -1, 1)$, é ortogonal em relação ao produto interno usual. Normalizando cada vetor, obtemos:

$$u_1 = \frac{v_1}{|v_1|} = \frac{(1, 1, 1)}{\sqrt{1+1+1}} = (\frac{1}{\sqrt{3}}, \frac{1}{\sqrt{3}}, \frac{1}{\sqrt{3}})$$

$$u_2 = \frac{v_2}{|v_2|} = \frac{(-2, 1, 1)}{\sqrt{4+1+1}} = (-\frac{2}{\sqrt{6}}, \frac{1}{\sqrt{6}}, \frac{1}{\sqrt{6}})$$

$$u_3 = \frac{v_3}{|v_3|} = \frac{(0, -1, 1)}{\sqrt{0+1+1}} = (0, -\frac{1}{\sqrt{2}}, \frac{1}{\sqrt{2}})$$

e $B' = \{u_1, u_2, u_3\}$ é uma base ortonormal do $\mathbb{R}^3$.

3.6.3 Processo de Ortogonalização de Gram-Schmidt

Dado um espaço vetorial euclidiano V e uma base qualquer $B = \{v_1, v_2, ..., v_n\}$ desse espaço, é possível, a partir dessa base, determinar uma base ortogonal de V.

De fato, supondo que $v_1, v_2, ..., v_n$ não são ortogonais, considere-se

$$w_1 = v_1$$

e determine-se o valor de α de modo que o vetor $w_2 = v_2 - \alpha w_1$ seja ortogonal a w_1:

$$(v_2 - \alpha w_1) \cdot w_1 = 0$$

$$v_2 \cdot w_1 - \alpha (w_1 \cdot w_1) = 0$$

$$\alpha = \frac{v_2 \cdot w_1}{w_1 \cdot w_1}$$

isto é:

$$w_2 = v_2 - \left(\frac{v_2 \cdot w_1}{w_1 \cdot w_1}\right) w_1$$

Assim, os vetores w_1 e w_2 são ortogonais.

Considere-se o vetor:

$$w_3 = v_3 - a_2 w_2 - a_1 w_1$$

e determine-se os valores de a_2 e a_1 de maneira que o vetor w_3 seja ortogonal aos vetores w_1 e w_2:

$$\begin{cases} (v_3 - a_2 w_2 - a_1 w_1) \cdot w_1 = 0 \\ (v_3 - a_2 w_2 - a_1 w_1) \cdot w_2 = 0 \end{cases}$$

$$\begin{cases} v_3 \cdot w_1 - a_2(w_2 \cdot w_1) - a_1(w_1 \cdot w_1) = 0 \\ v_3 \cdot w_2 - a_2(w_2 \cdot w_2) - a_1(w_1 \cdot w_2) = 0 \end{cases}$$

Tendo em vista que $w_1 \cdot w_2 = 0$, vem:

$$\begin{cases} v_3 \cdot w_1 - a_1(w_1 \cdot w_1) = 0 \\ v_3 \cdot w_2 - a_2(w_2 \cdot w_2) = 0 \end{cases}$$

e:

$$a_1 = \frac{v_3 \cdot w_1}{w_1 \cdot w_1} \;;\; a_2 = \frac{v_3 \cdot w_2}{w_2 \cdot w_2}$$

isto é:

$$w_3 = v_3 - \left(\frac{v_3 \cdot w_2}{w_2 \cdot w_2}\right) w_2 - \left(\frac{v_3 \cdot w_1}{w_1 \cdot w_1}\right) w_1$$

Assim, os vetores w_1, w_2 e w_3 são ortogonais.

Espaços vetoriais euclidianos 125

Pode-se concluir o teorema por indução, admitindo que, por esse processo, tenham sido obtidos (n - 1) vetores $w_1, w_2, ..., w_{n-1}$ e considerar o vetor:

$$w_n = v_n - a_{n-1}w_{n-1} - ... - a_2 w_2 - a_1 w_1$$

sendo $a_1, a_2, ..., a_{n-1}$ tais que o referido vetor w_n seja ortogonal aos vetores $w_1, w_2, ..., w_{n-1}$.

Os valores de $a_1, a_2, ..., a_{n-1}$ que aparecem em w_n são:

$$a_1 = \frac{v_n \cdot w_1}{w_1 \cdot w_1}, \quad a_2 = \frac{v_n \cdot w_2}{w_2 \cdot w_2}, \quad a_3 = \frac{v_n \cdot w_3}{w_3 \cdot w_3}, \quad ..., \quad a_{n-1} = \frac{v_n \cdot w_{n-1}}{w_{n-1} \cdot w_{n-1}}$$

Assim, a partir de $B = \{v_1, v_2, ..., v_n\}$, obtivemos a base ortogonal $\{w_1, w_2, ..., w_n\}$.

O processo que permite a determinação de uma base ortogonal a partir de uma base qualquer chama-se processo de ortogonalização de Gram-Schmidt.

Para se obter uma base ortonormal, basta normalizar cada w_i. Fazendo $u_i = \frac{w_i}{|w_i|}$, obtemos a base

$$B' = \{u_1, u_2, ..., u_n\}$$

que é uma base ortonormal obtida a partir da base

$$B = \{v_1, v_2, ..., v_n\}$$

Observação

Tendo em vista que:

$$a_1 = \frac{v_n \cdot w_1}{w_1 \cdot w_1} = v_n \cdot \frac{w_1}{w_1 \cdot w_1} = v_n \cdot \frac{w_1}{|w_1|^2} = v_n \cdot \frac{w_1}{|w_1|} \times \frac{1}{|w_1|} = (v_n \cdot u_1) \frac{1}{|w_1|}$$

$$a_2 = \frac{v_n \cdot w_2}{w_2 \cdot w_2} = v_n \cdot \frac{w_2}{w_2 \cdot w_2} = v_n \cdot \frac{w_2}{|w_2|^2} = v_n \cdot \frac{w_2}{|w_2|} \times \frac{1}{|w_2|} = (v_n \cdot u_2) \frac{1}{|w_2|}$$

$$a_3 = \frac{v_n \cdot w_3}{w_3 \cdot w_3} = \ldots = (v_n \cdot u_3)\frac{1}{|w_3|}$$

. . ... .
. . ... .
. . ... .

$$a_{n-1} = \frac{v_n \cdot w_{n-1}}{w_{n-1} \cdot w_{n-1}} = \ldots = (v_n \cdot u_{n-1})\frac{1}{|w_{n-1}|}$$

os vetores $w_1, w_2, \ldots, w_n$ podem ser expressos do seguinte modo:

I) $w_1 = v_1$

II) $w_2 = v_2 - a_1 w_1 = v_2 - (v_2 \cdot u_1)\frac{w_1}{|w_1|}$

$w_2 = v_2 - (v_2 \cdot u_1) u_1$

III) $w_3 = v_3 - a_2 w_2 - a_1 w_1$

$w_3 = v_3 - (v_3 \cdot u_2)\frac{w_2}{|w_2|} - (v_3 \cdot u_1)\frac{w_1}{|w_1|}$

$w_3 = v_3 - (v_3 \cdot u_2) u_2 - (v_3 \cdot u_1) u_1$

.
.
.

$w_n = v_n - (v_n \cdot u_{n-1}) u_{n-1} - \ldots - (v_n \cdot u_2) u_2 - (v_n \cdot u_1) u_1$

Exemplo

Sejam $v_1 = (1, 1, 1,)$ $v_2 = (0, 1, 1)$ e $v_3 = (0, 0, 1)$ vetores do $\mathbb{R}^3$. Esses vetores constituem uma base $B = \{v_1, v_2, v_3\}$ não-ortogonal em relação ao produto interno usual. Pretendemos obter, a partir de B, uma base $B' = \{u_1, u_2, u_3\}$ que seja ortonormal.

Solução

$w_1 = v_1 = (1, 1, 1)$

Espaços vetoriais euclidianos   127

$$u_1 = \frac{w_1}{|w_1|} = \frac{(1,1,1)}{\sqrt{1^2+1^2+1^2}} = \frac{(1,1,1)}{\sqrt{3}} = (\frac{1}{\sqrt{3}}, \frac{1}{\sqrt{3}}, \frac{1}{\sqrt{3}})$$

$$w_2 = v_2 - (v_2 \cdot u_1) u_1$$

$$v_2 \cdot u_1 = (0,1,1) \cdot (\frac{1}{\sqrt{3}}, \frac{1}{\sqrt{3}}, \frac{1}{\sqrt{3}}) = \frac{2}{\sqrt{3}}$$

$$w_2 = (0,1,1) - \frac{2}{\sqrt{3}} (\frac{1}{\sqrt{3}}, \frac{1}{\sqrt{3}}, \frac{1}{\sqrt{3}})$$

$$w_2 = (0,1,1) - (\frac{2}{3}, \frac{2}{3}, \frac{2}{3})$$

$$w_2 = (-\frac{2}{3}, \frac{1}{3}, \frac{1}{3})$$

$$u_2 = \frac{w_2}{|w_2|} = \frac{(-\frac{2}{3}, \frac{1}{3}, \frac{1}{3})}{\sqrt{\frac{4}{9}+\frac{1}{9}+\frac{1}{9}}} = \frac{(-\frac{2}{3}, \frac{1}{3}, \frac{1}{3})}{\frac{\sqrt{6}}{3}} = (-\frac{2}{\sqrt{6}}, \frac{1}{\sqrt{6}}, \frac{1}{\sqrt{6}})$$

$$w_3 = v_3 - (v_3 \cdot u_2) u_2 - (v_3 \cdot u_1) u_1$$

$$v_3 \cdot u_2 = (0,0,1) \cdot (-\frac{2}{\sqrt{6}}, \frac{1}{\sqrt{6}}, \frac{1}{\sqrt{6}}) = \frac{1}{\sqrt{6}}$$

$$v_3 \cdot u_1 = (0,0,1) \cdot (\frac{1}{\sqrt{3}}, \frac{1}{\sqrt{3}}, \frac{1}{\sqrt{3}}) = \frac{1}{\sqrt{3}}$$

$$w_3 = (0,0,1) - \frac{1}{\sqrt{6}} (-\frac{2}{\sqrt{6}}, \frac{1}{\sqrt{6}}, \frac{1}{\sqrt{6}}) - \frac{1}{\sqrt{3}} (\frac{1}{\sqrt{3}}, \frac{1}{\sqrt{3}}, \frac{1}{\sqrt{3}})$$

$$w_3 = (0,0,1) - (-\frac{2}{6}, \frac{1}{6}, \frac{1}{6}) - (\frac{1}{3}, \frac{1}{3}, \frac{1}{3})$$

$$w_3 = (0, -\frac{1}{2}, \frac{1}{2})$$

$$u_3 = \frac{w_3}{|w_3|} = \frac{(0, -\frac{1}{2}, \frac{1}{2})}{\sqrt{0+\frac{1}{4}+\frac{1}{4}}} = \frac{(0, -\frac{1}{2}, \frac{1}{2})}{\frac{\sqrt{2}}{2}} = (0, -\frac{1}{\sqrt{2}}, \frac{1}{\sqrt{2}})$$

A base $B' = \{u_1, u_2, u_3\}$ é uma base ortonormal, pois:

$$u_1 \cdot u_2 = u_1 \cdot u_3 = u_2 \cdot u_3 = 0$$

e:

$$|u_1| = |u_2| = |u_3| = 1$$

3.6.4 Componentes de um Vetor numa Base Ortogonal

Seja V um espaço vetorial euclidiano e $B = \{v_1, ..., v_n\}$ uma base ortogonal de V. Para um vetor $w \in V$, tem-se:

$$w = a_1 v_1 + ... + a_i v_i + ... + a_n v_n$$

Efetuando o produto interno de ambos os membros da igualdade por v_i, vem:

$$w \cdot v_i = a_1(v_1 \cdot v_i) + ... + a_i(v_i \cdot v_i) + ... + a_n(v_n \cdot v_i)$$

ou:

$$w \cdot v_i = a_i(v_i \cdot v_i) \quad \text{pois } v_j \cdot v_i = 0 \text{ para } j \neq i$$

logo:

$$a_i = \frac{w \cdot v_i}{v_i \cdot v_i} \tag{3.6.4}$$

é a expressão da i-ésima coordenada de w em relação à base B.

Exemplo

Seja $V = \mathbb{R}^2$ com o produto interno usual e a base ortogonal

$$B = \{(2, 1), (-1, 2)\}$$

Calculemos as coordenadas do vetor $w = (4, 7)$ em relação a essa base B, na qual $v_1 = (2, 1)$ e $v_2 = (-1, 2)$. Pretende-se calcular a_1 e a_2 tais que:

$$w = a_1 v_1 + a_2 v_2$$

Utilizando a fórmula (3.6.4), vem:

$$a_1 = \frac{w \cdot v_1}{v_1 \cdot v_1} = \frac{(4, 7) \cdot (2, 1)}{(2, 1) \cdot (2, 1)} = \frac{8 + 7}{4 + 1} = \frac{15}{5} = 3$$

$$a_2 = \frac{w \cdot v_2}{v_2 \cdot v_2} = \frac{(4, 7) \cdot (-1, 2)}{(-1, 2) \cdot (-1, 2)} = \frac{-4 + 14}{1 + 4} = \frac{10}{5} = 2$$

logo:

$$w = 3v_1 + 2v_2$$

ou:

$$w_B = (3, 2)$$

Como se viu, as coordenadas de w, na base canônica, são 4 e 7, enquanto na base B são 3 e 2.

Observação

No caso particular de $B = \{v_1, ..., v_n\}$ ser uma base *ortonormal* de V, os coeficientes a_i do vetor $w = a_1 v_1 + ... + a_n v_n$, pela fórmula (3.6.4), são dados por:

$$a_i = w \cdot v_i$$

pois $v_i \cdot v_i = 1$.

Assim,

$$w = (w \cdot v_1) v_1 + (w \cdot v_2) v_2 + ... + (w \cdot v_n) v_n$$

Exemplo

A base $B = \{(\frac{3}{5}, \frac{4}{5}), (-\frac{4}{5}, \frac{3}{5})\}$ é uma base ortornormal do $\mathbb{R}^2$ em relação ao produto interno usual. Dado $v = (5, 2)$, para encontrar a_1 e a_2 tal que

$$(5, 2) = a_1 (\frac{3}{5}, \frac{4}{5}) + a_2 (-\frac{4}{5}, \frac{3}{5})$$

basta fazer:

$$a_1 = (5, 2) \cdot (\frac{3}{5}, \frac{4}{5}) = 3 + \frac{8}{5} = \frac{23}{5}$$

$$a_2 = (5, 2) \cdot (-\frac{4}{5}, \frac{3}{5}) = -4 + \frac{6}{5} = -\frac{14}{5}$$

logo:

$$v_B = (\frac{23}{5}, -\frac{14}{5})$$

Observemos que se tivéssemos a base canônica:

$$B = \{(1, 0), (0, 1)\},$$

$$a_1 = (5, 2) \cdot (1, 0) = 5$$

$$a_2 = (5, 2) \cdot (0, 1) = 2$$

e, portanto:

$$v_B = (5, 2)$$

isto é:

$$(5, 2) = 5(1, 0) + 2(0, 1)$$

3.7 CONJUNTOS ORTOGONAIS

Se S_1 e S_2 são subconjuntos não-vazios de um espaço vetorial euclidiano V, diz-se que S_1 é *ortogonal* a S_2, e se representa por $S_1 \perp S_2$, se qualquer vetor $v_1 \in S_1$ é ortogonal a qualquer vetor $v_2 \in S_2$.

Exemplo

Os conjuntos

$$S_1 = \{(0, 1, 2), (0, 2, 4)\} \quad e \quad S_2 = \{(1, -2, 1), (2, -2, 1), (4, 6, -3)\}$$

são ortogonais relativamente ao produto interno usual no $\mathbb{R}^3$ (verificar!).

3.7.1 Teorema

Seja V um espaço vetorial euclidiano e $B = \{v_1, ..., v_p\}$ uma base de um subespaço S de V, gerado por B.

Se um vetor $u \in V$ é ortogonal a todos os vetores da base B, então u é ortogonal a qualquer vetor do subespaço S gerado por B.

Diz-se, nesse caso, que u é ortogonal a S e se representa por $u \perp S$.

De fato:

Qualquer vetor $v \in S$ pode ser expresso por:

$$v = a_1 v_1 + a_2 v_2 + ... + a_p v_p$$

e:

$$u \cdot v = u \cdot (a_1 v_1 + a_2 v_2 + ... + a_p v_p)$$

$$u \cdot v = a_1(u \cdot v_1) + a_2(u \cdot v_2) + ... + a_p(u \cdot v_p)$$

Mas, por hipótese, $u \cdot v_i = 0$, $i = 1, ..., p$.

Portanto:

$u \cdot v = 0$

logo:

$u \perp v$ ou $u \perp S$

A recíproca desse teorema não é verdadeira

3.8 COMPLEMENTO ORTOGONAL

Seja V um espaço vetorial euclidiano e S um subespaço vetorial de V. Consideremos o subconjunto de V formado pelos vetores que são ortogonais a S:

$S^\perp = \{v \in V / v \perp S\}$

Esse subconjunto $S^\perp$ de V é chamado *complemento ortogonal de S*.

Vamos considerar duas propriedades:

I) $S^\perp$ é subespaço de V

De fato:

a) Se $v_1, v_2 \in S^\perp$, para qualquer $u \in S$, tem-se:

$v_1 \perp u$ e $v_2 \perp u$

isto é:

$v_1 \cdot u = 0$ e $v_2 \cdot u = 0$

Então:

$v_1 \cdot u + v_2 \cdot u = 0$

$(v_1 + v_2) \cdot u = 0$ implica $(v_1 + v_2) \in S^\perp$

b) Analogamente, se verifica que para qualquer $\alpha \in \mathbb{R}$, $\alpha v_1 \in S^\perp$.

II) Se S é subespaço vetorial de V, então

$V = S \oplus S^\perp$

isto é, V é a soma direta de S e $S^\perp$.

De fato:

Se $S = \{0\}$, então $S^\perp = V$ e a demonstração é imediata.

Se $S \neq \{0\}$, para qualquer $v \in S \cap S^\perp$ tem-se:

$v \cdot v = 0$

isto é:

$v = 0$

o que mostra que

$S \cap S^\perp = \{0\}$

Por outro lado, como S é um subespaço vetorial de V, S pode ser considerado um espaço vetorial euclidiano tal como V. Nessas condições, sejam $B = \{e_1, e_2, ..., e_p\}$ uma base ortonormal de S e v um vetor qualquer de V.

Tendo em vista que $v \cdot e_1, v \cdot e_2, ..., v \cdot e_p$ são números reais, o vetor

$v_1 = (v \cdot e_1) e_1 + (v \cdot e_2) e_2 + ... + (v \cdot e_p) e_p$

pertence a S, e o vetor

$v_2 = v - v_1$

é ortogonal a S, isto é, pertence a $S^\perp$, por ser ortogonal a todos os vetores da base $B = \{e_1, e_2, ..., e_p\}$:

$v_2 \cdot e_1 = (v - v_1) \cdot e_1 = v \cdot e_1 - v_1 \cdot e_1$

$v_2 \cdot e_1 = v \cdot e_1 - [(v \cdot e_1) e_1 + (v \cdot e_2) e_2 + ... + (v \cdot e_p) e_p] \cdot e_1$

$v_2 \cdot e_1 = v \cdot e_1 - [(v \cdot e_1) e_1] \cdot e_1 + 0 + ... + 0$

$v_2 \cdot e_1 = v \cdot e_1 - v \cdot e_1$

$v_2 \cdot e_1 = 0$

Do mesmo modo:

$v_2 \cdot e_2 = 0, v_2 \cdot e_3 = 0, ..., v_2 \cdot e_p = 0$

Assim, $v = v_1 + v_2$, com $v_1 \in S$ e $v_2 \in S^\perp$.

Logo:

$V = S \oplus S^\perp$

Exemplos

1) Seja $V = \mathbb{R}^3$ com o produto interno usual e

   $S = \{(0, 0, c)/c \in \mathbb{R}\}$ (eixo dos z)

   Então:

   $S^\perp = \{(a, b, 0)/a, b \; \mathbb{R}\}$ (plano xOz)

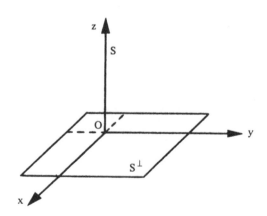

2) Seja $V = \mathbb{R}^2$ com o produto interno usual e $S = \{(x, -x)/x \in \mathbb{R}\}$.

   Então:

   $S^\perp = \{(x, x)/x \in \mathbb{R}\}$

uma vez que $(x, -x) \cdot (x, x) = x^2 - x^2 = 0$

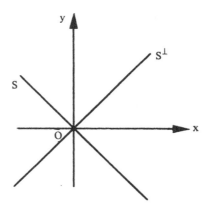

3.9 PROBLEMAS RESOLVIDOS

9) Determinar o valor de m para que os vetores $u = (2, m, -3)$ e $v = (m - 1, 2, 4)$ sejam ortogonais em relação ao produto interno usual do $\mathbb{R}^3$.

Solução

Os vetores são ortogonais se $u \cdot v = 0$. Então:

$(2, m, -3) \cdot (m - 1, 2, 4) = 0$

$2(m - 1) + m(2) - 3(4) = 0$

$2m - 2 + 2m - 12 = 0$

$\qquad 4m = 14$

$\qquad m = \dfrac{7}{2}$

10) Seja $V = \mathbb{R}^3$ e o produto interno

$(x_1, y_1, z_1) \cdot (x_2, y_2, z_2) = 2x_1 x_2 + 3y_1 y_2 + z_1 z_2$

Determinar um vetor unitário simultaneamente ortogonal aos vetores $u = (1, 2, 1)$ e $v = (1, 1, 1)$.

Solução

Seja $w = (x, y, z)$, tal que $w \perp u$ e $w \perp v$. Então:

$$\begin{cases} w \cdot u = 0 \\ w \cdot v = 0 \end{cases} \quad \text{ou} \quad \begin{cases} (x, y, z) \cdot (1, 2, 1) = 0 \\ (x, y, z) \cdot (1, 1, 1) = 0 \end{cases}$$

Com o produto interno dado, obtemos o sistema:

$$\begin{cases} 2x + 6y + z = 0 \\ 2x + 3y + z = 0 \end{cases}$$

que tem por solução:

$y = 0$ e $z = -2x$

Logo, $w = (x, 0, -2x) = x(1, 0, -2)$, para $x \in \mathbb{R}$.

Portanto, existem infinitos vetores ortogonais simultaneamente a u e v, porém todos múltiplos de $(1, 0, -2)$. Para $x = 1$, obtém-se $w_1 = (1, 0, -2)$, que, normalizado, resulta:

$$\frac{w_1}{|w_1|} = \frac{(1, 0, -2)}{\sqrt{2(1)^2 + 0^2 + (-2)^2}} = \frac{(1, 0, -2)}{\sqrt{6}} = (\frac{1}{\sqrt{6}}, 0, -\frac{2}{\sqrt{6}})$$

11) Construir, a partir do vetor $v_1 = (1, -2, 1)$, uma base ortogonal do $\mathbb{R}^3$ relativamente ao produto interno usual e obter, a partir dela, uma base ortonormal.

Solução

Seja $B = \{v_1, v_2, v_3\}$ a base ortogonal a ser determinada.

Seja $v_2 = (x, y, z)$. Como $v_2 \perp v_1$, tem-se:

$v_2 \cdot v_1 = 0$

$(x, y, z) \cdot (1, -2, 1) = 0$

$x - 2y + z = 0$

$x = 2y - z$

Existem, portanto, infinitos vetores ortogonais a v_1 da forma

$(2y - z, y, z)$, $y, z \in \mathbb{R}$

Fazendo $y = 0$ e $z = 1$, obtém-se um vetor particular:

$v_2 = (-1, 0, 1)$

Assim, o conjunto $\{v_1, v_2\}$ é ortogonal, pois $v_1 \cdot v_2 = 0$.

Para obtermos uma base ortogonal, necessitamos de mais um vetor.

Seja $v_3 = (a, b, c)$, tal que $v_3 \perp v_1$ e $v_3 \perp v_2$. Então:

$$\begin{cases} v_3 \cdot v_1 = 0 \\ v_3 \cdot v_2 = 0 \end{cases}$$

ou:

$$\begin{cases} (a, b, c) \cdot (1, -2, 1) = 0 \\ (a, b, c) \cdot (-1, 0, 1) = 0 \end{cases}$$

ou, ainda:

$$\begin{cases} a - 2b + c = 0 \\ -a + c = 0 \end{cases}$$

sistema de solução $a = c$ e $b = c$.

Portanto, os vetores ortogonais a v_1 e v_2 são do tipo

(c, c, c), $c \in \mathbb{R}$

Fazendo $c = 1$, obtém-se um vetor particular:

$v_3 = (1, 1, 1)$

logo:

$B = \{(1, -2, 1), (-1, 0, 1), (1, 1, 1)\}$ é uma base ortogonal do $\mathbb{R}^3$ com a presença do vetor $v_1 = (1, -2, 1)$.

Para se obter, a partir de B, uma base ortonormal, basta normalizar cada vetor de B. Assim:

$$u_1 = \frac{v_1}{|v_1|} = \frac{(1, -2, 1)}{\sqrt{1+4+1}} = (\frac{1}{\sqrt{6}}, -\frac{2}{\sqrt{6}}, \frac{1}{\sqrt{6}})$$

$$u_2 = \frac{v_2}{|v_2|} = \frac{(-1, 0, 1)}{\sqrt{1+1}} = (-\frac{1}{\sqrt{2}}, 0, \frac{1}{\sqrt{2}})$$

$$u_3 = \frac{v_3}{|v_3|} = \frac{(1, 1, 1)}{\sqrt{1+1+1}} = (\frac{1}{\sqrt{3}}, \frac{1}{\sqrt{3}}, \frac{1}{\sqrt{3}})$$

e:

$B' = \{u_1, u_2, u_3\}$ é uma base ortonormal do $\mathbb{R}^3$.

Esse problema, como é fácil observar, tem infinitas soluções.

12) O conjunto $B = \{(1, -1), (2, b)\}$ é uma base ortogonal do $\mathbb{R}^2$ em relação ao produto interno:

$(x_1, y_1) \cdot (x_2, y_2) = 2x_1 x_2 + y_1 y_2$

Calcular o valor de b e determinar, a partir de B, uma base ortonormal.

Solução

Sendo B ortogonal, tem-se:

$$(1, -1) \cdot (2, b) = 0$$

$$2(1)(2) - 1(b) = 0$$

$$b = 4$$

Portanto:

$$B = \{(1, -1), (2, 4)\}$$

é ortogonal.

Normalizando cada vetor de B segundo esse produto interno, vem:

$$\frac{(1, -1)}{\sqrt{2(1)^2 + (-1)^2}} = \frac{(1, -1)}{\sqrt{3}} = (\frac{1}{\sqrt{3}}, -\frac{1}{\sqrt{3}})$$

$$\frac{(2, 4)}{\sqrt{2(2)^2 + 4^2}} = \frac{(2, 4)}{2\sqrt{6}} = (\frac{1}{\sqrt{6}}, \frac{2}{\sqrt{6}})$$

e:

$$B' = \{(\frac{1}{\sqrt{3}}, -\frac{1}{\sqrt{3}}), (\frac{1}{\sqrt{6}}, \frac{2}{\sqrt{6}})\}$$

é uma base ortonormal do $\mathbb{R}^2$ relativamente ao produto interno dado.

13) Em relação ao produto interno usual, determinar uma base ortonormal do seguinte subespaço vetorial do $\mathbb{R}^3$:

$$S = \{(x, y, z) \in \mathbb{R}^3 / x + y - z\} = 0$$

Solução

Basta considerar uma base de S e, posteriormente, aplicar nela o processo de Gram-Schmidt com a normalização de cada vetor.

Observemos que dim S = 2 e, portanto, uma base de S tem dois vetores. Isolando x na igualdade: x + y + z = 0,

vem:

x = -y + z

Se fizermos:

(1) y = 0 e z = 1

(2) y = 1 e z = 0

obteremos os vetores $v_1 = (1, 0, 1)$ e $v_2 = (-1, 1, 0)$, sendo $B = \{v_1, v_2\}$ uma base de S, pois v_1 e v_2 são LI. Procuremos uma base $B' = \{u_1, u_2\}$ que seja ortonormal.

a) $u_1 = \dfrac{v_1}{|v_1|} = \dfrac{(1, 0, 1)}{\sqrt{2}} = (\dfrac{1}{\sqrt{2}}, 0, \dfrac{1}{\sqrt{2}})$

b) $w_2 = v_2 - (v_2 \cdot u_1) u_1 = (-1, 1, 0) - (-\dfrac{1}{\sqrt{2}})(\dfrac{1}{\sqrt{2}}, 0, \dfrac{1}{\sqrt{2}})$

$w_2 = (-1, 1, 0)(-\dfrac{1}{2}, 0, -\dfrac{1}{2}) = (-\dfrac{1}{2}, 1, \dfrac{1}{2})$

$u_2 = \dfrac{w_2}{|w_2|} = \dfrac{(-\dfrac{1}{2}, 1, \dfrac{1}{2})}{\dfrac{\sqrt{6}}{2}} = (-\dfrac{1}{\sqrt{6}}, \dfrac{2}{\sqrt{6}}, \dfrac{1}{\sqrt{6}})$

logo:

$B' = \{(\dfrac{1}{\sqrt{2}}, 0, \dfrac{1}{\sqrt{2}}), (-\dfrac{1}{\sqrt{6}}, \dfrac{2}{\sqrt{6}}, \dfrac{1}{\sqrt{6}})\}$ é uma base ortonormal de S.

Observação — O processo de ortogonalização de Gram-Schmidt teria sido evitado caso tivéssemos escolhido uma base B já ortogonal.

14) Seja o produto interno usual no $\mathbb{R}^4$ e o subespaço, de dimensão 2,

S = [(1, 1, 0, -1), (1, -2, 1, 0)].

Determinar $S^\perp$ e uma base ortonormal de $S^\perp$.

Solução

Um vetor $v = (x, y, z, t) \in S^\perp$ se:

$(x, y, z, t) \cdot (1, 1, 0, -1) = 0$

e:

$(x, y, z, t) \cdot (1, -2, 1, 0) = 0$

Daí vem o sistema:

$$\begin{cases} x + y - t = 0 \\ x - 2y + z = 0 \end{cases}$$

cuja solução é:

$t = x + y$ e $z = -x + 2y$.

Logo:

$S^\perp = \{(x, y, -x + 2y, x + y)/x, y \in \mathbb{R}\}$

Uma base de $S^\perp$ é:

$B = \{(1, 0, -1, 1), (0, 1, 2, 1)\}$

na qual $v_1 = (1, 0, -1, 1)$ e $v_2 = (0, 1, 2, 1)$. Apliquemos o processo de Gram-Schmidt à base B para encontrar a base ortonormal $B' = \{u_1, u_2\}$:

a) $u_1 = \dfrac{v_1}{|v_1|} = \dfrac{(1, 0, -1, 1)}{\sqrt{3}} = (\dfrac{1}{\sqrt{3}}, 0, -\dfrac{1}{\sqrt{3}}, \dfrac{1}{\sqrt{3}})$

b) $w_2 = v_2 - (v_2 \cdot u_1) u_1 = (0, 1, 2, 1) - (-\dfrac{1}{\sqrt{3}})(\dfrac{1}{\sqrt{3}}, 0, -\dfrac{1}{\sqrt{3}}, \dfrac{1}{\sqrt{3}})$

$w_2 = (0, 1, 2, 1) - (-\dfrac{1}{3}, 0, \dfrac{1}{3}, -\dfrac{1}{3}) = (\dfrac{1}{3}, 1, \dfrac{5}{3}, \dfrac{4}{3})$

$u_2 = \dfrac{w_2}{|w_2|} = \dfrac{(\dfrac{1}{3}, 1, \dfrac{5}{3}, \dfrac{4}{3})}{\dfrac{\sqrt{51}}{3}} = (\dfrac{1}{\sqrt{51}}, \dfrac{3}{\sqrt{51}}, \dfrac{5}{\sqrt{51}}, \dfrac{4}{\sqrt{51}})$

Logo:

$$B' = \{u_1, u_2\}$$

é uma base ortonormal de $S^\perp$.

3.10 PROBLEMAS PROPOSTOS

1) Sejam $u = (x_1, y_1)$ e $v = (x_2, y_2)$. Mostrar que cada operação a seguir define um produto interno no $\mathbb{R}^2$:

a) $u \cdot v = x_1 x_2 + y_1 y_2$

b) $u \cdot v = 2x_1 x_2 + 5y_1 y_2$

c) $u \cdot v = x_1 x_2 + x_1 y_2 + x_2 y_1 + 2y_1 y_2$

2) Calcular o produto interno dos vetores $u = (1, 1)$ e $v = (-3, 2)$ segundo cada produto do exercício anterior.

3) Sejam os vetores $v_1 = (x_1, y_1)$ e $v_2 = (x_2, y_2)$ de $V = \mathbb{R}^2$.

Verificar quais das funções $f: V \times V \to \mathbb{R}$, definidas abaixo, são produtos internos em V:

a) $f(v_1, v_2) = 2x_1 x_2 + 3y_1 y_2$

b) $f(v_1, v_2) = x_1 x_2 - y_1 y_2$

c) $f(v_1, v_2) = x_1^2 x_2 + y_1 y_2^2$

d) $f(v_1, v_2) = 4x_1 x_2$

e) $f(v_1, v_2) = x_1 x_2 + y_1 y_2 + 1$

f) $f(v_1, v_2) = 3x_1 x_2 - x_1 y_2 - x_2 y_1 + 3y_1 y_2$

g) $f(v_1, v_2) = 4x_1 x_2 + x_1 y_2 + x_2 y_1 + y_1 y_2$

h) $f(v_1, v_2) = x_1 y_2 + x_2 y_1$

4) Sejam $V = \mathbb{R}^3$ e os vetores $u = (x_1, y_1, z_1)$ e $v = (x_2, y_2, z_2)$.

Verificar quais das seguintes funções são produtos internos sobre o $\mathbb{R}^3$. (Para aquelas que não são produtos internos, citar os axiomas que não se verificam.)

a) $u \cdot v = x_1 x_2 + 3 y_1 y_2$

b) $u \cdot v = 3 x_1 x_2 + 5 y_1 y_2 + 2 z_1 z_2$

c) $u \cdot v = 2 x_1^2 y_1^2 + 3 x_2^2 y_2^2 + z_1^2 z_2$

d) $u \cdot v = x_1 x_2 + y_1 y_2 - z_1 z_2$

e) $u \cdot v = x_1 x_2 + y_1 y_2 + z_1 z_2 - x_2 y_1 - x_1 y_2$

5) Consideremos o seguinte produto interno em P_2: $p \cdot q = a_2 b_2 + a_1 b_1 + a_0 b_0$, sendo $p = a_2 x^2 + a_1 x + a_0$ e $q = b_2 x^2 + b_1 x + b_0$. Dados os vetores $p_1 = x^2 - 2x + 3$, $p_2 = 3x - 4$ e $p_3 = 1 - x^2$, calcular:

a) $p_1 \cdot p_2$

b) $|p_1|$ e $|p_3|$

c) $|p_1 + p_2|$

d) $\dfrac{p_2}{|p_2|}$

e) co-seno do ângulo entre p_2 e p_3

6) Se

$$u = \begin{bmatrix} a_1 & b_1 \\ c_1 & d_1 \end{bmatrix} \quad \text{e} \quad v = \begin{bmatrix} a_2 & b_2 \\ c_2 & d_2 \end{bmatrix}$$

são matrizes quaisquer de $M(2, 2)$, a seguinte fórmula define um produto interno nesse espaço:

$u \cdot v = a_1 a_2 + b_1 b_2 + c_1 c_2 + d_1 d_2$

Dados os vetores

$$u = \begin{bmatrix} 1 & 2 \\ -1 & 1 \end{bmatrix} \text{ e } v = \begin{bmatrix} 0 & 2 \\ 1 & 1 \end{bmatrix}$$

determinar:

a) $|u + v|$

b) o ângulo entre u e v.

7) No espaço $V = P_2$ consideremos o produto interno $f(t) \cdot g(t) = \int_0^1 f(t)\,g(t)\,dt$. Calcular $f(t) \cdot g(t)$ e $|f(t)|$ para $f(t) = t^2 - 2t$ e $g(t) = t + 3$.

8) Verificar a desigualdade de Cauchy quando se tem:

a) $u = (2, -1)$ e $v = (-2, -4)$ e o produto interno do problema 1b.

b) $u = -x^2 + x - 3$ e $v = 3x^2 - x + 1$ e o produto interno do problema 5.

9) Seja a função

$$f: \mathbb{R}^2 \times \mathbb{R}^2 \longrightarrow M(1, 1)$$

$$((x_1, y_1), (x_2, y_2)) \longmapsto [x_1 \ y_1] \begin{bmatrix} 1 & 1 \\ 1 & 2 \end{bmatrix} \begin{bmatrix} x_2 \\ y_2 \end{bmatrix}$$

Mostrar que f é um produto interno em $\mathbb{R}^2$ e calcular:

a) A norma do vetor $(1, 3)$;

b) Um vetor unitário a partir de $(1, 3)$;

c) Um vetor ortogonal a $(1, 3)$.

10) Provar que se u e v são vetores de um espaço vetorial euclidiano, então:

a) $u \perp v$ implica $|u+v|^2 = |u|^2 + |v|^2$

(Intepretar geometricamente esse fato no $\mathbb{R}^2$ e no $\mathbb{R}^3$.)

b) $(u+v) \perp (u-v)$ implica $|u| = |v|$

11) Consideremos, no $\mathbb{R}^3$, o produto interno usual. Para que valores de m os vetores u e v são ortogonais?

a) $u = (3m, 2, -m)$ e $v = (-4, 1, 5)$

b) $u = (0, m-1, 4)$ e $v = (5, m-1, -1)$

12) Consideremos, no $\mathbb{R}^3$, o seguinte produto interno:

$(x_1, y_1, z_1) \cdot (x_2, y_2, z_2) = 2x_1 x_2 + y_1 y_2 + 4z_1 z_2$

Determinar, em relação a esse produto interno, um vetor unitário simultaneamente ortogonal aos vetores $u = (1, -1, 2)$ e $v = (2, 1, 0)$.

13) Seja $V = \mathbb{R}^3$ com o produto interno usual. Determinar um vetor $u \in \mathbb{R}^3$ ortogonal aos vetores $v_1 = (1, 1, 2)$, $v_2 = (5, 1, 3)$ e $v_3 = (2, -2, -3)$.

14) Determinar os vetores (a, b, c) para que o conjunto $B = \{(1, -3, 2), (2, 2, 2), (a, b, c)\}$ seja uma base ortogonal do $\mathbb{R}^3$ em relação ao produto interno usual. Construir a partir de B uma base ortonormal.

15) Seja $V = M(2, 2)$ munido do produto interno definido no problema 6. Determinar x de modo que

$$\begin{bmatrix} 1 & -2 \\ 5 & x \end{bmatrix} \text{ e } \begin{bmatrix} 3 & 2 \\ 1 & -1 \end{bmatrix}$$

sejam ortogonais.

16) Seja P_1 o espaço vetorial dos polinômios de grau ≤ 1. Definimos o produto interno entre dois vetores p e q de P_1 como segue:

$$p \cdot q = 2ac + ad + bc + 2bd, \quad \text{sendo} \begin{cases} p(t) = at + b \\ q(t) = ct + d \end{cases}$$

a) Calcular o ângulo entre $t - 1$ e $3t$.

b) Encontrar um vetor $r(t)$ ortogonal ao vetor $t - 1$.

17) Sejam $V = \mathbb{R}^3$ munido do produto interno usual e $A = \{(1, -1, -2)\} \subset V$. Encontrar uma base ortogonal B de V tal que $A \subset B$.

18) Sendo $V = \mathbb{R}^4$ munido do produto interno usual, determinar um vetor não-nulo $v \in \mathbb{R}^4$ que seja ortogonal a $v_1 = (1, 1, 1, -1)$, $v_2 = (1, 2, 0, 1)$ e $v_3 = (-4, 1, 5, 2)$.

19) Consideremos o seguinte produto interno no $\mathbb{R}^2$:

$(x_1, y_1) \cdot (x_2, y_2) = x_1 x_2 + 2x_1 y_2 + 2x_2 y_1 + 5y_1 y_2$

Mostrar que, relativamente a esse produto interno, o conjunto

$A = \{(1, 0), (2, -1)\}$ é base ortonormal do $\mathbb{R}^2$.

20) O conjunto $B = \{(2, -1), (k, 1)\}$ é uma base ortogonal do $\mathbb{R}^2$ em relação ao produto interno

$(x_1, y_1) \cdot (x_2, y_2) = 2x_1 x_2 + x_1 y_2 + x_2 y_1 + y_1 y_2$

Determinar o valor de k e obter, a partir de B, uma base ortonormal.

21) Consideremos as seguintes bases do $\mathbb{R}^2$ e do $\mathbb{R}^3$:

a) $B = \{(3, 4), (1, 2)\}$

b) $B = \{(1, 0, 0), (0, 1, 1), (0, 1, 2)\}$

c) $B = \{(1, 0, 1), (1, 0, -1), (0, 3, 4)\}$

Ortonormalizar essas bases pelo processo de Gram-Schmidt, segundo o produto interno usual de cada espaço.

22) O conjunto $B = \{(\frac{1}{\sqrt{2}}, \frac{1}{\sqrt{2}}), (-\frac{1}{\sqrt{2}}, \frac{1}{\sqrt{2}})\}$ é uma base ortonormal do $\mathbb{R}^2$ com o produto interno usual. Determinar o vetor coordenada de $v = (2, 4)$ em relação à base B. Utilizar o processo apresentado em 3.6.4.

23) Em relação ao produto interno usual, determinar uma base ortonormal dos seguintes subespaços vetoriais do $\mathbb{R}^3$:

a) $S = \{(x, y, z) \in \mathbb{R}^3 / y - 2z = 0\}$

b) $S = \{(x, y, z) \in \mathbb{R}^3 / x + y + z = 0\}$

24) Determinar, em relação ao produto interno usual, uma base ortonormal para o subespaço do $\mathbb{R}^4$ gerado pelos vetores $v_1 = (1, 0, -1, 1)$, $v_2 = (0, 1, 0, 1)$ e $v_3 = (1, 1, -1, 2)$.

25) Seja $S = \{(x, y, z, -2x + 4y + 5z) / x, y, z \in \mathbb{R}\}$ subespaço de $\mathbb{R}^4$ com o produto interno usual.

Seja $A = \{(1, 2, -1, 1), (2, -1, 2, 2)\} \subset S$.

a) Ortonormalizar o conjunto A.

b) Completar o conjunto A de modo a transformá-lo numa base ortogonal de S.

26) Seja $V = \mathbb{R}^3$ munido do produto interno usual e $B = \{(1, 2, -3), (2, -4, 2)\}$. Determinar:

a) O subespaço S gerado por B.

b) O subespaço $S^\perp$.

27) Seja $V = \mathbb{R}^3$ munido do produto interno usual. Dados os subespaços:

$S_1 = \{(x, y, z) \in \mathbb{R}^3 / x - 2y + 3z = 0\}$ e

$S_2 = \{t(2, 1, -1)/t \in \mathbb{R}\}$

determinar $S_1^\perp$ e $S_2^\perp$.

28) Consideremos o subespaço $S = \{(x, y, z)/ x - z = 0\} \subset \mathbb{R}^3$ com o produto interno:

$(x, y, z) \cdot (x', y', z') = 2xx' + 3yy' + 4zz'$

Determinar $S^\perp$ e uma base de $S^\perp$.

3.10.1 Respostas de Problemas Propostos

2. a) -1   b) 4   c) 0   3. a), f), g)

4. a) Não é produto interno. Falha o axioma P_4.

    b) É produto interno.

    c) Não é produto interno. Falham os axiomas P_2 e P_3.

    d) Não é produto interno. Falha o axioma P_4.

    e) É produto interno.

5. a) -18

    b) $\sqrt{14}$ e $\sqrt{2}$

    c) $\sqrt{3}$

    d) $\frac{3}{5}x - \frac{4}{5}$

    e) $\cos \theta = -\frac{2\sqrt{2}}{5}$

6. a) $\sqrt{21}$

   b) $\theta = \arccos \dfrac{4}{\sqrt{42}}$

7. $-\dfrac{29}{12}$ e $\sqrt{\dfrac{8}{15}}$

9. a) $\dot{5}$

   b) $(\dfrac{1}{5}, \dfrac{3}{5})$

   c) $t(-7, 4)$

11. a) $\dfrac{2}{17}$ b) 3 ou -1

12. $(\dfrac{2}{9}, -\dfrac{8}{9}, -\dfrac{1}{6})$

13. $u = a(1, 7, -4)$, $a \in \mathbb{R}$

14. $t(-5, 1, 4)$, $t \neq 0$

$\{(\dfrac{1}{\sqrt{14}}, -\dfrac{3}{\sqrt{14}}, \dfrac{2}{\sqrt{14}}), (\dfrac{1}{\sqrt{3}}, \dfrac{1}{\sqrt{3}}, \dfrac{1}{\sqrt{3}}), (-\dfrac{5}{\sqrt{42}}, \dfrac{1}{\sqrt{42}}, \dfrac{4}{\sqrt{42}})\}$

15. $x = 4$

16. a) $\theta = \arccos \dfrac{1}{2}$.

    b) $t + 1$ (é uma das soluções).

17. $\{(1, -1, -2), (1, 1, 0), (-1, 1, -1)\}$ é uma delas.

18. Uma solução é $(9, -8, 6, 7)$.

20. $k = -\dfrac{1}{3}$

$\{(\dfrac{2}{\sqrt{5}}, -\dfrac{1}{\sqrt{5}}), (-\dfrac{1}{\sqrt{5}}, \dfrac{3}{\sqrt{5}})\}$

21. a) $\{(\frac{3}{5},\frac{4}{5}), (-\frac{4}{5},\frac{3}{5})\}$

b) $\{(1, 0, 0), (0, \frac{1}{\sqrt{2}},\frac{1}{\sqrt{2}}), (0, -\frac{1}{\sqrt{2}},\frac{1}{\sqrt{2}})\}$

c) $\{(\frac{1}{\sqrt{2}}, 0, -\frac{1}{\sqrt{2}}), (\frac{1}{\sqrt{2}}, 0, -\frac{1}{\sqrt{2}}), (0, 1, 0)\}$

22. $v_B = (3\sqrt{2}, \sqrt{2})$

23. a) $\{(1, 0, 0), (0, -\frac{2}{\sqrt{5}},\frac{1}{\sqrt{5}})\}$

b) $\{(\frac{1}{\sqrt{2}}, -\frac{1}{\sqrt{2}}, 0), (-\frac{1}{\sqrt{6}}, -\frac{1}{\sqrt{6}},\frac{2}{\sqrt{6}})\}$

24. Existem infinitas bases ortonormais.

Uma delas:

$\{(\frac{1}{\sqrt{3}}, 0, -\frac{1}{\sqrt{3}},\frac{1}{\sqrt{3}}), (-\frac{1}{\sqrt{15}},\frac{3}{\sqrt{15}},\frac{1}{\sqrt{15}},\frac{2}{\sqrt{15}})\}$

25. a) $\{(\frac{1}{\sqrt{7}},\frac{2}{\sqrt{7}}, -\frac{1}{\sqrt{7}},\frac{1}{\sqrt{7}}), (\frac{2}{\sqrt{13}}, -\frac{1}{\sqrt{13}},\frac{2}{\sqrt{13}},\frac{2}{\sqrt{13}})\}$

b) Uma delas:

$\{(1, 2, -1, 1), (2, -1, 2, 2), (44, 4, 5, -47)\}$

26. a) $S = \{(x, y, z) \in \mathbb{R}^3 / x + y + z = 0\}$

b) $S^\perp = \{(x, y, z) \in \mathbb{R}^3 / x = y = z\}$

27. $S_1^\perp = \{(x, -2x, 3x)/x \in \mathbb{R}\}$

$S_2^\perp = \{(x, y, z) \in \mathbb{R}^3 / 2x + y - z = 0\}$

28. $S^\perp = \{(-2z, 0, z)/z \in \mathbb{R}\}$

Uma base: $\{(-2, 0, 1)\}$.

CAPÍTULO 4

TRANSFORMAÇÕES LINEARES

4.1 TRANSFORMAÇÕES LINEARES

Neste capítulo estudaremos um tipo especial de função (ou aplicação), onde o domínio e o contradomínio são espaços vetoriais reais. Assim, tanto a variável independente como a variável dependente são vetores, razão pela qual essas funções são chamadas vetoriais. Estamos particularmente interessados nas funções vetoriais lineares, que serão denominadas transformações lineares.

Para dizer que T é uma transformação do espaço vetorial V no espaço vetorial W, escreve-se $T: V \longrightarrow W$. Sendo T uma função, cada vetor $v \in V$ tem um só vetor imagem $w \in W$, que será indicado por $w = T(v)$.

Vamos exemplificar, considerando $V = \mathbb{R}^2$ e $W = \mathbb{R}^3$.

Uma transformação $T: \mathbb{R}^2 \longrightarrow \mathbb{R}^3$ associa vetores $v = (x, y) \in \mathbb{R}^2$ com vetores $w = (x, y, z) \in \mathbb{R}^3$. Se a lei que define a transformação T for

$$T(x, y) = (3x, -2y, x - y)$$

o diagrama da página seguinte apresenta três vetores particulares v e suas correspondentes imagens w.

Deve ficar bem claro que, para calcular, por exemplo, $T(2, 1)$, tem-se: $x = 2$ e $y = 1$, e daí:

$$T(2, 1) = (3 \times 2, -2 \times 1, 2 - 1) = (6, -2, 1)$$

151

152 Álgebra linear

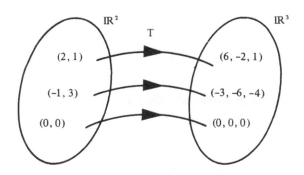

4.1.1 Definição

Sejam V e W espaços vetoriais. Uma aplicação $T: V \longrightarrow W$ é chamada *transformação linear* de V em W se:

I) $T(u + v) = T(u) + T(v)$

II) $T(\alpha u) = \alpha T(u)$

para $\forall u, v \in V$ e $\forall \alpha \in \mathbb{R}$.

Observação

Uma transformação linear de V em V (é o caso de V = W) é chamada *operador linear sobre* V.

Exemplos

1) $T: \mathbb{R}^2 \longrightarrow \mathbb{R}^3$, $T(x, y) = (3x, -2y, x - y)$ é linear.

    De fato:

    I) Sejam $u = (x_1, y_1)$ e $v = (x_2, y_2)$ vetores genéricos de $\mathbb{R}^2$.

    Então:

    $T(u + v) = T(x_1 + x_2, y_1 + y_2)$

$T(u+v) = (3(x_1+x_2), -2(y_1+y_2), (x_1+x_2)-(y_1+y_2))$

$T(u+v) = (3x_1+3x_2, -2y_1-2y_2, x_1+x_2-y_1-y_2)$

$T(u+v) = (3x_1, -2y_1, x_1-y_1) + (3x_2, -2y_2, x_2-y_2)$

$T(u+v) = T(u) + T(v)$

II) Para todo $\alpha \in \mathbb{R}$ e para qualquer $u = (x_1, y_1) \in \mathbb{R}^2$, tem-se:

$T(\alpha u) = T(\alpha x_1, \alpha y_1)$

$T(\alpha u) = (3\alpha x_1, -2\alpha y_1, \alpha x_1 - \alpha y_1)$

$T(\alpha u) = \alpha(3x_1, -2y_1, x_1 - y_1)$

$T(\alpha u) = \alpha T(u)$

2) $T: \mathbb{R} \longrightarrow \mathbb{R}$
$x \longmapsto 3x$ ou $T(x) = 3x$ é linear

De fato:

I) Sejam $u = x_1$ e $v = x_2$ vetores quaisquer de $\mathbb{R}$ (os vetores, nesse caso, são números reais). Então:

$T(u+v) = T(x_1 + x_2)$

$T(u+v) = 3(x_1 + x_2)$

$T(u+v) = 3x_1 + 3x_2$

$T(u+v) = T(u) + T(v)$

II) Para $\forall \alpha \in \mathbb{R}$, $\forall u = x_1 \in \mathbb{R}$, tem-se:

$T(\alpha u) = T(\alpha x_1)$

$T(\alpha u) = 3\alpha x_1$

$T(\alpha u) = \alpha(3x_1)$

$T(\alpha u) = \alpha T(u)$

Observação

Essa transformação linear representa uma reta que passa pela origem (Figura 4.1.1a). É fácil ver que, se uma transformação representar uma reta que não passa pela origem, ela *não* é linear. Por exemplo:

$T: \mathbb{R} \longrightarrow \mathbb{R}, \ T(x) = 3x + 1$

não é linear.

De fato:

Se $u = x_1$ e $v = x_2$ são vetores quaisquer de $\mathbb{R}$, tem-se:

$T(u + v) = T(x_1 + x_2)$

$T(u + v) = 3(x_1 + x_2) + 1$

$T(u + v) = 3x_1 + 3x_2 + 1 = (3x_1 + 1) + 3x_2$

$T(u + v) \neq T(u) + T(v) = (3x_1 + 1) + (3x_2 + 1)$

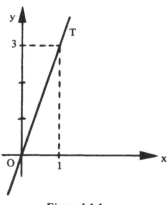

Figura 4.1.1a

Seria bem mais fácil constatar neste exemplo que T *não é linear*, se conhecêssemos a propriedade:

"*Em toda transformação linear* $T: V \longrightarrow W$, *a imagem do vetor* $0 \in V$ *é o vetor* $0 \in W$, isto é $T(0) = 0$."

Este fato decorre da condição (II) da definição, para $\alpha = 0$:

$T(0) = T(0 \cdot v) = 0 \cdot T(v) = 0$

Nos exemplos 1) e 2), de transformações lineares, tivemos:

$T(0, 0) = (0, 0, 0)$ e $T(0) = 0$

Nesse último exemplo, de transformação não-linear, verifica-se que: $T(0) \neq 0$, pois $T(0) = 1$.

Assim, também não é linear a transformação

$$T: \mathbb{R}^3 \longrightarrow \mathbb{R}^2, \quad T(x, y, z) = (3x + 2, 2y - z)$$

pois $T(0, 0, 0) = (2, 0) \neq (0, 0)$.

Insistindo: se $T: V \longrightarrow W$ é linear, então $T(0) = 0$. No entanto, a recíproca dessa propriedade não é verdadeira, pois existe transformação com $T(0) = 0$ e T não é linear. É o caso da transformação

$$T: \mathbb{R}^2 \longrightarrow \mathbb{R}^2, \quad T(x, y) = (x^2, 3y)$$

De fato:

Se $u = (x_1, y_1)$ e $v = (x_2, y_2)$ são vetores quaisquer de $\mathbb{R}^2$, tem-se:

$$T(u + v) = T(x_1 + x_2, y_1 + y_2) = ((x_1 + x_2)^2, 3(y_1 + y_2)) = (x_1^2 + 2x_1 x_2 + x_2^2, 3y_1 + 3y_2)$$

enquanto:

$$T(u) + T(v) = (x_1^2, 3y_1) + (x_2^2, 3y_2) = (x_1^2 + x_2^2, 3y_1 + 3y_2)$$

isto é:

$$T(u + v) \neq T(u) + T(v)$$

3) A transformação identidade

$$I: V \longrightarrow V$$
$$v \longmapsto v \quad \text{ou} \quad I(v) = v \text{ é linear}$$

De fato:

I) $I(u + v) = u + v = I(u) + I(v)$

II) $I(\alpha u) = \alpha u = \alpha I(u)$

4) A transformação nula (ou zero)

   T: V $\longrightarrow$ W

   v $\longmapsto$ 0 ou T(v) = 0 é linear

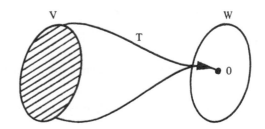

De fato:

I) $T(u + v) = 0 = 0 + 0 = T(u) + T(v)$

II) $T(\alpha u) = 0 = \alpha \times 0 = \alpha Tu$

5) A simetria em relação à origem O (Figura 4.1.1b) no $\mathbb{R}^3$

   T: $\mathbb{R}^3 \longrightarrow \mathbb{R}^3$

   v $\longmapsto$ - v é linear

De fato:

I) $T(u + v) = -(u + v) = -u - v = T(u) + T(v)$

II) $T(\alpha u) = -\alpha u = \alpha(-u) = \alpha T(u)$

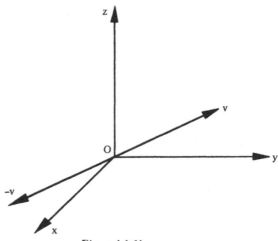

Figura 4.1.1b

6) A projeção ortogonal do $\mathbb{R}^3$ sobre o plano xy (Figura 4.1.1c)

T: $\mathbb{R}^3 \longrightarrow \mathbb{R}^3$

$(x, y, z) \longmapsto (x, y, 0)$ ou $T(x, y, z) = (x, y, 0)$

é linear (verificar!).

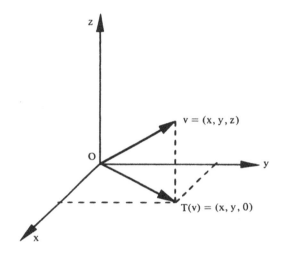

Figura 4.1.1c

7) A projeção no eixo dos x

T: $\mathbb{R}^3 \longrightarrow \mathbb{R}^3$, $T(x, y, z) = (x, 0, 0)$

é linear (verificar!).

8) Seja o espaço vetorial $V = P_n$ dos polinômios de grau $\leq n$. A aplicação derivada $D: P_n \longrightarrow P_n$, que leva $f \in P_n$ em sua derivada f', isto é, $D(f) = f'$, é linear.

De fato:

Pelas regras da derivação, sabe-se que:

$D(f + g) = D(f) + D(g)$

e

$D(\alpha f) = \alpha D(f)$

9) Sejam os espaços vetoriais $V = P_n$ e $W = \mathbb{R}$. A transformação $T: P_n \longrightarrow \mathbb{R}$ definida por $T(u) = \int_a^b udt$ $(a, b \in \mathbb{R})$, que a cada polinômio $u \in V$ associa sua integral definida $T(u) \in \mathbb{R}$, é linear.

De fato:

Por meio de teoremas do Cálculo, sabe-se que:

$$T(u + v) = \int_a^b (u + v) dt = \int_a^b udt + \int_a^b vdt = T(u) + T(v)$$

e

$$T(\alpha u) = \int_a^b (\alpha u) dt = \alpha \int_a^b udt = \alpha T(u)$$

10) Seja a matriz $A = \begin{bmatrix} 1 & 2 \\ -2 & 3 \\ 0 & 4 \end{bmatrix}$. Essa matriz determina a transformação:

$T_A: \mathbb{R}^2 \longrightarrow \mathbb{R}^3$

$v \longmapsto Av$ ou $T_A(v) = Av$

que é linear.

De fato:

$T_A(u + v) = A(u + v) = Au + Av = T_A(u) + T_A(v)$

e

$T_A(\alpha u) = A(\alpha u) = \alpha(Au) = \alpha T_A(u)$

Efetuando Av, onde $v = (x, y) \in \mathbb{R}^2$ é um vetor coluna de ordem 2×1, resulta:

$$\begin{bmatrix} 1 & 2 \\ -2 & 3 \\ 0 & 4 \end{bmatrix} \begin{bmatrix} x \\ y \end{bmatrix} = \begin{bmatrix} x + 2y \\ -2x + 3y \\ 4y \end{bmatrix}$$

e, portanto, T_A é definida por:

$$T_A(x, y) = (x + 2y, -2x + 3y, 4y)$$

Observações

a) Uma matriz $A(m \times n)$ sempre determina uma transformação linear

$$T_A : \mathbb{R}^n \longrightarrow \mathbb{R}^m$$

onde a imagem $T_A(v) = Av$ é o produto da matriz A pelo vetor $v \in \mathbb{R}^n$ considerado como uma matriz de ordem $n \times 1$. Uma transformação linear desse tipo chama-se *multiplicação por A*.

b) Em 4.4 veremos o inverso, isto é, que uma transformação linear $T: \mathbb{R}^n \longrightarrow \mathbb{R}^m$ sempre pode ser representada por uma matriz $m \times n$.

c) Para que possamos dar uma interpretação geométrica do significado de uma transformação linear, consideremos uma transformação linear no plano. Seja o operador linear $T: \mathbb{R}^2 \longrightarrow \mathbb{R}^2$ definido por:

$$T(x, y) = (-3x + y, 2x + 3y)$$

e consideremos os vetores $u = (-1, 1)$ e $v = (0, 1)$. Portanto, $T(u) = (4, 1)$ e $T(v) = (1, 3)$.

A Figura 4.1.1d mostra que sendo $u + v$ a diagonal do paralelogramo determinado por u e v, sua imagem $T(u + v)$ representa a diagonal do paralelogramo determinado por $T(u)$ e $T(v)$, isto é, $T(u + v) = T(u) + T(v)$.

Diz-se, nesse caso, que T preserva a adição de vetores.

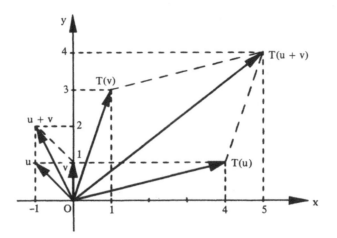

Figura 4.1.1d

A Figura 4.1.1e mostra que, ao multiplicarmos o vetor u por 2, sua imagem T(u) fica também multiplicada por 2. E esse fato vale para qualquer α real, isto é, $T(\alpha v) = \alpha T(v)$. Diz-se, nesse caso, que T preserva a multiplicação por um escalar.

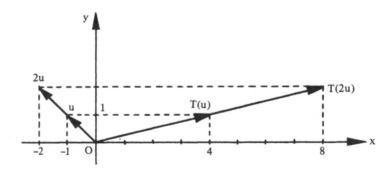

Figura 4.1.1e

4.1.2 Propriedade

Se $T: V \longrightarrow W$ for uma transformação linear, então

$$T(a_1 v_1 + a_2 v_2) = a_1 T(v_1) + a_2 T(v_2)$$

para $\forall v_1, v_2 \in V$ e $\forall a_1, a_2 \in \mathbb{R}$.

De forma análoga, tem-se:

$$T(a_1 v_1 + a_2 v_2 + ... + a_n v_n) = a_1 T(v_1) + a_2 T(v_2) + ... + a_n T(v_n) \tag{1}$$

para $\forall v_i \in V$ e $\forall a_i \in \mathbb{R}$, $i = 1, 2, ..., n$, isto é, a imagem de uma combinação linear de vetores é uma combinação linear das imagens desses vetores, com os mesmos coeficientes.

Suponhamos agora que $\{v_1, v_2, ..., v_n\}$ seja uma *base* do domínio V e que se saiba quais são as imagens $T(v_1), T(v_2), ..., T(v_n)$ dos vetores desta base:

sempre é possível obter a imagem $T(v)$ de qualquer $v \in V$, pois sendo v uma combinação linear dos vetores da base, isto é:

$$v = a_1 v_1 + a_2 v_2 + ... + a_n v_n$$

e, pela relação acima, vem:

$$T(v) = a_1 T(v_1) + a_2 T(v_2) + ... + a_n T(v_n)$$

Assim, uma transformação linear $T: V \longrightarrow W$ fica completamente definida quando se conhecem as imagens dos vetores de uma base de V.

O exemplo a seguir e os problemas resolvidos 8 e 9 são aplicações esclarecedoras desta propriedade.

Exemplo

Seja $T: \mathbb{R}^3 \longrightarrow \mathbb{R}^2$ uma transformação linear e $B = \{v_1, v_2, v_3\}$ uma base do $\mathbb{R}^3$, sendo $v_1 = (0, 1, 0)$, $v_2 = (1, 0, 1)$ e $v_3 = (1, 1, 0)$. Determinar $T(5, 3, -2)$, sabendo que $T(v_1) = (1, -2)$, $T(v_2) = (3, 1)$ e $T(v_2) = (0, 2)$.

Solução

Expressemos $v = (5, 3, -2)$ como combinação linear dos vetores da base:

$(5, 3, -2) = a_1 (0, 1, 0) + a_2 (1, 0, 1) + a_3 (1, 1, 0)$

ou:

$$\begin{cases} a_2 + a_3 = 5 \\ a_1 + a_3 = 3 \\ a_2 = -2 \end{cases}$$

sistema cuja solução é:

$a_1 = -4$, $a_2 = -2$ e $a_3 = 7$

Então:

$(5, 3, -2) = -4v_1 - 2v_2 + 7v_3$

logo:

$T(5, 3, -2) = -4T(v_1) - 2T(v_2) + 7T(v_3)$

$T(5, 3, -2) = -4(1, -2) - 2(3, 1) + 7(0, 2)$

$T(5, 3, -2) = (-10, 20)$

4.1.3 Problemas Resolvidos

Nos exercícios 1 a 4 são dadas transformações. Verificar quais delas são lineares.

1)   T: $\mathbb{R}^2 \longrightarrow \mathbb{R}^3$, $T(x, y) = (x - y, 2x + y, 0)$

Solução

I) Para quaisquer vetores $u = (x_1, y_1)$ e $v = (x_2, y_2)$ de $\mathbb{R}^2$, tem-se:

$T(u + v) = T(x_1 + x_2, y_1 + y_2)$

$T(u + v) = ((x_1 + x_2) - (y_1 + y_2), 2(x_1 + x_2) + (y_1 + y_2), 0)$

$T(u + v) = (x_1 + x_2 - y_1 - y_2, 2x_1 + 2x_2 + y_1 + y_2, 0)$

$T(u + v) = (x_1 - y_1, 2x_1 + y_1, 0) + (x_2 - y_2, 2x_2 + y_2, 0)$

$T(u + v) = T(u) + T(v)$

II) $T(\alpha u) = T(\alpha x_1, \alpha y_1)$

$T(\alpha u) = (\alpha x_1 - \alpha y_1, 2\alpha x_1 + \alpha y_1, 0)$

$T(\alpha u) = \alpha(x_1 - y_1, 2x_1 + y_1, 0)$

$T(\alpha u) = \alpha T(u)$

Logo, T é linear.

2) $T: \mathbb{R}^2 \longrightarrow \mathbb{R}^2$, $T(x, y) = (x + 2, y + 3)$

Solução

Sabe-se que em toda transformação linear $T: V \longrightarrow W$ deve-se ter $T(0) = 0$. Como $T(0, 0) = (2, 3) \neq (0, 0)$, T não é uma transformação linear.

Essa aplicação T é um exemplo de *translação* no plano.

3) $T: \mathbb{R}^2 \longrightarrow \mathbb{R}$, $T(x, y) = |x|$

Solução

Sejam $u = (x_1, y_1)$ e $v = (x_2, y_2)$ vetores quaisquer de $\mathbb{R}^2$.

$T(u + v) = T(x_1 + x_2, y_1 + y_2) = |x_1 + x_2|$ e

$T(u) + T(v) = |x_1| + |x_2|$

Como, em geral, $|x_1 + x_2| \neq |x_1| + |x_2|$, conclui-se que T não é linear.

164 Álgebra linear

4) $H: V \longrightarrow V$, $H(v) = \lambda v$, $\lambda \in \mathbb{R}$, λ fixado.

Solução

Se $u, v \in V$:

I) $H(u + v) = \lambda(u + v) = \lambda u + \lambda v = H(u) + H(v)$

II) $H(\alpha u) = \lambda(\alpha u) = \alpha(\lambda u) = \alpha H(u)$

Logo, H é um operador linear em V. Esse operador chama-se homotetia de V determinada pelo escalar λ.

Os exemplos 2, 3 e 5 do item 4.1.1 são casos particulares de homotetia em que $\lambda = 3$, $\lambda = 1$ e $\lambda = -1$, respectivamente.

5) Seja o espaço vetorial $V = M(n, n)$ e B uma matriz fixa em V.

Seja a aplicação $T: V \longrightarrow V$ definida por $T(A) = AB + BA$, com $A \in V$. Mostrar que T é linear.

Solução

I) Para quaisquer $A_1, A_2 \in V$:

$T(A_1 + A_2) = (A_1 + A_2)B + B(A_1 + A_2)$

$T(A_1 + A_2) = A_1 B + A_2 B + BA_1 + BA_2$

$T(A_1 + A_2) = (A_1 B + BA_1) + (A_2 B + BA_2)$

$T(A_1 + A_2) = T(A_1) + T(A_2)$

II) $T(\alpha A_1) = (\alpha A_1)B + B(\alpha A_1) = \alpha(A_1 B) + \alpha(BA_1)$

$T(\alpha A_1) = \alpha(A_1 B + BA_1)$

$T(\alpha A_1) = \alpha T(A_1)$

6) Seja T: V ⟶ W linear. Mostrar que:

a) $T(-v) = -T(v)$

b) $T(u - v) = T(u) - T(v)$

Solução

a) $T(-v) = T((-1)v) = -1T(v) = -T(v)$

b) $T(u - v) = T(u + (-1)v) = T(u) + (-1)T(v) = T(u) - T(v)$

7) Consideremos o operador linear $T: \mathbb{R}^3 \longrightarrow \mathbb{R}^3$ definido por

$T(x, y, z) = (x + 2y + 2z, x + 2y - z, -x + y + 4z)$.

a) Determinar o vetor $u \in \mathbb{R}^3$ tal que $T(u) = (-1, 8, -11)$.

b) Determinar o vetor $v \in \mathbb{R}^3$ tal que $T(v) = v$.

Solução

a) Sendo $T(u) = (-1, 8, -11)$, ou seja:

$(x + 2y + 2z, x + 2y - z, -x + y + 4z) = (-1, 8, -11)$,

vem:

$$\begin{cases} x + 2y + 2z = -1 \\ x + 2y - z = 8 \\ -x + y + 4z = -11 \end{cases}$$

sistema cuja solução é $x = 1$, $y = 2$ e $z = -3$.

Logo: $u = (1, 2, -3)$

b) Seja $v = (x, y, z)$. Então, $T(v) = v$ ou $T(x, y, z) = (x, y, z)$ ou, ainda:

$(x + 2y + 2z, x + 2y - z, -x + y + 4z) = (x, y, z)$

donde:

$$\begin{cases} x + 2y + 2z = x \\ x + 2y - z = y \\ -x + y + 4z = z \end{cases}$$

O sistema é indeterminado e sua solução é: $x = 2z$ e $y = -z$.

Assim, existem infinitos vetores $v \in \mathbb{R}^3$ tais que

$T(v) = v$ e todos da forma:

$v = (2z, -z, z)$

ou:

$v = z(2, -1, 1), \forall z \in \mathbb{R}$

8) Sabendo que $T: \mathbb{R}^2 \longrightarrow \mathbb{R}^3$ é uma transformação linear e que

$T(1, -1) = (3, 2, -2)$ e $T(-1, 2) = (1, -1, 3)$,

determinar $T(x, y)$.

Solução

Observando, inicialmente, que $\{(1, -1), (-1, 2)\}$ é uma base de $\mathbb{R}^2$, apliquemos a propriedade 4.1.2 expressando o vetor $(x, y) \in \mathbb{R}^2$ como combinação linear dos vetores dessa base:

$(x, y) = a(1, -1) + b(-1, 2)$

ou:

$$\begin{cases} a - b = x \\ -a + 2b = y \end{cases}$$

sistema do qual vem:

$a = 2x + y$ e $b = x + y$

Portanto:

$T(x, y) = aT(1, -1) + bT(-1, 2)$

$T(x, y) = (2x + y)(3, 2, -2) + (x + y)(1, -1, 3)$

$T(x, y) = (6x + 3y, 4x + 2y, -4x - 2y) + (x + y, -x - y, 3x + 3y)$

$T(x, y) = (7x + 4y, 3x + y, -x + y)$

9) Um operador linear $T: \mathbb{R}^2 \longrightarrow \mathbb{R}^2$ é tal que:

$T(1, 0) = (3, -2)$ e $T(0, 1) = (1, 4)$

Determinar $T(x, y)$.

Solução

Observemos que $\{(1, 0), (0, 1)\}$ é a base canônica de $\mathbb{R}^2$.

Um vetor $(x, y) \in \mathbb{R}^2$ é tal que:

$(x, y) = x(1, 0) + y(0, 1)$

e, portanto:

$T(x, y) = xT(1, 0) + yT(0, 1)$

$T(x, y) = x(3, -2) + y(1, 4)$

$T(x, y) = (3x + y, -2x + 4y)$

4.2 NÚCLEO DE UMA TRANSFORMAÇÃO LINEAR

Definição

Chama-se *núcleo* de uma transformação linear $T: V \longrightarrow W$ ao conjunto de todos os vetores $v \in V$ que são transformados em $0 \in W$. Indica-se esse conjunto por $N(T)$ ou ker (T):

$N(T) = \{v \in V / T(v) = 0\}$

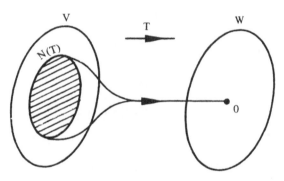

Observemos que $N(T) \subset V$ e $N(T) \neq \emptyset$, pois $0 \in N(T)$, tendo em vista que $T(0) = 0$.

Exemplos

1) O núcleo da transformação linear

$T: \mathbb{R}^2 \longrightarrow \mathbb{R}^2$, $T(x, y) = (x + y, 2x - y)$

é o conjunto:

$N(T) = \{(x, y) \in \mathbb{R}^2 / T(x, y) = (0, 0)\}$

o que implica:

$(x + y, 2x - y) = (0, 0)$

ou:

$$\begin{cases} x + y = 0 \\ 2x - y = 0 \end{cases}$$

sistema cuja solução é:

$$x = 0 \quad e \quad y = 0$$

logo:

$$N(T) = \{(0, 0)\}$$

2) Seja $T: \mathbb{R}^3 \longrightarrow \mathbb{R}^2$ a transformação linear dada por:

$$T(x, y, z) = (x - y + 4z, \ 3x + y + 8z)$$

Nesse caso, temos:

$$N(T) = \{(x, y, z) \in \mathbb{R}^3 / T(x, y, z) = (0, 0)\}$$

isto é, um vetor $(x, y, z) \in N(T)$ se, e somente se:

$$(x - y + 4z, 3x + y + 8z) = (0, 0)$$

ou:

$$\begin{cases} x - y + 4z = 0 \\ 3x + y + 8z = 0 \end{cases}$$

sistema homogêneo de solução $x = -3z$ e $y = z$.

Logo:

$$N(T) = \{(-3z, z, z)/z \in \mathbb{R}\}$$

ou:

$$N(T) = \{z(-3, 1, 1)/z \in \mathbb{R}\}$$

ou, ainda:

$$N(T) = [(-3, 1, 1)]$$

Observemos que esse conjunto representa uma reta no $\mathbb{R}^3$ que passa pela origem e tal que todos os seus pontos têm por imagem a origem do $\mathbb{R}^2$ (Figura 4.2).

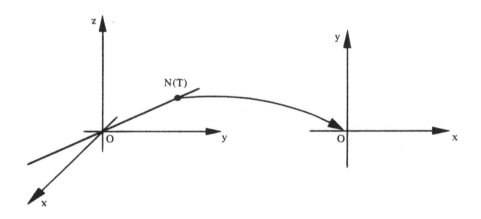

Figura 4.2

4.2.1 Propriedades do Núcleo

1) O núcleo de uma transformação linear $T: V \longrightarrow W$ é um *subespaço* vetorial de V.

De fato:

Sejam v_1 e v_2 vetores pertencentes ao N(T) e α um número real qualquer. Então, $T(v_1) = 0$ e $T(v_2) = 0$. Assim:

I) $T(v_1 + v_2) = T(v_1) + T(v_2) = 0 + 0 = 0$

isto é:

$v_1 + v_2 \in N(T)$

II) $T(\alpha v_1) = \alpha T(v_1) = \alpha 0 = 0$

isto é:

$\alpha v_1 \in N(T)$

2) Uma transformação linear T: V $\longrightarrow$ W é injetora se, e somente se, N(T) = {0}.

Lembremos que uma aplicação T: V $\longrightarrow$ W é injetora se $\forall v_1, v_2 \in V$, $T(v_1) = T(v_2)$ implica $v_1 = v_2$ ou, de modo equivalente, se $\forall v_1, v_2 \in V$, $v_1 \neq v_2$ implica $T(v_1) \neq T(v_2)$.

A demonstração dessa propriedade tem duas partes:

a) Vamos mostrar que se T é injetora, então N(T) = {0}.

De fato:

Seja $v \in N(T)$, isto é, $T(v) = 0$. Por outro lado, sabe-se que $T(0) = 0$. Logo, $T(v) = T(0)$. Como T é injetora por hipótese, $v = 0$. Portanto, o vetor zero é o único elemento do núcleo, isto é, N(T) = {0}.

b) Vamos mostrar que se N(T) = {0}, então T é injetora.

De fato:

Sejam $v_1, v_2 \in V$ tais que $T(v_1) = T(v_2)$. Então, $T(v_1) - T(v_2) = 0$ ou $T(v_1 - v_2) = 0$ e, portanto, $v_1 - v_2 \in N(T)$. Mas, por hipótese, o único elemento do núcleo é o vetor 0, e, portanto, $v_1 - v_2 = 0$, isto é, $v_1 = v_2$. Como $T(v_1) = T(v_2)$ implica $v_1 = v_2$, T é injetora.

4.3 IMAGEM

Definição

Chama-se *imagem* de uma transformação linear T: V $\longrightarrow$ W ao conjunto dos vetores $w \in W$ que são imagens de pelo menos um vetor $v \in V$. Indica-se esse conjunto por **Im(T)** ou T(V):

Im(T) = { $w \in W / T(v) = w$ para algum $v \in V$ }

A Figura 4.3 esclarece a definição.

Observemos que Im(T) $\subset$ W e Im(T) $\neq \phi$, pois $0 = T(0) \in$ Im(T). Se Im(T) = W, T diz-se *sobrejetora*, isto é, para todo $w \in W$ existe pelo menos um $v \in V$ tal que $T(v) = w$.

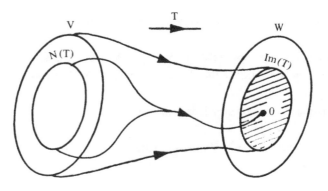

Figura 4.3

Exemplos

1) Seja $T: \mathbb{R}^3 \longrightarrow \mathbb{R}^3$, $T(x, y, z) = (x, y, 0)$ a projeção ortogonal do $\mathbb{R}^3$ sobre o plano xy. A imagem de T é o próprio plano xy:

$\text{Im}(T) = \{(x, y, 0) \in \mathbb{R}^3 / x, y \in \mathbb{R}\}$

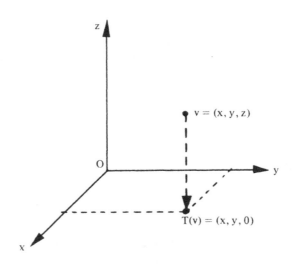

Observemos que o núcleo de T é o eixo dos z:

$N(T) = \{(0, 0, z)/z \in \mathbb{R}\}$

pois $T(0, 0, z) = (0, 0, 0)$ para todo $z \in \mathbb{R}$.

2) A imagem da transformação linear identidade I: V $\longrightarrow$ V definida por I(v) = v, $\forall v \in$ V, é todo espaço V. O núcleo, neste caso, é N(I) = { 0 }.

3) A imagem da transformação nula T: V $\longrightarrow$ W definida por T(v) = 0, $\forall v \in$ V, é o conjunto Im(T) = { 0 }. O núcleo, nesse caso, é todo o espaço V.

4.3.1 Propriedade da Imagem

"A imagem de uma transformação T: V $\longrightarrow$ W é um *subespaço* de W."

De fato:

Sejam w_1 e w_2 vetores pertencentes a Im(T) e α um número real qualquer. Devemos mostrar que $w_1 + w_2 \in$ Im(T) e $\alpha w_1 \in$ Im(T), isto é, devemos mostrar que existem vetores v e u pertencentes a V tais que $T(v) = w_1 + w_2$ e $T(u) = \alpha w_1$.

Como $w_1, w_2 \in$ Im(T), existem vetores $v_1, v_2 \in$ V tais que $T(v_1) = w_1$ e $T(v_2) = w_2$. Fazendo $v = v_1 + v_2$ e $u = \alpha v_1$, tem-se:

$$T(v) = T(v_1 + v_2) = T(v_1) + T(v_2) = w_1 + w_2$$

e:

$$T(u) = T(\alpha v_1) = \alpha T(v_1) = \alpha w_1$$

e, portanto, Im(T) é um subespaço vetorial de W.

4.3.2. Teorema da Dimensão

"Seja V um espaço de dimensão finita e T: V $\longrightarrow$ W uma transformação linear. Então, dim N(T) + dim Im(T) = dim V."

Deixaremos de demonstrar o teorema e faremos algumas comprovações por meio dos exemplos e de problemas resolvidos logo a seguir.

No exemplo 1 de 4.3, o núcleo (eixo dos z) da projeção ortogonal T tem dimensão 1 e a imagem (plano xy) tem dimensão 2, enquanto o domínio $\mathbb{R}^3$ tem dimensão 3.

No exemplo 2 da transformação identidade, temos dim N(T) = 0. Conseqüentemente, dim Im(T) = dim V pois Im(T) = V.

No exemplo 3 da transformação nula, temos dim Im(T) = 0. Portanto, dim N(T) = dim V, pois N(T) = V.

4.3.3 Problemas Resolvidos

10) Determinar o núcleo e a imagem do operador linear

$$T: \mathbb{R}^3 \longrightarrow \mathbb{R}^3, \quad T(x, y, z) = (x + 2y - z, y + 2z, x + 3y + z)$$

Solução

a) $N(T) = \{ (x, y, z) \in \mathbb{R}^3 / T(x, y, z) = (0, 0, 0) \}$

De:

$$(x + 2y - z, y + 2z, x + 3y + z) = (0, 0, 0)$$

vem o sistema:

$$\begin{cases} x + 2y - z = 0 \\ y + 2z = 0 \\ x + 3y + z = 0 \end{cases}$$

cuja solução geral é $(5z, -2z, z)$, $z \in \mathbb{R}$.

Logo:

$$N(T) = \{ (5z, -2z, z)/z \in \mathbb{R} \} = \{ z(5, -2, 1)/z \in \mathbb{R} \} = [(5, -2, 1)]$$

b) $Im(T) = \{ (a, b, c) \in \mathbb{R}^3 / T(x, y, z) = (a, b, c) \}$, isto é, $(a, b, c) \in Im(T)$ se existe $(x, y, z) \in \mathbb{R}^3$ tal que:

$$(x + 2y - z, y + 2z, x + 3y + z) = (a, b, c)$$

e o sistema:

$$\begin{cases} x + 2y - z = a \\ y + 2z = b \\ x + 3y + z = c \end{cases}$$

somente terá solução se a + b - c = 0.

Logo:

Im(T) = { (a, b, c) ∈ $\mathbb{R}^3$ /a + b - c = 0 }

Notemos que:

dim N(T) + dim Im(T) = 1 + 2 = 3, que é a dimensão do domínio $\mathbb{R}^3$.

Observação

O vetor imagem T(x, y, z) pode ser expresso da seguinte forma:

(x + 2y - z, y + 2z, x + 3y + z) = (x, 0, x) + (2y, y, 3y) + (-z, 2z, z)

ou:

(x + 2y - z, y + 2z, x + 3y + z) = x (1, 0, 1) + y (2, 1, 3) + z (-1, 2, 1)

Logo, qualquer vetor do conjunto imagem é combinação linear dos vetores (1, 0, 1), (2, 1, 3) e (-1, 2, 1) e, portanto:

Im(T) = [(1, 0, 1), (2, 1, 3), (-1, 2, 1)]

Observando que:

T(1, 0, 0) = (1, 0, 1), T(0, 1, 0) = (2, 1, 3) e T(0, 0, 1) = (-1, 2, 1) conclui-se que:

$$Im(T) = [T(1, 0, 0), T(0, 1, 0), T(0, 0, 1)]$$

isto é, a imagem dessa transformação é o subespaço gerado pelas imagens dos vetores da base canônica do domínio $\mathbb{R}^3$.

Este fato vale de modo geral: "*Se* $T: V \longrightarrow W$ *é linear* e $\{v_1, ..., v_n\}$ *gera* V, *então* $\{T(v_1), ..., T(v_n)\}$ *gera a* $Im(T)$".

De fato:

Seja $w \in Im(T)$. Então, $T(v) = w$ para algum $v \in V$. Como $\{v_1, ..., v_n\}$ gera V, existem escalares $a_1, ..., a_n$ tais que:

$$v = a_1 v_1 + ... + a_n v_n$$

e:

$$w = T(v) = T(a_1 v_1 + ... + a_n v_n) = a_1 T(v_1) + ... + a_n T(v_n)$$

Portanto:

$$Im(T) = [T(v_1), ..., T(v_n)] \qquad (4.3.3)$$

11) Seja $T: \mathbb{R}^3 \longrightarrow \mathbb{R}^2$ a transformação linear tal que $T(e_1) = (1, 2)$, $T(e_2) = (0, 1)$ e $T(e_3) = (-1, 3)$, sendo $\{e_1, e_2, e_3\}$ a base canônica de $\mathbb{R}^3$.

a) Determinar o $N(T)$ e uma de suas bases. T é injetora?

b) Determinar a $Im(T)$ e uma de suas bases. T é sobrejetora?

Solução

Lembremos que

$(x, y, z) = x e_1 + y e_2 + z e_3$

implica:

$$T(x, y, z) = xT(e_1) + yT(e_2) + zT(e_3)$$

e:

$$T(x, y, z) = x(1, 2) + y(0, 1) + z(-1, 3)$$

ou:

$$T(x, y, z) = (x - z, 2x + y + 3z)$$

fórmula que define T.

a) $N(T) = \{(x, y, z) \in \mathbb{R}^3 /(x - z, 2x + y + 3z) = (0, 0)\}$

O sistema:

$$\begin{cases} x \quad\quad - z = 0 \\ 2x + y + 3z = 0 \end{cases}$$

admite a solução geral $(z, -5z, z)$, $z \in \mathbb{R}$.

Logo:

$$N(T) = \{(z, -5z, z)/z \in \mathbb{R}\}$$

A única variável livre é z. Portanto, dim $N(T) = 1$.

Fazendo $z = 1$, obtém-se $(1, -5, 1)$ e $\{(1, -5, 1)\}$ é uma base do $N(T)$. Ainda: T não é injetora, pois $N(T) \neq \{(0, 0, 0)\}$.

b) Pela igualdade (4.3.3) vem:

$$\text{Im}(T) = [T(1, 0, 0), T(0, 1, 0), T(0, 0, 1)]$$

ou:

$$\text{Im}(T) = [(1, 2), (0, 1), (-1, 3)]$$

Considerando o Teorema da Dimensão, vem:

dim Im(T) = dim $\mathbb{R}^3$ - dim N(T) = 3 - 1 = 2.

Logo, Im(T) = $\mathbb{R}^2$ e qualquer base de $\mathbb{R}^2$ é base de Im(T). Uma delas é $\{(1, 2), (0, 1)\}$. Ainda: T é sobrejetora, pois Im(T) = $\mathbb{R}^2$ que é o contradomínio.

12) Verificar se o vetor (5, 3) pertence ao conjunto Im(T), sendo

T: $\mathbb{R}^2 \longrightarrow \mathbb{R}^2$, T(x, y) = (x - 2y, 2x + 3y)

Solução

Devemos verificar se existe $(x, y) \in \mathbb{R}^2$ tal que:

T(x, y) = (x - 2y, 2x + 3y) = (5, 3)

isto é, precisamos verificar se o sistema:

$$\begin{cases} x - 2y = 5 \\ 2x + 3y = 3 \end{cases}$$

tem solução. Como a solução do sistema é x = 3 e y = 1, conclui-se que $(5, 3) \in$ Im(T).

13) Determinar uma transformação linear T: $\mathbb{R}^3 \longrightarrow \mathbb{R}^4$

tal que N(T) = $\{(x, y, z) \in \mathbb{R}^3 / z = x - y\}$

Solução

O problema será resolvido com a utilização da propriedade 4.1.2. Fazendo, por exemplo, x = 1, y = 0 e x = 0, y = 1, o conjunto $\{(1, 0, 1), (0, 1, -1)\}$ é uma base do núcleo e, com o acréscimo do vetor (0, 0, 1), o conjunto $\{(1, 0, 1), (0, 1, -1), (0, 0, 1)\}$ forma uma base do $\mathbb{R}^3$ (verificar!). Como (1, 0, 1) e (0, 1, -1) são vetores do núcleo, T(1, 0, 1) = (0, 0, 0, 0) e T(0, 1, -1) = (0, 0, 0, 0).

Façamos arbitrariamente, $T(0, 0, 1) = (1, 0, -1, 0)$. Pela propriedade 4.1.2, a transformação está definida, ou seja, T tem a condição requerida. Pretendemos calcular $T(x, y, z)$. Comecemos escrevendo (x, y, z) na base considerada de $\mathbb{R}^3$. Tendo em vista que

$$(x, y, z) = x(1, 0, 1) + y(0, 1, -1) + (-x + y + z)(0, 0, 1)$$

vem:

$$T(x, y, z) = xT(1, 0, 1) + y(0, 1, -1) + (-x + y + z)T(0, 0, 1)$$

$$T(x, y, z) = x(0, 0, 0, 0) + y(0, 0, 0, 0) + (-x + y + z)(1, 0, -1, 0)$$

$$T(x, y, z) = (-x + y + z, 0, x - y - z, 0)$$

Esse problema admite infinitas soluções.

Do Teorema da Dimensão (4.3.2):

$$\dim N(T) + \dim \text{Im}(T) = \dim V$$

seguem algumas conclusões importantes.

4.3.4. Corolários

Seja $T: V \longrightarrow W$ uma transformação linear.

1) Se $\dim V = \dim W$, então T é injetora se, e somente se, é sobrejetora.

De fato:

T é injetora $\Rightarrow N(T) = \{0\}$ (propriedade 2 de 4.2.1)

$\Rightarrow 0 + \dim \text{Im}(T) = \dim V$ (Teorema da Dimensão)

$\Rightarrow \dim \text{Im}(T) = \dim W$ (hipótese)

$\Rightarrow \text{Im}(T) = W$

$\Rightarrow$ T é sobrejetora

Reciprocamente:

T é sobrejetora $\Rightarrow$ Im(T) = W

$\Rightarrow$ dim Im(T) = dim W

$\Rightarrow$ dim Im(T) = dim V (hipótese)

$\Rightarrow$ dim N(T) = 0 (Teorema da Dimensão)

$\Rightarrow$ N(T) = { 0 }

$\Rightarrow$ T é injetora (propriedade 2 de 4.2.1)

Assim, numa transformação linear na qual dim V = dim W, se T é injetora (ou sobrejetora), então T é também *bijetora* (injetora e sobrejetora ao mesmo tempo).

2) Se dim V = dim W e T é injetora, então T transforma base em base, isto é, se B = { v_1, ..., v_n } é base de V, então T(B) = { T(v_1), ..., T(v_n) } é base de W.

De fato:

Como dim V = dim W = n, basta mostrar que T(B) é LI. Para tanto, consideremos a igualdade:

$$a_1 T(v_1) + ... + a_n T(v_n) = 0$$

ou, pela linearidade de T:

$$T(a_1 v_1 + ... + a_n v_n) = 0$$

Como T é injetora, vem:

$$a_1 v_1 + ... + a_n v_n = 0$$

Sendo B uma base, B é LI e, portanto:

$$a_1 = ... = a_n = 0$$

Logo, T(B) é uma base de W.

4.3.5 Isomorfismo

Chama-se *isomorfismo* do espaço vetorial V no espaço vetorial W a uma transformação linear T: V ⟶ W, que é *bijetora*. Nesse caso, os espaços vetoriais V e W são ditos *isomorfos*. No Capítulo 2 fizemos referência a espaços vetoriais isomorfos e ressaltamos que todo espaço vetorial V de dimensão n é isomorfo a $\mathbb{R}^n$. Assim, dois espaços vetoriais de dimensão finita são isomorfos se tiverem a mesma dimensão.

Veremos mais adiante que a todo isomorfismo T: V ⟶ W corresponde um isomorfismo inverso T^{-1}: W ⟶ V, que também é linear.

Exemplos

1) O operador linear

$$T: \mathbb{R}^2 \longrightarrow \mathbb{R}^2, \quad T(x, y) = (2x + y, 3x + 2y)$$

é um isomorfismo no $\mathbb{R}^2$. Como dim V = dim W = 2, basta mostrar que T é injetora (Corolário 1 de 4.3.4). De fato: N(T) = {(0, 0)}, o que implica T ser injetora.

2) A transformação linear

$$T: P_2 \longrightarrow \mathbb{R}^3, \quad T(at^2 + bt + c) = (a, a + b, b - c)$$

é também um isomorfismo (verificar!).

3) O espaço vetorial $\mathbb{R}^2$ é isomorfo ao subespaço W = {(x, y, z) ∈ $\mathbb{R}^3$/z = 0} do $\mathbb{R}^3$ (W representa o plano xy de $\mathbb{R}^3$).

De fato, a aplicação linear T: $\mathbb{R}^2$ ⟶ W, tal que T(x, y) = (x, y, 0), é bijetora: a cada vetor (x, y) de $\mathbb{R}^2$ corresponde um só vetor (x, y, 0) de W e, reciprocamente. Logo, $\mathbb{R}^2$ e W são isomorfos.

4.4 MATRIZ DE UMA TRANSFORMAÇÃO LINEAR

Sejam T: V ⟶ W uma transformação linear, A uma base de V e B uma base de W. Sem prejuízo da generalização, consideremos o caso em que dim V = 2 e dim W = 3.

Sejam $A = \{v_1, v_2\}$ e $B = \{w_1, w_2, w_3\}$ bases de V e W, respectivamente.

Um vetor $v \in V$ pode ser expresso por:

$$v = x_1 v_1 + x_2 v_2 \quad \text{ou} \quad v_A = (x_1, x_2)$$

e a imagem $T(v)$ por:

$$T(v) = y_1 w_1 + y_2 w_2 + y_3 w_3 \qquad (1)$$

ou:

$$T(v)_B = (y_1, y_2, y_3)$$

Por outro lado:

$$T(v) = T(x_1 v_1 + x_2 v_2) = x_1 T(v_1) + x_2 T(v_2) \qquad (2)$$

Sendo $T(v_1)$ e $T(v_2)$ vetores de W, eles são combinações lineares dos vetores de B:

$$T(v_1) = a_{11} w_1 + a_{21} w_2 + a_{31} w_3 \qquad (3)$$

$$T(v_2) = a_{12} w_1 + a_{22} w_2 + a_{32} w_3 \qquad (4)$$

Substituindo esses vetores em (2), vem:

$$T(v) = x_1(a_{11} w_1 + a_{21} w_2 + a_{31} w_3) + x_2(a_{12} w_1 + a_{22} w_2 + a_{32} w_3)$$

ou:

$$T(v) = (a_{11} x_1 + a_{12} x_2) w_1 + (a_{21} x_1 + a_{22} x_2) w_2 + (a_{31} x_1 + a_{32} x_2) w_3$$

Comparando essa igualdade com (1), conclui-se:

$$y_1 = a_{11} x_1 + a_{12} x_2$$

$$y_2 = a_{21} x_1 + a_{22} x_2$$

$$y_3 = a_{31} x_1 + a_{32} x_2$$

ou, na forma matricial:

$$\begin{bmatrix} y_1 \\ y_2 \\ y_3 \end{bmatrix} = \begin{bmatrix} a_{11} & a_{12} \\ a_{21} & a_{22} \\ a_{31} & a_{32} \end{bmatrix} \begin{bmatrix} x_1 \\ x_2 \end{bmatrix}$$

ou, simbolicamente:

$$[T(v)]_B = [T]_B^A \, [v]_A$$

sendo a matriz $[T]_B^A$ denominada *matriz de* T *em relação às bases* A e B.

Observações

1) A matriz $[T]_B^A$ é de ordem 3×2 quando dim V = 2 e dim W = 3.

2) As colunas da matriz $[T]_B^A$ são as componentes das imagens dos vetores da base A em relação à base B, conforme se pode ver em (3) e (4):

$$\begin{bmatrix} a_{11} & a_{12} \\ a_{21} & a_{22} \\ a_{31} & a_{32} \end{bmatrix}$$

$\quad\;\; \uparrow \quad\;\; \uparrow$
$\quad T(v_1)_B \; T(v_2)_B$

De um modo geral, para $T: V \longrightarrow W$ linear, se dim V = n e dim W = m, A = $\{v_1, v_2, ..., v_n\}$ e B = $\{w_1, w_2, ..., w_m\}$ são bases de V e W, respectivamente, teremos que $[T]_B^A$ é uma matriz de ordem $m \times n$, onde cada coluna é formada pelas componentes das imagens dos vetores de A em relação à base B:

$$[T]_B^A = \begin{bmatrix} a_{11} & a_{12} & \cdots & a_{1n} \\ a_{21} & a_{22} & \cdots & a_{2n} \\ \vdots & \vdots & & \vdots \\ a_{m1} & a_{m2} & \cdots & a_{mn} \end{bmatrix}$$
$$\uparrow \qquad \uparrow \qquad \uparrow$$
$$T(v_1)_B \quad T(v_2)_B \quad T(v_n)_B$$

3) Como se vê, a matriz $[T]_B^A$ depende das bases A e B consideradas, isto é, a cada dupla de bases corresponde uma particular matriz. Assim, uma transformação linear poderá ter uma infinidade de matrizes para representá-la. No entanto, fixadas as bases, a matriz é única.

4.4.1 Problemas Resolvidos

14) Seja $T: \mathbb{R}^3 \longrightarrow \mathbb{R}^2$, $T(x, y, z) = (2x - y + z, 3x + y - 2z)$, linear.

Consideremos as bases $A = \{v_1, v_2, v_3\}$, com $v_1 = (1, 1, 1)$, $v_2 = (0, 1, 1)$, $v_3 = (0, 0, 1)$ e $B = \{w_1, w_2\}$, sendo $w_1 = (2, 1)$ e $w_2 = (5, 3)$.

a) Determinar $[T]_B^A$.

b) Se $v = (3, -4, 2)$ (coordenadas em relação à base canônica do $\mathbb{R}^3$), calcular $T(v)_B$ utilizando a matriz encontrada.

Solução

a) A matriz é de ordem 2×3:

$$[T]_B^A = \begin{bmatrix} a_{11} & a_{12} & a_{13} \\ a_{21} & a_{22} & a_{23} \end{bmatrix}$$
$$\uparrow \qquad \uparrow \qquad \uparrow$$
$$T(v_1)_B \quad T(v_2)_B \quad T(v_3)_B$$

$T(v_1) = T(1, 1, 1) = (2, 2) = a_{11}(2, 1) + a_{21}(5, 3)$

$$\begin{cases} 2a_{11} + 5a_{21} = 2 \\ a_{11} + 3a_{21} = 2 \end{cases} \therefore \begin{cases} a_{11} = -4 \\ a_{21} = 2 \end{cases}$$

$T(v_2) = T(0, 1, 1) = (0, -1) = a_{12}(2, 1) + a_{22}(5, 3)$

$$\begin{cases} 2a_{12} + 5a_{22} = 0 \\ a_{12} + 3a_{22} = -1 \end{cases} \therefore \begin{cases} a_{12} = 5 \\ a_{22} = -2 \end{cases}$$

$T(v_3) = T(0, 0, 1) = (1, -2) = a_{13}(2, 1) + a_{23}(5, 3)$

$$\begin{cases} 2a_{13} + 5a_{23} = 1 \\ a_{13} + 3a_{23} = -2 \end{cases} \therefore \begin{cases} a_{13} = 13 \\ a_{23} = -5 \end{cases}$$

Logo:

$$[T]_B^A = \begin{bmatrix} -4 & 5 & 13 \\ 2 & -2 & -5 \end{bmatrix}$$

b) Sabe-se que:

$$[T(v)]_B = [T]_B^A \, [v]_A$$

Como v está expresso com componentes na base canônica, isto é,

$v = (3, -4, 2) = 3(1, 0, 0) - 4(0, 1, 0) + 2(0, 0, 1)$,

teremos que, primeiramente, expressá-lo na base A. Seja $v_A = (a, b, c)$, isto é:

$(3, -4, 2) = a(1, 1, 1) + b(0, 1, 1) + c(0, 0, 1)$

186   Álgebra linear

ou:

$$\begin{cases} a = 3 \\ a + b = -4 \\ a + b + c = 2 \end{cases}$$

sistema cuja solução é $a = 3$, $b = -7$ e $c = 6$, ou seja, $v_A = (3, -7, 6)$.

Portanto:

$$[T(v)]_B = \begin{bmatrix} -4 & 5 & 13 \\ 2 & -2 & -5 \end{bmatrix} \begin{bmatrix} 3 \\ -7 \\ 6 \end{bmatrix}$$

$$[T(v)]_B = \begin{bmatrix} 31 \\ -10 \end{bmatrix}$$

O vetor coordenada de T(v) na base canônica é:

T(v) = 31 (2, 1) − 10 (5, 3)

T(v) = (12, 1)

Naturalmente T(v) = (12, 1) também seria obtido por meio da lei que define a transformação T, considerando $v = (3, -4, 2)$, como se pode ver nos problemas 15 e 16.

15) Consideremos a mesma transformação linear do exercício anterior. Sejam as bases
A = {(1, 1, 1), (0, 1, 1), (0, 0, 1)} (a mesma) e B = {(1, 0), (0, 1)} canônica.

a) Determinar $[T]_B^A$.

b) Se $v = (3, -4, 2)$, calcular $T(v)_B$ utilizando a matriz encontrada.

Solução

a) $T(1, 1, 1) = (2, 2) = 2(1, 0) + 2(0, 1)$

$T(0, 1, 1) = (0, -1) = 0(1, 0) - 1(0, 1)$

$T(0, 0, 1) = (1, -2) = 1(1, 0) - 2(0, 1)$

Então:

$$[T]_B^A = \begin{bmatrix} 2 & 0 & 1 \\ 2 & -1 & -2 \end{bmatrix}$$

b) Como $v_A = (3, -7, 6)$, temos:

$$[T(v)]_B = \begin{bmatrix} 2 & 0 & 1 \\ 2 & -1 & -2 \end{bmatrix} \begin{bmatrix} 3 \\ -7 \\ 6 \end{bmatrix}$$

e:

$$[T(v)]_B = \begin{bmatrix} 12 \\ 1 \end{bmatrix}$$

16) Seja ainda a mesma transformação linear do exercício anterior. Sejam as bases canônicas do $\mathbb{R}^3$ e $\mathbb{R}^2$:

$A = \{(1, 0, 0), (0, 1, 0), (0, 0, 1)\}$ e $B = \{(1, 0), (0, 1)\}$

a) Determinar $[T]_B^A$.

b) Se $v = (3, -4, 2)$, calcular $T(v)_B$ utilizando a matriz encontrada.

Solução

a) $T(1, 0, 0) = (2, 3) = 2(1, 0) + 3(0, 1)$

$T(0, 1, 0) = (-1, 1) = -1(1, 0) + 1(0, 1)$

$T(0, 0, 1) = (1, -2) = 1(1, 0) - 2(0, 1)$

Então:

$$[T]_B^A = \begin{bmatrix} 2 & -1 & 1 \\ 3 & 1 & -2 \end{bmatrix}$$

b) Como $v_A = (3, -4, 2)$, pois A é base canônica, temos:

$$[T(v)]_B = \begin{bmatrix} 2 & -1 & 1 \\ 3 & 1 & -2 \end{bmatrix} \begin{bmatrix} 3 \\ -4 \\ 2 \end{bmatrix}$$

e:

$$[T(v)]_B = \begin{bmatrix} 12 \\ 1 \end{bmatrix}$$

Observações

1) No caso de serem A e B bases canônicas, representa-se a matriz simplesmente por [T], que é chamada *matriz canônica de* T. Então, tem-se:

[T(v)] = [T] [v]

A matriz do problema 16 é a matriz canônica de T.

2) Observemos, pelo problema 16, que calcular T(v) pela matriz [T] é o mesmo que fazê-lo pela fórmula que define a T:

$$T(3, -4, 2) = (2(3) - 1(-4) + 1(2), 3(3) + 1(-4) - 2(2)) = (12, 1)$$

3) Ficou claro que, dada uma transformação linear T, a cada dupla de bases A e B corresponde uma matriz $[T]_B^A$. Reciprocamente, dadas a matriz e uma dupla de bases A e B, podemos encontrar a lei que define T, o que será feito no problema 17.

Em se tratando da matriz canônica, essa poderá ser escrita diretamente, como mostram os exemplos:

1) $T: \mathbb{R}^2 \longrightarrow \mathbb{R}^3$, $T(x, y) = (3x - 2y, 4x + y, x)$

$$[T] = \begin{bmatrix} 3 & -2 \\ 4 & 1 \\ 1 & 0 \end{bmatrix}$$
$\qquad\quad\uparrow\quad\ \uparrow$
$\qquad T(1,0)\ T(0,1)$

2) $T: \mathbb{R}^2 \longrightarrow \mathbb{R}^2$, $T(x, y) = (x, -y)$

$$[T] = \begin{bmatrix} 1 & 0 \\ 0 & -1 \end{bmatrix}$$

3) $T: \mathbb{R}^3 \longrightarrow \mathbb{R}$, $T(x, y, z) = 4x - y$

$[T] = [4 \quad -1 \quad 0]$

Por outro lado, quando é dada uma matriz de uma transformação linear T sem que haja referência às bases, essa deve ser entendida como a *matriz canônica* da T. Por exemplo, a matriz:

$$\begin{bmatrix} 2 & 3 & 4 \\ 1 & -2 & 0 \end{bmatrix}$$

define a transformação linear

$$T: \mathbb{R}^3 \longrightarrow \mathbb{R}^2, \ T(x, y, z) = (2x + 3y + 4z, x - 2y).$$

4) Já vimos que se V é um espaço vetorial, um *operador linear sobre* V é uma transformação linear $T: V \longrightarrow V$ (é o caso particular de V = W). Nesse caso, para a representação matricial é comum fazer A = B, e a matriz resultante é denominada *matriz de* T *em relação à base* A e indicada por $[T]_A^A$ ou $[T]_A$.

Por exemplo, seja $T: \mathbb{R}^2 \longrightarrow \mathbb{R}^2$ o operador linear definido por $T(x, y) = (2x - y, x + y)$. Determinemos a matriz de T em relação à base A = $\{(1, -2), (-1, 3)\}$.

Calculando as componentes das imagens dos vetores da base A em relação à própria base, vem:

$$T(1, -2) = (4, -1) = 11(1, -2) + 7(-1, 3)$$

$$T(-1, 3) = (-5, 2) = -13(1, -2) - 8(-1, 3)$$

(Exercício a cargo do leitor.)

Logo, a matriz de T relativa à base A é:

$$[T]_A = \begin{bmatrix} 11 & -13 \\ 7 & -8 \end{bmatrix}$$

Pelo significado da matriz, podemos escrever:

$$[T(v)]_A = [T]_A [v]_A$$

Observemos que a matriz canônica desse operador linear é:

$$T = \begin{bmatrix} 2 & -1 \\ 1 & 1 \end{bmatrix}$$

No Capítulo 5 veremos que essas matrizes que representam o mesmo operador linear, porém em bases distintas, são chamadas matrizes semelhantes e terão especial importância.

17) Dadas as bases $A = \{(1,1),(1,0)\}$ do $\mathbb{R}^2$ e $B = \{(1,2,0),(1,0,-1),(1,-1,3)\}$ do $\mathbb{R}^3$, determinar a transformação linear $T: \mathbb{R}^2 \longrightarrow \mathbb{R}^3$ cuja matriz é:

$$[T]_B^A = \begin{bmatrix} 2 & 0 \\ 1 & -2 \\ -1 & 3 \end{bmatrix}$$

Solução

Sabe-se que o significado de cada coluna dessa matriz é:

$$[T(1,1)]_B = \begin{bmatrix} 2 \\ 1 \\ -1 \end{bmatrix} \quad e \quad [T(1,0)]_B = \begin{bmatrix} 0 \\ -2 \\ 3 \end{bmatrix}$$

logo:

$T(1,1) = 2(1,2,0) + 1(1,0,-1) - 1(1,-1,3) = (2,5,-4)$

$T(1,0) = 0(1,2,0) - 2(1,0,-1) + 3(1,-1,3) = (1,-3,11)$

Assim, obtivemos as imagens dos vetores da base A do $\mathbb{R}^2$.

Pela propriedade 4.1.2 esse fato é suficiente para a determinação da transformação T. Como buscamos $T(x,y)$, precisamos primeiramente escrever (x,y) em relação à base A:

$(x,y) = y(1,1) + (x-y)(1,0)$

e, pela propriedade acima referida, segue:

$T(x,y) = yT(1,1) + (x-y)T(1,0)$

$T(x,y) = y(2,5,-4) + (x-y)(1,-3,11)$

$T(x,y) = (x+y, -3x+8y, 11x-15y)$

Observação

A matriz canônica T é:

$$[T] = \begin{bmatrix} 1 & 1 \\ -3 & 8 \\ 11 & -15 \end{bmatrix}$$

4.5 OPERAÇÕES COM TRANSFORMAÇÕES LINEARES

4.5.1 Adição

Sejam $T_1: V \longrightarrow W$ e $T_2: V \longrightarrow W$ transformações lineares. Chama-se *soma* das transformações lineares T_1 e T_2 à transformação linear

$T_1 + T_2: V \longrightarrow W$

$$v \longmapsto (T_1 + T_2)(v) = T_1(v) + T_2(v), \quad \forall v \in V$$

Se A e B são bases de V e W, respectivamente, demonstra-se que:

$$[T_1 + T_2]_B^A = [T_1]_B^A + [T_2]_B^A$$

4.5.2 Multiplicação por Escalar

Sejam $T: V \longrightarrow W$ uma transformação linear e $\alpha \in \mathbb{R}$. Chama-se *produto* de T pelo escalar α à transformação linear

$\alpha T: V \longrightarrow W$

$$v \longmapsto (\alpha T)(v) = \alpha T(v), \quad \forall v \in V$$

Se A e B são bases de V e W, respectivamente, demonstra-se que:

$$[\alpha T]_B^A = \alpha [T]_B^A$$

4.5.3 Composição

Sejam $T_1 : V \longrightarrow W$ e $T_2 : W \longrightarrow U$ transformações lineares. Chama-se aplicação *composta* de T_1 com T_2, e se representa por $T_2 \circ T_1$, à transformação linear:

$$T_2 \circ T_1 : V \longrightarrow U$$

$$v \longmapsto (T_2 \circ T_1)(v) = T_2(T_1(v)), \forall v \in V$$

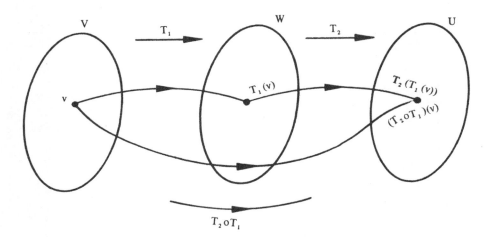

Se A, B e C são bases de V, W e U, respectivamente, demonstra-se que:

$$[T_2 \circ T_1]_C^A = [T_2]_C^B \times [T_1]_B^A$$

4.5.4 Problemas Resolvidos

18) Sejam $T_1 : \mathbb{R}^2 \longrightarrow \mathbb{R}^3$ e $T_2 : \mathbb{R}^2 \longrightarrow \mathbb{R}^3$ transformações lineares definidas por $T_1(x,y) = (x + 2y, 2x - y, x)$ e $T_2(x,y) = (-x, y, x + y)$. Determinar:

a) $T_1 + T_2$

b) $3T_1 - 2T_2$

c) a matriz canônica de $3T_1 - 2T_2$ e mostrar que:

$$[3T_1 - 2T_2] = 3[T_1] - 2[T_2]$$

Solução

a) $(T_1 + T_2)(x, y) = T_1(x, y) + T_2(x, y)$

$(T_1 + T_2)(x, y) = (x + 2y, 2x - y, x) + (-x, y, x + y)$

$(T_1 + T_2)(x, y) = (2y, 2x, 2x + y)$

b) $(3T_1 - 2T_2)(x, y) = (3T_1)(x, y) - (2T_2)(x, y)$

$(3T_1 - 2T_2)(x, y) = 3T_1(x, y) - 2T_2(x, y)$

$(3T_1 - 2T_2)(x, y) = 3(x + 2y, 2x - y, x) - 2(-x, y, x + y)$

$(3T_1 - 2T_2)(x, y) = (5x + 6y, 6x - 5y, x - 2y)$

c)
$$[3T_1 - 2T_2] = \begin{bmatrix} 5 & 6 \\ 6 & -5 \\ 1 & -2 \end{bmatrix} = 3 \begin{bmatrix} 1 & 2 \\ 2 & -1 \\ 1 & 0 \end{bmatrix} - 2 \begin{bmatrix} -1 & 0 \\ 0 & 1 \\ 1 & 1 \end{bmatrix} = 3[T_1] - 2[T_2]$$

19) Sejam S e T operadores lineares no $\mathbb{R}^2$ definidos por $S(x, y) = (2x, y)$ e $T(x, y) = (x, x - y)$. Determinar:

a) S o T

b) T o S

c) S o S

d) T o T

Solução

a) $(S \circ T)(x, y) = S(T(x, y)) = S(x, x - y) = (2x, x - y)$

Observemos que:

$$[S \circ T] = \begin{bmatrix} 2 & 0 \\ 1 & -1 \end{bmatrix} = \begin{bmatrix} 2 & 0 \\ 0 & 1 \end{bmatrix} \begin{bmatrix} 1 & 0 \\ 1 & -1 \end{bmatrix} = [S][T]$$

b) $(T \circ S)(x, y) = T(S(x, y)) = T(2x, y) = (2x, 2x - y)$

Observemos que:

$S \circ T \neq T \circ S$

e esse fato geralmente ocorre.

c) $(S \circ S)(x, y) = S(S(x, y)) = S(2x, y) = (4x, y)$

d) $(T \circ T)(x, y) = T(T(x, y)) = T(x, x - y) = (x, y)$

As transformações $S \circ S$ e $T \circ T$ são também representadas por S^2 e T^2.

4.6 TRANSFORMAÇÕES LINEARES PLANAS

Entende-se por transformações lineares planas as transformações de $\mathbb{R}^2$ em $\mathbb{R}^2$. Veremos algumas de especial importância e suas correspondentes interpretações geométricas.

4.6.1 Reflexões

a) *Reflexão em torno do eixo dos* x

Essa transformação linear leva cada ponto (x, y) para sua imagem $(x, -y)$, simétrica em relação ao eixo dos x.

Demonstra-se que as reflexões são transformações lineares.

Esta particular transformação é

T: $\mathbb{R}^2 \longrightarrow \mathbb{R}^2$

(x, y) $\longmapsto$ (x, -y)   ou

T(x, y) = (x, -y)

sendo $\begin{bmatrix} 1 & 0 \\ 0 & -1 \end{bmatrix}$ sua matriz canônica, isto é:

$$\begin{bmatrix} x \\ -y \end{bmatrix} = \begin{bmatrix} 1 & 0 \\ 0 & -1 \end{bmatrix} \begin{bmatrix} x \\ y \end{bmatrix}$$

b) *Reflexão em torno do eixo dos y*

T: $\mathbb{R}^2 \longrightarrow \mathbb{R}^2$

(x, y) $\longmapsto$ (-x, y)

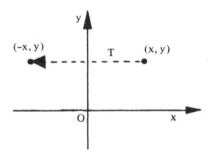

ou:

$$\begin{bmatrix} x \\ y \end{bmatrix} \longmapsto \begin{bmatrix} -x \\ y \end{bmatrix} = \begin{bmatrix} -1 & 0 \\ 0 & 1 \end{bmatrix} \begin{bmatrix} x \\ y \end{bmatrix}$$

c) *Reflexão na origem*

T: $\mathbb{R}^2 \longrightarrow \mathbb{R}^2$

(x, y) $\longmapsto$ (-x, -y)

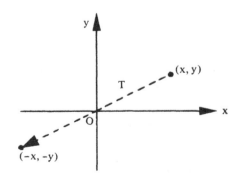

ou:

$$\begin{bmatrix} x \\ y \end{bmatrix} \longmapsto \begin{bmatrix} -x \\ -y \end{bmatrix} = \begin{bmatrix} -1 & 0 \\ 0 & -1 \end{bmatrix} \begin{bmatrix} x \\ y \end{bmatrix}$$

d) *Reflexão em torno da reta* y = x

T: $\mathbb{R}^2 \longrightarrow \mathbb{R}^2$

(x, y) $\longmapsto$ (y, x)

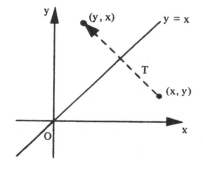

ou:

$$\begin{bmatrix} x \\ y \end{bmatrix} \longmapsto \begin{bmatrix} y \\ x \end{bmatrix} = \begin{bmatrix} 0 & 1 \\ 1 & 0 \end{bmatrix} \begin{bmatrix} x \\ y \end{bmatrix}$$

e) *Reflexão em torno da reta* y = -x

T: $\mathbb{R}^2 \longrightarrow \mathbb{R}^2$

(x, y) $\longmapsto$ (-y, -x)

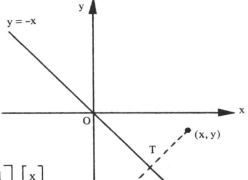

ou:

$$\begin{bmatrix} x \\ y \end{bmatrix} \longmapsto \begin{bmatrix} -y \\ -x \end{bmatrix} = \begin{bmatrix} 0 & -1 \\ -1 & 0 \end{bmatrix} \begin{bmatrix} x \\ y \end{bmatrix}$$

4.6.2 Dilatações e Contrações

a) *Dilatação ou contração na direção do vetor*

$T: \mathbb{R}^2 \longrightarrow \mathbb{R}^2$

$(x, y) \longmapsto \alpha(x, y), \alpha \in \mathbb{R}$

ou:

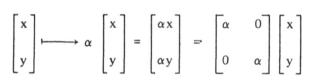
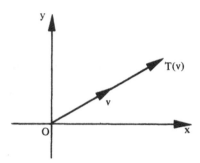

Observemos que:

se $|\alpha| > 1$, T dilata o vetor;
se $|\alpha| < 1$, T contrai o vetor;
se $\alpha = 1$, T é a identidade I;
se $\alpha < 0$, T troca o sentido do vetor.

A transformação $T: \mathbb{R}^2 \longrightarrow \mathbb{R}^2$, $T(x, y) = \frac{1}{2}(x, y)$ é um exemplo de contração.

b) *Dilatação ou contração na direção do eixo dos x*

$T: \mathbb{R}^2 \longrightarrow \mathbb{R}^2$

$(x, y) \longmapsto (\alpha x, y), \alpha > 0$

ou:

$\begin{bmatrix} x \\ y \end{bmatrix} \longmapsto \begin{bmatrix} \alpha x \\ y \end{bmatrix} = \begin{bmatrix} \alpha & 0 \\ 0 & 1 \end{bmatrix} \begin{bmatrix} x \\ y \end{bmatrix}$

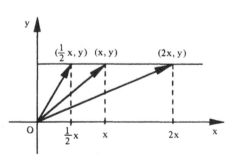

Observemos que:

se $\alpha > 1$, T dilata o vetor;
se $0 < \alpha < 1$, T contrai o vetor.

Essa transformação é também chamada dilatação ou contração na direção 0x (ou horizontal) de um fator α.

A figura da página anterior sugere uma dilatação de fator $\alpha = 2$ e uma contração de fator $\alpha = 1/2$.

c) *Dilatação ou contração na direção do eixo dos y*

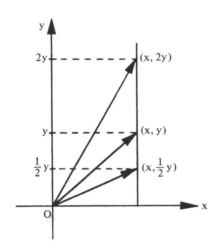

$T: \mathbb{R}^2 \longrightarrow \mathbb{R}^2$

$(x, y) \longmapsto (x, \alpha y)$, $\alpha > 0$ (Ver figura acima.)

Observação

Se, nesse caso, fizéssemos $\alpha = 0$, teríamos:

$(x, y) \longmapsto (x, 0)$

e T seria a projeção ortogonal do plano sobre o eixo dos x, conforme a figura.

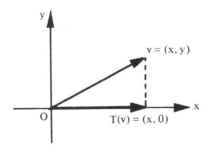

Para $\alpha = 0$, no caso b), T seria a projeção ortogonal do plano sobre o eixo dos y.

4.6.3 Cisalhamentos

a) *Cisalhamento na direção do eixo dos x*

$T: \mathbb{R}^2 \longrightarrow \mathbb{R}^2$

$(x, y) \longmapsto (x + \alpha y, y)$

ou:

$$\begin{bmatrix} x \\ y \end{bmatrix} \longmapsto \begin{bmatrix} x + \alpha y \\ y \end{bmatrix} = \begin{bmatrix} 1 & \alpha \\ 0 & 1 \end{bmatrix} \begin{bmatrix} x \\ y \end{bmatrix}$$

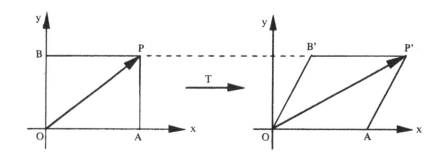

O efeito do cisalhamento é transformar o retângulo OAPB no paralelogramo OAP'B', de mesma base e mesma altura. Observemos que, por esse cisalhamento, cada ponto (x, y) se desloca paralelamente ao eixo dos x até chegar em $(x + \alpha y, y)$, com exceção dos pontos do próprio eixo dos x, que permanecem em sua posição, pois para eles $y = 0$. Com isso está explicado por que o retângulo e o paralelogramo da figura têm a mesma base $\overline{OA}$.

Esse cisalhamento é também chamado *cisalhamento horizontal de fator* α.

b) *Cisalhamento na direção do eixo dos y*

$T: \mathbb{R}^2 \longrightarrow \mathbb{R}^2$

$(x, y) \longmapsto (x, y + \alpha x)$

A matriz canônica desse cisalhamento é: $\begin{bmatrix} 1 & 0 \\ \alpha & 1 \end{bmatrix}$

Por exemplo, a matriz

$$\begin{bmatrix} 1 & 0 \\ 2 & 1 \end{bmatrix}$$

representa um cisalhamento vertical de fator 2.

4.6.4 Rotação

A rotação do plano em torno da origem (Figura 4.6.4a), que faz cada ponto descrever um ângulo θ, determina uma transformação linear $T_\theta : \mathbb{R}^2 \longrightarrow \mathbb{R}^2$ cuja matriz canônica é:

$$[T_\theta] = \begin{bmatrix} \cos \theta & -\operatorname{sen} \theta \\ \operatorname{sen} \theta & \cos \theta \end{bmatrix}$$

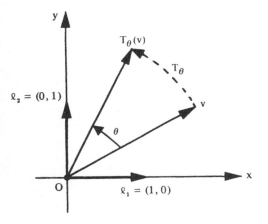
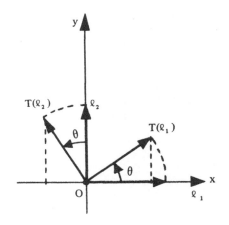

Figura 4.6.4a Figura 4.6.4b

As imagens dos vetores $e_1 = (1, 0)$ e $e_2 = (0, 1)$ (Figura 4.6.4b) são:

$T(e_1) = (\cos \theta, \operatorname{sen} \theta)$

$T(e_2) = (-\operatorname{sen} \theta, \cos \theta)$

isto é:

$T(e_1) = (\cos \theta) e_1 + (\operatorname{sen} \theta) e_2$

$T(e_2) = (-\operatorname{sen} \theta) e_1 + (\cos \theta) e_2$

Por conseguinte, a matriz da transformação T_θ é:

$$[T_\theta] = \begin{bmatrix} \cos \theta & -\operatorname{sen} \theta \\ \operatorname{sen} \theta & \cos \theta \end{bmatrix}$$

Essa matriz chama-se matriz de rotação de um ângulo θ, $0 \leqslant \theta \leqslant 2\pi$, e é a matriz canônica da transformação linear $T_\theta : \mathbb{R}^2 \longrightarrow \mathbb{R}^2$, $T_\theta(x, y) = (x\cos \theta - y\operatorname{sen} \theta, x\operatorname{sen} \theta + y\cos \theta)$.

Se, por exemplo, desejarmos a imagem do vetor $v = (4, 2)$ pela rotação de $\theta = \pi/2$, basta fazer:

$$[T(4, 2)] = \begin{bmatrix} \cos \pi/2 & -\operatorname{sen} \pi/2 \\ \operatorname{sen} \pi/2 & \cos \pi/2 \end{bmatrix} \begin{bmatrix} 4 \\ 2 \end{bmatrix}$$

$$[T(4, 2)] = \begin{bmatrix} 0 & -1 \\ 1 & 0 \end{bmatrix} \begin{bmatrix} 4 \\ 2 \end{bmatrix} \quad \text{ou} \quad [T(4, 2)] = \begin{bmatrix} -2 \\ 4 \end{bmatrix}$$

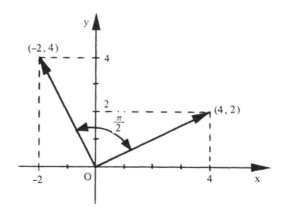

4.6.5 Problemas Resolvidos

20) Os pontos $A(2,-1)$, $B(6,1)$ e $C(x,y)$ são vértices de um triângulo eqüilátero. Determinar o vértice C, utilizando a matriz de rotação.

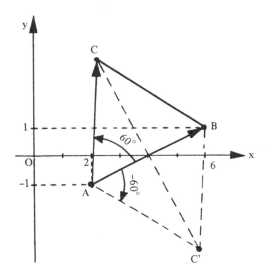

Solução

Pela figura vemos que se pode considerar o vetor $\overrightarrow{AC}$ como imagem do vetor $\overrightarrow{AB}$ pela rotação de $60°$ em torno de A (o triângulo sendo eqüilátero implica $\overrightarrow{AB}$ e $\overrightarrow{AC}$ terem comprimentos iguais):

$$[\overrightarrow{AC}] = [T_{60°}][\overrightarrow{AB}]$$

Mas:

$$\overrightarrow{AC} = C - A = (x-2, y+1)$$

$$\overrightarrow{AB} = B - A = (4, 2)$$

$$[T_{60°}] = \begin{bmatrix} \cos 60° & -\sin 60° \\ \sin 60° & \cos 60° \end{bmatrix}$$

logo:

$$\begin{bmatrix} x-2 \\ y+1 \end{bmatrix} = \begin{bmatrix} 1/2 & -\frac{\sqrt{3}}{2} \text{ ou } -\sqrt{3/2} \\ \frac{\sqrt{3}}{2} \text{ ou } \sqrt{3/2} & 1/2 \end{bmatrix} \begin{bmatrix} 4 \\ 2 \end{bmatrix}$$

ou:

$$\begin{bmatrix} x-2 \\ y+1 \end{bmatrix} = \begin{bmatrix} 2-\sqrt{3} \\ 2\sqrt{3}+1 \end{bmatrix}$$

Pela condição de igualdade de matrizes, resulta:

$$\begin{cases} x-2 = 2-\sqrt{3} \\ y+1 = 2\sqrt{3}+1 \end{cases} \text{ ou } \begin{cases} x = 4-\sqrt{3} \\ y = 2\sqrt{3} \end{cases}$$

logo:

$$C(4-\sqrt{3},\ 2\sqrt{3})$$

O problema tem outra solução que seria obtida fazendo $\theta = -60°$ (a cargo do leitor).

21) Determinar a matriz da transformação linear de $\mathbb{R}^2$ em $\mathbb{R}^2$ que representa um cisalhamento por um fator 2 na direção horizontal seguida de uma reflexão em torno do eixo dos y.

Solução

O cisalhamento transforma o vetor (x, y) no vetor (x', y') dado por

$$\begin{bmatrix} x' \\ y' \end{bmatrix} = \begin{bmatrix} 1 & 2 \\ 0 & 1 \end{bmatrix} \begin{bmatrix} x \\ y \end{bmatrix} \tag{1}$$

A reflexão transforma o vetor (x', y') no vetor (x'', y'') dado por

$$\begin{bmatrix} x'' \\ y'' \end{bmatrix} = \begin{bmatrix} -1 & 0 \\ 0 & 1 \end{bmatrix} \begin{bmatrix} x' \\ y' \end{bmatrix} \qquad (2)$$

Substituindo (1) em (2), temos:

$$\begin{bmatrix} x'' \\ y'' \end{bmatrix} = \begin{bmatrix} -1 & 0 \\ 0 & 1 \end{bmatrix} \begin{bmatrix} 1 & 2 \\ 0 & 1 \end{bmatrix} \begin{bmatrix} x \\ y \end{bmatrix}$$

ou:

$$\begin{bmatrix} x'' \\ y'' \end{bmatrix} = \begin{bmatrix} -1 & -2 \\ 0 & 1 \end{bmatrix} \begin{bmatrix} x \\ y \end{bmatrix}$$

Portanto, a matriz

$$\begin{bmatrix} -1 & -2 \\ 0 & 1 \end{bmatrix}$$

representa a transformação composta do cisalhamento com a reflexão.

Observemos que, de acordo com o que estudamos sobre transformação composta, a matriz resultante é obtida pelo produto das matrizes que representam as transformações, porém tomadas em ordem inversa. Esse fato continua válido no caso de termos mais de duas transformações.

22) O plano sofre uma rotação de um ângulo θ. A seguir experimenta uma dilatação de fator 4 na direção Ox e, posteriormente, uma reflexão em torno da reta $y = x$. Qual a matriz que representa a única transformação linear e que tem o mesmo efeito do conjunto das três transformações citadas?

Solução

Sabe-se que a matriz da rotação é:

$$A_1 = \begin{bmatrix} \cos\theta & -\text{sen}\,\theta \\ \text{sen}\,\theta & \cos\theta \end{bmatrix}$$

a da dilatação é:

$$A_2 = \begin{bmatrix} 4 & 0 \\ 0 & 1 \end{bmatrix}$$

e a da reflexão é:

$$A_3 = \begin{bmatrix} 0 & 1 \\ 1 & 0 \end{bmatrix}$$

Portanto, a matriz que representa a composta das transformações dadas é:

$$A_3 A_2 A_1 = \begin{bmatrix} 0 & 1 \\ 1 & 0 \end{bmatrix} \begin{bmatrix} 4 & 0 \\ 0 & 1 \end{bmatrix} \begin{bmatrix} \cos\theta & -\text{sen}\,\theta \\ \text{sen}\,\theta & \cos\theta \end{bmatrix} = \begin{bmatrix} \text{sen}\,\theta & \cos\theta \\ 4\cos\theta & -4\,\text{sen}\,\theta \end{bmatrix}$$

4.7 TRANSFORMAÇÕES LINEARES NO ESPAÇO

Entende-se por transformações lineares no espaço as transformações de $\mathbb{R}^3$ em $\mathbb{R}^3$. Dentre as diversas transformações lineares em $\mathbb{R}^3$, examinaremos as reflexões e as rotações.

4.7.1 Reflexões

a) *Reflexões em relação aos planos coordenados*

A reflexão em relação ao plano xOy é a transformação linear que leva cada ponto (x, y, z) na sua imagem (x, y, -z), simétrica em relação ao plano xOy. Assim, essa transformação é definida por:

$T(x, y, z) = (x, y, -z)$

e sua matriz canônica é:

$$\begin{bmatrix} 1 & 0 & 0 \\ 0 & 1 & 0 \\ 0 & 0 & -1 \end{bmatrix}$$

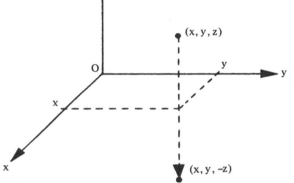

As reflexões em relação aos planos xOz e yOz têm matrizes canônicas:

$$\begin{bmatrix} 1 & 0 & 0 \\ 0 & -1 & 0 \\ 0 & 0 & 1 \end{bmatrix} \text{ e } \begin{bmatrix} -1 & 0 & 0 \\ 0 & 1 & 0 \\ 0 & 0 & 1 \end{bmatrix}$$

respectivamente.

b) *Reflexões em relação aos eixos coordenados*

A reflexão em torno do eixo dos x é o operador linear $T: \mathbb{R}^3 \longrightarrow \mathbb{R}^3$, $T(x, y, z) = (x, -y, -z)$, cuja matriz canônica é:

$$\begin{bmatrix} 1 & 0 & 0 \\ 0 & -1 & 0 \\ 0 & 0 & -1 \end{bmatrix}$$

208 *Álgebra linear*

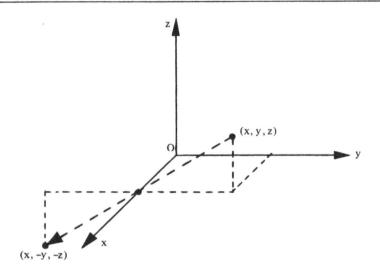

De forma análoga, $T(x, y, z) = (-x, y, -z)$ e $T(x, y, z) = (-x, -y, z)$ definem as reflexões em relação aos eixos Oy e Oz, respectivamente.

c) *Reflexão na origem*

$T: \mathbb{R}^3 \longrightarrow \mathbb{R}^3$

$(x, y, z) \longmapsto (-x, -y, -z)$

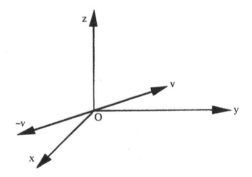

4.7.2   Rotações

Dentre as rotações do espaço ressaltamos a rotação do espaço em torno do eixo dos z (Figura 4.7.2), que faz cada ponto descrever um ângulo θ. Esse operador linear $T: \mathbb{R}^3 \longrightarrow \mathbb{R}^3$ é definido por
$T(x, y, z) = (x\cos\theta - y\,\text{sen}\,\theta, x\,\text{sen}\,\theta + y\cos\theta, z)$,

e sua matriz canônica é:

$$[T] = \begin{bmatrix} \cos\theta & -\sen\theta & 0 \\ \sen\theta & \cos\theta & 0 \\ 0 & 0 & 1 \end{bmatrix}$$

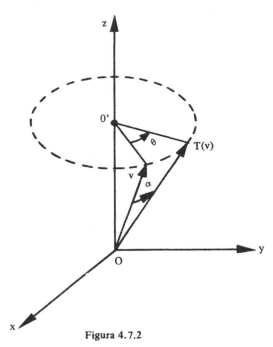

Figura 4.7.2

Para "conferir" se T representa a rotação de um ângulo θ em torno do eixo dos z, observemos o seguinte:

a) T gira de θ, em torno da origem O, os pontos do plano $z = 0$ (plano xOy), pois:

$T(x, y, 0) = (x\cos\theta - y\sen\theta, x\sen\theta + y\cos\theta, 0)$

e:

b) T não altera os pontos do eixo dos z, pois:

$T(0, 0, z) = (0, 0, z)$

Observação

O ângulo θ corresponde ao ângulo central cujos lados interceptam, na circunferência de centro em O', um arco de medida θ. Esse ângulo θ não é o ângulo α formado pelos vetores v e T(v).

4.7.3 Problema Resolvido

Calcular o ângulo α formado pelos vetores v e T(v) quando o espaço gira em torno do eixo dos z de um ângulo θ, nos seguintes casos:

1) $\theta = 180°$ e $v = (3, 0, 3)$

2) $\theta = 90°$ e $v = (\dfrac{\sqrt{3}}{2\sqrt{2}}, \dfrac{\sqrt{2}}{4}, \dfrac{\sqrt{2}}{2})$

Solução

1)

$$[T] = \begin{bmatrix} \cos 180° & -\text{sen } 180° & 0 \\ \text{sen } 180° & \cos 180° & 0 \\ 0 & 0 & 1 \end{bmatrix}$$

$$[T(v)] = \begin{bmatrix} -1 & 0 & 0 \\ 0 & -1 & 0 \\ 0 & 0 & 1 \end{bmatrix} \begin{bmatrix} 3 \\ 0 \\ 3 \end{bmatrix} = \begin{bmatrix} -3 \\ 0 \\ 3 \end{bmatrix}$$

$$\cos \alpha = \frac{v \cdot T(v)}{|v||T(v)|} = \frac{(3, 0, 3) \cdot (-3, 0, 3)}{\sqrt{9+9}\sqrt{9+9}} = \frac{-9 + 0 + 9}{18} = 0$$

$\alpha = 90°$

2)

$$[T] = \begin{bmatrix} \cos 90° & -\sin 90° & 0 \\ \sin 90° & \cos 90° & 0 \\ 0 & 0 & 1 \end{bmatrix}$$

$$[T(v)] = \begin{bmatrix} 0 & -1 & 0 \\ 1 & 0 & 0 \\ 0 & 0 & 1 \end{bmatrix} \begin{bmatrix} \frac{\sqrt{3}}{2\sqrt{2}} \\ \frac{\sqrt{2}}{4} \\ \frac{\sqrt{2}}{2} \end{bmatrix} = \begin{bmatrix} -\frac{\sqrt{2}}{4} \\ \frac{\sqrt{3}}{2\sqrt{2}} \\ \frac{\sqrt{2}}{2} \end{bmatrix}$$

$$\cos \alpha = \frac{v \cdot T(v)}{|v||T(v)|} = \frac{(\frac{\sqrt{3}}{2\sqrt{2}}, \frac{\sqrt{2}}{4}, \frac{\sqrt{2}}{4}) \cdot (\frac{\sqrt{2}}{4}, \frac{\sqrt{3}}{2\sqrt{2}}, \frac{\sqrt{2}}{2})}{\sqrt{\frac{3}{8} + \frac{1}{8} + \frac{1}{2}} \sqrt{\frac{1}{8} + \frac{3}{8} + \frac{1}{2}}} =$$

$$= \frac{-\frac{\sqrt{3}}{8} + \frac{\sqrt{3}}{8} + \frac{1}{2}}{1 \times 1} = \frac{1}{2}$$

$\alpha = 60°$

4.8 PROBLEMAS PROPOSTOS

1) Consideremos a transformação linear $T: \mathbb{R}^2 \longrightarrow \mathbb{R}^2$ definida por $T(x,y) = (3x - 2y, x + 4y)$. Utilizar os vetores $u = (1, 2)$ e $v = (3, -1)$ para mostrar que $T(3u + 4v) = 3T(u) + 4T(v)$.

2) Dada a transformação linear $T: V \longrightarrow W$, tal que $T(u) = 3u$ e $T(v) = u - v$, calcular em função de u e v:

a) $T(u + v)$

b) $T(3v)$

c) $T(4u - 5v)$

3) Dentre as transformações $T: \mathbb{R}^2 \longrightarrow \mathbb{R}^2$ definidas pelas seguintes leis, verificar quais são lineares:

a) $T(x, y) = (x - 3y, 2x + 5y)$

b) $T(x, y) = (y, x)$

c) $T(x, y) = (x^2, y^2)$

d) $T(x, y) = (x + 1, y)$

e) $T(x, y) = (y - x, 0)$

f) $T(x, y) = (|x|, 2y)$

g) $T(x, y) = (\text{sen} x, y)$

h) $T(x, y) = (xy, x - y)$

i) $T(x, y) = (3y, -2x)$

4) Seja $V = \mathbb{R}^2$. Fazer um gráfico de um vetor genérico $v = (x, y)$ do domínio e de sua imagem $T(v)$ sob a transformação linear $T: \mathbb{R}^2 \longrightarrow \mathbb{R}^2$ dada por:

a) $T(x, y) = (2x, 0)$

d) $T(x, y) = (3x, -2y)$

b) $T(x, y) = (2x, y)$

e) $T(x, y) = -2(x, y)$

c) $T(x, y) = (-2x, 2y)$

f) $T(x, y) = (x, -y)$

5) Dentre as seguintes funções, verificar quais são lineares:

a) $T: \mathbb{R}^2 \longrightarrow \mathbb{R}^3$; $T(x, y) = (x - y, 3x, -2y)$

b) $T: \mathbb{R}^3 \longrightarrow \mathbb{R}^3$; $T(x, y, z) = (x + y, x - y, 0)$

c) $T: \mathbb{R}^2 \longrightarrow \mathbb{R}^2$, $T(x, y) = (x^2 + y^2, x)$

d) $T: \mathbb{R} \longrightarrow \mathbb{R}^2$, $T(x) = (x, 2)$

e) $T: \mathbb{R}^3 \longrightarrow \mathbb{R}$, $T(x, y, z) = -3x + 2y - z$

f) $T: \mathbb{R}^2 \longrightarrow \mathbb{R}^2$, $T(x, y) = (|x|, y)$

g) $T: \mathbb{R}^2 \longrightarrow \mathbb{R}$, $T(x, y) = x$

h) $T: \mathbb{R}^2 \longrightarrow \mathbb{R}$, $T(x, y) = xy$

i) $T: \mathbb{R}^2 \longrightarrow \mathbb{R}^4$, $T(x, y) = (y, x, y, x)$

j) $T: \mathbb{R}^2 \longrightarrow M(2, 2)$, $T(x, y) = \begin{pmatrix} \begin{bmatrix} 2y & 3x \\ -y & x + 2y \end{bmatrix} \end{pmatrix}$

k) $T: M(2, 2) \longrightarrow \mathbb{R}^2$, $T\left(\begin{bmatrix} a & b \\ c & d \end{bmatrix}\right) = (a - c, b + c)$

l) $T: M(2, 2) \longrightarrow \mathbb{R}$, $T\left(\begin{bmatrix} a & b \\ c & d \end{bmatrix}\right) = \det \begin{bmatrix} a & b \\ c & d \end{bmatrix}$

m) $T: \mathbb{R}^3 \longrightarrow \mathbb{R}^2$

$$(x, y, z) \longrightarrow \begin{bmatrix} 2 & 1 & 3 \\ -1 & 0 & -2 \end{bmatrix} \begin{bmatrix} x \\ y \\ z \end{bmatrix}$$

6) Seja a aplicação $T: \mathbb{R}^2 \longrightarrow \mathbb{R}^3$

$$(x, y) \longrightarrow (x + ky, x + k, y)$$

Verificar em que caso(s) T é linear:

a) $k = x$

b) $k = 1$

c) $k = 0$

7) a) Determinar a transformação linear $T: \mathbb{R}^2 \longrightarrow \mathbb{R}^3$ tal que $T(-1, 1) = (3, 2, 1)$ e $T(0, 1) = (1, 1, 0)$.

b) Encontrar $v \in \mathbb{R}^2$ tal que $T(v) = (-2, 1, -3)$.

8) a) Determinar a transformação linear $T: \mathbb{R}^3 \longrightarrow \mathbb{R}^2$ tal que $T(1, -1, 0) = (1, 1)$ $T(0, 1, 1) = (2, 2)$ e $T(0, 0, 1) = (3, 3)$.

b) Achar $T(1, 0, 0)$ e $T(0, 1, 0)$.

9) Seja $T: \mathbb{R}^3 \longrightarrow \mathbb{R}^2$ uma transformação linear definida por $T(1, 1, 1) = (1, 2)$, $T(1, 1, 0) = (2, 3)$ e $T(1, 0, 0) = (3, 4)$.

a) Determinar $T(x, y, z)$.

b) Determinar $v \in \mathbb{R}^3$ tal que $T(v) = (-3, -2)$.

c) Determinar $v \in \mathbb{R}^3$ tal que $T(v) = (0, 0)$.

10) Seja T o operador linear no $\mathbb{R}^3$ tal que $T(1, 0, 0) = (0, 2, 0)$, $T(0, 1, 0) = (0, 0, -2)$ e $T(0, 0, 1) = (-1, 0, 3)$. Determinar $T(x, y, z)$ e o vetor $v \in \mathbb{R}^3$ tal que $T(v) = (5, 4, -9)$.

11) Determinar a transformação linear $T: P_2 \longrightarrow P_2$ tal que $T(1) = x$, $T(x) = 1 - x^2$ e $T(x^2) = x + 2x^2$.

12) Seja o operador linear

$T: \mathbb{R}^2 \longrightarrow \mathbb{R}^2$, $T(x, y) = (2x + y, 4x + 2y)$.

Quais dos seguintes vetores pertencem a $N(T)$?

a) $(1, -2)$ b) $(2, -3)$ c) $(-3, 6)$

13) Para o mesmo operador linear do exercício anterior, verificar quais dos vetores pertencem a Im(T).

a) $(2, 4)$ b) $(-\frac{1}{2}, -1)$ c) $(-1, 3)$

Nos problemas 14 a 21 são apresentadas transformações lineares. Para cada uma delas:

a) Determinar o núcleo, uma base para esse subespaço e sua dimensão. T é injetora? Justificar.

b) Determinar a imagem, uma base para esse subespaço e sua dimensão. T é sobrejetora? Justificar.

14) $T: \mathbb{R}^2 \longrightarrow \mathbb{R}^2$, $T(x, y) = (3x - y, -3x + y)$

15) $T: \mathbb{R}^2 \longrightarrow \mathbb{R}^3$, $T(x, y) = (x + y, x, 2y)$

16) $T: \mathbb{R}^2 \longrightarrow \mathbb{R}^2$, $T(x, y) = (x - 2y, x + y)$

17) $T: \mathbb{R}^3 \longrightarrow \mathbb{R}^2$, $T(x, y, z) = (x + 2y - z, 2x - y + z)$

18) $T: \mathbb{R}^3 \longrightarrow \mathbb{R}^3$, $T(x, y, z) = (x - y - 2z, -x + 2y + z, x - 3z)$

19) $T: \mathbb{R}^3 \longrightarrow \mathbb{R}^3$, $T(x, y, z) = (x - 3y, x - z, z - x)$

20) $T: P_1 \longrightarrow \mathbb{R}^3$, $T(at + b) = (a, 2a, a - b)$

21) $T: M(2, 2) \longrightarrow \mathbb{R}^2$, $T\left(\begin{bmatrix} a & b \\ c & d \end{bmatrix}\right) = (a - b, a + b)$

22) Seja a transformação linear $T: \mathbb{R}^2 \longrightarrow \mathbb{R}^3$ tal que $T(-2, 3) = (-1, 0, 1)$ e $T(1, -2) = (0, -1, 0)$.

a) Determinar $T(x, y)$.

b) Determinar $N(T)$ e $Im(T)$.

c) T é injetora? E sobrejetora?

23) Seja $T: \mathbb{R}^4 \longrightarrow \mathbb{R}^3$ a transformação linear tal que $T(e_1) = (1, -2, 1)$, $T(e_2) = (-1, 0, -1)$, $T(e_3) = (0, -1, 2)$ e $T(e_4) = (1, -3, 1)$, sendo $\{e_1, e_2, e_3, e_4\}$ a base canônica do $\mathbb{R}^4$.

a) Determinar o núcleo e a imagem de T.

b) Determinar bases para o núcleo e para a imagem.

c) Verificar o Teorema da Dimensão.

24) Encontrar um operador linear $T: \mathbb{R}^3 \longrightarrow \mathbb{R}^3$ cujo núcleo é gerado por $(1, 2, -1)$ e $(1, -1, 0)$.

25) Encontrar uma transformação linear $T: \mathbb{R}^3 \longrightarrow \mathbb{R}^2$ tal que $N(T) = [(1, 0, -1)]$.

26) Encontrar uma transformação linear $T: \mathbb{R}^3 \longrightarrow \mathbb{R}^4$ cuja imagem é gerada por $(1, 3, -1, 2)$ e $(2, 0, 1, -1)$.

27) Consideremos a transformação linear $T: \mathbb{R}^3 \longrightarrow \mathbb{R}^2$ definida por
$T(x, y, z) = (2x + y - z, x + 2y)$ e as bases $A = \{(1, 0, 0), (2, -1, 0), (0, 1, 1)\}$ do $\mathbb{R}^3$ e $B = \{(-1, 1), (0, 1)\}$ do $\mathbb{R}^2$. Determinar a matriz $[T]_B^A$.

28) Seja a transformação linear $T: \mathbb{R}^2 \longrightarrow \mathbb{R}^3$, $T(x, y) = (2x - y, x + 3y, -2y)$ e as bases $A = \{(-1, 1), (2, 1)\}$ e $B = \{(0, 0, 1), (0, 1, -1), (1, 1, 0)\}$. Determinar $[T]_B^A$. Qual a matriz $[T]_C^A$, onde C é a base canônica do $\mathbb{R}^3$?

29) Sabendo que a matriz de uma transformação linear $T: \mathbb{R}^2 \longrightarrow \mathbb{R}^3$ nas bases $A = \{(-1, 1), (1, 0)\}$ do $\mathbb{R}^2$ e $B = \{(1, 1, -1), (2, 1, 0), (3, 0, 1)\}$ e do $\mathbb{R}^3$ é:

$$[T]_B^A = \begin{bmatrix} 3 & 1 \\ 2 & 5 \\ 1 & -1 \end{bmatrix}$$

encontrar a expressão de $T(x, y)$ e a matriz $[T]$.

30) Seja

$$[T] = \begin{bmatrix} 1 & -2 \\ 2 & 0 \\ -1 & 3 \end{bmatrix}$$

a matriz canônica de uma transformação linear $T: \mathbb{R}^2 \longrightarrow \mathbb{R}^3$. Se $T(v) = (2, 4, -2)$, calcular v.

31) Seja $T: \mathbb{R}^2 \longrightarrow \mathbb{R}^3$ uma transformação linear com matriz

$$[T]_{B'}^{B} = \begin{bmatrix} 1 & -1 \\ 0 & 1 \\ -2 & 3 \end{bmatrix}$$

para $B = \{e_1, e_2\}$, base canônica do $\mathbb{R}^2$, e $B' = \{(1,0,1),(-2,0,1),(0,1,0)\}$, base do $\mathbb{R}^3$. Qual a imagem do vetor $(2,-3)$ pela T?

32) Seja $T: \mathbb{R}^3 \longrightarrow \mathbb{R}^2$ tal que

$$[T]_{B_2}^{B_1} = \begin{bmatrix} 1 & 0 & -1 \\ -1 & 1 & 1 \end{bmatrix}$$

sendo $B_1 = \{(0,1,1),(1,0,0),(1,0,1)\}$ e $B_2 = \{(-1,0),(0,-1)\}$ bases do $\mathbb{R}^3$ e do $\mathbb{R}^2$, respectivamente.

a) Encontrar a expressão de $T(x,y,z)$.

b) Determinar $\text{Im}(T)$ e uma base para esse subespaço.

c) Determinar $N(T)$ e uma base para esse subespaço.

d) T é injetora? T é sobrejetora? Justificar.

33) Consideremos o operador linear

$T: \mathbb{R}^2 \longrightarrow \mathbb{R}^2$

$(x,y) \longmapsto (x+2y, x-y)$

e as bases $A = \{(-1,1),(1,0)\}$, $B = \{(2,-1),(-1,1)\}$ e C canônica.

Determinar $[T]_A, [T]_B, [T]_C$.

34) A matriz de $T: \mathbb{R}^2 \longrightarrow \mathbb{R}^2$ relativa à base $B = \{v_1, v_2\}$, sendo $v_1 = (1, 1)$ e $v_2 = (3, 2)$, é:

$$\begin{bmatrix} 2 & 1 \\ -1 & -3 \end{bmatrix}$$

a) Determinar $T(v_1)_B$ e $T(v_2)_B$.

b) Determinar $T(v_1)$ e $T(v_2)$.

c) Calcular $T(x, y)$.

35) Mostrar que a matriz do operador linear identidade

$I: \mathbb{R}^n \longrightarrow \mathbb{R}^n$

$v \longmapsto v$

em uma base qualquer, é a matriz identidade $n \times n$.

36) Seja $T: \mathbb{R}^2 \longrightarrow \mathbb{R}^2$ definida por:

$$[T] = \begin{bmatrix} 1 & 3 \\ -1 & 5 \end{bmatrix}$$

Determinar os vetores u, v e w tais que:

a) $T(u) = u$.

b) $T(v) = 2v$.

c) $T(w) = (4, 4)$.

37) Seja T o operador linear dado pela matriz:

$$\begin{bmatrix} 1 & 2 & -1 \\ 2 & 0 & 1 \\ 1 & -2 & 2 \end{bmatrix}$$

a) Calcular N(T) e dim N(T).

b) Calcular Im(T) e dim Im(T).

38) Seja o espaço vetorial V = M(2, 2) e a transformação linear

$T:V \longrightarrow \mathbb{R}^3$,

$T\left(\begin{bmatrix} a & b \\ c & d \end{bmatrix}\right) = (a+b,\ c-d,\ 2a)$

a) Mostrar que T é linear.

b) Determinar $[T]_B^A$ sendo A e B as bases canônicas de M(2, 2) e $\mathbb{R}^3$, respectivamente.

c) Calcular $v \in V$ tal que T(v) = (3, -2, 4).

d) Determinar N(T).

39) Sejam $F: \mathbb{R}^2 \longrightarrow M(2, 2)$ uma transformação linear e α e β as bases canônicas de $\mathbb{R}^2$ e M(2, 2), respectivamente. Sabendo que

$[F]_\beta^\alpha = \begin{bmatrix} 1 & 0 \\ 2 & 1 \\ 3 & -2 \\ -1 & 2 \end{bmatrix}$, determinar:

a) $F(1,0)$

b) $F(0,1)$

c) $F(2,3)$

d) $F(x,y)$

e) (a,b) tal que:

$$F(a,b) = \begin{bmatrix} 1 & -2 \\ 3 & 4 \end{bmatrix}$$

40) Sejam as transformações lineares

$T_1 : \mathbb{R}^2 \longrightarrow \mathbb{R}^3$, $T(x,y) = (x-y,\ 2x+y,\ -2x)$

e

$T_2 : \mathbb{R}^2 \longrightarrow \mathbb{R}^3$, $T_2(x,y) = (2x-y,\ x-3y,\ y)$.

Determinar as seguintes transformações lineares de $\mathbb{R}^2$ em $\mathbb{R}^3$:

a) $T_1 - T_2$.

b) $3T_1 - 2T_2$.

41) Consideremos as transformações lineares S e T de $\mathbb{R}^3$ em $\mathbb{R}^2$ definidas por $S(x,y,z) = (2x-y,\ 3x-2y+z)$ e $T(x,y,z) = (x+y-z,\ y-2z)$.

a) Determinar o núcleo da transformação linear $S+T$.

b) Encontrar a matriz canônica de $3S - 4T$.

42) Sejam S e T operadores lineares de $\mathbb{R}^2$ definidos por $S(x,y) = (x - 2y, y)$ e $T(x, y) = (2x, -y)$. Determinar:

a) S + T

b) T - S

c) 2S + 4T

d) S o T

e) T o S

f) S o S

43) Seja a transformação linear:

$S: \mathbb{R}^3 \longrightarrow \mathbb{R}^4$, $S(x, y, z) = (x + y, z, x - y, y + z)$

a) Calcular $(S \circ T)(x, y)$ se

$T: \mathbb{R}^2 \longrightarrow \mathbb{R}^3$

$(x, y) \longmapsto (2x + y, x - y, x - 3y)$

b) Determinar a matriz canônica de S o T e mostrar que ela é o produto da matriz canônica de S pela matriz canônica de T.

44) As transformações $S: \mathbb{R}^2 \longrightarrow \mathbb{R}^3$ e $T: \mathbb{R}^3 \longrightarrow \mathbb{R}^2$ são tais que $S(x, y) = (y, x - y, 2x + 2y)$ e $T(x, y, z) = (x, y)$.

a) Sendo $B = \{(1, 0, -1), (1, 1, 1), (1, 0, 0)\}$ uma base do $\mathbb{R}^3$, determinar a matriz $[S \circ T]_B$.

b) Determinar $[T \circ S]_{B'}$ e $[T \circ S]_{B''}$, sendo $B' = \{(1, 1), (0, -1)\}$ e B'' a base canônica.

45) Sendo S e T operadores lineares do $\mathbb{R}^3$ definidos por $S(x, y, z) = (x, 2y, x - y)$ e $T(x, y, z) = (x - z, y, z)$, determinar:

a) $[S \circ T]$.

b) $[T \circ S]$.

46) Os pontos A(2, -1) e B(-1, 4) são vértices consecutivos de um quadrado. Calcular os outros dois vértices, utilizando a matriz-rotação.

47) Os pontos A(-1, -1), B(4, 1) e C(a, b) são vértices de um triângulo retângulo isósceles, reto em A. Determinar o vértice C fazendo uso da matriz-rotação.

48) Em um triângulo ABC, os ângulos B e C medem 75° cada. Sendo A(1, 1) e B(-1, 5), determinar o vértice C.

49) Determinar, em cada caso, a matriz da transformação linear de $\mathbb{R}^2$ em $\mathbb{R}^2$ que representa a seqüência de transformações dadas:

   a) Reflexão em torno do eixo dos y, seguida de um cisalhamento de fator 5 na direção horizontal.

   b) Rotação de 30° no sentido horário, seguida de uma duplicação dos módulos e inversão dos sentidos.

   c) Rotação de 60°, seguida de uma reflexão em relação ao eixo dos y.

   d) Rotação de um ângulo θ, seguida de uma reflexão na origem.

   e) Reflexão em torno da reta y = -x, seguida de uma dilatação de fator 2 na direção Ox e, finalmente, um cisalhamento de fator 3 na direção vertical.

50) O vetor v = (3, 2) experimenta seqüencialmente:

   1) Uma reflexão em torno da reta y = x;

   2) Um cisalhamento horizontal de fator 2;

   3) Uma contração na direção Oy de fator $\frac{1}{3}$;

   4) Uma rotação de 90° no sentido anti-horário.

   a) Calcular o vetor resultante dessa seqüência de operações.

   b) Encontrar a expressão da transformação linear $T: \mathbb{R}^2 \longrightarrow \mathbb{R}^2$ que representa a composta das quatro operações.

   c) Determinar a matriz canônica da composta das operações.

51) Determinar o ângulo α formado pelos vetores v e T(v) quando o espaço gira em torno do eixo dos z de um ângulo θ, nos seguintes casos:

a) $v = (\frac{\sqrt{2}}{2}, \frac{\sqrt{2}}{2}, 1)$ e $\theta = 180°$

b) $v = (\frac{\sqrt{3}}{2\sqrt{2}}, \frac{\sqrt{2}}{4}, \frac{\sqrt{2}}{2})$ e $\theta = 180°$

c) $v = (\frac{\sqrt{3}}{2\sqrt{2}}, \frac{\sqrt{2}}{4}, \frac{\sqrt{2}}{2})$ e $\theta = 60°$

4.8.1 Respostas de Problemas Propostos

2) a) 4u - v

    b) 3u - 3v

    c) 7u + 5v

3) São lineares: a), b), e), i)

4) a)

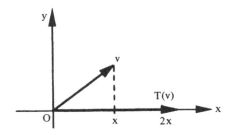

b)

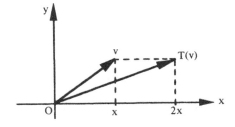

c), d), e) e f) a cargo do leitor.

5) São lineares: a), b), e), g), i), j), k), m).

6) c) é linear

7) a) $T(x, y) = (-2x + y, -x + y, -x)$

   b) $v = (3, 4)$

8) a) $T(x, y, z) = (-y + 3z, -y + 3z)$

   b) $T(1, 0, 0) = (0, 0)$ e $T(0, 1, 0) = (-1, -1)$

9) a) $T(x, y, z) = (3x - y - z, 4x - y - z)$

   b) $v = (1, 6 - z, z)$

   c) $v = (0, -z, z)$

10) $T(x, y, z) = (-z, 2x, -2y + 3z)$

    $v = (2, -3, -5)$

11) $T(a + bx + cx^2) = b + (a + c)x + (-b + 2c)x^2$

12) a), c)

13) a), b)

14) a) $N(T) = \{(x, 3x)/x \in \mathbb{R}\}$; dim $N(T) = 1$

    T não é injetora, porque $N(T) \neq \{(0, 0)\}$.

    b) $\text{Im}(T) = \{(-y, y)/y \in \mathbb{R}\}$; dim $\text{Im}(T) = 1$

    T não é sobrejetora, porque $\text{Im}(T) \neq \mathbb{R}^2$.

15) a) $N(T) = \{(0, 0)\}$; dim $N(T) = 0$.

    T é injetora, porque $N(T) = \{0\}$.

b) $Im(T) = \{(x, y, z) \in \mathbb{R}/2x - 2y - z = 0\}$

dim $Im(T) = 2$. T não é sobrejetora, porque $Im(T) \neq \mathbb{R}^3$.

16) a) $N(T) = \{(0, 0)\}$; dim $N(T) = 0$

T é injetora.

b) $Im(T) = \mathbb{R}^2$; dim $Im(T) = 2$; T é sobrejetora.

17) a) $N(T) = \{(x, -3x, -5x)/x \in \mathbb{R}\}$

b) $Im(T) = \mathbb{R}^2$

18) a) $N(T) = \{(3z, z, z)/z \in \mathbb{R}\}$

b) $Im(T) = \{(x, y, z) \in \mathbb{R}^3/2x + y - z = 0\}$

19) a) $N(T) = \{(3x, x, 3x)/x \in \mathbb{R}\}$

b) $Im(T) = \{(x, y, z) \in \mathbb{R}^3/y = -z\}$

20) a) $N(T) = \{0\}$

b) $Im(T) = \{(a, 2a, c)/a, c \in \mathbb{R}\}$

21) a) $N(T) = \left\{ \begin{bmatrix} 0 & 0 \\ c & d \end{bmatrix} / c, d \in \mathbb{R} \right\}$

b) $Im(T) = \mathbb{R}^2$

22) a) $T(x, y) = (2x + y, 3x + 2y, -2x - y)$

b) $N(T) = \{(0, 0)\}$

$Im(T) = \{(x, y, -x)/x, y \in \mathbb{R}\}$

c) T é injetora, mas não sobrejetora.

23) a) $N(T) = \{(3y, y, 0, -2y)/y \in \mathbb{R}\}$

$Im(T) = \mathbb{R}^3$

b) e c) a cargo do leitor.

24) Um deles é $T(x, y, z) = (0, 0, x + y + 3z)$.

25) Uma delas é $T(x, y, z) = (x + z, y)$.

26) Uma delas é $T(x, y, z) = (x + 2y, 3x, -x + y, 2x - y)$.

27) $\begin{bmatrix} -2 & -3 & 0 \\ 3 & 3 & 2 \end{bmatrix}$

28) $\begin{bmatrix} 3 & 0 \\ 5 & 2 \\ -3 & 3 \end{bmatrix}$ e $\begin{bmatrix} -3 & 3 \\ 2 & 5 \\ -2 & -2 \end{bmatrix}$

29) $T(x, y) = (8x + 18y, 6x + 11y, -2x - 4y)$

$[T] = \begin{bmatrix} 8 & 18 \\ 6 & 11 \\ -2 & -4 \end{bmatrix}$

30) $v = (2, 0)$

31) $(11, -13, 2)$

32) a) $T(x, y, z) = (-2y + z, -x + y)$

b) $Im(T) = \mathbb{R}^2$; (base a cargo do leitor)

c) $N(T) = \{(x, x, 2x)/x \in \mathbb{R}\}$; (base a cargo do leitor)

d) T não é injetora.

T é sobrejetora.

33) $[T]_A = \begin{bmatrix} -2 & 1 \\ -1 & 2 \end{bmatrix}$, $[T]_B = \begin{bmatrix} 3 & -1 \\ 6 & -3 \end{bmatrix}$ e $[T]_C = [T] = \begin{bmatrix} 1 & 2 \\ 1 & -1 \end{bmatrix}$

34) a) $T(v_1)_B = (2, -1)$, $T(v_2)_B = (1, -3)$

b) $T(v_1) = (-1, 0)$, $T(v_2) = (-8, -5)$

c) $T(x, y) = (-6x + 5y, -5x + 5y)$

36) a) $(0, 0)$

b) $y(3, 1)$

c) $(1, 1)$

37) a) $N(T) = \{ z(2, -3, -4)/z \in \mathbb{R} \}$, $\dim N(T) = 1$

b) $\text{Im}(T) = \{ (x, y, z) \in \mathbb{R}^3 / x - y + z = 0 \}$, $\dim \text{Im}(T) = 2$

38) b) $[T]_B^A = \begin{bmatrix} 1 & 1 & 0 & 0 \\ 0 & 0 & 1 & -1 \\ 2 & 0 & 0 & 0 \end{bmatrix}$

c) $v = \begin{bmatrix} 2 & 1 \\ d-2 & d \end{bmatrix}$; $d \in \mathbb{R}$

d) $N(T) = \left\{ \begin{bmatrix} 0 & 0 \\ d & d \end{bmatrix} ; d \in \mathbb{R} \right\}$

39) a) $\begin{bmatrix} 1 & 2 \\ 3 & -1 \end{bmatrix}$ b) $\begin{bmatrix} 0 & 1 \\ -2 & 2 \end{bmatrix}$ c) $\begin{bmatrix} 2 & 7 \\ 0 & 4 \end{bmatrix}$

   d) $\begin{bmatrix} x & 2x+y \\ 3x-2y & -x+2y \end{bmatrix}$ e) não existe (a, b).

40) a) $T_1(x, y) = (-x, x+4y, -2x-y)$
    b) $T_2(x, y) = (-x-y, 4x+9y, -6x-2y)$

41) a) $\{(x, 0, 3x)/x \in \mathbb{R}$

    b) $\begin{bmatrix} 2 & -7 & 4 \\ 9 & -10 & 11 \end{bmatrix}$

42) a) $(S+T)(x, y) = (3x-2y, 0)$

    b) $(T-S)(x, y) = (x+2y, -2y)$

    c) $(2S+4T)(x, y) = (10x-4y, -2y)$

    d) $(S \circ T)(x, y) = (2x+2y, -y)$

    e) $(T \circ S)(x, y) = (2x-4y, -y)$

    f) $(S \circ S)(x, y) = (x-4y, y)$

43) a) $(S \circ T)(x, y) = (3x, x-3y, x+2y, 2x-4y)$
    b) a cargo do leitor

44) a) $\begin{bmatrix} -1 & -4 & -1 \\ 1 & 0 & 1 \\ 0 & 5 & 0 \end{bmatrix}$ b) $\begin{bmatrix} 1 & -1 \\ 1 & -2 \end{bmatrix}$ e $\begin{bmatrix} 0 & 1 \\ 1 & -1 \end{bmatrix}$

45) a) $\begin{bmatrix} 1 & 0 & -1 \\ 0 & 2 & 0 \\ 1 & -1 & -1 \end{bmatrix}$ b) $\begin{bmatrix} 0 & 1 & 0 \\ 0 & 2 & 0 \\ 1 & -1 & 0 \end{bmatrix}$

46) Duas soluções: $(4, 7)$ e $(7, 2)$ ou $(-6, 1)$ e $(-3, -4)$.

47) $C(-3, 4)$ ou $C(1, -6)$

48) $C(-1 - \sqrt{3}, 2\sqrt{3})$ ou $C(3 - \sqrt{3}, 2 + 2\sqrt{3})$

49) a) $\begin{bmatrix} -1 & 5 \\ 0 & 1 \end{bmatrix}$ b) $\begin{bmatrix} -\sqrt{3} & -1 \\ 1 & -\sqrt{3} \end{bmatrix}$ c) $\begin{bmatrix} -\frac{1}{2} & \frac{\sqrt{3}}{2} \\ \frac{\sqrt{3}}{2} & \frac{1}{2} \end{bmatrix}$

d) $\begin{bmatrix} -\cos\theta & \sen\theta \\ -\sen\theta & -\cos\theta \end{bmatrix}$ e) $\begin{bmatrix} 0 & -2 \\ -1 & -6 \end{bmatrix}$

50) a) $(-1, 8)$

b) $T(x, y) = (-\frac{1}{3}x, 2x + y)$

c) $[T] = \begin{bmatrix} -\frac{1}{3} & 0 \\ 2 & 1 \end{bmatrix}$

51) a) $\alpha = 90°$

b) $\alpha = 90°$

c) $\alpha \cong 41°\, 24'$

CAPÍTULO 5

OPERADORES LINEARES

5.1 OPERADORES LINEARES

No capítulo anterior dissemos que as transformações lineares T de um espaço vetorial V em si mesmo, isto é, $T:V \longrightarrow V$, são chamadas *operadores lineares sobre* V.

As propriedades gerais das transformações lineares de V em W e das correspondentes matrizes retangulares são válidas para os operadores lineares. Estes e as correspondentes *matrizes quadradas* possuem, entretanto, propriedades particulares, que serão estudadas neste Capítulo.

Tendo em vista aplicações em questões de Geometria Analítica, serão estudados, de preferência, operadores lineares em $\mathbb{R}^2$ e em $\mathbb{R}^3$.

5.2 OPERADORES INVERSÍVEIS

Um operador $T:V \longrightarrow V$ associa a cada vetor $v \in V$ um vetor $T(v) \in V$. Se por meio de outro operador S for possível inverter essa correspondência, de tal modo que a cada vetor transformado $T(v)$ se associe o vetor de partida v, diz-se que S é *operador inverso* de T, e se indica por T^{-1}.

Observação

Quando o operador linear T admite a inversa T^{-1}, diz-se que T é *inversível, invertível, regular* ou *não-singular*.

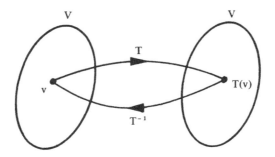

5.2.1 Propriedades dos Operadores Inversíveis

Seja $T:V \longrightarrow V$ um operador linear.

I) Se T é inversível e T^{-1} é a sua inversa, então:

$$T \circ T^{-1} = T^{-1} \circ T = I \quad \text{(identidade)}$$

II) T é inversível se, e somente se, $N(T) = \{0\}$ (Propriedade 2 de 4.2.1 e Corolário 1 de 4.3.4).

III) Se T é inversível, T transforma base em base, isto é, se B é uma base de V, T(B) também é base de V.

IV) Se T é inversível e B uma base de V, então $T^{-1}:V \longrightarrow V$ é linear e:

$$[T^{-1}]_B = ([T]_B)^{-1}$$

isto é, a matriz do operador linear inverso numa certa base B é a inversa da matriz do operador T nessa mesma base.

Na prática, a base B será normalmente considerada como canônica. Logo, de forma mais simples:

$$[T^{-1}] = [T]^{-1}$$

e, portanto:

$$[T][T^{-1}] = [T \circ T^{-1}] = [I]$$

Como conseqüência temos: T *é inversível se, e somente se,* $\det [T] \neq 0$.

5.2.2 Problemas Resolvidos

1) Seja o operador linear em $\mathbb{R}^2$ definido por

$T(x, y) = (4x - 3y, -2x + 2y)$

a) Mostrar que T é inversível.

b) Encontrar uma regra para T^{-1} como a que define T.

Solução

a) A matriz canônica de T é $[T] = \begin{bmatrix} 4 & -3 \\ -2 & 2 \end{bmatrix}$

Como det $[T] = 2 \neq 0$, T é inversível.

b) $[T^{-1}] = [T]^{-1} = \begin{bmatrix} 4 & -3 \\ -2 & 2 \end{bmatrix}^{-1} = \begin{bmatrix} 1 & \frac{3}{2} \\ 1 & 2 \end{bmatrix}$

logo:

$[T^{-1}(x, y)] = [T^{-1}] \begin{bmatrix} x \\ y \end{bmatrix} = \begin{bmatrix} 1 & \frac{3}{2} \\ 1 & 2 \end{bmatrix} \begin{bmatrix} x \\ y \end{bmatrix} = \begin{bmatrix} x + \frac{3}{2}y \\ x + 2y \end{bmatrix}$

ou:

$T^{-1}(x, y) = (x + \frac{3}{2}y, x + 2y)$

Observação

Devemos entender que se T leva um vetor (x, y) ao vetor (x', y'), isto é:

$\begin{bmatrix} x' \\ y' \end{bmatrix} = [T] \begin{bmatrix} x \\ y \end{bmatrix}$

o operador T^{-1} traz de volta o vetor (x', y') para a posição inicial (x, y), ou seja:

$$\begin{bmatrix} x \\ y \end{bmatrix} = [T]^{-1} \begin{bmatrix} x' \\ y' \end{bmatrix}$$

É bom que o leitor faça o teste com um vetor de livre escolha, valendo-se de T e T^{-1} do exercício realizado.

2) Verificar se o operador linear $T:\mathbb{R}^3 \longrightarrow \mathbb{R}^3$ definido por $T(1, 1, 1) = (1, 0, 0)$, $T(-2, 1, 0) = (0, -1, 0)$ e $T(-1, -3, -2) = (0, 1, -1)$ é inversível e, em caso afirmativo, determinar $T^{-1}(x, y, z)$.

Solução

Observemos inicialmente que $\{(1, 1, 1), (-2, 1, 0), (-1, -3, -2)\}$ é uma base de $\mathbb{R}^3$ e T está bem definido, pois são conhecidas as imagens dos vetores dessa base. Portanto, basta calcular $T(x, y, z)$ e proceder como no exercício anterior. Pensamos, no entanto, ser mais fácil proceder da maneira como se segue.

Por definição de T^{-1}, temos $T^{-1}(1, 0, 0) = (1, 1, 1)$, $T^{-1}(0, -1, 0) = (-2, 1, 0)$ e $T^{-1}(0, 1, -1) = (-1, -3, -2)$. Observando que $\{(1, 0, 0), (0, -1, 0), (0, 1, -1)\}$ é também uma base de $\mathbb{R}^3$ (verificar!) e que as imagens desses vetores são conhecidas, o operador T^{-1} está definido. Ora, existindo a T^{-1}, T é inversível. Pretendemos calcular $T^{-1}(x, y, z)$.

Para tanto, expressemos (x, y, z) em relação a essa base:

$(x, y, z) = x(1, 0, 0) + (-y - z)(0, -1, 0) + (-z)(0, 1, -1)$

logo:

$T^{-1}(x, y, z) = xT^{-1}(1, 0, 0) + (-y - z)T^{-1}(0, -1, 0) + (-z)T^{-1}(0, 1, -1)$

$T^{-1}(x, y, z) = x(1, 1, 1) + (-y - z)(-2, 1, 0) + (-z)(-1, -3, -2)$

$T^{-1}(x, y, z) = (x, x, x) + (2y + 2z, -y - z, 0) + (z, 3z, 2z)$

$T^{-1}(x, y, z) = (x + 2y + 3z, \ x - y + 2z, \ x + 2z)$

5.3 MUDANÇA DE BASE

Sejam A e B bases de um espaço vetorial V. Pretende-se relacionar as coordenadas de um vetor v em relação à base A com as coordenadas do mesmo vetor v em relação à base B.

Para simplificar, consideremos o caso em que $\dim V = 3$. O problema para os espaços de dimensão n é análogo. Sejam as bases $A = \{v_1, v_2, v_3\}$ e $B = \{w_1, w_2, w_3\}$.

Dado um vetor $v \in V$, este será combinação linear dos vetores das bases A e B:

$$v = x_1 v_1 + x_2 v_2 + x_3 v_3 \qquad (1)$$

ou:

$$v_A = (x_1, x_2, x_3)$$

e:

$$v = y_1 w_1 + y_2 w_2 + y_3 w_3 \qquad (2)$$

ou:

$$v_B = (y_1, y_2, y_3)$$

Por sua vez, os vetores da base A podem ser escritos em relação à base B, isto é:

$$\begin{aligned} v_1 &= a_{11} w_1 + a_{21} w_2 + a_{31} w_3 \\ v_2 &= a_{12} w_1 + a_{22} w_2 + a_{32} w_3 \\ v_3 &= a_{13} w_1 + a_{23} w_2 + a_{33} w_3 \end{aligned} \qquad (3)$$

Substituindo (3) em (1), temos:

$$v = x_1 (a_{11} w_1 + a_{21} w_2 + a_{31} w_3) + x_2 (a_{12} w_1 + a_{22} w_2 + a_{32} w_3) + x_3 (a_{13} w_1 + a_{23} w_2 + a_{33} w_3)$$

ou:

$$v = (a_{11} x_1 + a_{12} x_2 + a_{13} x_3) w_1 + (a_{21} x_1 + a_{22} x_2 + a_{23} x_3) w_2 + (a_{31} x_1 + a_{32} x_2 + a_{33} x_3) w_3 \qquad (4)$$

Comparando (4) com (2), vem:

$y_1 = a_{11}x_1 + a_{12}x_2 + a_{13}x_3$

$y_2 = a_{21}x_1 + a_{22}x_2 + a_{23}x_3$

$y_3 = a_{31}x_1 + a_{32}x_2 + a_{33}x_3$

ou, na forma matricial:

$$\begin{bmatrix} y_1 \\ y_2 \\ y_3 \end{bmatrix} = \begin{bmatrix} a_{11} & a_{12} & a_{13} \\ a_{21} & a_{22} & a_{23} \\ a_{31} & a_{32} & a_{33} \end{bmatrix} \begin{bmatrix} x_1 \\ x_2 \\ x_3 \end{bmatrix}$$

ou, mais simplesmente, pela equação:

$$[v]_B = [I]_B^A \ [v]_A \qquad (5.3)$$

sendo a matriz:

$$[I]_B^A = \begin{bmatrix} a_{11} & a_{12} & a_{13} \\ a_{21} & a_{22} & a_{23} \\ a_{31} & a_{32} & a_{33} \end{bmatrix}$$

chamada *matriz de mudança de base* de A para B.

Notemos que o papel dessa matriz é transformar as componentes de um vetor v na base A em componentes do mesmo v na base B.

Observações

1) Comparando a matriz $[I]_B^A$ com (3), observamos que cada coluna, pela ordem, é formada pelas componentes dos vetores da base A em relação à base B, isto é:

$$[v_1]_B = \begin{bmatrix} a_{11} \\ a_{21} \\ a_{31} \end{bmatrix}, \quad [v_2]_B = \begin{bmatrix} a_{12} \\ a_{22} \\ a_{32} \end{bmatrix} \quad e \quad [v_3]_B = \begin{bmatrix} a_{13} \\ a_{23} \\ a_{33} \end{bmatrix}$$

2) A matriz $[I]_B^A$ é também conhecida como matriz de transição de A para B.

3) A matriz $[I]_B^A$ é, na verdade, a matriz do operador linear identidade

$$I: V \longrightarrow V$$
$$v \longmapsto v$$

considerado nas bases A e B. Esse fato fica bem evidente no problema resolvido número 3 do item 5.3.1.

4) A matriz $[I]_B^A$, por transformar os vetores linearmente independentes da base A nos vetores linearmente independentes da base B, é inversível. Por conseguinte, da equação

$$[v]_B = [I]_B^A [v]_A \qquad (5)$$

pode-se obter:

$$[v]_A = ([I]_B^A)^{-1} [v]_B \qquad (6)$$

donde se conclui que

$$([I]_B^A)^{-1} = [I]_A^B$$

isto é, a inversa da matriz-mudança de base de A para B é a matriz-mudança de base B para A.

5.3.1 Problema Resolvido

3) Sejam as bases $A = \{v_1, v_2\}$ e $B = \{w_1, w_2\}$ do $\mathbb{R}^2$, onde

$v_1 = (2, -1)$, $v_2 = (-1, 1)$ e $w_1 = (1, 0)$, $w_2 = (2, 1)$.

a) Determinar a matriz-mudança de base de A para B.

b) Utilizar a matriz $[I]_B^A$ para calcular $[v]_B$, sabendo que

$$[v]_A = \begin{bmatrix} 4 \\ 3 \end{bmatrix}$$

Solução:

a) Pretendemos calcular:

$$[I]_B^A = \begin{bmatrix} a_{11} & a_{12} \\ a_{21} & a_{22} \end{bmatrix}$$
$$\phantom{[I]_B^A = \begin{bmatrix}}\uparrow \phantom{a_{11}} \uparrow$$
$$\phantom{[I]_B^A = \begin{bmatrix}}[v_1]_B [v_2]_B$$

Expressemos os vetores da base A em relação à base B:

$v_1 = (2, -1) = a_{11}(1, 0) + a_{21}(2, 1)$

ou:

$$\begin{cases} a_{11} + 2a_{21} = 2 \\ a_{21} = -1 \end{cases}$$

sistema cujas raízes são:

$a_{11} = 4$ e $a_{21} = -1$, isto é, $[v_1]_B = \begin{bmatrix} 4 \\ -1 \end{bmatrix}$

$v_2 = (-1, 1) = a_{12}(1, 0) + a_{22}(2, 1)$

ou:

$$\begin{cases} a_{12} + 2a_{22} = -1 \\ a_{22} = 1 \end{cases}$$

sistema sujas raízes são:

$a_{12} = -3$ e $a_{22} = 1$, isto é, $[v_2]_B = \begin{bmatrix} -3 \\ 1 \end{bmatrix}$

logo:

$$[I]_B^A = \begin{bmatrix} 4 & -3 \\ -1 & 1 \end{bmatrix}$$

b) Sabendo-se que:

$$[v]_B = [I]_B^A [v]_A \quad e \quad [v]_A = \begin{bmatrix} 4 \\ 3 \end{bmatrix}$$

obtemos:

$$[v]_B = \begin{bmatrix} 4 & -3 \\ -1 & 1 \end{bmatrix} \begin{bmatrix} 4 \\ 3 \end{bmatrix}$$

$$[v]_B = \begin{bmatrix} 7 \\ -1 \end{bmatrix}$$

Caso o leitor queira conhecer o vetor v na base canônica, basta fazer:

$$v = 4(2, -1) + 3(-1, 1) = (5, -1)$$

ou:

$$v = 7(1, 0) - 1(2, 1) = (5, -1)$$

Observação

Se o problema consistisse apenas em calcular v_B a partir de v_A, sem utilizar a matriz $[I]_B^A$, bastaria determinar o vetor v na base canônica, isto é, $v = (5, -1)$ e, posteriormente, resolver a equação

$$(5, -1) = a_1(1, 0) + a_2(2, 1)$$

para encontrar $a_1 = 7$ e $a_2 = -1$.

A utilização da matriz-mudança de base ainda será vista em outros assuntos deste livro.

5.3.2 Outra forma de Determinação da Matriz-Mudança de Base

A matriz-mudança de base $[I]_B^A$ pode ser determinada de uma forma diferente.

Valendo-se das bases A e B do problema anterior e sendo C = $\{(1, 0), (0, 1)\}$ a base canônica, vem:

$$[I]_C^A = \begin{bmatrix} 2 & -1 \\ -1 & 1 \end{bmatrix}$$
$$\quad\quad\uparrow\quad\uparrow$$
$$\quad\quad v_1\quad v_2$$

pois:

$$(2, -1) = 2(1, 0) - 1(0, 1)$$

$$(-1, 1) = -1(1, 0) + 1(0, 1)$$

e, de forma análoga:

$$[I]_C^B = \begin{bmatrix} 1 & 2 \\ 0 & 1 \end{bmatrix}$$
$$\quad\quad\uparrow\quad\uparrow$$
$$\quad\quad w_1\quad w_2$$

Assim, a matriz-mudança de base de uma base qualquer para a canônica é a matriz que se obtém daquela base dispondo seus vetores em colunas. Façamos $[I]_C^A = A$ e $[I]_C^B = B$.

240 Álgebra linear

Lembrando o que foi visto em 4.5.3 sobre composta de transformações lineares e levando em conta a Observação 4) de 5.3, podemos escrever:

$$[I]_B^A = [I \circ I]_B^A = [I]_B^C [I]_C^A = ([I]_C^B)^{-1} [I]_C^A = B^{-1} A$$

Então, para as bases A e B dadas, temos:

$$[I]_B^A = B^{-1} A = \begin{bmatrix} 1 & 2 \\ 0 & 1 \end{bmatrix}^{-1} \begin{bmatrix} 2 & -1 \\ -1 & 1 \end{bmatrix} = \begin{bmatrix} 1 & -2 \\ 0 & 1 \end{bmatrix} \begin{bmatrix} 2 & -1 \\ -1 & 1 \end{bmatrix} =$$

$$= \begin{bmatrix} 4 & -3 \\ -1 & 1 \end{bmatrix}$$

5.3.3 Aplicações da Matriz-Rotação

Vimos que a matriz-rotação do plano de um ângulo θ é:

$$\begin{bmatrix} \cos \theta & -\operatorname{sen} \theta \\ \operatorname{sen} \theta & \cos \theta \end{bmatrix}$$

Observemos que as imagens de $(1, 0)$ e de $(0, 1)$, pela rotação θ, são:

$$\begin{bmatrix} \cos \theta & -\operatorname{sen} \theta \\ \operatorname{sen} \theta & \cos \theta \end{bmatrix} \begin{bmatrix} 1 \\ 0 \end{bmatrix} = \begin{bmatrix} \cos \theta \\ \operatorname{sen} \theta \end{bmatrix}$$

e:

$$\begin{bmatrix} \cos \theta & -\operatorname{sen} \theta \\ \operatorname{sen} \theta & \cos \theta \end{bmatrix} \begin{bmatrix} 0 \\ 1 \end{bmatrix} = \begin{bmatrix} -\operatorname{sen} \theta \\ \cos \theta \end{bmatrix}$$

respectivamente.

Portanto, a base $P = \{u_1, u_2\}$, sendo $u_1 = (\cos\theta, \operatorname{sen}\theta)$ e $u_2 = (-\operatorname{sen}\theta, \cos\theta)$, é obtida da base canônica $C = \{e_1, e_2\}$, sendo $e_1 = (1, 0)$ e $e_2 = (0, 1)$, pela rotação de um ângulo θ. Assim, como a base canônica C determina o sistema de coordenadas retangulares xOy, a base P determina também um sistema de coordenadas retangulares x'Oy' que provém do sistema xOy por meio da rotação de um ângulo θ. Conseqüentemente, cada ponto R ou cada vetor v do plano possui coordenadas (x, y) em relação ao sistema xOy e (x', y') em relação ao sistema x'Oy'.

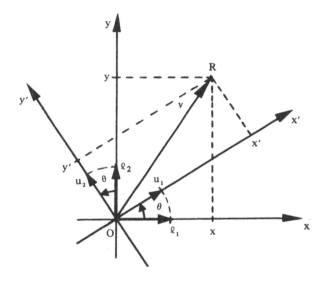

A matriz-rotação pode ser encarada como matriz-mudança de base de P para C, isto é:

$$[I]_C^P = \begin{bmatrix} \cos\theta & -\operatorname{sen}\theta \\ \operatorname{sen}\theta & \cos\theta \end{bmatrix}$$

pois:

$(\cos\theta, \operatorname{sen}\theta) = \cos\theta\,(1, 0) + \operatorname{sen}\theta\,(0, 1)$

$(-\operatorname{sen}\theta, \cos\theta) = -\operatorname{sen}\theta\,(1, 0) + \cos\theta\,(0, 1)$

Por exemplo, para $\theta = 90°$, tem-se a base:

$$P = \{(\cos 90°, \sin 90°), (-\sin 90°, \cos 90°)\} = \{(0, 1), (-1, 0)\}$$

e, portanto:

$$[I]_C^P = \begin{bmatrix} 0 & -1 \\ 1 & 0 \end{bmatrix}$$

Considerando $v_P = (4, 2)$, o vetor v na base canônica é:

$$[v]_C = [I]_C^P [v]_P = \begin{bmatrix} 0 & -1 \\ 1 & 0 \end{bmatrix} \begin{bmatrix} 4 \\ 2 \end{bmatrix} = \begin{bmatrix} -2 \\ 4 \end{bmatrix}$$

As figuras mostram que o vetor v que tem componentes 4 e 2 na base:

$$P = \{(0, 1), (-1, 0)\}$$

tem componentes -2 e 4 na base:

$$C = \{(1, 0), (0, 1)\}$$

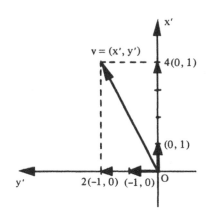
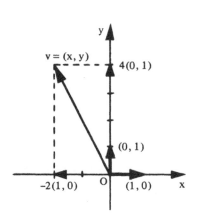

No caso de mudança de base de C para P, já vimos que:

$$[I]_P^C = ([I]_C^P)^{-1} = \begin{bmatrix} \cos\theta & -\text{sen}\,\theta \\ \text{sen}\,\theta & \cos\theta \end{bmatrix}^{-1}$$

ou seja:

$$[I]_P^C = \begin{bmatrix} \cos\theta & \text{sen}\,\theta \\ -\text{sen}\,\theta & \cos\theta \end{bmatrix}$$

Por exemplo, para uma rotação de $\theta = 45°$ no sistema xOy, o vetor $v = (x, y) = (4, 2)$ na base canônica será $v_P = (x', y') = (3\sqrt{2}, -\sqrt{2})$ na base P.

De fato:

$$[v]_P = \begin{bmatrix} \cos 45° & \text{sen}\,45° \\ -\text{sen}\,45° & \cos 45° \end{bmatrix} \begin{bmatrix} 4 \\ 2 \end{bmatrix}$$

$$[v]_P = \begin{bmatrix} \frac{\sqrt{2}}{2} & \frac{\sqrt{2}}{2} \\ -\frac{\sqrt{2}}{2} & \frac{\sqrt{2}}{2} \end{bmatrix} \begin{bmatrix} 4 \\ 2 \end{bmatrix}$$

$$[v]_P = \begin{bmatrix} 3\sqrt{2} \\ -\sqrt{2} \end{bmatrix}$$

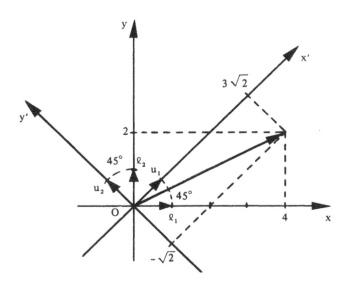

5.4 MATRIZES SEMELHANTES

Seja $T: V \longrightarrow V$ um operador linear. Se A e B são bases de V e $[T]_A$ e $[T]_B$ as matrizes que representam o operador T nas bases A e B, respectivamente, então:

$$[T]_B = ([I]_A^B)^{-1} [T]_A [I]_A^B \qquad (5.4)$$

sendo $[I]_A^B$ a matriz-mudança de base B para A.

De fato:

Pelo conceito de matriz de uma transformação linear (4.4) podemos escrever:

$$[T(v)]_A = [T]_A [v]_A \qquad (1)$$

e:

$$[T(v)]_B = [T]_B [v]_B \qquad (2)$$

Sendo $[I]_A^B$ a matriz-mudança de base de B para A, tem-se:

$$[v]_A = [I]_A^B [v]_B \quad \text{e} \quad [T(v)]_A = [I]_A^B [T(v)]_B$$

Substituindo $[v]_A$ e $[T(v)]_A$ em (1), resulta:

$$[I]_A^B \, [T(v)]_B = [T]_A \, [I]_A^B \, [v]_B$$

Como a matriz $[I]_A^B$ é inversível (Observação (4) de 5.3), vem:

$$[T(v)]_B = ([I]_A^B)^{-1} \, [T]_A \, [I]_A^B \, [v]_B$$

Comparando essa igualdade com a (2), conclui-se:

$$[T]_B = ([I]_A^B)^{-1} \, [T]_A \, [I]_A^B$$

que é a relação apresentada (5.4).

Fazendo $[I]_A^B = M$, a relação acima fica:

$$[T]_B = M^{-1} \, [T]_A \, M \qquad (5.4a)$$

não se podendo esquecer que M é a matriz-mudança de base de B (2ª base dada) para A (1ª base dada).

As matrizes $[T]_A$ e $[T]_B$ são chamadas *semelhantes*.

Por conseguinte, duas matrizes $[T]_A$ e $[T]_B$ são semelhantes quando definem em V um mesmo operador linear T. Mais precisamente, duas matrizes $[T]_A$ e $[T]_B$ são semelhantes se existe uma matriz inversível M tal que

$$[T]_B = M^{-1} \, [T]_A \, M$$

O esquema a seguir mostra que existem duas maneiras de se obter $T(v)_B$ a partir de v_A:

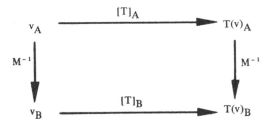

5.4.1 Propriedade

As matrizes semelhantes $[T]_A$ e $[T]_B$ possuem o mesmo determinante.

De fato:

De

$$[T]_B = M^{-1} [T]_A M$$

vem:

$$M [T]_B = [T]_A M$$

e:

$$\det M \cdot \det [T]_B = \det [T]_A \cdot \det M$$

ou:

$$\det [T]_B = \det [T]_A$$

5.4.2 Problemas Resolvidos

4) Sejam $T: \mathbb{R}^2 \longrightarrow \mathbb{R}^2$ um operador linear e as bases

$$A = \{(3,4),(5,7)\} \quad e \quad B = \{(1,1),(-1,1)\}$$

e seja:

$$[T]_A = \begin{bmatrix} -2 & 4 \\ 2 & -1 \end{bmatrix}$$

a matriz de T na base A. Calculemos $[T]_B$ pela relação:

$$[T]_B = M^{-1} [T]_A M$$

na qual M é a matriz-mudança de base de B para A. Necessitamos da matriz M que será calculada pela relação apresentada em 5.3.2:

$$M = [I]_A^B = A^{-1} B$$

isto é:

$$M = \begin{bmatrix} 3 & 5 \\ 4 & 7 \end{bmatrix}^{-1} \begin{bmatrix} 1 & -1 \\ 1 & 1 \end{bmatrix} = \begin{bmatrix} 7 & -5 \\ -4 & 3 \end{bmatrix} \begin{bmatrix} 1 & -1 \\ 1 & 1 \end{bmatrix} = \begin{bmatrix} 2 & -12 \\ -1 & 7 \end{bmatrix}$$

e:

$$M^{-1} = \begin{bmatrix} \dfrac{7}{2} & 6 \\ \dfrac{1}{2} & 1 \end{bmatrix}$$

logo:

$$[T]_B = \begin{bmatrix} \dfrac{7}{2} & 6 \\ \dfrac{1}{2} & 1 \end{bmatrix} \begin{bmatrix} -2 & 4 \\ 2 & -1 \end{bmatrix} \begin{bmatrix} 2 & -12 \\ -1 & 7 \end{bmatrix}$$

$$[T]_B = \begin{bmatrix} 5 & 8 \\ 1 & 1 \end{bmatrix} \begin{bmatrix} 2 & -12 \\ -1 & 7 \end{bmatrix}$$

$$[T]_B = \begin{bmatrix} 2 & -4 \\ 1 & -5 \end{bmatrix}$$

Observação

Pode-se verificar, através do exemplo, que realmente as matrizes $[T]_A$ e $[T]_B$ são semelhantes, isto é, que na transformação linear definida em $\mathbb{R}^2$ por essas matrizes, em bases diferentes, um vetor $v \in \mathbb{R}^2$ tem a mesma imagem $T(v)$.

Seja o vetor $v_A = (2, -1)$.

I) Cálculo de $T(v)_A$ por meio de $[T]_A$:

$[T(v)]_A = [T]_A [v]_A$

$$[T(v)]_A = \begin{bmatrix} -2 & 4 \\ 2 & -1 \end{bmatrix} \begin{bmatrix} 2 \\ -1 \end{bmatrix} = \begin{bmatrix} -8 \\ 5 \end{bmatrix}$$

II) Cálculo de v_B por meio de M^{-1} partindo de v_A:

$[v]_B = M^{-1} [v]_A$

$$[v]_B = \begin{bmatrix} \frac{7}{2} & 6 \\ \frac{1}{2} & 1 \end{bmatrix} \begin{bmatrix} 2 \\ -1 \end{bmatrix} = \begin{bmatrix} 1 \\ 0 \end{bmatrix}$$

III) Cálculo de $T(v)_B$ por meio de M^{-1} partindo de $T(v)_A$:

$[T(v)]_B = M^{-1} [T(v)]_A$

$$[T(v)]_B = \begin{bmatrix} \frac{7}{2} & 6 \\ \frac{1}{2} & 1 \end{bmatrix} \begin{bmatrix} -8 \\ 5 \end{bmatrix} = \begin{bmatrix} 2 \\ 1 \end{bmatrix}$$

IV) Cálculo de $T(v)_B$ por meio de $[T]_B$:

$$[T(v)]_B = [T]_B [v]_B$$

$$[T(v)]_B = \begin{bmatrix} 2 & -4 \\ 1 & -5 \end{bmatrix} \begin{bmatrix} 1 \\ 0 \end{bmatrix} = \begin{bmatrix} 2 \\ 1 \end{bmatrix}$$

Assim, o vetor v tem a mesma imagem $T(v)$ por meio do operador linear T, definido em $\mathbb{R}^2$ pelas matrizes $[T]_A$ e $[T]_B$, em bases diferentes.

V) Por outro lado, as matrizes semelhantes têm o mesmo determinante:

$$\det [T]_A = \begin{vmatrix} -2 & 4 \\ 2 & -1 \end{vmatrix} = 2 - 8 = -6$$

$$\det [T]_B = \begin{vmatrix} 2 & -4 \\ 1 & -5 \end{vmatrix} = -10 + 4 = -6$$

5) Seja o operador linear $T: \mathbb{R}^2 \longrightarrow \mathbb{R}^2$ definido por:

$T(x, y) = (2x + 9y, x + 2y)$

Determinar $[T]$, matriz canônica de T, e a seguir utilizar a relação:

$[T]_B = M^{-1} [T] M$

para transformá-la na matriz de T na base:

$B = \{(3, 1), (-3, 1)\}$

Solução

É imediato que:

$$[T] = \begin{bmatrix} 2 & 9 \\ 1 & 2 \end{bmatrix}$$

A matriz M de mudança de base de B para a canônica A é dada por:

$M = A^{-1} B$

ou:

$$M = \begin{bmatrix} 1 & 0 \\ 0 & 1 \end{bmatrix}^{-1} \begin{bmatrix} 3 & -3 \\ 1 & 1 \end{bmatrix}$$

mas:

$$\begin{bmatrix} 1 & 0 \\ 0 & 1 \end{bmatrix}^{-1} = \begin{bmatrix} 1 & 0 \\ 0 & 1 \end{bmatrix}$$

logo:

$$M = \begin{bmatrix} 1 & 0 \\ 0 & 1 \end{bmatrix} \begin{bmatrix} 3 & -3 \\ 1 & 1 \end{bmatrix} = \begin{bmatrix} 3 & -3 \\ 1 & 1 \end{bmatrix}$$

e:

$$M^{-1} = \begin{bmatrix} \dfrac{1}{6} & \dfrac{1}{2} \\ -\dfrac{1}{6} & \dfrac{1}{2} \end{bmatrix}$$

Portanto:

$$[T]_B = \begin{bmatrix} \frac{1}{6} & \frac{1}{2} \\ -\frac{1}{6} & \frac{1}{2} \end{bmatrix} \begin{bmatrix} 2 & 9 \\ 1 & 2 \end{bmatrix} \begin{bmatrix} 3 & -3 \\ 1 & 1 \end{bmatrix}$$

$$[T]_B = \begin{bmatrix} \frac{5}{6} & \frac{5}{2} \\ \frac{1}{6} & -\frac{1}{2} \end{bmatrix} \begin{bmatrix} 3 & -3 \\ 1 & 1 \end{bmatrix}$$

$$[T]_B = \begin{bmatrix} 5 & 0 \\ 0 & -1 \end{bmatrix}$$

Observação

A matriz diagonal

$$\begin{bmatrix} 5 & 0 \\ 0 & -1 \end{bmatrix}$$

que representa T na base B, é mais simples, no sentido de "estrutura" que a matriz canônica de T:

$$\begin{bmatrix} 2 & 9 \\ 1 & 2 \end{bmatrix}$$

Já no problema resolvido n.º 4 esse fato não ocorreu. A simplificação da matriz do operador T está ligada à escolha adequada de uma base, pois é a matriz de mudança de base M que atua sobre a matriz de um operador linear para transformá-la em outra matriz do mesmo operador. A escolha da base "certa", que torna a matriz do operador T o mais simples possível, é objeto de estudo no próximo Capítulo.

5.5 OPERADOR ORTOGONAL

Seja V um espaço vetorial euclidiano. Um operador linear $T: V \longrightarrow V$ é *ortogonal* se preserva o módulo de cada vetor, isto é, se para qualquer $v \in V$

$$|T(v)| = |v|$$

Observações

1) Tendo em vista que o módulo de um vetor é calculado por meio de um produto interno ($|v| = \sqrt{v \cdot v}$), os operadores ortogonais são definidos nos espaços vetoriais euclidianos.

2) Nos operadores ortogonais, serão consideradas somente bases ortonormais em V e, particularmente, a base canônica.

Exemplos

1) No $\mathbb{R}^2$, com o produto interno usual, o operador linear definido por:

$$T(x, y) = (\frac{4}{5}x + \frac{3}{5}y, \frac{3}{5}x - \frac{4}{5}y)$$

é ortogonal.

De fato:

$$|T(x, y)| = \sqrt{(\frac{4}{5}x + \frac{3}{5}y)^2 + (\frac{3}{5}x - \frac{4}{5}y)^2}$$

$$|T(x, y)| = \sqrt{\frac{16}{25}x^2 + \frac{24}{25}xy + \frac{9}{25}y^2 + \frac{9}{25}x^2 - \frac{24}{25}xy + \frac{16}{25}y^2} =$$

$$= \sqrt{\frac{25}{25}x^2 + \frac{25}{25}y^2}$$

ou:

$$|T(x,y)| = \sqrt{x^2 + y^2} = |(x,y)|, \ \forall (x,y) \in \mathbb{R}^2$$

2) Consideremos o $\mathbb{R}^2$ com o produto interno usual. A rotação do plano de um ângulo θ dada por:

$$T(x,y) = (x\cos\theta - y\sin\theta, x\sin\theta + y\cos\theta)$$

é ortogonal. (A verificação fica a cargo do leitor.)

3) No $\mathbb{R}^3$, com o produto interno usual, o operador linear dado por:

$$T(x,y,z) = (-y, x, -z)$$

é ortogonal.

De fato:

$$|T(x,y,z)| = \sqrt{(-y)^2 + x^2 + (-z)^2} = \sqrt{x^2 + y^2 + z^2} = |(x,y,z)|$$

Observação

O produto interno de dois vetores $u = (a_1, ..., a_n)$ e $v = (b_1, ..., b_n)$, em relação a uma base ortonormal, é dado por:

$u \cdot v = a_1 b_1 + ... + a_n b_n$ (verificação a cargo do leitor)

Se esses vetores forem expressos na forma matricial:

$$[u] = \begin{bmatrix} a_1 \\ \vdots \\ a_n \end{bmatrix} \quad e \quad [v] = \begin{bmatrix} b_1 \\ \vdots \\ b_n \end{bmatrix}$$

conclui-se que:

$$[u \cdot v] = [u]^t [v]$$

onde $[u]^t$ indica a matriz transposta de $[u]$.

Observação

No Apêndice, a matriz transposta de A, por exemplo, é representada por A^T; aqui, a transposta será representada por A^t, uma vez que T está sendo utilizado para representar um operador linear.

5.5.1 Propriedades

I) Seja $T:V \longrightarrow V$ um operador ortogonal sobre o espaço euclidiano V. Então, a inversa da matriz de T coincide com a sua transposta, isto é:

$$[T]^{-1} = [T]^t$$

De fato:

$$|v| = |T(v)|$$

ou:

$$\sqrt{v \cdot v} = \sqrt{T(.v) \cdot T(.v)}$$

isto é:

$$v \cdot v = T(v) \cdot T(v)$$

ou:

$$[v \cdot v] = [T(v) \cdot T(v)]$$

ou ainda:

$$[v]^t [v] = [T(v)]^t [T(v)]$$

mas:

$$[T(v)]^t [T(v)] = ([T][v])^t [T][v] = [v]^t [T]^t [T][v]$$

logo:

$$[v]^t [v] = [v]^t [T]^t [T] [v]$$

e, finalmente:

$$[T]^t [T] = I$$

ou:

$$[T]^t = [T]^{-1}$$

A matriz $[T]$, tal que $[T]^t = [T]^{-1}$, é chamada *matriz ortogonal*. Portanto, uma matriz ortogonal define um operador ortogonal.

A matriz canônica do exemplo 1), item 5.5.

$$[T] = \begin{bmatrix} \dfrac{4}{5} & \dfrac{3}{5} \\ \dfrac{3}{5} & -\dfrac{4}{5} \end{bmatrix}$$

é ortogonal, pois:

$$[T]^t = \begin{bmatrix} \dfrac{4}{5} & \dfrac{3}{5} \\ \dfrac{3}{5} & -\dfrac{4}{5} \end{bmatrix} = [T]^{-1}$$

A matriz-rotação:

$$[T] = \begin{bmatrix} \cos\theta & -\sin\theta \\ \sin\theta & \cos\theta \end{bmatrix}$$

do exemplo 2), item 5.5 é também ortogonal, pois:

$$[T]^t = \begin{bmatrix} \cos\theta & \sen\theta \\ -\sen\theta & \cos\theta \end{bmatrix} = [T]^{-1}$$

II) O determinante de uma matriz ortogonal é +1 ou -1.

De fato:

Sendo [T] ortogonal, $[T]^t [T] = I$.

Logo:

$$\det([T]^t [T]) = \det I$$

ou:

$$\det [T]^t \det [T] = 1$$

Como $\det [T] = \det [T]^t$, vem:

$$(\det [T])^2 = 1$$

ou seja:

$$\det [T] = +1 \quad \text{ou} \quad \det [T] = -1$$

Dessa propriedade conclui-se que todo operador linear ortogonal é inversível.

III) Todo operador linear ortogonal $T:V \longrightarrow V$ preserva o produto interno de vetores, isto é, para quaisquer vetores $u, v \in V$, tem-se:

$$u \cdot v = T(u) \cdot T(v)$$

De fato:

$$[T(u) \cdot T(v)] = [T(u)]^t [T(v)] = ([T][u])^t [T][v] = [u]^t [T]^t [T][v]$$

mas:

$$[T]^t \, [T] = I$$

logo:

$$[T(u) \cdot T(v)] = [u]^t \, [v] = [u \cdot v]$$

e:

$$u \cdot v = T(u) \cdot T(v)$$

Decorre dessa propriedade que todo operador ortogonal $T:V \longrightarrow V$ preserva o ângulo de dois vetores, isto é, o ângulo entre dois vetores u e v é igual ao ângulo entre $T(u)$ e $T(v)$.

Esse fato e a definição de operador ortogonal permitem concluir: T *transforma bases ortonormais em bases ortonormais*, isto é, se $\{v_1, ..., v_n\}$ é base ortonormal de V, então $\{T(v_1), ..., T(v_n)\}$ é também base ortonormal de V. Essa propriedade, como ainda veremos, é de grande importância na construção de novas bases ortonormais $\{u_1, u_2\}$ do $\mathbb{R}^2$, a partir da base canônica $\{e_1, e_2\}$, e na criação de um novo sistema de coordenadas retangulares x'Oy', a partir do sistema xOy, conforme sugere a Figura 5.5.1a.

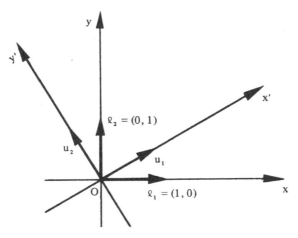

Figura 5.5.1a

Essa transformação, no plano, da base canônica para outra base ortonormal por meio de um operador ortogonal $T: \mathbb{R}^2 \longrightarrow \mathbb{R}^2$ pode ser vista de duas maneiras:

a) A base $\{u_1, u_2\}$ provém da base canônica $\{e_1, e_2\}$ por uma rotação, conforme a Figura 5.5.1a, e, nesse caso, det $[T] = +1$.

Reciprocamente, se det [T] = +1 e T ortogonal, T é uma rotação.

b) A base $\{u_1, u_2\}$ provém da base canônica $\{e_1, e_2\}$ por uma rotação seguida de uma reflexão na origem de apenas um dos vetores (Figura 5.5.1b) ou vice-versa. Nesse caso, tem-se:

det [T] = -1

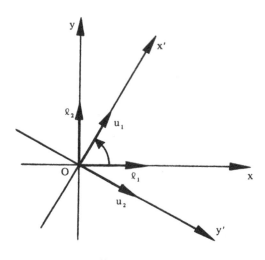

Figura 5.5.1b

Assim, por exemplo, o operador ortogonal, representado pela matriz

$$\begin{bmatrix} \dfrac{\sqrt{3}}{2} & \dfrac{1}{2} \\ -\dfrac{1}{2} & \dfrac{\sqrt{3}}{2} \end{bmatrix}$$

é uma rotação, pois

$$\begin{vmatrix} \dfrac{\sqrt{3}}{2} & \dfrac{1}{2} \\ -\dfrac{1}{2} & \dfrac{\sqrt{3}}{2} \end{vmatrix} = 1$$

O que dissemos para o $\mathbb{R}^2$ é válido para o $\mathbb{R}^3$.

Por exemplo, o operador ortogonal no $\mathbb{R}^3$ representado pela matriz

$$A = \begin{bmatrix} \cos\theta & -\text{sen}\,\theta & 0 \\ \text{sen}\,\theta & \cos\theta & 0 \\ 0 & 0 & 1 \end{bmatrix}$$

é uma rotação, pois det A = 1 para qualquer valor de θ.

IV) A composta de duas transformações ortogonais é uma transformação ortogonal ou, equivalentemente, o produto de duas matrizes ortogonais é uma matriz ortogonal.

V) As colunas (ou linhas) de uma matriz ortogonal são vetores ortonormais.

De fato:

Sejam $A = \{e_1, e_2, ..., e_n\}$ uma base ortonormal do espaço vetorial euclidiano V e T: V $\longrightarrow$ V um operador linear ortogonal representado nesta base pela matriz:

$$\begin{bmatrix} a_{11} & a_{12} & ... & a_{1n} \\ a_{21} & a_{22} & ... & a_{2n} \\ . & . & ... & . \\ . & . & ... & . \\ . & . & ... & . \\ a_{n1} & a_{n2} & ... & a_{nn} \end{bmatrix}$$

Tendo em vista que:

$|e_1| = |e_2| = ... = |e_n| = 1$ e

$e_i \cdot e_j = 0$, $i \neq j$

e que

$$T(e_1) = a_{11}e_1 + a_{21}e_2 + \ldots + a_{n1}e_n$$

$$T(e_2) = a_{12}e_1 + a_{22}e_2 + \ldots + a_{n2}e_n$$

$$\vdots$$

$$T(e_n) = a_{1n}e_1 + a_{2n}e_2 + \ldots + a_{nn}e_n$$

pode-se escrever:

$$|T(e_1)|^2 = T(e_1) \cdot T(e_1) = a_{11}^2 + a_{21}^2 + \ldots + a_{n1}^2 = 1$$

$$|T(e_2)|^2 = T(e_2) \cdot T(e_2) = a_{12}^2 + a_{22}^2 + \ldots + a_{n2}^2 = 1$$

$$\vdots$$

$$|T(e_n)|^2 = T(e_n) \cdot T(e_n) = a_{1n}^2 + a_{2n}^2 + \ldots + a_{nn}^2 = 1$$

e:

$$T(e_i) \cdot T(e_j) = a_{1i}a_{1j} + a_{2i}a_{2j} + \ldots + a_{ni}a_{nj} = 0$$

Logo, as colunas

$$\begin{bmatrix} a_{21} \\ a_{21} \\ \vdots \\ a_{n1} \end{bmatrix}, \begin{bmatrix} a_{12} \\ a_{22} \\ \vdots \\ a_{n2} \end{bmatrix}, \ldots \begin{bmatrix} a_{1n} \\ a_{2n} \\ \vdots \\ a_{nn} \end{bmatrix}$$

representam vetores ortonormais do espaço V e, conseqüentemente, formam uma base ortonormal desse espaço.

Exemplo:
Seja a matriz:

$$A = \begin{bmatrix} -\dfrac{1}{\sqrt{2}} & \dfrac{1}{\sqrt{2}} & 0 \\ 0 & 0 & 1 \\ \dfrac{1}{\sqrt{2}} & \dfrac{1}{\sqrt{2}} & 0 \end{bmatrix}$$

Os vetores-colunas de A são:

$$u_1 = (-\frac{1}{\sqrt{2}}, 0, \frac{1}{\sqrt{2}}), \quad u_2 = (\frac{1}{\sqrt{2}}, 0, \frac{1}{\sqrt{2}}) \quad \text{e} \quad u_3 = (0, 1, 0)$$

e:

$$|u_1| = |u_2| = |u_3| = 1$$

e também:

$$u_1 \cdot u_2 = u_1 \cdot u_3 = u_2 \cdot u_3 = 0$$

logo, o conjunto:

$$\{u_1, u_2, u_3\}$$

é uma base ortonormal do $\mathbb{R}^3$.

Além disso, como det A = 1 (verificar!), a matriz A representa uma rotação do espaço.

5.6 OPERADOR SIMÉTRICO

Diz-se que um operador linear $T: V \longrightarrow V$ é *simétrico* se a matriz que o representa numa base ortonormal A é simétrica, isto é, se:

$$[T]_A^t = [T]_A$$

Observações

1) Demonstra-se que a matriz do operador simétrico é sempre simétrica, independente da base ortonormal do espaço. Em nosso estudo, trabalharemos somente com bases canônicas.

Então, $T: V \longrightarrow V$ é simétrica se $[T]^t = [T]$

2) O operador simétrico é também chamado *operador auto-adjunto*.

Exemplos

1) O operador linear

$$T:\mathbb{R}^2 \longrightarrow \mathbb{R}^2, \quad T(x,y) = (2x + 4y, 4x - y)$$

é simétrico, pois a matriz canônica de T

$$[T] = \begin{bmatrix} 2 & 4 \\ 4 & -1 \end{bmatrix}$$

é simétrica, isto é, $[T]^t = [T]$.

2) No $\mathbb{R}^3$ o operador T definido por:

$$T(x, y, z) = (x - y, -x + 3y - 2z, -2y)$$

é simétrico e sua matriz canônica é:

$$[T] = \begin{bmatrix} 1 & -1 & 0 \\ -1 & 3 & -2 \\ 0 & -2 & 0 \end{bmatrix}$$

5.6:1 Propriedade

Seja V um espaço vetorial euclidiano. Se $T:V \longrightarrow V$ é um operador simétrico, então para quaisquer vetores $u, v \in V$, tem-se:

$T(u) \cdot v = u \cdot T(v)$

De fato:

$[T(u) \cdot v] = [T(u)]^t [v] = ([T][u])^t [v] = [u]^t [T]^t [v] = [u]^t ([T][v]) = [u \cdot T(v)]$

logo:

$T(u) \cdot v = u \cdot T(v)$

Exemplo

Seja o operador simétrico, no $\mathbb{R}^2$, definido por:

$T(x, y) = (x + 3y, 3x - 4y)$

Consideremos os vetores $u = (2, 3)$ e $v = (4, 2)$ e calculemos $T(u)$ e $T(v)$:

$T(u) = T(2, 3) = (11, -6)$

$T(v) = T(4, 2) = (10, 4)$

mas:

$T(u) \cdot v = (11, -6) \cdot (4, 2) = 44 - 12 = 32$

$u \cdot T(v) = (2, 3) \cdot (10, 4) = 20 + 12 = 32$

Como se vê:

$T(u) \cdot v = u \cdot T(v)$.

5.7 PROBLEMAS PROPOSTOS

1) A seguir são dados operadores lineares T em $\mathbb{R}^2$ e em $\mathbb{R}^3$. Verificar quais são inversíveis e, nos casos afirmativos, determinar uma fórmula para T^{-1}.

a) $T: \mathbb{R}^2 \longrightarrow \mathbb{R}^2$, $T(x, y) = (3x - 4y, -x + 2y)$

b) $T: \mathbb{R}^2 \longrightarrow \mathbb{R}^2$, $T(x, y) = (x - 2y, -2x + 3y)$

c) $T: \mathbb{R}^2 \longrightarrow \mathbb{R}^2$, $T(x, y) = (2x - y, -4x + 2y)$

d) $T: \mathbb{R}^2 \longrightarrow \mathbb{R}^2$, $T(x, y) = (5x + 2y, -4x - 2y)$

e) $T: \mathbb{R}^2 \longrightarrow \mathbb{R}^2$, $T(x, y) = (x, -y)$

f) $T: \mathbb{R}^3 \longrightarrow \mathbb{R}^3$, $T(x, y, z) = (x - y + 2z, y - z, 2y - 3z)$

g) $T: \mathbb{R}^3 \longrightarrow \mathbb{R}^3$, $T(x, y, z) = (x + y - z, x + 2y, z)$

h) $T: \mathbb{R}^3 \longrightarrow \mathbb{R}^3$, $T(x, y, z) = (x, x - z, x - y - z)$

i) $T: \mathbb{R}^3 \longrightarrow \mathbb{R}^3$, $T(x, y, z) = (x - y + 2z, y - z, -2x + y - 3z)$

j) $T: \mathbb{R}^3 \longrightarrow \mathbb{R}^3$, $T(x, y, z) = (x + z, x - z, y)$

2) Seja o operador linear $T: \mathbb{R}^3 \longrightarrow \mathbb{R}^3$ definido pela matriz:

$$\begin{bmatrix} 1 & 0 & 1 \\ 2 & -1 & 1 \\ 0 & 0 & -1 \end{bmatrix}$$

a) Mostrar que T é um isomorfismo.

b) Determinar a lei que define o operador T^{-1}.

c) Utilizar a matriz de T ou de T^{-1} para obter o vetor $v \in \mathbb{R}^3$ tal que $T(v) = (2, -3, 0)$.

3) Mostrar que o operador linear, no $\mathbb{R}^3$, definido pela matriz

$$\begin{bmatrix} 1 & 2 & 3 \\ 2 & 3 & 4 \\ 3 & 5 & 7 \end{bmatrix}$$

não é inversível. Determinar $v \in \mathbb{R}^3$ tal que $T(v) = (6, 9, 15)$.

4) Verificar se o operador linear $T: \mathbb{R}^3 \longrightarrow \mathbb{R}^3$ definido por $T(1, 0, 0) = (2, -1, 0)$, $T(0, -1, 0) = (-1, -1, -1)$ e $T(0, 3, -1) = (0, 1, 1)$ é inversível e, em caso afirmativo, determinar $T^{-1}(x, y, z)$.

5) No plano uma rotação de $\frac{\pi}{3}$ radianos é seguida de uma reflexão em torno do eixo dos y.

a) Mostrar que a transformação é um isomorfismo.

b) Determinar a inversa da transformação definida.

6) Seja $T: \mathbb{R}^2 \longrightarrow \mathbb{R}^2$ o operador linear que transforma u em T(u) e v em T(v), conforme a figura.

a) Dar a lei do operador T.

b) Determinar a transformação linear que transforma T(u) em u e T(v) em v.

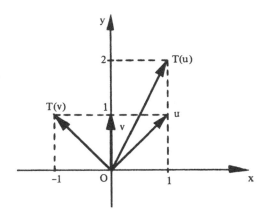

7) Utilizar a inversão de matrizes 2×2 para mostrar que:

a) A transformação linear inversa de uma reflexão em torno do eixo dos x é uma reflexão em torno desse eixo.

b) A transformação inversa de uma dilatação ao longo de um eixo é uma contração ao longo desse eixo.

c) A inversa de uma rotação do plano de um ângulo θ é a rotação do plano do ângulo $-\theta$.

8) Consideremos as seguintes bases do $\mathbb{R}^2$: $A = \{(1,1), (0,-1)\}$ e $B = \{(2,-3), (-3,5)\}$.

   a) Determinar a matriz-mudança de base $[I]_B^A$.

   b) Utilizar a matriz obtida no item a) para calcular v_B, sendo $v_A = (2, 3)$.

   c) Determinar a matriz-mudança de base de B para A.

9) Repetir o problema 8 para as bases $A = \{(3,-1), (1,-2)\}$ e $B = \{(3,2), (2,2)\}$, sendo $v_A = (4, 3)$.

10) Sejam $B = \{(1, 0), (0, 1)\}$, $B_1 = \{(1, 1), (-1, 0)\}$, $B_2 = \{(-1, 1), (2, -3)\}$ e $B_3 = \{(2, 1), (-5, -1)\}$, bases do $\mathbb{R}^2$

   a) Determinar as matrizes-mudança de base:

   $[I]_B^{B_1}$, $[I]_{B_1}^{B}$, $[I]_B^{B_2}$, $[I]_{B_2}^{B}$ e $[I]_{B_2}^{B_3}$

   b) Determinar o vetor — coordenada de $v = (-3, 4)$ em relação às bases B, B_1, B_2 e B_3.

11) Sabendo que:

   $[I]_B^A = \begin{bmatrix} -1 & 4 \\ 4 & -11 \end{bmatrix}$ e $B = \{(3, 5), (1, 2)\}$,

   determinar a base A.

12) Sabendo que:

   $[I]_B^A = \begin{bmatrix} -7 & 6 \\ -11 & 8 \end{bmatrix}$ e $A = \{(1, 3), (2, -4)\}$,

   determinar a base B.

13) A base B é obtida da base canônica A do $\mathbb{R}^2$ pela rotação de $\frac{\pi}{3}$ rad. Calcular:

a) $[I]_B^A$

b) $[I]_A^B$

14) Consideremos as seguintes bases do $\mathbb{R}^3$:

$A = \{(1,0,0), (0,1,0), (0,0,1)\}$ e $B = \{(1,0,-1), (0,1,-1), (-1,1,1)\}$

a) Determinar a matriz $[I]_B^A$.

b) Utilizar a matriz obtida no item a) para calcular v_B, sendo $v_A = (1, 2, 3)$.

c) Determinar a matriz $[I]_A^B$.

15) Se

$$[I]_B^A = \begin{bmatrix} 0 & 1 & 0 \\ 1 & 1 & 0 \\ 1 & 1 & 1 \end{bmatrix}$$

determinar $[v]_A$, sabendo que:

$$[v]_B = \begin{bmatrix} 3 \\ -2 \\ 0 \end{bmatrix}$$

16) Mostrar que para qualquer base A de um espaço vetorial, a matriz-mudança de base $[I]_A^A$ é a matriz identidade.

17) Em relação aos operadores dados, determinar primeiramente a matriz de T na base A e, a seguir, utilizar a relação entre matrizes semelhantes para calcular a matriz de T na base B.

a) $T: \mathbb{R}^2 \longrightarrow \mathbb{R}^2$, $T(x,y) = (x + 2y, -x + y)$

$A = \{(-1, 1), (1, 2)\}$ e $B = \{(1, -3), (0, 2)\}$

b) $T: \mathbb{R}^2 \longrightarrow \mathbb{R}^2$, $T(x,y) = (2x - 3y, x + y)$

$A = \{(1, 0), (0, 1)\}$ e $B = \{(3, 0), (-2, -1)\}$

c) $T: \mathbb{R}^2 \longrightarrow \mathbb{R}^2$, $T(x,y) = (7x - 4y, -4x + y)$

A é a base canônica e $B = \{(-2, 1), (1, 2)\}$

d) $T: \mathbb{R}^3 \longrightarrow \mathbb{R}^3$, $T(x, y, z) = (x - 2y - 2z, y, 2y + 3z)$

A é canônica e $B = \{(0, 1, -1), (1, 0, 0), (-1, 0, 1)\}$

18) Seja $T: \mathbb{R}^2 \longrightarrow \mathbb{R}^2$ um operador linear. Consideremos as bases A canônica e $B = \{(4, 1), (-11, -3)\}$. Sabendo que

$$[T]_B = \begin{bmatrix} 3 & 5 \\ 1 & 2 \end{bmatrix}$$

determinar $[T]_A$, utilizando a relação entre matrizes semelhantes.

19) Seja o operador linear $T: \mathbb{R}^2 \longrightarrow \mathbb{R}^2$, $T(x,y) = (x + y, x - y)$.

a) Determinar $[T]_B$, sendo $B = \{(1, 2), (0, -1)\}$.

b) Utilizar a matriz encontrada em a) para calcular $T(v)_B$, sabendo que $v = (4, 2)$.

20) Encontrar três matrizes semelhantes à matriz:

$$\begin{bmatrix} 1 & 1 \\ -1 & 2 \end{bmatrix}$$

21) Quais dos seguintes operadores são ortogonais?

a) $T: \mathbb{R}^2 \longrightarrow \mathbb{R}^2$, $T(x,y) = (\frac{1}{\sqrt{2}}x - \frac{1}{\sqrt{2}}y, \frac{1}{\sqrt{2}}x + \frac{1}{\sqrt{2}}y)$

b) $T: \mathbb{R}^2 \longrightarrow \mathbb{R}^2$, $T(x,y) = (-y, -x)$

c) $T: \mathbb{R}^2 \longrightarrow \mathbb{R}^2$, $T(x,y) = (x+y, x-y)$

22) Dentre os seguintes operadores lineares, verificar quais são ortogonais:

a) $T: \mathbb{R}^3 \longrightarrow \mathbb{R}^3$, $T(x,y,z) = (z, x, -y)$

b) $T: \mathbb{R}^3 \longrightarrow \mathbb{R}^3$, $T(x,y,z) = (x, y, z)$

c) $T: \mathbb{R}^3 \longrightarrow \mathbb{R}^3$, $T(x,y,z) = (x, 0, 0)$

d) $T: \mathbb{R}^3 \longrightarrow \mathbb{R}^3$, $T(x,y,z) = (x, y\cos\theta + z\sin\theta, -y\sin\theta + z\cos\theta)$

23) Verificar quais das seguintes matrizes são ortogonais e, dentre estas, determinar as que representam rotações:

a) $\begin{bmatrix} \frac{3}{5} & -\frac{4}{5} \\ \frac{4}{5} & \frac{3}{5} \end{bmatrix}$
b) $\begin{bmatrix} \frac{3}{5} & -\frac{4}{5} \\ \frac{3}{5} & \frac{4}{5} \end{bmatrix}$
c) $\begin{bmatrix} \frac{1}{\sqrt{5}} & \frac{2}{\sqrt{5}} \\ \frac{2}{\sqrt{5}} & -\frac{1}{\sqrt{5}} \end{bmatrix}$

d) $\begin{bmatrix} \frac{1}{\sqrt{10}} & \frac{3}{\sqrt{10}} \\ -\frac{3}{\sqrt{10}} & \frac{1}{\sqrt{10}} \end{bmatrix}$
e) $\begin{bmatrix} 1 & 0 & -1 \\ 1 & 1 & 0 \\ -1 & 1 & 0 \end{bmatrix}$
f) $\begin{bmatrix} \frac{1}{3} & \frac{2}{3} & \frac{2}{3} \\ \frac{2}{3} & -\frac{2}{3} & \frac{1}{3} \\ \frac{2}{3} & \frac{1}{3} & -\frac{2}{3} \end{bmatrix}$

g) $\begin{bmatrix} \frac{1}{\sqrt{3}} & \frac{1}{\sqrt{3}} & \frac{1}{\sqrt{3}} \\ 0 & \frac{2}{\sqrt{2}} & -\frac{1}{\sqrt{2}} \\ \frac{2}{\sqrt{6}} & -\frac{1}{\sqrt{6}} & -\frac{1}{\sqrt{6}} \end{bmatrix}$ h) $\begin{bmatrix} \frac{1}{\sqrt{3}} & -\frac{1}{\sqrt{6}} & -\frac{1}{\sqrt{2}} \\ -\frac{1}{\sqrt{3}} & \frac{1}{\sqrt{6}} & -\frac{1}{\sqrt{2}} \\ \frac{1}{\sqrt{3}} & \frac{2}{\sqrt{6}} & 0 \end{bmatrix}$ i) $\begin{bmatrix} \cos\theta & 0 & -\text{sen}\,\theta \\ 0 & 1 & 0 \\ \text{sen}\,\theta & 0 & \cos\theta \end{bmatrix}$

24) Construir uma matriz ortogonal cuja primeira coluna seja:

   a) $(\frac{2}{\sqrt{5}}, -\frac{1}{\sqrt{5}})$

   b) $(\frac{1}{3}, -\frac{2}{3}, -\frac{2}{3})$

25) Mostrar que se A e B são matrizes ortogonais, então AB também é ortogonal.

26) Mostrar, por meio da multiplicação de matrizes, que uma rotação de 30° seguida de uma rotação de 60° resulta em uma rotação de 90°.

27) Determinar a e b para que os seguintes operadores no $\mathbb{R}^3$ sejam simétricos:

   a) T: $\mathbb{R}^3 \longrightarrow \mathbb{R}^3$, T(x, y, z) = (3x - 2y, ax + y - 3z, by + z)

   b) T: $\mathbb{R}^3 \longrightarrow \mathbb{R}^3$, T(x, y, z) = (x + 2z, ax + 4y + bz, 2x - 3y + z)

5.7.1 Respostas de Problemas Propostos

1) a) $T^{-1}(x, y) = (x + 2y, \frac{1}{2}x + \frac{3}{2}y)$

   b) $T^{-1}(x, y) = (-3x - 2y, -2x - y)$

   c) T não é inversível.

d) $T^{-1}(x, y) = (x + y, -2x - \frac{5}{2}y)$

e) $T^{-1}(x, y) = (x, -y)$

f) $T^{-1}(x, y, z) = (x - y + z, 3y - z, 2y - z)$

g) $T^{-1}(x, y, z) = (2x - y + 2z, -x + y - z, z)$

h) $T^{-1}(x, y, z) = (x, y - z, x - y)$

i) T não é inversível.

j) $T^{-1}(x, y, z) = (\frac{1}{2}x + \frac{1}{2}y, z, \frac{1}{2}x - \frac{1}{2}y)$

2) b) $T^{-1}(x, y, z) = (x + z, 2x - y + z, -z)$

c) $v = (2, 7, 0)$

3) $v = (z, 3 - 2z, z),\ z \in \mathbb{R}$

4) $T^{-1}(x, y, z) = (-y + z, -2x - 4y + 7z, x + 2y - 3z)$

5) b) $T^{-1}(x, y) = (-\frac{1}{2}x + \frac{\sqrt{3}}{2}y, \frac{\sqrt{3}}{2}x + \frac{1}{2}y)$

6) a) $T(x, y) = (2x - y, x + y)$

b) $T^{-1}(x, y) = (\frac{x}{3} + \frac{y}{3}, -\frac{x}{3} + \frac{2y}{3})$

8) a) $[I]_B^A = \begin{bmatrix} 8 & -3 \\ 5 & -2 \end{bmatrix}$

b) $v_B = (7, 4)$

c) $[I]_A^B = \begin{bmatrix} 2 & -3 \\ 5 & -8 \end{bmatrix}$

9) a) $\begin{bmatrix} 4 & 3 \\ -\frac{9}{2} & -4 \end{bmatrix}$

b) $v_B = (25, -30)$

c) $\begin{bmatrix} \frac{8}{5} & \frac{6}{5} \\ -\frac{9}{5} & -\frac{8}{5} \end{bmatrix}$

10) a) $[I]_B^{B_1} = \begin{bmatrix} 1 & -1 \\ 1 & 0 \end{bmatrix}$ $[I]_{B_1}^B = \begin{bmatrix} 0 & 1 \\ -1 & 1 \end{bmatrix}$

$[I]_B^{B_2} = \begin{bmatrix} -1 & 2 \\ 1 & -3 \end{bmatrix}$ $[I]_{B_2}^B = \begin{bmatrix} -3 & -2 \\ -1 & -1 \end{bmatrix}$

$[I]_{B_2}^{B_3} = \begin{bmatrix} -8 & 17 \\ -3 & 6 \end{bmatrix}$

b) $v_B = (-3, 4)$, $v_{B_1} = (4, 7)$, $v_{B_2} = (1, -1)$, $v_{B_3} = (\frac{23}{3}, \frac{11}{3})$

11) $A = \{(1, 3), (1, -2)\}$

12) $B = \{(3, -2), (-2, 1)\}$

13) a) $\begin{bmatrix} \dfrac{1}{2} & \dfrac{\sqrt{3}}{2} \\ -\dfrac{\sqrt{3}}{2} & \dfrac{1}{2} \end{bmatrix}$

b) $\begin{bmatrix} \dfrac{1}{2} & -\dfrac{\sqrt{3}}{2} \\ \dfrac{\sqrt{3}}{2} & \dfrac{1}{2} \end{bmatrix}$

14) a) $\begin{bmatrix} 2 & 1 & 1 \\ -1 & 0 & -1 \\ 1 & 1 & 1 \end{bmatrix}$

b) $v_B = (7, -4, 6)$

c) $\begin{bmatrix} 1 & 0 & -1 \\ 0 & 1 & 1 \\ -1 & -1 & 1 \end{bmatrix}$

15) $\begin{bmatrix} -5 \\ 3 \\ 2 \end{bmatrix}$

17) a)
$$[T]_A = \begin{bmatrix} 0 & -3 \\ 1 & 2 \end{bmatrix}, \quad [T]_B = \begin{bmatrix} -5 & 4 \\ -\frac{19}{2} & 7 \end{bmatrix}$$

b)
$$[T]_A = \begin{bmatrix} 2 & -3 \\ 1 & 1 \end{bmatrix}, \quad [T]_B = \begin{bmatrix} 0 & \frac{5}{3} \\ -3 & 3 \end{bmatrix}$$

c)
$$[T] = \begin{bmatrix} 7 & -4 \\ -4 & 1 \end{bmatrix}, \quad [T]_B = \begin{bmatrix} 9 & 0 \\ 0 & -1 \end{bmatrix}$$

d)
$$[T] = \begin{bmatrix} 1 & -2 & -2 \\ 0 & 1 & 0 \\ 0 & 2 & 3 \end{bmatrix}, \quad [T]_B = \begin{bmatrix} 1 & 0 & 0 \\ 0 & 1 & 0 \\ 0 & 0 & 3 \end{bmatrix}$$

18)
$$[T]_A = \begin{bmatrix} 1 & -3 \\ -1 & 4 \end{bmatrix}$$

19) a)
$$[T]_B = \begin{bmatrix} 3 & -1 \\ 7 & -3 \end{bmatrix}$$

b) $T(v)_B = (6, 10)$

21) São ortogonais a) e b)

22) São ortogonais a), b) e d)

23) São ortogonais: a), c), d), f), g), h), i)

São rotações: a), d), f), h), i)

24) a) $\begin{bmatrix} \dfrac{2}{\sqrt{5}} & \dfrac{1}{\sqrt{5}} \\ -\dfrac{1}{\sqrt{5}} & \dfrac{2}{\sqrt{5}} \end{bmatrix}$

b) $\begin{bmatrix} \dfrac{1}{3} & \dfrac{2}{3} & \dfrac{2}{3} \\ -\dfrac{2}{3} & -\dfrac{1}{3} & \dfrac{2}{3} \\ -\dfrac{2}{3} & \dfrac{2}{3} & -\dfrac{1}{3} \end{bmatrix}$

27) a) $a = -2$ e $b = -3$

b) $a = 0$ e $b = -3$

CAPÍTULO 6

VETORES PRÓPRIOS
E
VALORES PRÓPRIOS

6.1 VETOR PRÓPRIO E VALOR PRÓPRIO DE UM OPERADOR LINEAR

Seja $T: V \longrightarrow V$ um operador linear. Um vetor $v \in V$, $v \neq 0$, é *vetor próprio* do operador T se existe $\lambda \in \mathbb{R}$ tal que

$T(v) = \lambda v$

O número real λ tal que $T(v) = \lambda v$ é denominado *valor próprio* de T associado ao vetor próprio v.

Observações

a) Como se vê pela definição, um vetor $v \neq 0$ é vetor próprio se a imagem $T(v)$ for um múltiplo escalar de v. No $\mathbb{R}^2$ e no $\mathbb{R}^3$ diríamos que v e $T(v)$ têm a mesma direção. Assim, dependendo do valor de λ, o operador T dilata v, contrai v, inverte o sentido de v ou o anula no caso de $\lambda = 0$.

Na Figura 6.1a, o vetor $v \in \mathbb{R}^2$ é um vetor próprio de um operador T que dilata v, porque $\lambda > 1$. A Figura 6.1b mostra um vetor v que *não* é vetor próprio de um operador T.

b) Os vetores próprios são também denominados vetores característicos ou autovetores.

c) Os valores próprios são também denominados valores característicos ou autovalores.

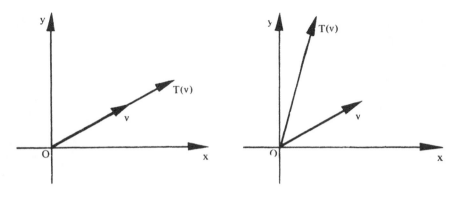

Figura 6.1a   Figura 6.1b

Exemplos

1) O vetor $v = (5, 2)$ é vetor próprio do operador linear

    $T: \mathbb{R}^2 \longrightarrow \mathbb{R}^2$, $T(x, y) = (4x + 5y, 2x + y)$

    associado ao valor próprio $\lambda = 6$, pois:

    $T(v) = T(5, 2) = (30, 12) = 6(5, 2) = 6v$

    Já o vetor $v = (2, 1)$ não é vetor próprio deste operador T, pois:

    $T(2, 1) = (13, 5) \neq \lambda(2, 1)$

    para todo $\lambda \in \mathbb{R}$.

2) Na simetria definida no $\mathbb{R}^3$ por $T(v) = -v$, qualquer vetor $v \neq 0$ é vetor próprio associado ao valor próprio $\lambda = -1$.

Observação

Tendo em vista aplicações em questões de Geometria Analítica, serão estudados, neste Capítulo, somente vetores próprios e valores próprios de operadores lineares em $\mathbb{R}^2$ e em $\mathbb{R}^3$.

6.2 DETERMINAÇÃO DOS VALORES PRÓPRIOS E DOS VETORES PRÓPRIOS

1) Determinação dos valores próprios

Seja o operador linear $T: \mathbb{R}^3 \longrightarrow \mathbb{R}^3$, cuja matriz canônica é:

$$A = \begin{bmatrix} a_{11} & a_{12} & a_{13} \\ a_{21} & a_{22} & a_{23} \\ a_{31} & a_{32} & a_{33} \end{bmatrix}$$

isto é, $A = [T]$.

Se v e λ são, respectivamente, vetor próprio e o correspondente valor próprio do operador T, tem-se:

$A \cdot v = \lambda v$ (v é matriz-coluna 3×1)

ou:

$Av - \lambda v = 0$

Tendo em vista que $v = Iv$ (I é a matriz-identidade), pode-se escrever:

$Av - \lambda Iv = 0$

ou:

$(A - \lambda I)v = 0$ \hfill (6.2a)

Para que esse sistema homogêneo admita soluções não-nulas, isto é:

$$v = \begin{bmatrix} x \\ y \\ z \end{bmatrix} \neq \begin{bmatrix} 0 \\ 0 \\ 0 \end{bmatrix}$$

deve-se ter:

$\det(A - \lambda I) = 0$

ou:

$$\det\left(\begin{bmatrix} a_{11} & a_{12} & a_{13} \\ a_{21} & a_{22} & a_{23} \\ a_{31} & a_{32} & a_{33} \end{bmatrix} - \begin{bmatrix} \lambda & 0 & 0 \\ 0 & \lambda & 0 \\ 0 & 0 & \lambda \end{bmatrix}\right) = 0$$

ou, ainda:

$$\det\begin{bmatrix} a_{11}-\lambda & a_{12} & a_{13} \\ a_{21} & a_{22}-\lambda & a_{23} \\ a_{31} & a_{32} & a_{33}-\lambda \end{bmatrix} = 0 \qquad (6.2b)$$

A equação $\det(A - \lambda I) = 0$ é denominada *equação característica* do operador T ou da matriz A, e suas raízes são os valores próprios do operador T ou da matriz A. O determinante $\det(A - \lambda I)$ é um polinômio em λ denominado *polinômio característico*.

2) Determinação dos vetores próprios.

A substituição de λ pelos seus valores no sistema homogêneo de equações lineares 6.2a permite determinar os vetores próprios associados.

6.2.1 Problemas Resolvidos

1) Determinar os valores próprios e os vetores próprios do operador linear

$T: \mathbb{R}^3 \longrightarrow \mathbb{R}^3$, $T(x, y, z) = (3x - y + z, -x + 5y - z, x - y + 3z)$

Solução

I) A matriz canônica do operador T é:

$$A = \begin{bmatrix} 3 & -1 & 1 \\ -1 & 5 & -1 \\ 1 & -1 & 3 \end{bmatrix}$$

A equação característica do operador T é:

$$\det(A - \lambda I) = \begin{vmatrix} 3-\lambda & -1 & 1 \\ -1 & 5-\lambda & -1 \\ 1 & -1 & 3-\lambda \end{vmatrix} = 0$$

isto é, desenvolvendo o determinante pela 1ª linha e observando a alternância dos sinais que precedem os produtos, vem:

$$(3-\lambda) \begin{vmatrix} 5-\lambda & -1 \\ -1 & 3-\lambda \end{vmatrix} - (-1) \begin{vmatrix} -1 & -1 \\ 1 & 3-\lambda \end{vmatrix} + 1 \begin{vmatrix} -1 & 5-\lambda \\ 1 & -1 \end{vmatrix} = 0$$

$(3-\lambda)(15 - 8\lambda + \lambda^2 - 1) + 1(-3 + \lambda + 1) + 1(1 - 5 + \lambda) = 0$

$45 - 24\lambda + 3\lambda^2 - 3 - 15\lambda + 8\lambda^2 - \lambda^3 + \lambda - 3 + \lambda + 1 + 1 - 5 + \lambda = 0$

$-\lambda^3 + 11\lambda^2 - 36\lambda + 36 = 0$

ou:

$\lambda^3 - 11\lambda^2 + 36\lambda - 36 = 0$

As soluções inteiras, caso existam, são divisoras do termo independente -36. Com as devidas substituições na equação acima, constata-se que $\lambda = 2$ é uma delas. Conseqüentemente, $\lambda - 2$ é um fator do polinômio característico $\lambda^3 - 11\lambda^2 + 36\lambda - 36$. Se dividirmos esse polinômio por $\lambda - 2$, a equação poderá ser apresentada como:

$(\lambda - 2)(\lambda^2 - 9\lambda + 18) = 0$

e, portanto, as demais raízes são soluções da equação:

$\lambda^2 - 9\lambda + 18 = 0$

Logo, os valores próprios do operador T são:

$\lambda_1 = 2$

$\lambda_2 = 3$

$\lambda_3 = 6$

II) O sistema homogêneo de equações lineares que permite a determinação dos vetores próprios associados é:

$(A - \lambda I) v = 0$

Considerando

$$v = \begin{bmatrix} x \\ y \\ z \end{bmatrix}$$

o sistema fica:

$$\begin{bmatrix} 3-\lambda & -1 & 1 \\ -1 & 5-\lambda & -1 \\ 1 & -1 & 3-\lambda \end{bmatrix} \begin{bmatrix} x \\ y \\ z \end{bmatrix} = \begin{bmatrix} 0 \\ 0 \\ 0 \end{bmatrix} \quad (6.2c)$$

i) Substituindo λ por 2 no sistema (6.2c), obtém-se os vetores próprios associados a $\lambda_1 = 2$:

$$\begin{bmatrix} 1 & -1 & 1 \\ -1 & 3 & -1 \\ 1 & -1 & 1 \end{bmatrix} \begin{bmatrix} x \\ y \\ z \end{bmatrix} = \begin{bmatrix} 0 \\ 0 \\ 0 \end{bmatrix}$$

isto é:

$$\begin{cases} 1x - 1y + 1z = 0 \\ -1x + 3y - 1z = 0 \\ 1x - 1y + 1z = 0 \end{cases}$$

O sistema admite uma infinidade de soluções próprias:

$z = -x$

$y = 0$

Assim, os vetores do tipo $v_1 = (x, 0, -x)$ ou $v_1 = x(1, 0, -1)$, $x \neq 0$, são vetores próprios associados a $\lambda_1 = 2$.

ii) Substituindo λ por 3 no sistema (6.2c) obtém-se os vetores próprios associados a $\lambda_2 = 3$:

$$\begin{bmatrix} 0 & -1 & 1 \\ -1 & 2 & -1 \\ 1 & -1 & 0 \end{bmatrix} \begin{bmatrix} x \\ y \\ z \end{bmatrix} = \begin{bmatrix} 0 \\ 0 \\ 0 \end{bmatrix}$$

isto é:

$$\begin{cases} -y + z = 0 \\ -x + 2y - z = 0 \\ x - y = 0 \end{cases}$$

O sistema admite uma infinidade de soluções próprias:

$y = x$

$z = x$

Assim, os vetores do tipo $v_2 = (x, x, x)$ ou $v_2 = x(1, 1, 1)$, $x \neq 0$, são os vetores próprios associados a $\lambda_2 = 3$.

iii) Substituindo λ por 6 no sistema (6.2c), obtém-se os vetores próprios associados a $\lambda_3 = 6$:

$$\begin{bmatrix} -3 & -1 & 1 \\ -1 & -1 & -1 \\ 1 & -1 & -3 \end{bmatrix} \begin{bmatrix} x \\ y \\ z \end{bmatrix} = \begin{bmatrix} 0 \\ 0 \\ 0 \end{bmatrix}$$

isto é:

$$\begin{cases} -3x - y + z = 0 \\ -x - y - z = 0 \\ x - y - 3z = 0 \end{cases}$$

O sistema admite uma infinidade de soluções próprias:

y = -2x

z = x

Assim, os vetores do tipo $v_3 = (x, -2x, x)$ ou $v_3 = x(1, -2, 1)$, $x \neq 0$, são os vetores próprios associados a $\lambda_3 = 6$.

2) Determinar os valores próprios e os vetores próprios da matriz

$$A = \begin{bmatrix} 4 & 5 \\ 2 & 1 \end{bmatrix}$$

Solução

I) A equação característica de A é:

$$\det(A - \lambda I) = \begin{vmatrix} 4 - \lambda & 5 \\ 2 & 1 - \lambda \end{vmatrix} = 0$$

isto é:

$(4 - \lambda)(1 - \lambda) - 10 = 0$

ou:

$4 - 4\lambda - \lambda + \lambda^2 - 10 = 0$

$\lambda^2 - 5\lambda - 6 = 0$

As raízes dessa equação são:

$\lambda_1 = 6$

$\lambda_2 = -1$

que são os valores próprios da matriz A.

II) O sistema homogêneo de equações lineares que permite a determinação dos vetores próprios associados é:

$(A - \lambda I)v = 0$

Considerando:

$$v = \begin{bmatrix} x \\ y \end{bmatrix}$$

o sistema fica:

$$\begin{bmatrix} 4-\lambda & 5 \\ 2 & 1-\lambda \end{bmatrix} \begin{bmatrix} x \\ y \end{bmatrix} = \begin{bmatrix} 0 \\ 0 \end{bmatrix} \quad (6.2d)$$

i) Substituindo λ por 6 no sistema (6.2d), obtém-se os vetores próprios associados ao valor próprio $\lambda_1 = 6$:

$$\begin{bmatrix} -2 & 5 \\ 2 & -5 \end{bmatrix} \begin{bmatrix} x \\ y \end{bmatrix} = \begin{bmatrix} 0 \\ 0 \end{bmatrix}$$

isto é:

$$\begin{cases} -2x + 5y = 0 \\ 2x - 5y = 0 \end{cases}$$

O sistema admite uma infinidade de soluções próprias:

$$y = \frac{2}{5}x$$

Assim, os vetores do tipo $v_1 = (x, \frac{2}{5}x)$ ou $v_1 = x(1, \frac{2}{5})$, $x \neq 0$, ou, ainda, $v_1 = x(5, 2)$ são vetores próprios associados ao valor próprio $\lambda_1 = 6$.

ii) Substituindo λ por -1 no sistema (6.2d), obtém-se os vetores próprios associados ao valor próprio $\lambda_2 = -1$:

$$\begin{bmatrix} 5 & 5 \\ 2 & 2 \end{bmatrix} \begin{bmatrix} x \\ y \end{bmatrix} = \begin{bmatrix} 0 \\ 0 \end{bmatrix}$$

isto é:

$$\begin{cases} 5x + 5y = 0 \\ 2x + 2y = 0 \end{cases}$$

O sistema admite uma infinidade de soluções próprias:

$y = -x$

Assim, os vetores $v_2 = (x, -x) = x(1, -1)$, $x \neq 0$, são os vetores próprios associados ao valor próprio $\lambda_2 = -1$.

3) Determinar os valores próprios e os vetores próprios da matriz

$$A = \begin{bmatrix} -16 & 10 \\ -16 & 8 \end{bmatrix}$$

I) A equação característica de A é:

$$\det(A - \lambda I) = \begin{vmatrix} -16 - \lambda & 10 \\ -16 & 8 - \lambda \end{vmatrix} = 0$$

isto é:

$(-16 - \lambda)(8 - \lambda) + 160 = 0$

ou:

$-128 + 16\lambda - 8\lambda + \lambda^2 + 160 = 0$

$\lambda^2 + 8\lambda + 32 = 0$

As raízes dessa equação são:

$\lambda = \dfrac{-8 \pm \sqrt{8^2 - 4 \times 32}}{9}$

$\lambda = \dfrac{-8 \pm \sqrt{64 - 128}}{2}$

$\lambda = \dfrac{-8 \pm 8i}{2}$

$\lambda_1 = -4 + 4i$

$\lambda_2 = -4 - 4i$

e, por conseguinte, a matriz A não possui valores próprios nem vetores próprios.

Observação

Se na definição de valor próprio de um operador linear T se admitisse λ qualquer, real ou complexo, poder-se-ia dizer que a matriz A possui valores próprios complexos e, em conseqüência, vetores próprios de componentes complexas. Neste texto consideraremos apenas valores próprios reais.

6.3 PROPRIEDADES DOS VETORES PRÓPRIOS E VALORES PRÓPRIOS

I) *Se v é vetor próprio associado ao valor próprio λ de um operador linear T, o vetor αv, para qualquer real $\alpha \neq 0$, é também vetor próprio de T associado ao mesmo λ.*

De fato:

$T(v) = \lambda v$

e:

$$T(\alpha v) = \alpha T(v) = \alpha(\lambda v)$$

ou:

$$T(\alpha v) = \lambda(\alpha v)$$

o que prova que o vetor αv é vetor próprio associado ao valor próprio λ.

Aliás, os problemas resolvidos 1 e 2 servem para ilustrar essa propriedade.

Observação

Tendo em vista que αv é vetor próprio associado ao valor próprio λ, fazendo

$$\alpha = \frac{1}{|v|}$$

pode-se obter sempre um vetor próprio unitário associado ao valor próprio λ.

II) *Se λ é um valor próprio de um operador linear* $T: V \longrightarrow V$, *o conjunto* S_λ *de todos os vetores* $v \in V$, *inclusive o vetor nulo, associados ao valor próprio λ, é um subespaço vetorial de* V.

De fato, se $v_1, v_2 \in S_\lambda$:

$$T(v_1 + v_2) = T(v_1) + T(v_2) = \lambda v_1 + \lambda v_2 = \lambda(v_1 + v_2)$$

e, portanto, $v_1 + v_2 \in S_\lambda$.

Analogamente, se verifica que $\alpha v \in S_\lambda$ para todo $\alpha \in \mathbb{R}$.

O subespaço

$$S_\lambda = \{v \in V / T(v) = \lambda v\}$$

é denominado *subespaço associado ao valor próprio* λ *ou espaço característico de* T *correspondente a* λ ou *auto-espaço* associado a λ.

Por exemplo, no problema resolvido nº 2 vimos que ao valor próprio $\lambda = 6$ correspondem os vetores próprios do tipo $v = x(5, 2)$. Assim, o auto-espaço associado a 6 é:

$$S_6 = \{x(5, 2)/x \in \mathbb{R}\} = [(5, 2)]$$

que representa uma reta que passa pela origem.

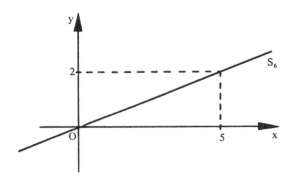

III) *Matrizes semelhantes têm o mesmo polinômio característico* e, por isso, *os mesmos valores próprios.*

De fato:

Sejam $T: V \longrightarrow V$ um operador linear e A e B bases de V. Sabe-se que a relação entre matrizes semelhantes é $[T]_B = M^{-1} [T]_A M$, sendo M a matriz-mudança de base de B para A. Então:

$\det([T]_B - \lambda I) = \det(M^{-1} [T]_A M - \lambda I) = \det(M^{-1} [T]_A M - \lambda M^{-1} I M)$

$\det([T]_B - \lambda I) = \det(M^{-1} ([T]_A - \lambda I) M) = \det M^{-1} \det([T]_A - \lambda I) \det M$

$\det([T]_B - \lambda I) = \det M^{-1} \det M \det([T]_A - \lambda I) = \det(M^{-1} M) \det([T]_A - \lambda I)$

$\det([T]_B - \lambda I) = \det([T]_A - \lambda I)$

6.4 DIAGONALIZAÇÃO DE OPERADORES

Sabe-se que, dado um operador linear $T:V \longrightarrow V$, a cada base B de V corresponde uma matriz $[T]_B$ que representa T na base B. Nosso propósito é obter uma base do espaço de modo que a matriz de T nessa base seja a mais simples representante de T. Veremos que essa matriz é uma matriz diagonal.

6.4.1 Propriedade

Vetores próprios associados a valores próprios distintos de um operador $T:V \longrightarrow V$ *são linearmente independentes.*

Faremos a demonstração para o caso de λ_1 e λ_2 distintos. A prova para o caso de n valores próprios distintos é análoga.

Sejam $T(v_1) = \lambda_1 v_1$ e $T(v_2) = \lambda_2 v_2$, com $\lambda_1 \neq \lambda_2$.

Consideremos a igualdade:

$$a_1 v_1 + a_2 v_2 = 0 \tag{1}$$

Pela linearidade de T, tem-se:

$$a_1 T(v_1) + a_2 T(v_2) = 0$$

ou:

$$a_1 \lambda_1 v_1 + a_2 \lambda_2 v_2 = 0 \tag{2}$$

Multiplicando ambos os membros da igualdade de (1) por λ_1, vem:

$$a_1 \lambda_1 v_1 + a_2 \lambda_1 v_2 = 0 \tag{3}$$

Subtraindo (3) de (2):

$$a_2 (\lambda_2 - \lambda_1) v_2 = 0$$

Mas:

$$\lambda_2 - \lambda_1 \neq 0 \quad \text{e} \quad v_2 \neq 0$$

logo:

$a_2 = 0$

Substituindo a_2 por seu valor em (1), tendo em vista que $v_1 \neq 0$, vem:

$a_1 = 0$

Logo, o conjunto $\{v_1, v_2\}$ é LI.

Corolário

Sempre que tivermos um operador $T: \mathbb{R}^2 \longrightarrow \mathbb{R}^2$ com $\lambda_1 \neq \lambda_2$, o conjunto $\{v_1, v_2\}$, formado pelos vetores próprios associados, será uma *base* do $\mathbb{R}^2$. Este fato vale em geral, isto é, *se* $T: V \longrightarrow V$ *é linear*, dim $V = n$ e T *possui* n *valores próprios distintos, o conjunto* $\{v_1, v_2, ..., v_n\}$, *formado pelos correspondentes vetores próprios, é uma base de* V.

Exemplo

Seja o operador linear

$T: \mathbb{R}^2 \longrightarrow \mathbb{R}^2$, $T(x, y) = (-3x - 5y, 2y)$

A matriz canônica de T é:

$$A = \begin{bmatrix} -3 & -5 \\ 0 & 2 \end{bmatrix}$$

A equação característica de T é:

$$\det(A - \lambda I) = \begin{vmatrix} -3 - \lambda & -5 \\ 0 & 2 - \lambda \end{vmatrix} = 0$$

ou:

$(-3 - \lambda)(2 - \lambda) = 0$

$\lambda^2 + \lambda - 6 = 0$

e, portanto, $\lambda_1 = 2$ e $\lambda_2 = -3$ são os valores próprios de T. Como $\lambda_1 \neq \lambda_2$, os correspondentes vetores próprios formam uma base de $\mathbb{R}^2$.

Calculando os vetores próprios por meio do sistema homogêneo

$$\begin{bmatrix} -3 - \lambda & -5 \\ 0 & 2 - \lambda \end{bmatrix} \begin{bmatrix} x \\ y \end{bmatrix} = \begin{bmatrix} 0 \\ 0 \end{bmatrix}$$

obteremos:

- para $\lambda_1 = 2$ os vetores $v_1 = x(1, -1)$;
- para $\lambda_2 = -3$ os vetores $v_2 = x(-1, 0)$.

Logo, o conjunto

$\{(1, -1), (-1, 0)\}$

é uma base de $\mathbb{R}^2$.

Por outro lado, sempre que tivermos uma base de um espaço formada por vetores próprios e conhecermos os valores próprios associados, poderemos determinar o respectivo operador nesse espaço. É o que faremos no próximo problema.

6.4.2 Problema Resolvido

4) Os valores próprios de um operador linear $T: \mathbb{R}^2 \longrightarrow \mathbb{R}^2$ são $\lambda_1 = 2$ e $\lambda_2 = -3$, sendo $v_1 = (1, -1)$ e $v_2 = (-1, 0)$ os respectivos vetores associados. Determinar $T(x, y)$.

Solução

Expressemos, inicialmente, (x, y) em relação à base $\{(1, -1), (-1, 0)\}$:

$(x, y) = a(1, -1) + b(-1, 0)$

ou:

$$\begin{cases} a - b = x \\ -a = y \end{cases}$$

donde:

$a = -y$ e $b = -x - y$

Logo:

$(x, y) = -y(1, -1) + (-x -y)(-1, 0)$

Aplicando o operador T, vem:

$T(x, y) = -yT(1, -1) + (-x -y)T(-1, 0)$

mas:

$T(1, -1) = 2(1, -1) = (2, -2)$

$T(-1, 0) = -3(-1, 0) = (3, 0)$

logo:

$T(x, y) = -y(2, -2) + (-x -y)(3, 0)$

ou:

$T(x, y) = (-3x - 5y, 2y)$

Observação

Chamando de P a base acima, isto é:

$P = \{(1, -1), (-1, 0)\}$

e observando que:

$$T(1, -1) = 2(1, -1) = 2(1, -1) + 0(-1, 0)$$

$$T(-1, 0) = -3(-1, 0) = 0(1, -1) - 3(-1, 0)$$

concluímos que a matriz

$$[T]_P = \begin{bmatrix} 2 & 0 \\ 0 & -3 \end{bmatrix}$$

representa o operador T na base dos vetores próprios e é uma matriz diagonal cujos elementos da diagonal principal são λ_1 e λ_2.

6.4.3 Propriedade

Consideremos um operador linear T em $\mathbb{R}^3$ que admite valores próprios λ_1, λ_2 e λ_3 *distintos*, associados a v_1, v_2 e v_3, respectivamente. O corolário da propriedade anterior nos assegura que o conjunto $P = \{v_1, v_2, v_3\}$ é uma base do $\mathbb{R}^3$.

Tendo em vista que

$$T(v_1) = \lambda_1 v_1 = \lambda_1 v_1 + 0v_2 + 0v_3$$

$$T(v_2) = \lambda_2 v_2 = 0v_1 + \lambda_2 v_2 + 0v_3$$

$$T(v_3) = \lambda_3 v_3 = 0v_1 + 0v_2 + \lambda_3 v_3,$$

o operador T é representado na base P dos vetores próprios pela matriz diagonal:

$$[T]_P = \begin{bmatrix} \lambda_1 & 0 & 0 \\ 0 & \lambda_2 & 0 \\ 0 & 0 & \lambda_3 \end{bmatrix} = D$$

constituída de valores próprios na diagonal principal.

Sendo A a matriz canônica do operador T, isto é, [T] = A, as matrizes A e D são semelhantes por representarem o mesmo operador T em bases diferentes. Logo, a relação entre matrizes semelhantes (5.4) permite escrever:

$$D = M^{-1}AM$$

sendo M a matriz-mudança de base P para a canônica C = $\{e_1, e_2, e_3\}$, onde $e_1 = (1, 0, 0)$, $e_2 = (0, 1, 0)$ e $e_3 = (0, 0, 1)$.

Como:

$$M = [I]_C^P = C^{-1} P = I^{-1} P = P$$

a relação anterior escreve-se:

$$D = P^{-1}AP \qquad (6.4.3)$$

sendo P a matriz cujas colunas são os vetores próprios do operador T (estamos designando por P tanto a base dos vetores próprios quanto a matriz acima descrita; no contexto identifica-se quando é uma e quando é outra).

A relação (6.4.3) motiva a definição a seguir:

A matriz quadrada A *é diagonalizável se existe uma matriz inversível* P *tal que* $P^{-1}AP$ *seja diagonal.*

Diz-se, nesse caso, que a matriz P *diagonaliza* A, ou que P é a matriz diagonalizadora.

A definição acima pode ser expressa de modo equivalente: *Um operador linear* $T: V \longrightarrow V$ *é diagonalizável se existe uma base de* V *formada por vetores próprios de* T.

6.4.4 Problemas Resolvidos

5) Determinar uma matriz P que diagonaliza:

$$A = \begin{bmatrix} 3 & -1 & 1 \\ -1 & 5 & -1 \\ 1 & -1 & 3 \end{bmatrix}$$

e calcular $P^{-1}AP$.

Solução

No problema resolvido de número 1 já calculamos os valores próprios e os vetores próprios de A e encontramos $\lambda_1 = 2$ e $v_1 = (1, 0, -1)$, $\lambda_2 = 3$ e $v_2 = (1, 1, 1)$, $\lambda_3 = 6$ e $v_3 = (1, -2, 1)$.

Como os λ_i são distintos, o conjunto $P = \{v_1, v_2, v_3\}$ forma base do $\mathbb{R}^3$ e, portanto, a matriz

$$P = \begin{bmatrix} 1 & 1 & 1 \\ 0 & 1 & -2 \\ -1 & 1 & 1 \end{bmatrix}$$

diagonaliza A.

Calculemos:

$$P^{-1}AP = \begin{bmatrix} \frac{1}{2} & 0 & -\frac{1}{2} \\ \frac{1}{3} & \frac{1}{3} & \frac{1}{3} \\ \frac{1}{6} & -\frac{1}{3} & \frac{1}{6} \end{bmatrix} \begin{bmatrix} 3 & -1 & 1 \\ -1 & 5 & -1 \\ 1 & -1 & 3 \end{bmatrix} \begin{bmatrix} 1 & 1 & 1 \\ 0 & 1 & -2 \\ -1 & 1 & 1 \end{bmatrix}$$

$$P^{-1}AP = \begin{bmatrix} \frac{1}{2} & 0 & -\frac{1}{2} \\ \frac{1}{3} & \frac{1}{3} & \frac{1}{3} \\ \frac{1}{6} & -\frac{1}{3} & \frac{1}{6} \end{bmatrix} \begin{bmatrix} 2 & 3 & 6 \\ 0 & 3 & -12 \\ -2 & 3 & 6 \end{bmatrix}$$

$$P^{-1}AP = \begin{bmatrix} 2 & 0 & 0 \\ 0 & 3 & 0 \\ 0 & 0 & 6 \end{bmatrix} = D$$

6) Seja $T: \mathbb{R}^2 \longrightarrow \mathbb{R}^2$ um operador linear dado por:

$T(x, y) = (4x + 5y, 2x + y)$

Encontrar uma base de $\mathbb{R}^2$ em relação à qual a matriz de T é diagonal.

Solução

A matriz canônica do operador T é:

$$A = \begin{bmatrix} 4 & 5 \\ 2 & 1 \end{bmatrix}$$

Pelo problema resolvido de número 2, os valores próprios são $\lambda_1 = 6$ e $\lambda_2 = -1$, e os respectivos vetores próprios são $v_1 = x(5, 2)$ e $v_2 = x(1, -1)$.

A base em relação à qual a matriz de T é diagonal é $P = \{(5, 2), (1, -1)\}$, base dos vetores próprios.

Por conseguinte, a matriz:

$$P = \begin{bmatrix} 5 & 1 \\ 2 & -1 \end{bmatrix}$$

é a matriz que diagonaliza A, isto é:

$$P^{-1}AP = \begin{bmatrix} \frac{1}{7} & \frac{1}{7} \\ \frac{2}{7} & -\frac{5}{7} \end{bmatrix} \begin{bmatrix} 4 & 5 \\ 2 & 1 \end{bmatrix} \begin{bmatrix} 5 & 1 \\ 2 & -1 \end{bmatrix} = \begin{bmatrix} 6 & 0 \\ 0 & -1 \end{bmatrix} = D$$

Observação

Se na matriz P trocarmos a ordem dos vetores-coluna, isto é, tomarmos

$$P = \begin{bmatrix} 1 & 5 \\ -1 & 2 \end{bmatrix}$$

a matriz diagonal $D = P^{-1} A P$ será:

$$D = \begin{bmatrix} -1 & 0 \\ 0 & 6 \end{bmatrix}$$

7) Determinar uma matriz P que diagonaliza

$$A = \begin{bmatrix} 2 & 1 & 0 \\ 0 & 1 & -1 \\ 0 & 2 & 4 \end{bmatrix}$$

Solução

I) A equação característica de A é:

$$\det(A - \lambda I) = \begin{vmatrix} 2-\lambda & 1 & 0 \\ 0 & 1-\lambda & -1 \\ 0 & 2 & 4-\lambda \end{vmatrix} = 0$$

isto é, desenvolvendo o determinante pela 1ª linha e observando a alternância dos sinais que precedem os produtos, vem:

$$(2-\lambda)\begin{vmatrix} 1-\lambda & -1 \\ 2 & 4-\lambda \end{vmatrix} - (-1)\begin{vmatrix} 0 & -1 \\ 0 & 4-\lambda \end{vmatrix} + 0\begin{vmatrix} 0 & 1-\lambda \\ 0 & 2 \end{vmatrix} = 0$$

$$(2-\lambda)\,[(1-\lambda)(4-\lambda)+2] - 0 + 0 = 0$$

$$(2-\lambda)(4-5\lambda+\lambda^2+2) = (2-\lambda)(\lambda^2-5\lambda+6) = (2-\lambda)(2-\lambda)(3-\lambda) = 0$$

e daí:

$$\lambda_1 = 2 \quad \text{e} \quad \lambda_2 = 3$$

(o número 2 é uma raiz dupla da equação).

II) Calculando os vetores próprios por meio do sistema homogêneo:

$$\begin{bmatrix} 2-\lambda & -1 & 0 \\ 0 & 1-\lambda & -1 \\ 0 & 2 & 4-\lambda \end{bmatrix} \begin{bmatrix} x \\ y \\ z \end{bmatrix} = \begin{bmatrix} 0 \\ 0 \\ 0 \end{bmatrix}$$

obteremos:

- para $\lambda_1 = 2$ um só vetor próprio LI, $v_1 = (1, 0, 0)$;
- para $\lambda_2 = 3$ um só vetor próprio LI, $v_2 = (1, 1, -2)$.

III) Como só existem dois vetores LI de $\mathbb{R}^3$, não existe uma base P constituída de vetores próprios. Logo, a matriz A *não é diagonalizável*.

Observação

O problema resolvido número 9 mostrará um exemplo de matriz A que também, como esta, só possui dois valores próprios, porém, em correspondência, existe uma base P de vetores próprios e, conseqüentemente, A é diagonalizável.

Passaremos a estudar um caso particular muito importante de diagonalização.

6.5 DIAGONALIZAÇÃO DE MATRIZES SIMÉTRICAS

6.5.1 Propriedades

I) *A equação característica de uma matriz simétrica tem apenas raízes reais.*

Faremos apenas a demonstração para o caso de uma matriz simétrica A de ordem 2. De fato: seja a matriz

$$A = \begin{bmatrix} p & r \\ r & q \end{bmatrix}$$

A equação característica de A é:

$$\det(A - \lambda I) = \begin{vmatrix} p - \lambda & r \\ r & q - \lambda \end{vmatrix} = 0$$

isto é:

$$(p - \lambda)(q - \lambda) - r^2 = 0$$

ou:

$$pq - \lambda p - \lambda q + \lambda^2 - r^2 = 0$$

$$\lambda^2 - (p + q)\lambda + (pq - r^2) = 0$$

O discriminante dessa equação do 2º grau em λ é:

$$(p + q)^2 - 4(pq - r^2) = p^2 + 2pq + q^2 - 4pq + 4r^2 = (p - q)^2 + 4r^2$$

Tendo em vista que esse discriminante é uma soma de quadrados (não-negativa), as raízes da equação característica são reais e, por conseguinte, a matriz A possui dois valores próprios.

II) *Se* $T: V \longrightarrow V$ *é um operador linear simétrico com valores próprios distintos, então os vetores próprios são ortogonais.*

De fato:

Sejam λ_1 e λ_2 dois valores próprios do operador simétrico T e $\lambda_1 \neq \lambda_2$. Sejam ainda $T(v_1) = \lambda_1 v_1$ e $T(v_2) = \lambda_2 v_2$. Pretendemos mostrar que

$$v_1 \cdot v_2 = 0$$

Sendo T um operador simétrico, pela propriedade 5.6.1, vem:

$$T(v_1) \cdot v_2 = v_1 \cdot T(v_2)$$

ou:

$$\lambda_1 v_1 \cdot v_2 = v_1 \cdot \lambda_2 v_2$$

ou:

$$\lambda_1 (v_1 \cdot v_2) - \lambda_2 (v_1 \cdot v_2) = 0$$

ou, ainda:

$$(\lambda_1 - \lambda_2)(v_1 \cdot v_2) = 0$$

Mas,

$\lambda_1 - \lambda_2 \neq 0$ implica $v_1 \cdot v_2 = 0$, ou seja:

$$v_1 \perp v_2$$

III) Em 6.4.3 vimos que uma matriz A é diagonalizada pela matriz P dos vetores próprios através de:

$$D = P^{-1}AP \qquad (6.5.1)$$

No caso particular de A ser simétrica, pela propriedade anterior, P será base ortogonal. Tendo em vista futuras aplicações, é conveniente que P, além de ortogonal, seja ortonormal, o que se obtém normalizando cada vetor.

Assim, de acordo com a propriedade V de 5.5.1, os vetores próprios ortonormais de P formarão uma matriz ortogonal e, pela propriedade I de 5.5.1, tem-se $P^{-1} = P^t$. Portanto a relação (6.5.1) fica:

$$D = P^t A P$$

e, nesse caso, diz-se que P *diagonaliza* A *ortogonalmente*.

6.5.2 Problemas Resolvidos

8) Determinar uma matriz ortogonal P que diagonaliza a matriz simétrica:

$$A = \begin{bmatrix} 7 & -2 & 0 \\ -2 & 6 & -2 \\ 0 & -2 & 5 \end{bmatrix}$$

Solução

I) A equação característica de A é:

$$\det(A - \lambda I) = \begin{vmatrix} 7-\lambda & -2 & 0 \\ -2 & 6-\lambda & -2 \\ 0 & -2 & 5-\lambda \end{vmatrix} = 0$$

isto é, desenvolvendo o determinante pela 1ª linha e observando a alternância dos sinais que precedem os produtos, vem:

$$(7-\lambda) \begin{vmatrix} 6-\lambda & -2 \\ -2 & 5-\lambda \end{vmatrix} -(-2) \begin{vmatrix} -2 & -2 \\ 0 & 5-\lambda \end{vmatrix} + 0 \begin{vmatrix} -2 & 6-\lambda \\ 0 & -2 \end{vmatrix} = 0$$

$$(7-\lambda)[(6-\lambda)(5-\lambda) - 4] + 2[-2(5-\lambda) + 0] + 0 = 0$$

$$(7-\lambda)(6-\lambda)(5-\lambda) - 28 + 4\lambda - 4(5-\lambda) = 0$$

$(7 - \lambda)(6 - \lambda)(5 - \lambda) - 28 + 4\lambda - 20 + 4\lambda = 0$

$(7 - \lambda)(6 - \lambda)(5 - \lambda) - 48 + 8\lambda = 0$

$(7 - \lambda)(6 - \lambda)(5 - \lambda) - 8(6 - \lambda) = 0$

$(6 - \lambda)[(7 - \lambda)(5 - \lambda) - 8] = 0$

$(6 - \lambda)(35 - 12\lambda + \lambda^2 - 8) = 0$

$(6 - \lambda)(\lambda^2 - 12\lambda + 27) = 0$

$(6 - \lambda)(\lambda - 3)(\lambda - 9) = 0$

As raízes dessa equação são $\lambda_1 = 3$, $\lambda_2 = 6$ e $\lambda_3 = 9$ e, por conseguinte, são valores próprios da matriz A.

II) O sistema homogêneo de equações lineares que permite a determinação dos vetores próprios associados é:

$(A - \lambda I)v = 0$

Considerando

$v = \begin{bmatrix} x \\ y \\ z \end{bmatrix}$

o sistema fica:

$$\begin{bmatrix} 7-\lambda & -2 & 0 \\ -2 & 6-\lambda & -2 \\ 0 & -2 & 5-\lambda \end{bmatrix} \begin{bmatrix} x \\ y \\ z \end{bmatrix} = \begin{bmatrix} 0 \\ 0 \\ 0 \end{bmatrix}$$ (6.5.2a)

i) Substituindo λ por 3 no sistema (6.5.2a), obtém-se os vetores próprios associados a $\lambda_1 = 3$:

$$\begin{bmatrix} 4 & -2 & 0 \\ -2 & 3 & -2 \\ 0 & -2 & 2 \end{bmatrix} \begin{bmatrix} x \\ y \\ z \end{bmatrix} = \begin{bmatrix} 0 \\ 0 \\ 0 \end{bmatrix}$$

isto é:

$$\begin{cases} 4x - 2y + 0z = 0 \\ -2x + 3y - 2z = 0 \\ 0x - 2y + 2z = 0 \end{cases}$$

O sistema admite uma infinidade de soluções próprias:

y = 2x
z = 2x

Assim, os vetores v_1 = (x, 2x, 2x) = x(1, 2, 2) são os vetores próprios associados ao valor próprio λ_1 = 3. Fazendo:

$$x = \frac{1}{\sqrt{1^2 + 2^2 + 2^2}} = \frac{1}{3}$$

obtém-se o vetor próprio unitário $u_1 = (\frac{1}{3}, \frac{2}{3}, \frac{2}{3})$ associado a $\lambda_1 = 3$.

ii) Substituindo λ por 6 no sistema (6.5.2a), obtém-se os vetores próprios associados a λ_2 = 6:

$$\begin{bmatrix} 1 & -2 & 0 \\ -2 & 0 & -2 \\ 0 & -2 & -1 \end{bmatrix} \begin{bmatrix} x \\ y \\ z \end{bmatrix} = \begin{bmatrix} 0 \\ 0 \\ 0 \end{bmatrix}$$

isto é:

$$\begin{cases} 1x - 2y = 0 \\ -2x - 2z = 0 \\ - 2y - z = 0 \end{cases}$$

O sistema admite uma infinidade de soluções próprias:

$$y = \frac{1}{2}x$$

$$z = -x$$

Assim, os vetores $v_2 = (x, \frac{1}{2}x, -x) = x(1, \frac{1}{2}, -1)$ são os vetores próprios associados ao valor próprio $\lambda_2 = 6$. Fazendo

$$x = \frac{1}{\sqrt{1 + \frac{1}{4} + 1}} = \frac{1}{\sqrt{\frac{9}{4}}} = \frac{2}{3}$$

obtém-se o vetor próprio unitário $u_2 = (\frac{2}{3}, \frac{1}{3}, -\frac{2}{3})$ associado a $\lambda_2 = 6$.

iii) Substituindo λ por 9 no sistema (6.5.2a), obtém-se os vetores próprios associados a $\lambda_3 = 9$:

$$\begin{bmatrix} -2 & -2 & 0 \\ -2 & -3 & -2 \\ 0 & -2 & -4 \end{bmatrix} \begin{bmatrix} x \\ y \\ z \end{bmatrix} = \begin{bmatrix} 0 \\ 0 \\ 0 \end{bmatrix}$$

isto é:

$$\begin{cases} -2x - 2y = 0 \\ -2x - 3y - 2z = 0 \\ - 2y - 4z = 0 \end{cases}$$

O sistema admite uma infinidade de soluções próprias:

$$y = -x$$

$$z = \frac{1}{2}x$$

Assim, os vetores $v_3 = (x, -x, \frac{1}{2}x) = x(1, -1, \frac{1}{2})$ são os vetores próprios associados ao valor próprio $\lambda_3 = 9$.

Fazendo

$$x = \frac{1}{\sqrt{1+1+\frac{1}{4}}} = \frac{1}{\sqrt{\frac{9}{4}}} = \frac{2}{3}$$

obtém-se o vetor próprio unitário $u_3 = (\frac{2}{3}, -\frac{2}{3}, \frac{1}{3})$ associado a $\lambda_3 = 9$.

III) A matriz P, cujas colunas são as componentes dos vetores próprios unitários u_1, u_2 e u_3 associados aos valores próprios λ_1, λ_2 e λ_3 é ortogonal:

$$P = \begin{bmatrix} \frac{1}{3} & \frac{2}{3} & \frac{2}{3} \\ \frac{2}{3} & \frac{1}{3} & -\frac{2}{3} \\ \frac{2}{3} & -\frac{2}{3} & \frac{1}{3} \end{bmatrix}$$
$$\qquad\;\;\uparrow\quad\;\;\uparrow\quad\;\;\uparrow$$
$$\qquad\;\;u_1\quad u_2\quad u_3$$

De fato:

$$u_1 \cdot u_1 = (\frac{1}{3}, \frac{2}{3}, \frac{2}{3}) \cdot (\frac{1}{3}, \frac{2}{3}, \frac{2}{3}) = \frac{1}{9} + \frac{4}{9} + \frac{4}{9} = 1$$

$$u_2 \cdot u_2 = (\frac{2}{3}, \frac{1}{3}, -\frac{2}{3}) \cdot (\frac{2}{3}, \frac{1}{3}, -\frac{2}{3}) = \frac{4}{9} + \frac{1}{9} + \frac{4}{9} = 1$$

$$u_3 \cdot u_3 = (\frac{2}{3}, -\frac{2}{3}, \frac{1}{3}) \cdot (\frac{2}{3}, -\frac{2}{3}, \frac{1}{3}) = \frac{4}{9} + \frac{4}{9} + \frac{1}{9} = 1$$

$$u_1 \cdot u_2 = (\frac{1}{3}, \frac{2}{3}, \frac{2}{3}) \cdot (\frac{2}{3}, \frac{1}{3}, -\frac{2}{3}) = \frac{2}{9} + \frac{2}{9} - \frac{4}{9} = 0$$

$$u_1 \cdot u_3 = (\frac{1}{3}, \frac{2}{3}, \frac{2}{3}) \cdot (\frac{2}{3}, -\frac{2}{3}, \frac{1}{3}) = \frac{2}{9} - \frac{4}{9} + \frac{2}{9} = 0$$

$$u_2 \cdot u_3 = (\frac{2}{3}, \frac{1}{3}, -\frac{2}{3}) \cdot (\frac{2}{3}, -\frac{2}{3}, \frac{1}{3}) = \frac{4}{9} - \frac{2}{9} - \frac{2}{9} = 0$$

A matriz P é a matriz diagonalizadora. De fato:

$$D = P^{-1} AP = P^t AP$$

isto é:

$$D = \begin{bmatrix} \frac{1}{3} & \frac{2}{3} & \frac{2}{3} \\ \frac{2}{3} & \frac{1}{3} & -\frac{2}{3} \\ \frac{2}{3} & -\frac{2}{3} & \frac{1}{3} \end{bmatrix} \begin{bmatrix} 7 & -2 & 0 \\ -2 & 6 & -2 \\ 0 & -2 & 5 \end{bmatrix} \begin{bmatrix} \frac{1}{3} & \frac{2}{3} & \frac{2}{3} \\ \frac{2}{3} & \frac{1}{3} & -\frac{2}{3} \\ \frac{2}{3} & -\frac{2}{3} & \frac{1}{3} \end{bmatrix}$$

$$D = \begin{bmatrix} \frac{1}{3} & \frac{2}{3} & \frac{2}{3} \\ \frac{2}{3} & \frac{1}{3} & -\frac{2}{3} \\ \frac{2}{3} & -\frac{2}{3} & \frac{1}{3} \end{bmatrix} \begin{bmatrix} 1 & 4 & 6 \\ 2 & 2 & -6 \\ 2 & -4 & 3 \end{bmatrix}$$

$$D = \begin{bmatrix} 3 & 0 & 0 \\ 0 & 6 & 0 \\ 0 & 0 & 9 \end{bmatrix}$$

9) Seja o operador linear simétrico $T: \mathbb{R}^3 \longrightarrow \mathbb{R}^3$ definido pela matriz:

$$A = \begin{bmatrix} 1 & 0 & -2 \\ 0 & 0 & 0 \\ -2 & 0 & 4 \end{bmatrix}$$

Determinar uma matriz ortogonal P que diagonaliza A.

Solução

I) A equação característica de A é:

$$\det(A - \lambda I) = \begin{vmatrix} 1-\lambda & 0 & -2 \\ 0 & -\lambda & 0 \\ -2 & 0 & 4-\lambda \end{vmatrix} = 0$$

isto é, desenvolvendo o determinante pela 1ª linha e observando a alternância dos sinais que precedem os produtos, vem:

$$(1-\lambda)\begin{vmatrix} -\lambda & 0 \\ 0 & 4-\lambda \end{vmatrix} - 0 \begin{vmatrix} 0 & 0 \\ -2 & 4-\lambda \end{vmatrix} + (-2)\begin{vmatrix} 0 & -\lambda \\ -2 & 0 \end{vmatrix} = 0$$

$$(1-\lambda)(-\lambda)(4-\lambda) - 0 - 2(-2\lambda) = 0$$

$$(1-\lambda)(-\lambda)(4-\lambda) + 4\lambda = 0$$

ou:

$$-\lambda^3 + 5\lambda^2 = 0 \quad \therefore \quad \lambda^2(5-\lambda) = 0$$

As raízes dessa última equação são $\lambda_1 = 0$, $\lambda_2 = 0$ e $\lambda_3 = 5$ e, por conseguinte, são valores próprios do operador linear simétrico T.

II) O sistema homogêneo de equações lineares que permite a determinação dos vetores próprios associados é:

$$(A - \lambda I)v = 0$$

Considerando

$$v = \begin{bmatrix} x \\ y \\ z \end{bmatrix}$$

o sistema fica:

$$\begin{bmatrix} 1-\lambda & 0 & -2 \\ 0 & -\lambda & 0 \\ -2 & 0 & 4-\lambda \end{bmatrix} \begin{bmatrix} x \\ y \\ z \end{bmatrix} = \begin{bmatrix} 0 \\ 0 \\ 0 \end{bmatrix}$$ (6.5.2b)

i) Substituindo λ por 0 no sistema (6.5.2b), obtém-se os vetores próprios associados a $\lambda_1 = 0$ e $\lambda_2 = 0$:

$$\begin{bmatrix} 1 & 0 & -2 \\ 0 & 0 & 0 \\ -2 & 0 & 4 \end{bmatrix} \begin{bmatrix} x \\ y \\ z \end{bmatrix} = \begin{bmatrix} 0 \\ 0 \\ 0 \end{bmatrix}$$

isto é:

$$\begin{cases} x - 2z = 0 \\ -2x + 4z = 0 \end{cases}$$

O sistema admite uma infinidade de soluções próprias:

$z = \frac{1}{2}x$ e y qualquer

Assim, os vetores $v = (x, y, \frac{1}{2}x)$ são os vetores próprios associados a $\lambda_1 = 0$ e $\lambda_2 = 0$.

Fazendo $x = 2$ e $y = 0$, por exemplo, obtém-se um vetor $v_1 = (2, 0, 1)$; fazendo $x = 0$ e $y = 1$, por exemplo, obtém-se outro vetor $v_2 = (0, 1, 0)$. Os vetores próprios v_1 e v_2, linearmente independentes, são associados ao mesmo valor próprio $\lambda = 0$.

Os vetores próprios unitários, associados a $\lambda_1 = 0$ e $\lambda_2 = 0$, são:

$$u_1 = \frac{1}{|v_1|} v_1 = (\frac{2}{\sqrt{5}}, 0, \frac{1}{\sqrt{5}})$$

$$u_2 = \frac{1}{|v_2|} v_2 = (0, 1, 0)$$

ii) Substituindo λ por 5 no sistema 6.5.2b, obtém-se os vetores próprios associados a $\lambda_3 = 5$:

$$\begin{bmatrix} -4 & 0 & -2 \\ 0 & -5 & 0 \\ -2 & 0 & -1 \end{bmatrix} \begin{bmatrix} x \\ y \\ z \end{bmatrix} = \begin{bmatrix} 0 \\ 0 \\ 0 \end{bmatrix}$$

isto é:

$$\begin{cases} -4x \quad\quad - 2z = 0 \\ \quad\quad -5y \quad\quad = 0 \\ -2x \quad\quad - z = 0 \end{cases}$$

O sistema admite uma infinidade de soluções próprias:

$z = -2x$
$y = 0$

Assim, os vetores $v_3 = (x, 0, -2x) = x(1, 0, -2)$ são os vetores próprios associados a $\lambda_3 = 5$. Fazendo

$$x = \frac{1}{\sqrt{1+0+4}} = \frac{1}{\sqrt{5}}$$

obtém-se o vetor próprio unitário $u_3 = (\frac{1}{\sqrt{5}}, 0, -\frac{2}{\sqrt{5}})$ associado a $\lambda_3 = 5$.

III) A matriz P, cujas colunas são as componentes dos vetores próprios unitários u_1, u_2 e u_3, associados aos valores próprios λ_1, λ_2 e λ_3, é ortogonal:

$$P = \begin{bmatrix} \frac{2}{\sqrt{5}} & 0 & \frac{1}{\sqrt{5}} \\ 0 & 1 & 0 \\ \frac{1}{\sqrt{5}} & 0 & -\frac{2}{\sqrt{5}} \end{bmatrix}$$

$\quad\quad\quad\uparrow\quad\uparrow\quad\uparrow$
$\quad\quad\quad u_1\quad u_2\quad u_3$

De fato:

$u_1 \cdot u_1 = u_2 \cdot u_2 = u_3 \cdot u_3 = 1$

$u_1 \cdot u_2 = u_1 \cdot u_3 = u_2 \cdot u_3 = 0$

IV) A matriz P é a matriz diagonalizadora.

De fato:

$D = P^{-1} AP = P^t AP$

$$D = \begin{bmatrix} \frac{2}{\sqrt{5}} & 0 & \frac{1}{\sqrt{5}} \\ 0 & 1 & 0 \\ \frac{1}{\sqrt{5}} & 0 & -\frac{2}{\sqrt{5}} \end{bmatrix} \begin{bmatrix} 1 & 0 & -2 \\ 0 & 0 & 0 \\ -2 & 0 & 4 \end{bmatrix} \begin{bmatrix} \frac{2}{\sqrt{5}} & 0 & \frac{1}{\sqrt{5}} \\ 0 & 1 & 0 \\ \frac{1}{\sqrt{5}} & 0 & -\frac{2}{\sqrt{5}} \end{bmatrix}$$

$$D = \begin{bmatrix} \frac{2}{\sqrt{5}} & 0 & \frac{1}{\sqrt{5}} \\ 0 & 1 & 0 \\ \frac{1}{\sqrt{5}} & 0 & -\frac{2}{\sqrt{5}} \end{bmatrix} \begin{bmatrix} 0 & 0 & \frac{5}{\sqrt{5}} \\ 0 & 0 & 0 \\ 0 & 0 & -\frac{10}{\sqrt{5}} \end{bmatrix}$$

$$D = \begin{bmatrix} 0 & 0 & 0 \\ 0 & 0 & 0 \\ 0 & 0 & 5 \end{bmatrix}$$

10) Seja o operador linear simétrico $T: \mathbb{R}^2 \longrightarrow \mathbb{R}^2$ definido pela matriz

$$A = \begin{bmatrix} 4 & 12 \\ 12 & -3 \end{bmatrix}$$

Determinar a matriz ortogonal P que diagonaliza A.

Solução

I) A equação característica de A é:

$$\det(A - \lambda I) = \begin{vmatrix} 4-\lambda & 12 \\ 12 & -3-\lambda \end{vmatrix} = 0$$

isto é:

$$(4-\lambda)(-3-\lambda) - 144 = 0$$

ou:

$$-12 - 4\lambda + 3\lambda + \lambda^2 - 144 = 0$$

$$\lambda^2 - \lambda - 156 = 0$$

As raízes dessa equação são:

$$\lambda_1 = -12$$

$$\lambda_2 = 13$$

e, por conseguinte, $\lambda_1 = -12$ e $\lambda_2 = 13$ são os valores próprios do operador linear T.

II) O sistema homogêneo de equações lineares que permite a determinação dos vetores próprios associados é:

$$(A - \lambda I)v = 0.$$

Considerando

$$v = \begin{bmatrix} x \\ y \end{bmatrix}$$

o sistema fica:

$$\begin{bmatrix} 4-\lambda & 12 \\ 12 & -3-\lambda \end{bmatrix} \begin{bmatrix} x \\ y \end{bmatrix} = \begin{bmatrix} 0 \\ 0 \end{bmatrix} \qquad (6.5.2c)$$

i) Substituindo λ por -12 no sistema (6.5.2c), obtém-se os vetores próprios associados a $\lambda_1 = -12$:

$$\begin{bmatrix} 16 & 12 \\ 12 & 9 \end{bmatrix} \begin{bmatrix} x \\ y \end{bmatrix} = \begin{bmatrix} 0 \\ 0 \end{bmatrix}$$

isto é:

$$\begin{cases} 16x + 12y = 0 \\ 12x + 9y = 0 \end{cases}$$

O sistema admite uma infinidade de soluções próprias:

$$y = -\frac{4}{3}x$$

Assim, os vetores $v_1 = (x, -\frac{4}{3}x) = x(1, -\frac{4}{3})$ são os vetores próprios associados a $\lambda_1 = -12$. Fazendo:

$$x = \frac{1}{\sqrt{1+\frac{16}{9}}} = \frac{1}{\sqrt{\frac{25}{9}}} = \frac{3}{5}$$

obtém-se o vetor próprio unitário $u_1 = (\frac{3}{5}, -\frac{4}{5})$ associado ao valor próprio $\lambda_1 = -12$.

ii) Substituindo λ por 13 no sistema (6.5.2c), obtém-se os vetores próprios associados a $\lambda_2 = 13$:

$$\begin{bmatrix} -9 & 12 \\ 12 & -16 \end{bmatrix} \begin{bmatrix} x \\ y \end{bmatrix} = \begin{bmatrix} 0 \\ 0 \end{bmatrix}$$

isto é:

$$\begin{cases} -9x + 12y = 0 \\ 12x - 16y = 0 \end{cases}$$

O sistema admite uma infinidade de soluções próprias:

$$y = \frac{3}{4}x$$

Assim, os vetores $v_2 = (x, \frac{3}{4}x) = x(1, \frac{3}{4})$ são os vetores próprios associados a $\lambda_2 = 13$. Fazendo:

$$x = \frac{1}{\sqrt{1 + \frac{9}{16}}} = \frac{1}{\sqrt{\frac{25}{16}}} = \frac{4}{5}$$

obtém-se o vetor próprio unitário $u_2 = (\frac{4}{5}, \frac{3}{5})$ associado ao valor próprio $\lambda_2 = 13$.

III) A matriz P, cujas colunas são as componentes dos vetores próprios unitários u_1 e u_2 associados aos valores próprios λ_1 e λ_2, é ortogonal:

$$P = \begin{bmatrix} \frac{3}{5} & \frac{4}{5} \\ -\frac{4}{5} & \frac{3}{5} \end{bmatrix}$$

De fato:

$u_1 \cdot u_1 = u_2 \cdot u_2 = 1$

$u_1 \cdot u_2 = 0$

A matriz P é a matriz diagonalizadora.

De fato:

$D = P^{-1}AP = P^tAP$

$$D = \begin{bmatrix} \frac{3}{5} & -\frac{4}{5} \\ \frac{4}{5} & \frac{3}{5} \end{bmatrix} \begin{bmatrix} 4 & 12 \\ 12 & -3 \end{bmatrix} \begin{bmatrix} \frac{3}{5} & \frac{4}{5} \\ -\frac{4}{5} & \frac{3}{5} \end{bmatrix}$$

$$D = \begin{bmatrix} \frac{3}{5} & \frac{4}{5} \\ \frac{4}{5} & \frac{3}{5} \end{bmatrix} \begin{bmatrix} -\frac{36}{5} & \frac{52}{5} \\ \frac{48}{5} & \frac{39}{5} \end{bmatrix}$$

$$D = \begin{bmatrix} -12 & 0 \\ 0 & 13 \end{bmatrix}$$

6.6 PROBLEMAS PROPOSTOS

1) Verificar, utilizando a definição, se os vetores dados são vetores próprios das correspondentes matrizes:

a) $v = (-2, 1)$, $\begin{bmatrix} 2 & 2 \\ 1 & 3 \end{bmatrix}$

b) $v = (1, 1, 2)$, $\begin{bmatrix} 1 & 1 & 1 \\ 0 & 2 & 1 \\ 0 & 2 & 3 \end{bmatrix}$

c) $v = (-2, 1, 3)$, $\begin{bmatrix} 1 & -1 & 0 \\ 2 & 3 & 2 \\ 1 & 2 & 1 \end{bmatrix}$

2) Determinar os valores próprios e os vetores próprios das seguintes transformações lineares:

a) $T: \mathbb{R}^2 \longrightarrow \mathbb{R}^2$, $T(x, y) = (x + 2y, -x + 4y)$

b) $T: \mathbb{R}^2 \longrightarrow \mathbb{R}^2$, $T(x, y) = (2x + 2y, x + 3y)$

c) $T: \mathbb{R}^2 \longrightarrow \mathbb{R}^2$, $T(x, y) = (5x - y, x + 3y)$

d) $T: \mathbb{R}^2 \longrightarrow \mathbb{R}^2$, $T(x, y) = (y, -x)$

e) $T: \mathbb{R}^3 \longrightarrow \mathbb{R}^3$, $T(x, y, z) = (x + y + z, 2y + z, 2y + 3z)$

f) $T: \mathbb{R}^3 \longrightarrow \mathbb{R}^3$, $T(x, y, z) = (x, -2x - y, 2x + y + 2z)$

g) $T: \mathbb{R}^3 \longrightarrow \mathbb{R}^3$, $T(x, y, z) = (x + y, y, z)$

3) Calcular os valores próprios e os correspondentes vetores próprios das seguintes matrizes:

a) $A = \begin{bmatrix} 1 & 3 \\ -1 & 5 \end{bmatrix}$

b) $A = \begin{bmatrix} 2 & 1 \\ 3 & 4 \end{bmatrix}$

c) $A = \begin{bmatrix} 1 & -1 & 0 \\ 2 & 3 & 2 \\ 1 & 1 & 2 \end{bmatrix}$

d) $A = \begin{bmatrix} 3 & -1 & -3 \\ 0 & 2 & -3 \\ 0 & 0 & -1 \end{bmatrix}$

e) $A = \begin{bmatrix} 1 & 0 & 0 \\ 1 & 1 & -2 \\ 0 & 1 & -1 \end{bmatrix}$

f) $A = \begin{bmatrix} 3 & 2 & 1 \\ 1 & 4 & 1 \\ 1 & 2 & 3 \end{bmatrix}$

g) $A = \begin{bmatrix} 3 & 3 & -2 \\ 0 & -1 & 0 \\ 8 & 6 & -5 \end{bmatrix}$

h) $A = \begin{bmatrix} 0 & 0 & 2 \\ 0 & -1 & 0 \\ 2 & 0 & 0 \end{bmatrix}$

4) Provar as seguintes proposições:

a) Se um operador linear $T:V \longrightarrow V$ admite $\lambda = 0$ como valor próprio, então T não é inversível.

b) Uma matriz A e sua transposta A^t possuem os mesmos valores próprios.

c) Os valores próprios de uma matriz triangular (ou diagonal) são os elementos da diagonal principal.

5) Os vetores $v_1 = (1, 1)$ e $v_2 = (2, -1)$ são vetores próprios de um operador linear $T: \mathbb{R}^2 \longrightarrow \mathbb{R}^2$, associados a $\lambda_1 = 5$ e $\lambda_2 = -1$, respectivamente. Determinar a imagem do vetor $v = (4, 1)$ por esse operador.

6) a) Determinar o operador linear $T: \mathbb{R}^2 \longrightarrow \mathbb{R}^2$ cujos valores próprios são $\lambda_1 = 1$ e $\lambda_2 = 3$ associados aos vetores próprios $v_1 = (y, -y)$ e $v_2 = (0, y)$, respectivamente.

b) Mesmo enunciado para $\lambda_1 = 3$, $\lambda_2 = -2$ e $v_1 = x(1, 2)$, $v_2 = x(-1, 0)$.

7) a) Quais são os valores próprios e os vetores próprios da matriz identidade?

b) Se $\lambda_1 = 4$ e $\lambda_2 = 2$ são valores próprios de um operador linear $T: \mathbb{R}^2 \longrightarrow \mathbb{R}^2$, associados aos vetores próprios $u = (2, 1)$ e $v = (-1, 3)$, respectivamente, determinar $T(3u - v)$

c) Mostrar que se u e v são vetores próprios de uma transformação linear associados a λ, então $\alpha u - \beta v$ é também vetor próprio associado ao mesmo λ.

8) Seja $T: \mathbb{R}^2 \longrightarrow \mathbb{R}^2$ uma transformação linear que dobra o comprimento do vetor $u = (2, 1)$ e triplica o comprimento do vetor $v = (1, 2)$, sem alterar as direções nem inverter os sentidos.

a) Calcular $T(0, 3)$.

b) Determinar $T(x, y)$.

c) Qual a matriz do operador T na base $\{(2, 1), (1, 2)\}$?

9) a) Determinar as matrizes das rotações em $\mathbb{R}^2$ que admitem valores e vetores próprios.

b) Determinar os valores e os vetores próprios das rotações referidas em a).

10) Seja T: V ⟶ V um operador linear não-inversível. Os vetores não-nulos do núcleo de T são vetores próprios? Em caso afirmativo, determinar o valor próprio associado e, em caso negativo, justificar.

11) Verificar se a matriz A é diagonalizável. Caso seja, determinar uma matriz P que diagonaliza A e calcular $P^{-1}AP$.

a) $A = \begin{bmatrix} 2 & 4 \\ 3 & 1 \end{bmatrix}$

b) $A = \begin{bmatrix} 9 & 1 \\ 4 & 6 \end{bmatrix}$

c) $A = \begin{bmatrix} 5 & -1 \\ 1 & 3 \end{bmatrix}$

d) $A = \begin{bmatrix} 1 & 2 & 1 \\ -1 & 3 & 1 \\ 0 & 2 & 2 \end{bmatrix}$

e) $A = \begin{bmatrix} 1 & 0 & 0 \\ -2 & 3 & -1 \\ 0 & -4 & 3 \end{bmatrix}$

f) $A = \begin{bmatrix} 2 & 3 & -1 \\ 0 & 1 & -4 \\ 0 & 0 & 3 \end{bmatrix}$

g) $A = \begin{bmatrix} 1 & -2 & -2 \\ 0 & 1 & 0 \\ 0 & 2 & 3 \end{bmatrix}$

h) $A = \begin{bmatrix} 3 & 0 & -2 \\ -5 & 1 & 5 \\ 2 & 0 & -1 \end{bmatrix}$

12) Seja $T: \mathbb{R}^2 \longrightarrow \mathbb{R}^2$ o operador linear definido por

$T(x, y) = (7x - 4y, -4x + y)$

a) Determinar uma base do $\mathbb{R}^2$ em relação à qual a matriz do operador T é diagonal.

b) Dar a matriz de T nessa base.

13) Para cada uma das seguintes matrizes simétricas A, encontrar uma matriz ortogonal P, para a qual $P^t AP$ seja diagonal:

a) $A = \begin{bmatrix} 2 & 2 \\ 2 & 2 \end{bmatrix}$

b) $A = \begin{bmatrix} 3 & -1 \\ -1 & 3 \end{bmatrix}$

c) $A = \begin{bmatrix} 2 & 2 \\ 2 & 5 \end{bmatrix}$

d) $A = \begin{bmatrix} 1 & 0 & 1 \\ 0 & -1 & 0 \\ 1 & 0 & 1 \end{bmatrix}$

e) $A = \begin{bmatrix} 7 & -2 & -2 \\ -2 & 1 & 4 \\ -2 & 4 & 1 \end{bmatrix}$

14) Determinar uma matriz P que diagonaliza A ortogonalmente e calcular $P^{-1}AP$.

a) $A = \begin{bmatrix} 5 & 3 \\ 3 & 5 \end{bmatrix}$

b) $A = \begin{bmatrix} 0 & 0 & 2 \\ 0 & -1 & 0 \\ 2 & 0 & 0 \end{bmatrix}$

c) $A = \begin{bmatrix} 3 & -1 & 1 \\ -1 & 5 & -1 \\ 1 & -1 & 3 \end{bmatrix}$

d) $A = \begin{bmatrix} 6 & 0 & 6 \\ 0 & -2 & 0 \\ 6 & 0 & 1 \end{bmatrix}$

e) $A = \begin{bmatrix} 2 & -2 & -1 \\ -2 & 2 & 1 \\ -1 & 1 & 5 \end{bmatrix}$

6.6.1 Respostas de Problemas Propostos

1) a) sim b) sim c) não

2) a) $\lambda_1 = 3$, $v_1 = (y, y)$; $\lambda_2 = 2$, $v_2 = (2y, y)$

b) $\lambda_1 = 1$, $v_1 = y(-2, 1)$; $\lambda_2 = 4$, $v_2 = x(1, 1)$

c) $\lambda_1 = \lambda_2 = 4$, $v = x(1, 1)$

d) Não existem.

e) $\lambda_1 = \lambda_2 = 1$, $v = (x, y, -y)$; $\lambda_3 = 4$, $v_3 = x(1, 1, 2)$

f) $\lambda_1 = 1$, $v_1 = z(3, -3, 1)$; $\lambda_2 = -1$, $v_2 = z(0, -3, 1)$; $\lambda_3 = 2$, $v_3 = z(0, 0, 1)$

g) $\lambda_1 = \lambda_2 = \lambda_3 = 1$, $v = (x, 0, z)$, x e z não simultaneamente nulos.

3) a) $\lambda_1 = 2$, $v_1 = y(3, 1)$; $\lambda_2 = 4$, $v_2 = y(1, 1)$

b) $\lambda_1 = 1$, $v_1 = (-y, y)$; $\lambda_2 = 5$, $v_2 = (x, 3x)$

c) $\lambda_1 = 1$, $v_1 = (x, 0, -x)$; $\lambda_2 = 2$, $v_2 = (-2z, 2z, z)$; $\lambda_3 = 3$, $v_3 = (x, -2x, -x)$

d) $\lambda_1 = -1$, $v_1 = x(1, 1, 1)$; $\lambda_2 = 2$, $v_2 = x(1, 1, 0)$; $\lambda_3 = 3$, $v_3 = x(1, 0, 0)$

e) $\lambda_1 = 1$, $v_1 = (2z, 2z, z)$; λ_2 e λ_3 imaginários

f) $\lambda_1 = 2$, $v_1 = (x, y, -x - 2y)$; $\lambda_2 = 6$, $v_2 = (x, x, x)$

g) $\lambda_1 = \lambda_2 = \lambda_3 = -1$, $v = (x, y, 2x + \frac{3}{2} y)$

h) $\lambda_1 = 2$, $v_1 = x(1, 0, 1)$; $\lambda_2 = -1$, $v_2 = y(0, 1, 0)$; $\lambda_3 = -2$, $v_3 = x(1, 0, -1)$

5) (8, 11)

6) a) $T(x, y) = (x, 2x + 3y)$

b) $T(x, y) = (-2x + \frac{5}{2} y, 3y)$

7) a) $\lambda = 1$, todos os vetores do espaço com exceção do vetor nulo.

b) (26, 6)

8) a) (2, 10); b) $T(x, y) = (\frac{5}{3}x + \frac{2}{3}y, -\frac{2}{3}x + \frac{10}{3}y)$; c) $\begin{bmatrix} 2 & 0 \\ 0 & 3 \end{bmatrix}$

9) a) $\begin{bmatrix} 1 & 0 \\ 0 & 1 \end{bmatrix}$ (rotação de 0°) e $\begin{bmatrix} -1 & 0 \\ 0 & -1 \end{bmatrix}$ (rotação de 180°)

b) $\lambda = 1$ e $\lambda = -1$, respectivamente; com exceção do vetor zero, todos os vetores do $\mathbb{R}^2$ são vetores próprios.

10) Todos os vetores do núcleo, com exceção do zero, são vetores próprios associados a $\lambda = 0$.

11) a) $P = \begin{bmatrix} 1 & 4 \\ -1 & 3 \end{bmatrix}$, $P^{-1} AP = \begin{bmatrix} -2 & 0 \\ 0 & 5 \end{bmatrix}$

b) $P = \begin{bmatrix} 1 & 1 \\ 1 & -4 \end{bmatrix}$, $P^{-1} AP = \begin{bmatrix} 10 & 0 \\ 0 & 5 \end{bmatrix}$

c) Não diagonalizável.

d) $P = \begin{bmatrix} 2 & 1 & 0 \\ 1 & 0 & 1 \\ 2 & 1 & -2 \end{bmatrix}$, $P^{-1} AP = \begin{bmatrix} 3 & 0 & 0 \\ 0 & 2 & 0 \\ 0 & 0 & 1 \end{bmatrix}$

e) Não diagonalizável.

f) $P = \begin{bmatrix} -3 & 1 & -7 \\ 1 & 0 & -2 \\ 0 & 0 & 1 \end{bmatrix}$, $P^{-1} AP = \begin{bmatrix} 1 & 0 & 0 \\ 0 & 2 & 0 \\ 0 & 0 & 3 \end{bmatrix}$

g) $P = \begin{bmatrix} 0 & 1 & -1 \\ 1 & 0 & 0 \\ -1 & 0 & 1 \end{bmatrix}$, $P^{-1} AP = \begin{bmatrix} 1 & 0 & 0 \\ 0 & 1 & 0 \\ 0 & 0 & 3 \end{bmatrix}$

h) Não diagonalizável.

12) a) $\{(-2, 1), (1, 2)\}$

b) $\begin{bmatrix} 9 & 0 \\ 0 & -1 \end{bmatrix}$

13) a) $P = \begin{bmatrix} -\frac{1}{\sqrt{2}} & \frac{1}{\sqrt{2}} \\ \frac{1}{\sqrt{2}} & \frac{1}{\sqrt{2}} \end{bmatrix}$

b) $P = \begin{bmatrix} \frac{1}{\sqrt{2}} & -\frac{1}{\sqrt{2}} \\ \frac{1}{\sqrt{2}} & \frac{1}{\sqrt{2}} \end{bmatrix}$

c) $P = \begin{bmatrix} \frac{1}{\sqrt{5}} & -\frac{2}{\sqrt{5}} \\ \frac{2}{\sqrt{5}} & \frac{1}{\sqrt{5}} \end{bmatrix}$

d) $P = \begin{bmatrix} \frac{1}{\sqrt{2}} & \frac{1}{\sqrt{2}} & 0 \\ 0 & 0 & 1 \\ -\frac{1}{\sqrt{2}} & \frac{1}{\sqrt{2}} & 0 \end{bmatrix}$

e) $P = \begin{bmatrix} \frac{1}{\sqrt{3}} & -\frac{2}{\sqrt{6}} & 0 \\ \frac{1}{\sqrt{3}} & \frac{1}{\sqrt{6}} & -\frac{1}{\sqrt{2}} \\ \frac{1}{\sqrt{3}} & \frac{1}{\sqrt{6}} & \frac{1}{\sqrt{2}} \end{bmatrix}$

14) a) $P = \begin{bmatrix} \frac{1}{\sqrt{2}} & -\frac{1}{\sqrt{2}} \\ \frac{1}{\sqrt{2}} & \frac{1}{\sqrt{2}} \end{bmatrix}$, $P^t A P = \begin{bmatrix} 8 & 0 \\ 0 & 2 \end{bmatrix}$

b) $P = \begin{bmatrix} \frac{1}{\sqrt{2}} & 0 & \frac{1}{\sqrt{2}} \\ 0 & 1 & 0 \\ \frac{1}{\sqrt{2}} & 0 & -\frac{1}{\sqrt{2}} \end{bmatrix}$, $P^t A P = \begin{bmatrix} 2 & 0 & 0 \\ 0 & -1 & 0 \\ 0 & 0 & -2 \end{bmatrix}$

c) $P = \begin{bmatrix} \dfrac{1}{\sqrt{2}} & \dfrac{1}{\sqrt{3}} & \dfrac{1}{\sqrt{6}} \\ 0 & \dfrac{1}{\sqrt{3}} & -\dfrac{2}{\sqrt{6}} \\ -\dfrac{1}{\sqrt{2}} & \dfrac{1}{\sqrt{3}} & \dfrac{1}{\sqrt{6}} \end{bmatrix}$, $P^{-1}AP = \begin{bmatrix} 2 & 0 & 0 \\ 0 & 3 & 0 \\ 0 & 0 & 6 \end{bmatrix}$

d) $P = \begin{bmatrix} 0 & \dfrac{3}{\sqrt{13}} & \dfrac{2}{\sqrt{13}} \\ 1 & 0 & 0 \\ 0 & \dfrac{2}{\sqrt{13}} & -\dfrac{3}{\sqrt{13}} \end{bmatrix}$, $P^{-1}AP = \begin{bmatrix} -2 & 0 & 0 \\ 0 & 10 & 0 \\ 0 & 0 & -3 \end{bmatrix}$

e) $P = \begin{bmatrix} -\dfrac{1}{\sqrt{6}} & \dfrac{1}{\sqrt{3}} & \dfrac{1}{\sqrt{2}} \\ \dfrac{1}{\sqrt{6}} & -\dfrac{1}{\sqrt{3}} & \dfrac{1}{\sqrt{2}} \\ \dfrac{2}{\sqrt{6}} & \dfrac{1}{\sqrt{3}} & 0 \end{bmatrix}$, $P^{-1}AP = \begin{bmatrix} 6 & 0 & 0 \\ 0 & 3 & 0 \\ 0 & 0 & 0 \end{bmatrix}$

CAPÍTULO 7

FORMAS QUADRÁTICAS

7.1 FORMA QUADRÁTICA NO PLANO

A matriz simétrica real:

$$A = \begin{bmatrix} a & c \\ c & b \end{bmatrix}$$

associa ao vetor $v_S = (x, y) \in \mathbb{R}^2$, referido à base canônica

$S = \{e_1, e_2\}$, $e_1 = (1, 0)$ e $e_2 = (0, 1)$, o polinômio

$ax^2 + by^2 + 2cxy$

que é um polinômio homogêneo do 2º grau em x e y chamado *forma quadrática no plano*.

Na forma matricial esse polinômio é representado por

$$v_S^t A v_S = [x \ y] \begin{bmatrix} a & c \\ c & b \end{bmatrix} \begin{bmatrix} x \\ y \end{bmatrix}$$

sendo a matriz simétrica A a matriz da forma quadrática.

Assim, a cada vetor v_S corresponde um número real:

$$p = ax^2 + by^2 + 2cxy$$

Estamos designando tanto o par (x, y) quanto a matriz $\begin{bmatrix} x \\ y \end{bmatrix}$ simplesmente por v_S. É fácil identificar em que contexto cada um estará sendo usado.

Exemplo

A matriz simétrica real:

$$A = \begin{bmatrix} 4 & 12 \\ 12 & -3 \end{bmatrix}$$

define no $\mathbb{R}^2$ a forma quadrática

$$p = 4x^2 - 3y^2 + 24xy$$

ou, na forma matricial

$$p = [x \ y] \begin{bmatrix} 4 & 12 \\ 12 & -3 \end{bmatrix} \begin{bmatrix} x \\ y \end{bmatrix}$$

Ao vetor $v_S = (1, 2)$, por exemplo, corresponde o número real

$$p = 4(1)^2 - 3(2)^2 + 24(1)(2) = 4 - 12 + 48 = 40$$

7.1.1 Redução da Forma Quadrática à Forma Canônica

A forma quadrática no plano $v_S^t A v_S$ pode ser expressa por:

$$\lambda_1 x'^2 + \lambda_2 y'^2$$

onde λ_1 e λ_2 são os valores próprios da matriz A, e x' e y' as componentes do vetor v na base $P = \{u_1, u_2\}$, isto é, $v_P = (x', y')$, sendo u_1 e u_2 os vetores próprios unitários associados a λ_1 e λ_2.

De fato:

Tendo em vista que a matriz P é a matriz-mudança de base de P para S, pois:

$$[I]_S^P = S^{-1} P = I P = P$$

e, portanto:

$$v_S = P v_P$$

podemos escrever:

$$v_S^t A v_S = (P v_P)^t A (P v_P)$$

ou:

$$v_S^t A v_S = v_P^t (P^t A P) v_P$$

Como P diagonaliza A ortogonalmente (conforme 6.5 – propriedade III)

$$P^t A P = D = \begin{bmatrix} \lambda_1 & 0 \\ 0 & \lambda_2 \end{bmatrix}$$

conclui-se que:

$$v_S^t A v_S = v_P^t D v_P$$

ou:

$$[x \ y] \begin{bmatrix} a & c \\ c & b \end{bmatrix} \begin{bmatrix} x \\ y \end{bmatrix} = [x' \ y'] \begin{bmatrix} \lambda_1 & 0 \\ 0 & \lambda_2 \end{bmatrix} \begin{bmatrix} x' \\ y' \end{bmatrix}$$

ou, ainda:

$$ax^2 + by^2 + 2cxy = \lambda_1 x'^2 + \lambda_2 y'^2$$

A forma $\lambda_1 x'^2 + \lambda_2 y'^2$ é denominada *forma canônica* da forma quadrática no plano ou também *forma quadrática diagonalizada*.

Exemplo

I) A forma quadrática:

$$4x^2 - 3y^2 + 24xy$$

pode ser expressa por:

$$-12x'^2 + 13y'^2$$

De fato:

A forma quadrática

$$4x^2 - 3y^2 + 24xy$$

é definida pela matriz

$$A = \begin{bmatrix} 4 & 12 \\ 12 & -3 \end{bmatrix}$$

Mas os valores próprios da matriz A, conforme o problema resolvido número 10, Capítulo 6, são $\lambda_1 = -12$ e $\lambda_2 = 13$. Logo, a forma canônica da forma quadrática é:

$$-12x'^2 + 13y'^2$$

II) Por outro lado, os vetores próprios unitários associados a λ_1 e λ_2 são, respectivamente, $u_1 = (\frac{3}{5}, -\frac{4}{5})$ e $u_2 = (\frac{4}{5}, \frac{3}{5})$.

Logo:

$$P = \begin{bmatrix} \frac{3}{5} & \frac{4}{5} \\ -\frac{4}{5} & \frac{3}{5} \end{bmatrix}$$

Como $v_S = Pv_P$ equivale a $v_P = P^{-1} v_S$, ou:

$$v_P = P^t v_S$$

pois $P^t = P^{-1}$ pelo fato de P ser matriz ortogonal, podemos calcular v_P a partir de v_S. Supondo que $v_S = (x, y) = (1, 2)$, vem:

$$v_P = \begin{bmatrix} \frac{3}{5} & -\frac{4}{5} \\ \frac{4}{5} & \frac{3}{5} \end{bmatrix} \begin{bmatrix} 1 \\ 2 \end{bmatrix}$$

$$v_P = \begin{bmatrix} -1 \\ 2 \end{bmatrix}$$

isto é, $v_P = (x', y') = (-1, 2)$.

Assim:

$$4x^2 - 3y^2 + 24xy = -12x'^2 + 13y'^2$$

$$4(1)^2 - 3(2)^2 + 24(1)(2) = -12(-1)^2 + 13(2)^2$$

$$4 - 12 + 48 = -12 + 52$$

$$40 = 40$$

O que na verdade acabamos de fazer foi uma mudança de base ou uma mudança de referencial. O vetor v, que na base canônica S é $v_S = (1, 2)$, na base P dos vetores próprios unitários é $v_P = (-1, 2)$. Como a base canônica individualiza o sistema cartesiano retangular xOy e a base P o sistema retangular x'Oy', podemos dizer que um ponto que tem coordenadas (1, 2) em relação ao primeiro sistema tem coordenadas (-1, 2) em relação ao segundo sistema. A figura da página seguinte mostra esse exemplo.

Essa mudança de referencial corresponde a uma rotação de um ângulo θ do sistema xOy até o sistema x'Oy'. A matriz responsável por essa rotação é a matriz ortogonal P.

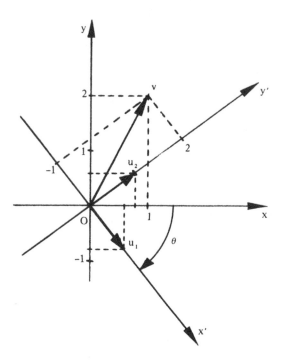

Se tivermos o cuidado de dispor os vetores próprios unitários da matriz P de modo que det P = 1, ela sempre representará uma rotação (ver 5.5.1-IIIa) e a transformação de coordenadas

$$\begin{bmatrix} x \\ y \end{bmatrix} = P \begin{bmatrix} x' \\ y' \end{bmatrix}$$

que irá ocorrer no estudo das cônicas, a seguir, será sempre uma rotação.

7.2 CÔNICAS

Chama-se *cônica* a todo conjunto de pontos M do plano cujas coordenadas x e y, em relação à base canônica, satisfazem à equação do 2º grau:

$$ax^2 + by^2 + 2cxy + dx + ey + f = 0$$

onde a, b e c não são todos nulos.

Observação

As coordenadas x e y dos pontos M do plano são as componentes dos vetores $v \in \mathbb{R}^2$ que satisfazem a equação de uma cônica (Figura 7.2)

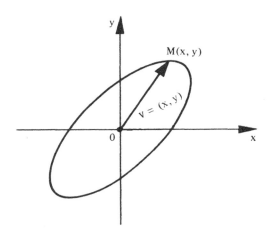

Figura 7.2

7.2.1 Equação Reduzida de uma Cônica

Nosso propósito é o reconhecimento e a análise da equação de uma cônica. Dividiremos esse trabalho em duas etapas, sendo a primeira constituída de três passos.

Seja a equação de uma cônica:

$$ax^2 + by^2 + 2cxy + dx + ey + f = 0 \quad (1)$$

1ª Etapa: *Eliminação do termo em* xy

1º Passo: Escreve-se a equação na forma matricial:

$$[x \; y] \begin{bmatrix} a & c \\ c & b \end{bmatrix} \begin{bmatrix} x \\ y \end{bmatrix} + [d \; e] \begin{bmatrix} x \\ y \end{bmatrix} + f = 0 \quad (2)$$

(Os colchetes serão dispensados nas matrizes 1×1: [f] e [0].)

ou:

$$v_S^t A v_S + N v_S + f = 0$$

onde:

$$v_S = \begin{bmatrix} x \\ y \end{bmatrix}, \quad A = \begin{bmatrix} a & c \\ c & b \end{bmatrix} \quad e \quad N = [d \quad e]$$

2º Passo: Calculam-se os valores próprios λ_1 e λ_2 e os vetores próprios unitários $u_1 = (x_{11}, x_{12})$ e

$u_2 = (x_{21}, x_{22})$ da matriz simétrica A.

3º Passo: Substitui-se na equação (2) a forma quadrática

$$v_S^t A v_S = [x \; y] \begin{bmatrix} a & c \\ c & b \end{bmatrix} \begin{bmatrix} x \\ y \end{bmatrix}$$

pela forma canônica:

$$v_P^t D v_P = [x' \; y'] \begin{bmatrix} \lambda_1 & 0 \\ 0 & \lambda_2 \end{bmatrix} \begin{bmatrix} x' \\ y' \end{bmatrix}$$

e:

$$v_S = \begin{bmatrix} x \\ y \end{bmatrix}$$

por:

$$Pv_P = \begin{bmatrix} x_{11} & x_{21} \\ x_{12} & x_{22} \end{bmatrix} \begin{bmatrix} x' \\ y' \end{bmatrix}$$

tendo o cuidado para que det P = 1, a fim de que essa transformação seja uma rotação.

Assim, a equação (2) se transforma em:

$$[x' \ y'] \begin{bmatrix} \lambda_1 & 0 \\ 0 & \lambda_2 \end{bmatrix} \begin{bmatrix} x' \\ y' \end{bmatrix} + [d \ e] \begin{bmatrix} x_{11} & x_{21} \\ x_{12} & x_{22} \end{bmatrix} \begin{bmatrix} x' \\ y' \end{bmatrix} + f = 0$$

ou:

$$\lambda_1 x'^2 + \lambda_2 y'^2 + px' + qy' + f = 0 \qquad (3)$$

que é a equação da cônica dada em (1), porém referida ao sistema $x'Oy'$, cujos eixos são determinados pela base $P = \{u_1, u_2\}$, conforme sugere a figura.

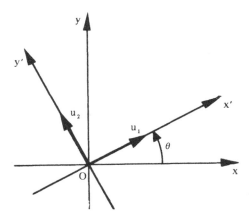

Observemos que enquanto a equação (1) apresenta o termo misto em xy, a equação (3) é desprovida dele. Portanto, na passagem da equação (1) para (3) ocorreu uma simplificação.

2ª Etapa: *Translação de Eixos*

Conhecida a equação da cônica

$$\lambda_1 x'^2 + \lambda_2 y'^2 + px' + qy' + f = 0, \tag{4}$$

para se obter a equação reduzida efetua-se uma nova mudança de coordenadas, que consiste na translação do último referencial $x'Oy'$ para o novo, o qual chamaremos $XO'Y$. A análise das duas possibilidades é feita a seguir.

I) Supondo λ_1 e λ_2 diferentes de zero, pode-se escrever:

$$\lambda_1 (x'^2 + \frac{p}{\lambda_1} x') + \lambda_2 (y'^2 + \frac{q}{\lambda_2} y') + f = 0$$

ou:

$$\lambda_1 (x'^2 + \frac{p}{\lambda_1} x' + \frac{p^2}{4\lambda_1^2}) + \lambda_2 (y'^2 + \frac{q}{\lambda_2} y' + \frac{q^2}{4\lambda_2^2}) + f - \frac{p^2}{4\lambda_1} - \frac{q^2}{4\lambda_2} = 0$$

$$\lambda_1 (x' + \frac{p}{2\lambda_1})^2 + \lambda_2 (y' + \frac{q}{2\lambda_2})^2 + f - \frac{p^2}{4\lambda_1} - \frac{q^2}{4\lambda_2} = 0$$

Fazendo:

$$f - \frac{p^2}{4\lambda_1} - \frac{q^2}{4\lambda_2} = -F$$

e, por meio das fórmulas de translação:

$$X = x' + \frac{p}{2\lambda_1}$$

$$Y = y' + \frac{q}{2\lambda_2}$$

vem:

$$\lambda_1 X^2 + \lambda_2 Y^2 - F = 0$$

e, finalmente:

$$\lambda_1 X^2 + \lambda_2 Y^2 = F \tag{5}$$

A equação (5) é a equação reduzida de uma *cônica de centro* e, como se vê, o primeiro membro é a forma canônica da forma quadrática no plano.

II) Se um dos valores próprios for igual a zero, $\lambda_1 = 0$, por exemplo, a equação (4) fica:

$$\lambda_2 y'^2 + px' + qy' + f = 0$$

ou:

$$\lambda_2 (y'^2 + \frac{q}{\lambda_2} y') + px' + f = 0$$

$$\lambda_2 (y'^2 + \frac{q}{\lambda_2} y' + \frac{q^2}{4\lambda_2^2}) + px' + f - \frac{q^2}{4\lambda_2} = 0$$

$$\lambda_2 (y' + \frac{q}{2\lambda_2})^2 + p(x' + \frac{f}{p} - \frac{q^2}{4p\lambda_2}) = 0$$

Fazendo, por meio de uma translação:

$$X = x' + \frac{f}{p} - \frac{q^2}{4p\lambda_2}$$

$$Y = y' + \frac{q}{2\lambda_2}$$

vem:

$$\lambda_2 Y^2 + pX = 0 \qquad (6)$$

A equação (6) é a equação reduzida de uma cônica sem centro.

Observação

Se em lugar de λ_1 fosse $\lambda_2 = 0$, a equação reduzida da cônica sem centro seria:

$$\lambda_1 X^2 + qY = 0$$

7.2.2 Classificação das Cônicas

I) A equação de uma cônica de centro é:

$$\lambda_1 X^2 + \lambda_2 Y^2 = F$$

- Se λ_1 e λ_2 forem de mesmo sinal, a cônica será do *gênero elipse*.

- Se λ_1 e λ_2 forem de sinais contrários, a cônica será do *gênero hipérbole*.

II) A equação de uma cônica sem centro é:

$$\lambda_2 Y^2 + pX = 0$$

ou:

$$\lambda_1 X^2 + qY = 0$$

Uma cônica representada por qualquer uma dessas equações é do *gênero parábola*.

7.3 PROBLEMAS RESOLVIDOS

1) Determinar a equação reduzida e o gênero da cônica representada pela equação

$$2x^2 + 2y^2 + 2xy + 7\sqrt{2}\,x + 5\sqrt{2}\,y + 10 = 0 \qquad (1)$$

Solução

De acordo com 7.2.1, dividiremos esse trabalho em duas etapas, sendo a primeira constituída de três passos.

1ª Etapa: *Eliminação do termo em* xy

1º Passo: Escrevemos a equação dada na forma matricial:

$$[x\ y] \begin{bmatrix} 2 & 1 \\ 1 & 2 \end{bmatrix} \begin{bmatrix} x \\ y \end{bmatrix} + [7\sqrt{2}\ \ 5\sqrt{2}] \begin{bmatrix} x \\ y \end{bmatrix} + 10 = 0 \qquad (2)$$

Formas quadráticas   335

2º Passo: Calculemos os valores próprios e os vetores próprios unitários da matriz

$$A = \begin{bmatrix} 2 & 1 \\ 1 & 2 \end{bmatrix}$$

$$\det(A - \lambda I) = \det \begin{bmatrix} 2-\lambda & 1 \\ 1 & 2-\lambda \end{bmatrix} = 0$$

isto é:

$$(2-\lambda)(2-\lambda) - 1 = 0$$

$$4 - 4\lambda + \lambda^2 - 1 = 0$$

$$\lambda^2 - 4\lambda + 3 = 0$$

$$\lambda_1 = 3$$

$$\lambda_2 = 1$$

Resolvendo o sistema

$$\begin{bmatrix} 2-\lambda & 1 \\ 1 & 2-\lambda \end{bmatrix} \begin{bmatrix} x \\ y \end{bmatrix} = \begin{bmatrix} 0 \\ 0 \end{bmatrix}$$

obteremos os vetores próprios de A.

Para $\lambda_1 = 3$, vem:

$$\begin{bmatrix} -1 & 1 \\ 1 & -1 \end{bmatrix} \begin{bmatrix} x \\ y \end{bmatrix} = \begin{bmatrix} 0 \\ 0 \end{bmatrix}$$

e daí:

$$v_1 = x(1,1)$$

Para $\lambda_2 = 1$, vem:

$$\begin{bmatrix} 1 & 1 \\ 1 & 1 \end{bmatrix} \begin{bmatrix} x \\ y \end{bmatrix} = \begin{bmatrix} 0 \\ 0 \end{bmatrix}$$

e daí:

$v_2 = x(-1, 1)$

Portanto, os correspondentes vetores próprios unitários são:

$u_1 = (\frac{1}{\sqrt{2}}, \frac{1}{\sqrt{2}})$ e $u_2 = (-\frac{1}{\sqrt{2}}, \frac{1}{\sqrt{2}})$

3º Passo: Substituímos em (2) a forma quadrática

$$[x\ y] \begin{bmatrix} 2 & 1 \\ 1 & 2 \end{bmatrix} \begin{bmatrix} x \\ y \end{bmatrix}$$

pela forma canônica

$$[x'\ y'] \begin{bmatrix} 3 & 0 \\ 0 & 1 \end{bmatrix} \begin{bmatrix} x' \\ y' \end{bmatrix}$$

e o vetor

$$\begin{bmatrix} x \\ y \end{bmatrix}$$

por

$$\begin{bmatrix} \frac{1}{\sqrt{2}} & -\frac{1}{\sqrt{2}} \\ \frac{1}{\sqrt{2}} & \frac{1}{\sqrt{2}} \end{bmatrix} \begin{bmatrix} x' \\ y' \end{bmatrix}$$

onde já tivemos o cuidado de dispor os vetores próprios unitários de tal modo que:

$$\det \begin{bmatrix} \dfrac{1}{\sqrt{2}} & -\dfrac{1}{\sqrt{2}} \\ \dfrac{1}{\sqrt{2}} & \dfrac{1}{\sqrt{2}} \end{bmatrix} = +1$$

a fim de que essa transformação de coordenadas represente uma rotação.

Logo, a equação (2) fica:

$$[x'\ y'] \begin{bmatrix} 3 & 0 \\ 0 & 1 \end{bmatrix} \begin{bmatrix} x' \\ y' \end{bmatrix} + [7\sqrt{2}\ \ 5\sqrt{2}] \begin{bmatrix} \dfrac{1}{\sqrt{2}} & -\dfrac{1}{\sqrt{2}} \\ \dfrac{1}{\sqrt{2}} & \dfrac{1}{\sqrt{2}} \end{bmatrix} \begin{bmatrix} x' \\ y' \end{bmatrix} + 10 = 0$$

ou:

$$3x'^2 + y'^2 + 12x' - 2y' + 10 = 0 \tag{3}$$

que é a equação da cônica (1), porém referida ao sistema $x'Oy'$, cujos eixos são suportes de v_1 e v_2 (ou u_1 e u_2), conforme a figura 7.3a.

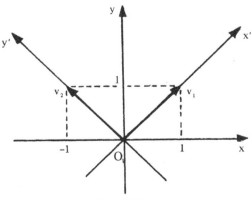

Figura 7.3a

2ª Etapa: *Translação de Eixos*

Tomemos a equação (3) e façamos uma translação do sistema $x'Oy'$. Assim:

$3x'^2 + y'^2 + 12x' - 2y' + 10 = 0$

$(3x'^2 + 12x') + (y'^2 - 2y') = -10$

$3(x'^2 + 4x') + (y'^2 - 2y') = -10$

$3(x'^2 + 4x' + 4) + (y'^2 - 2y' + 1) = -10 + 3(4) + 1$

$3(x' + 2)^2 + (y' - 1)^2 = 3$ \hfill (4)

Utilizando as fórmulas de translação, façamos:

$X = x' + 2$

$Y = y' - 1$

e, portanto, a equação (4) fica:

$3X^2 + Y^2 = 3$

ou:

$\dfrac{X^2}{1} + \dfrac{Y^2}{3} = 1$

que é a equação reduzida da cônica dada em (1), porém referida ao sistema $XO'Y$, onde $O'(-2, 1)$.

Trata-se de uma elipse cujos semi-eixos medem 1 e $\sqrt{3}$, estando o eixo maior sobre o eixo dos Y, conforme mostra a figura 7.3b.

Observação

Tendo em vista que $e_1 = (1, 0)$ e $u_1 = (\dfrac{1}{\sqrt{2}}, \dfrac{1}{\sqrt{2}})$, o ângulo θ correspondente à rotação é dado por:

$$\cos \theta = \dfrac{e_1 \cdot u_1}{|e_1||u_1|} = e_1 \cdot u_1 = 1(\dfrac{1}{\sqrt{2}}) + 0(\dfrac{1}{\sqrt{2}}) = \dfrac{1}{\sqrt{2}} = \dfrac{\sqrt{2}}{2}$$

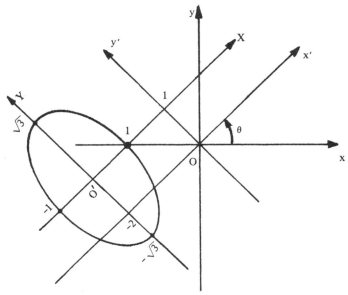

Figura 7.3b

Por outro lado, para confirmar, $e_2 = (0, 1)$ e $u_2 = (-\frac{1}{\sqrt{2}}, \frac{1}{\sqrt{2}})$, logo:

$$\cos \theta = \frac{e_2 \cdot u_2}{|e_2||u_2|} = e_2 \cdot u_2 = 0(-\frac{1}{\sqrt{2}}) + 1(\frac{1}{\sqrt{2}}) = \frac{1}{\sqrt{2}} = \frac{\sqrt{2}}{2}$$

isto é:

$$\theta = \text{arc cos } \frac{\sqrt{2}}{2} = 45°$$

2) Determinar a equação reduzida e o gênero da cônica representada pela equação

$$11x^2 - 24xy + 4y^2 + 20x - 40y - 20 = 0 \qquad (5)$$

Solução

1ª Etapa: *Eliminação do termo em* xy

1º Passo: A equação dada na forma matricial é:

$$[x\ y] \begin{bmatrix} 11 & -12 \\ -12 & 4 \end{bmatrix} \begin{bmatrix} x \\ y \end{bmatrix} + [20\ -40] \begin{bmatrix} x \\ y \end{bmatrix} - 20 = 0 \tag{6}$$

2º Passo: Os valores próprios e os vetores próprios unitários da matriz simétrica

$$A = \begin{bmatrix} 11 & -12 \\ -12 & 4 \end{bmatrix}$$

são:

$$\lambda_1 = 20, \quad u_1 = (\frac{4}{5}, -\frac{3}{5})$$

$$\lambda_2 = -5, \quad u_2 = (\frac{3}{5}, \frac{4}{5})$$

(A verificação fica a cargo do leitor.)

3º Passo: Com as devidas substituições, a equação (6) fica:

$$[x'\ y'] \begin{bmatrix} 20 & 0 \\ 0 & -5 \end{bmatrix} \begin{bmatrix} x' \\ y' \end{bmatrix} + [20\ -40] \begin{bmatrix} \frac{4}{5} & \frac{3}{5} \\ -\frac{3}{5} & \frac{4}{5} \end{bmatrix} \begin{bmatrix} x' \\ y' \end{bmatrix} - 20 = 0$$

ou:

$$20x'^2 - 5y'^2 + 40x' - 20y' - 20 = 0$$

ou, ainda:

$$4x'^2 - y'^2 + 8x' - 4y' - 4 = 0$$

2ª Etapa: *Translação de Eixos*

$$(4x'^2 + 8x') - (y'^2 + 4y') = 4$$
$$4(x'^2 + 2x') - (y'^2 + 4y') = 4$$
$$4(x'^2 + 2x' + 1) - (y'^2 + 4y' + 4) = 4 + 4 - 4$$
$$4(x' + 1)^2 - (y' + 2)^2 = 4$$

Fazendo:

$X = x' + 1$

$Y = y' + 2$

a equação acima fica:

$4X^2 - Y^2 = 4$

ou:

$\dfrac{X^2}{1} - \dfrac{Y^2}{4} = 1$

que é a equação reduzida da cônica dada em (5), porém referida ao sistema XO'Y, sendo O'(-1, -2).

Trata-se de uma hipérbole cujo eixo real, de medida 2, está sobre o eixo dos X, conforme se vê na figura 7.3c.

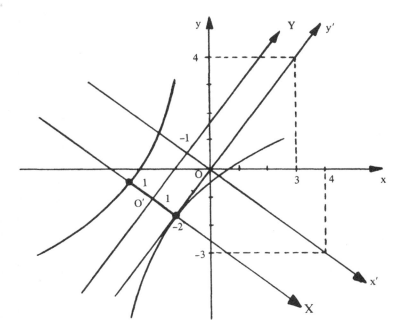

Figura 7.3c.

3) Determinar a equação reduzida e o gênero da cônica representada pela equação:

$$x^2 + 2xy + y^2 - 8x + 4 = 0 \tag{7}$$

Solução

1ª Etapa: *Eliminação do termo em* xy

1º Passo: A equação dada na forma matricial é:

$$[x \ y] \begin{bmatrix} 1 & 1 \\ 1 & 1 \end{bmatrix} \begin{bmatrix} x \\ y \end{bmatrix} + [-8 \ 0] \begin{bmatrix} x \\ y \end{bmatrix} + 4 = 0$$

2º Passo: Os valores próprios e os vetores próprios unitários da matriz simétrica:

$$A = \begin{bmatrix} 1 & 1 \\ 1 & 1 \end{bmatrix}$$

são:

$$\lambda_1 = 0, \quad u_1 = (\frac{1}{\sqrt{2}}, -\frac{1}{\sqrt{2}})$$

$$\lambda_2 = 2, \quad u_2 = (\frac{1}{\sqrt{2}}, \frac{1}{\sqrt{2}})$$

(Verificação a cargo do leitor.)

3º Passo: Com as devidas substituições, a equação (7) fica:

$$[x' \ y'] \begin{bmatrix} 0 & 0 \\ 0 & 2 \end{bmatrix} \begin{bmatrix} x' \\ y' \end{bmatrix} + [-8 \ 0] \begin{bmatrix} \frac{1}{\sqrt{2}} & \frac{1}{\sqrt{2}} \\ -\frac{1}{\sqrt{2}} & \frac{1}{\sqrt{2}} \end{bmatrix} \begin{bmatrix} x' \\ y' \end{bmatrix} + 4 = 0$$

ou:

$$2y'^2 - \frac{8}{\sqrt{2}} x' - \frac{8}{\sqrt{2}} y' + 4 = 0$$

ou, ainda:

$$y'^2 - \frac{4}{\sqrt{2}} x' - \frac{4}{\sqrt{2}} y' + 2 = 0$$

2ª Etapa: *Translação de Eixos*

$$(y'^2 - \frac{4}{\sqrt{2}} y') = \frac{4}{\sqrt{2}} x' - 2$$

$$(y'^2 - \frac{4}{\sqrt{2}} y' + 2) = \frac{4}{\sqrt{2}} x' - 2 + 2$$

$$(y' - \sqrt{2})^2 = 2\sqrt{2} x'$$

Fazendo:

$$X = x'$$

$$Y = y' - \sqrt{2}$$

a equação acima fica:

$$Y^2 = 2\sqrt{2} X$$

que é a equação reduzida da cônica dada em (7), porém referida ao sistema XO'Y, onde O'(0, $\sqrt{2}$).

Trata-se de uma parábola de parâmetro igual a $\sqrt{2}$, tendo para eixo o eixo dos X, conforme mostra a figura 7.3d.

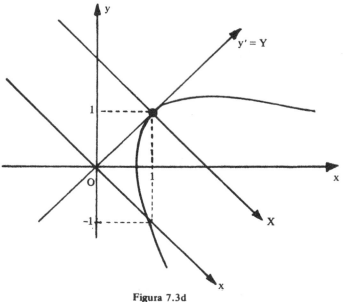

Figura 7.3d

4) Determinar a equação reduzida e o gênero da cônica representada pela equação

$$4x^2 - 3y^2 + 24xy - 156 = 0$$

Solução

Como essa equação não apresenta os termos de primeiro grau em x e y, a resolução é constituída somente da 1ª etapa.

1º Passo: A equação na forma matricial é:

$$[x \; y] \begin{bmatrix} 4 & 12 \\ 12 & -3 \end{bmatrix} \begin{bmatrix} x \\ y \end{bmatrix} - 156 = 0 \qquad (8)$$

2º Passo: Os valores próprios e os vetores próprios unitários da matriz simétrica

$$A = \begin{bmatrix} 4 & 12 \\ 12 & -3 \end{bmatrix}$$

são:

$$\lambda_1 = -12, \quad u_1 = (\frac{3}{5}, -\frac{4}{5})$$

$$\lambda_2 = 13, \quad u_2 = (\frac{4}{5}, \frac{3}{5})$$

(Verificação a cargo do leitor.)

O cálculo dos vetores próprios e de seus correspondentes vetores unitários é dispensável neste problema de se encontrar a equação reduzida, a não ser se desejarmos construir o gráfico, pois são esses vetores que determinam o novo referencial x'Oy'.

3º Passo: Com as devidas substituições, a equação (8) fica:

$$[x' \ y'] \begin{bmatrix} -12 & 0 \\ 0 & 13 \end{bmatrix} \begin{bmatrix} x' \\ y' \end{bmatrix} - 156 = 0$$

ou:

$$-12x'^2 + 13y'^2 = 156$$

ou:

$$\frac{y'^2}{12} - \frac{x'^2}{13} = 1$$

que representa uma hipérbole com eixo real sobre o eixo dos y', conforme mostra a figura 7.3e.

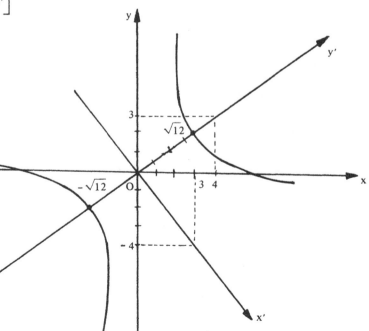

Figura 7.3e

5) Determinar a equação reduzida e o gênero da cônica representada pela equação

$x^2 - 6x + 8y - 7 = 0$

Solução

Como essa equação não apresenta o termo em xy, a resolução é constituída somente da 2ª etapa.

$x^2 - 6x = -8y + 7$

$x^2 - 6x + 9 = -8y + 7 + 9$

$(x - 3)^2 = -8y + 16$

$(x - 3)^2 = -8(y - 2)$

Fazendo

$X = x - 3$

$Y = y - 2$

a equação anterior fica

$X^2 = -8Y$

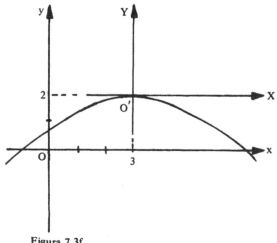

Figura 7.3f

que representa uma parábola de vértice na origem do sistema XO'Y, com O'(3, 2), e voltada para baixo, conforme mostra a figura 7.3f.

7.4 NOTAS COMPLEMENTARES

7.4.1 Cônicas Degeneradas

Vimos que a equação do segundo grau nas variáveis x e y

$$ax^2 + by^2 + 2cxy + dx + ey + f = 0 \tag{7.4.1}$$

representa uma elipse ou uma hipérbole ou uma parábola.

No entanto, em casos particulares, essa equação pode também representar um *par de retas, uma só reta,* um *ponto* ou o *conjunto vazio*, que são as chamadas *cônicas degeneradas*.

A análise da equação (7.4.1) permite concluir os diversos casos:

a) Se λ_1 e λ_2 tiverem o mesmo sinal, a cônica será uma *elipse*, um *ponto* ou o conjunto *vazio*.

Exemplos

1) A equação

$$(x + 2)^2 + (y - 1)^2 = 0$$

ou:

$$x^2 + y^2 + 4x - 2y + 5 = 0$$

representa o ponto (-2, 1) (circunferência de raio igual a zero).

2) A equação

$$3x^2 + 2y^2 + 1 = 0$$

representa o conjunto vazio. Essa equação não define nenhuma figura geométrica (o 1º membro é sempre $\neq 0$).

b) Se λ_1 e λ_2 tiverem sinais contrários, a cônica será uma *hipérbole* ou *duas retas*.

Exemplo

A equação

$$9x^2 - y^2 = 0$$

representa as retas $y = -3x$ e $y = 3x$.

De fato, fatorando o primeiro membro, obtemos:

$$(3x + y)(3x - y) = 0$$

e concluímos que:

$$3x + y = 0 \quad \text{ou} \quad 3x - y = 0$$

ou seja:

$$y = -3x \quad \text{ou} \quad y = 3x$$

c) Se $\lambda_1 = 0$ ou $\lambda_2 = 0$, a cônica será uma *parábola*, duas *retas paralelas*, uma *reta* ou o conjunto *vazio*.

Exemplos

1) A equação

$$4x^2 = 9 \qquad (\lambda_1 = 4 \ \text{e} \ \lambda_2 = 0)$$

representa duas retas paralelas.

De fato, podemos escrever

$$x^2 = \frac{9}{4}$$

ou:

$$x = \pm \frac{3}{2}$$

isto é:

$$x = \frac{3}{2} \quad \text{e} \quad x = -\frac{3}{2}$$

que são duas retas paralelas.

2) A equação

$$y^2 = 0 \qquad (\lambda_1 = 0 \text{ e } \lambda_2 = 1)$$

representa uma reta, no caso, o eixo dos x, isto é, y = 0.

3) A equação

$$3x^2 = -5 \qquad (\lambda_1 = 3 \text{ e } \lambda_2 = 0)$$

representa o conjunto vazio.

As cônicas (elipse, hipérbole e parábola) e suas degenerações (um par de retas, uma só reta e um ponto) constituem as possíveis interseções de uma superfície cônica com um plano.

7.5 PROBLEMAS PROPOSTOS

1) Identificar as seguintes cônicas:

a) $x^2 + y^2 = 1$

b) $x^2 - y^2 = 1$

c) $x^2 - y^2 = 0$

d) $x^2 - y = 1$

e) $x^2 - y = 0$

f) $x - y^2 = 0$

g) $x + y = 1$

h) $x^2 + y^2 = 0$

i) $x^2 + y^2 + 1 = 0$

j) $x^2 - 1 = 0$

l) $\frac{x^2}{3} + \frac{y^2}{2} = 1$

m) $\frac{x}{3} + \frac{y}{2} = 1$

n) $4y^2 - x^2 = 8$

o) $5y^2 - 3x = 0$

p) $x^2 - 4 = -y^2$

q) $y - 3x^2 = 0$

r) $3x^2 - 4y^2 = 1$

s) $2x^2 + 3y^2 = 6$

2) Mostrar que as seguintes equações representam duas retas no plano:

a) $4x^2 - y^2 = 0$

b) $x^2 - 16y^2 = 0$

c) $x^2 + 2xy + y^2 - 1 = 0$

Nos problemas 3 a 15, determinar a equação reduzida referida ao sistema XO'Y e o gênero da cônica representada pela equação dada a seguir. Esboçar o gráfico.

3) $17x^2 + 12xy + 8y^2 - 10x + 20y + 5 = 0$

4) $7x^2 + y^2 - 8xy - 17\sqrt{5}x + 11\sqrt{5}y + 41 = 0$

5) $4x^2 + y^2 + 4xy + 5\sqrt{5}x + 10\sqrt{5}y + 5 = 0$

6) $x^2 + y^2 + xy + 5\sqrt{2}x + 4\sqrt{2}y + 1 = 0$

7) $4x^2 + 6xy - 4y^2 + 20x - 20y - 19 = 0$

8) $16x^2 - 24xy + 9y^2 - 15x - 20y + 50 = 0$

9) $3x^2 - 2xy + 3y^2 - 2x - 10y - 1 = 0$

10) $xy + 4\sqrt{2}x + 6\sqrt{2}y + 30 = 0$

11) $x^2 + 2\sqrt{3}xy + 3y^2 - 4x = 0$

12) $x^2 + y^2 + 2xy - 4\sqrt{2}x = 0$

13) $16x^2 + 9y^2 - 96x + 72y + 144 = 0$

14) $4x^2 - 5y^2 + 8x + 30y - 21 = 0$

15) $x^2 - 6x + 8y + 1 = 0$

Nos problemas 16 a 24, efetuar uma rotação nos eixos coordenados a fim de eliminar o termo em xy. Identificar a cônica e escrever sua equação no sistema x'Oy' obtido após a rotação. Esboçar o gráfico.

16) $3x^2 + 2xy + 3y^2 - 4 = 0$

17) $2x^2 + y^2 + 2\sqrt{6}xy = 16$

18) $2x^2 + 4xy + 2y^2 - 16 = 0$

19) $7x^2 - 8xy + y^2 + 36 = 0$

20) $xy = 2$

21) $5x^2 + 4xy + 2y^2 - 12 = 0$

22) $7x^2 + 13y^2 - 6\sqrt{3}xy - 16 = 0$

23) $x^2 + y^2 + 4xy - 3 = 0$

24) $3x^2 + 2xy + 3y^2 - 4 = 0$

As equações dos problemas 25 a 35 representam cônicas degeneradas. Identificá-las e esboçar o gráfico, quando possível.

25) $x^2 - y^2 - 2x - 2y = 0$

26) $x^2 + y^2 - 2x - 2y + 4 = 0$

27) $x^2 + y^2 - 6x + 4y + 13 = 0$

28) $2x^2 + 2\sqrt{2}xy + y^2 = 12$

29) $x^2 + y^2 + 2xy - 8 = 0$

30) $x^2 + y^2 + 2xy = 0$

31) $x^2 + y^2 + 2xy + 5 = 0$

32) $x^2 + y^2 + 4xy = 0$

33) $3x^2 + 2xy + 3y^2 + 4 = 0$

34) $3x^2 + 2xy + 3y^2 = 0$

35) $x^2 + y^2 + 2xy + 4 = 0$

7.5.1 Respostas de Problemas Propostos

1.
   a) Circunferência.
   b) Hipérbole.
   c) Duas retas: $y = x$ e $y = -x$.
   d) Parábola.
   e) Parábola.
   f) Parábola.
   g) Reta.
   h) O ponto $(0, 0)$.
   i) O conjunto vazio.
   j) Duas retas: $x = 1$ e $x = -1$.
   l) Elipse.
   m) Reta.
   n) Hipérbole.
   o) Parábola.
   p) Circunferência.
   q) Parábola.
   r) Hipérbole.
   s) Elipse.

2)
   a) $y = 2x$ e $y = -2x$
   b) $y = \frac{1}{4}x$ e $y = -\frac{1}{4}x$
   c) $y = \frac{\sqrt{2}}{2}$ e $y = -\frac{\sqrt{2}}{2}$

3) $\frac{X^2}{4} + \frac{Y^2}{1} = 1$, elipse

4) $\frac{X^2}{1} - \frac{Y^2}{9} = 1$, hipérbole

5) $Y^2 = 3X$, parábola

6) $\frac{X^2}{9} + \frac{Y^2}{27} = 1$, elipse

7. $Y^2 - X^2 = 1$, hipérbole

8. $X^2 = Y$, parábola

9) $\frac{X^2}{3} + \frac{Y^2}{6} = 1$, elipse

10) $\frac{X^2}{36} - \frac{Y^2}{36} = 1$, hipérbole

11) $Y^2 = -\frac{\sqrt{3}}{2} X$, parábola

12) $Y^2 = 4X$, parábola

13) $\frac{X^2}{9} + \frac{Y^2}{16} = 1$, elipse

14) $\frac{Y^2}{4} - \frac{X^2}{5} = 1$, hipérbole

15) $X^2 = -8Y$, parábola

16) $x'^2 + \frac{y'^2}{2} = 1$, elipse

17) $4x'^2 - y'^2 = 16$, hipérbole

18) $y' = 2$ ou $y' = -2$, duas retas

19) $\frac{y'^2}{36} - \frac{x'^2}{4} = 1$, hipérbole

20) $\frac{x'^2}{4} - \frac{y'^2}{4} = 1$, hipérbole

21) $\frac{x'^2}{2} + \frac{y'^2}{6} = 1$, elipse

22) $x'^2 + 4y'^2 - 4 = 0$, elipse

23) $3x'^2 - y'^2 = 3$, hipérbole

24) $x'^2 + \frac{y'^2}{2} = 1$, elipse

25) Duas retas: $y = \pm(x-1) - 1$.

26) Nenhum ponto do plano.

27) O ponto $(3, -2)$.

28) Duas retas paralelas: $x' = \pm 2$.

29) Par de retas paralelas: $y' = \pm 2$.

30) A reta $y' = 0$.

31) Vazio.

32) Duas retas concorrentes:
$y' = \sqrt{3}x'$ e $y' = -\sqrt{3}x'$.

33) Vazio.

34) O ponto $(0; 0)$.

35) Vazio.

7.6 FORMA QUADRÁTICA NO ESPAÇO TRIDIMENSIONAL

A matriz simétrica real

$$A = \begin{bmatrix} a & d & e \\ d & b & f \\ e & f & c \end{bmatrix}$$

associa ao vetor $v_S = (x, y, z) \in \mathbb{R}^3$, referido à base canônica $S = \{e_1, e_2, e_3\}$, $e_1 = (1, 0, 0)$, $e_2 = (0, 1, 0)$, $e_3 = (0, 0, 1)$, o polinômio

$$ax^2 + by^2 + cz^2 + 2dxy + 2exz + 2fyz$$

que é um polinômio homogêneo do 2º grau em x, y e z chamado *forma quadrática do espaço tridimensional*.

Na forma matricial esse polinômio é representado por:

$$v_S^t A v_S = \begin{bmatrix} x & y & z \end{bmatrix} \begin{bmatrix} a & d & e \\ d & b & f \\ e & f & c \end{bmatrix} \begin{bmatrix} x \\ y \\ z \end{bmatrix}$$

sendo a matriz simétrica A a matriz da forma quadrática.

Assim, a cada v_S corresponde um número real

$$p = ax^2 + by^2 + cz^2 + 2dxy + 2exz + 2fyz$$

Exemplo

A matriz simétrica real

$$A = \begin{bmatrix} 3 & -1 & 1 \\ -1 & 5 & -1 \\ 1 & -1 & 3 \end{bmatrix}$$

define no $\mathbb{R}^3$ a forma quadrática

$$p = 3x^2 + 5y^2 + 3z^2 - 2xy + 2xz - 2yz$$

Ao vetor $v_S = (0, 1, 2)$, por exemplo, corresponde o número real

$$p = 3(0)^2 + 5(1)^2 + 3(2)^2 - 2(0)(1) + 2(0)(2) - 2(1)(2) = 0 + 5 + 12 - 0 + 0 - 4 = 13$$

7.6.1 Redução da Forma Quadrática à Forma Canônica

A forma quadrática no espaço $v_S^t \, A v_S$ pode ser expressa por

$$\lambda_1 x'^2 + \lambda_2 y'^2 + \lambda_3 z'^2$$

onde λ_1, λ_2 e λ_3 são os valores próprios da matriz A, e x', y' e z' as componentes do vetor v na base $P = \{u_1, u_2, u_3\}$, isto é, $v_P = (x', y', z')$, sendo u_1, u_2 e u_3 os vetores próprios unitários associados a λ_1, λ_2 e λ_3.

De fato:

Tendo em vista que a matriz P é a matriz-mudança de base de P para S, pois:

$$[I]_S^P = S^{-1} P = I\, P = P$$

e, portanto:

$$v_S = Pv_P$$

podemos escrever:

$$v_S^t \, Av_S = (Pv_P)^t \, A \, (Pv_P)$$

ou:

$$v_S^t \, Av_S = v_P^t (P^t AP) v_P$$

Como P diagonaliza A ortogonalmente:

$$P^t AP = D = \begin{bmatrix} \lambda_1 & 0 & 0 \\ 0 & \lambda_2 & 0 \\ 0 & 0 & \lambda_3 \end{bmatrix}$$

conclui-se que:

$$v_S^t \, Av_S = v_P^t \, Dv_P$$

ou:

$$[x \; y \; z] \begin{bmatrix} a & d & e \\ d & b & f \\ e & f & c \end{bmatrix} \begin{bmatrix} x \\ y \\ z \end{bmatrix} = [x' \; y' \; z'] \begin{bmatrix} \lambda_1 & 0 & 0 \\ 0 & \lambda_2 & 0 \\ 0 & 0 & \lambda_3 \end{bmatrix} \begin{bmatrix} x' \\ y' \\ z' \end{bmatrix}$$

ou, ainda:

$$ax^2 + by^2 + cz^2 + 2dxy + 2exz + 2fyz = \lambda_1 x'^2 + \lambda_2 y'^2 + \lambda_3 z'^2$$

A forma $\lambda_1 x'^2 + \lambda_2 y'^2 + \lambda_3 z'^2$ é denominada *forma canônica* da forma quadrática no espaço tridimensional.

Exemplo

I) A forma quadrática:

$$3x^2 + 5y^2 + 3z^2 - 2xy + 2xz - 2yz$$

pode ser expressa por

$$2x'^2 + 3y'^2 + 6z'^2$$

De fato:
A forma quadrática:

$$3x^2 + 5y^2 + 3z^2 - 2xy + 2xz - 2yz$$

é definida pela matriz

$$A = \begin{bmatrix} 3 & -1 & 1 \\ -1 & 5 & -1 \\ 1 & -1 & 3 \end{bmatrix}$$

Mas, os valores próprios da matriz A, conforme o problema resolvido número 1, Capítulo 6, são $\lambda_1 = 2$, $\lambda_2 = 3$ e $\lambda_3 = 6$. Logo, a forma canônica da forma quadrática é

$$2x'^2 + 3y'^2 + 6z'^2$$

II) Por outro lado, os vetores próprios unitários associados a λ_1, λ_2 e λ_3 são, respectivamente, $u_1 = (\frac{1}{\sqrt{2}}, 0, -\frac{1}{\sqrt{2}})$, $u_2 = (\frac{1}{\sqrt{3}}, \frac{1}{\sqrt{3}}, \frac{1}{\sqrt{3}})$ e $u_3 = (\frac{1}{\sqrt{6}}, -\frac{2}{\sqrt{6}}, \frac{1}{\sqrt{6}})$.

Logo:

$$P = \begin{bmatrix} \frac{1}{\sqrt{2}} & \frac{1}{\sqrt{3}} & \frac{1}{\sqrt{6}} \\ 0 & \frac{1}{\sqrt{3}} & -\frac{2}{\sqrt{6}} \\ -\frac{1}{\sqrt{2}} & \frac{1}{\sqrt{3}} & \frac{1}{\sqrt{6}} \end{bmatrix}$$

Como $v_S = Pv_P$ equivale a $v_P = P^{-1}v_S$, ou

$$v_P = P^t v_S$$

pois $P^t = P^{-1}$ pelo fato de P ser matriz ortogonal, podemos calcular v_P a partir de v_S. Supondo que $v_S = (x, y, z) = (0, 1, 2)$, vem:

$$v_P = \begin{bmatrix} \frac{1}{\sqrt{2}} & 0 & -\frac{1}{\sqrt{2}} \\ \frac{1}{\sqrt{3}} & \frac{1}{\sqrt{3}} & \frac{1}{\sqrt{3}} \\ \frac{1}{\sqrt{6}} & -\frac{2}{\sqrt{6}} & \frac{1}{\sqrt{6}} \end{bmatrix} \begin{bmatrix} 0 \\ 1 \\ 2 \end{bmatrix}$$

$$v_P = \begin{bmatrix} -\frac{2}{\sqrt{2}} \\ \frac{3}{\sqrt{3}} \\ 0 \end{bmatrix}$$

isto é, $v_P = (x', y', z') = (-\frac{2}{\sqrt{2}}, \frac{3}{\sqrt{3}}, 0)$.

Assim:

$3x^2 + 5y^2 + 3z^2 - 2xy + 2xz - 2yz = 2x'^2 + 3y'^2 + 6z'^2$

$3(0)^2 + 5(1)^2 + 3(2)^2 - 2(0)(1) + 2(0)(2) - 2(1)(2) = 2(-\frac{2}{\sqrt{2}})^2 + 3(\frac{3}{\sqrt{3}})^2 + 6(0)^2$

$0 + 5 + 12 - 0 + 0 - 4 = 2(\frac{4}{2}) + 3(\frac{9}{3}) + 0$

$13 = 13$

As considerações que fizemos no plano sobre mudança de referencial pela rotação são válidas também para o espaço.

7.7 QUÁDRICAS

Chama-se *quádrica* ou superfície quádrica a todo conjunto de pontos M do espaço tridimensional cujas coordenadas x, y e z, em relação à base canônica, satisfazem a equação do 2º grau

$$ax^2 + by^2 + cz^2 + 2dxy + 2exz + 2fyz + mx + ny + pz + q = 0$$

onde a, b, c, d, e e f não são todos nulos.

As coordenadas x, y e z dos pontos M do espaço são as componentes dos vetores $v \in \mathbb{R}^3$, que satisfazem à equação de uma quádrica (Figura 7.7).

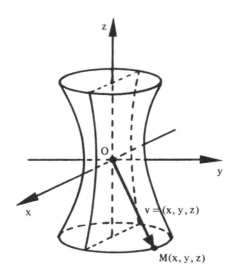

Figura 7.7

7.7.1 Equação Reduzida de uma Quádrica

De forma análoga àquela adotada para as cônicas no plano, dividiremos o trabalho em duas etapas.

Seja a equação de uma quádrica:

$$ax^2 + by^2 + cz^2 + 2dxy + 2exz + 2fyz + mx + ny + pz + q = 0 \qquad (1)$$

Formas quadráticas 359

1ª Etapa: *Eliminação dos termos em* xy, xz e yz

1º Passo: Escreve-se a equação na forma matricial:

$$[x \ y \ z] \begin{bmatrix} a & d & e \\ d & b & f \\ e & f & c \end{bmatrix} \begin{bmatrix} x \\ y \\ z \end{bmatrix} + [m \ n \ p] \begin{bmatrix} x \\ y \\ z \end{bmatrix} + q = 0 \qquad (2)$$

ou:

$$v_S^t \, A v_S + N v_S + q = 0$$

onde:

$$v_S = \begin{bmatrix} x \\ y \\ z \end{bmatrix}, \quad A = \begin{bmatrix} a & d & e \\ d & b & f \\ e & f & c \end{bmatrix} \quad e \quad N = [m \ n \ p]$$

2º Passo: Calculam-se os valores próprios λ_1, λ_2 e λ_3 e os vetores próprios unitários $u_1 = (x_{11}, x_{12}, x_{13})$, $u_2 = (x_{21}, x_{22}, x_{23})$ e $u_3 = (x_{31}, x_{32}, x_{33})$ da matriz simétrica A.

3º Passo: Substitui-se na equação (2) a forma quadrática

$$v_S^t \, A v_S = [x \ y \ z] \begin{bmatrix} a & d & e \\ d & b & f \\ e & f & c \end{bmatrix} \begin{bmatrix} x \\ y \\ z \end{bmatrix}$$

pela forma canônica

$$v_P^t \, D v_P = [x' \ y' \ z'] \begin{bmatrix} \lambda_1 & 0 & 0 \\ 0 & \lambda_2 & 0 \\ 0 & 0 & \lambda_3 \end{bmatrix} \begin{bmatrix} x' \\ y' \\ z' \end{bmatrix}$$

e:

$$v_S = \begin{bmatrix} x \\ y \\ z \end{bmatrix}$$

por:

$$Pv_P = \begin{bmatrix} x_{11} & x_{21} & x_{31} \\ x_{12} & x_{22} & x_{32} \\ x_{13} & x_{23} & x_{33} \end{bmatrix} \begin{bmatrix} x' \\ y' \\ z' \end{bmatrix}$$

tendo o cuidado para que det P = 1, a fim de que essa transformação seja uma rotação.

Assim, a equação (2) se transforma em:

$$[x' \ y' \ z'] \begin{bmatrix} \lambda_1 & 0 & 0 \\ 0 & \lambda_2 & 0 \\ 0 & 0 & \lambda_3 \end{bmatrix} \begin{bmatrix} x' \\ y' \\ z' \end{bmatrix} + [m \ n \ p] \begin{bmatrix} x_{11} & x_{21} & x_{31} \\ x_{12} & x_{22} & x_{32} \\ x_{13} & x_{23} & x_{33} \end{bmatrix} \begin{bmatrix} x' \\ y' \\ z' \end{bmatrix} + q = 0$$

ou:

$$\lambda_1 x'^2 + \lambda_2 y'^2 + \lambda_3 z'^2 + rx' + sy' + tz' + q = 0 \qquad (3)$$

que é a equação da quádrica dada em (1), porém referida ao sistema x'y'z', cujos eixos são determinados pela base P = $\{u_1, u_2, u_3\}$.

Observemos que enquanto a equação (1) apresenta os termos mistos em xy, xz e yz, a equação (3) é desprovida deles. Portanto, na passagem da equação (1) para (3), ocorreu uma simplificação.

2ª Etapa: *Translação de Eixos*

Conhecida a equação da quádrica

$$\lambda_1 x'^2 + \lambda_2 y'^2 + \lambda_3 z'^2 + rx' + sy' + tz' + q = 0, \qquad (4)$$

para se obter a equação reduzida efetua-se uma nova mudança de coordenadas que consiste na translação do último referencial $O\,x'y'z'$ para o novo, o qual chamaremos $O'XYZ$. A análise das possibilidades é feita a seguir.

I) Supondo λ_1, λ_2 e λ_3 diferentes de zero, pode-se escrever:

$$\lambda_1(x'^2 + \frac{r}{\lambda_1}x') + \lambda_2(y'^2 + \frac{s}{\lambda_2}y') + \lambda_3(z'^2 + \frac{t}{\lambda_3}z') + q = 0$$

ou:

$$\lambda_1(x'^2 + \frac{r}{\lambda_1}x' + \frac{r^2}{4\lambda_1^2}) + \lambda_2(y'^2 + \frac{s}{\lambda_2}y' + \frac{s^2}{4\lambda_2^2}) + \lambda_3(z'^2 + \frac{t}{\lambda_3}z' + \frac{t^2}{4\lambda_3^2}) + q - \frac{r^2}{4\lambda_1} - \frac{s^2}{4\lambda_2} - \frac{t^2}{4\lambda_3} = 0$$

$$\lambda_1(x' + \frac{r}{2\lambda_1})^2 + \lambda_2(y' + \frac{s}{2\lambda_2})^2 + \lambda_3(z' + \frac{t}{2\lambda_3})^2 + q - \frac{r^2}{4\lambda_1} - \frac{s^2}{4\lambda_2} - \frac{t^2}{4\lambda_3} = 0$$

Fazendo:

$$q - \frac{r^2}{4\lambda_1} - \frac{s^2}{4\lambda_2} - \frac{t^2}{4\lambda_3} = -Q$$

e, por meio de uma translação:

$$X = x' + \frac{r}{2\lambda_1}$$

$$Y = y' + \frac{s}{2\lambda_2}$$

$$Z = z' + \frac{t}{2\lambda_3}$$

vem:

$$\lambda_1 X^2 + \lambda_2 Y^2 + \lambda_3 Z^2 - Q = 0$$

e, finalmente:

$$\lambda_1 X^2 + \lambda_2 Y^2 + \lambda_3 Z^2 = Q \tag{5}$$

A equação (5) é a equação reduzida de uma *quádrica de centro*, e, como se vê, o primeiro membro é a forma canônica da forma quadrática no espaço tridimensional.

II) Se um dos valores próprios for igual a zero, $\lambda_1 = 0$, por exemplo, a equação (4) fica:

$$\lambda_2 y'^2 + \lambda_3 z'^2 + rx' + sy' + tz' + q = 0$$

ou:

$$\lambda_2 (y'^2 + \frac{s}{\lambda_2} y') + \lambda_3 (z'^2 + \frac{t}{\lambda_3} z') + rx' + q = 0$$

$$\lambda_2 (y'^2 + \frac{s}{\lambda_2} y' + \frac{s^2}{4\lambda_2^2}) + \lambda_3 (z'^2 + \frac{t}{\lambda_3} z' + \frac{t^2}{4\lambda_3^2}) + rx' + q - \frac{s^2}{4\lambda_2} - \frac{t^2}{4\lambda_3} = 0$$

$$\lambda_2 (y' + \frac{s}{2\lambda_2})^2 + \lambda_3 (z' + \frac{t}{2\lambda_3})^2 + r(x' + \frac{q}{r} - \frac{s^2}{4r\lambda_2} - \frac{t^2}{4r\lambda_3}) = 0$$

Fazendo, por meio de uma translação:

$$X = x' + \frac{q}{r} - \frac{s^2}{4r\lambda_2} - \frac{t^2}{4r\lambda_3}$$

$$Y = y' + \frac{s}{2\lambda_2}$$

$$Z = z' + \frac{t}{2\lambda_3}$$

vem:

$$\lambda_2 Y^2 + \lambda_3 Z^2 + rX = 0 \qquad (6)$$

A equação (6) é a equação reduzida de uma quádrica sem centro.

Observação

Se em lugar de λ_1 fosse $\lambda_2 = 0$ ou $\lambda_3 = 0$, a equação reduzida de uma quádrica sem centro seria:

$$\lambda_1 X^2 + \lambda_3 Z^2 + sY = 0$$

ou:

$$\lambda_1 X^2 + \lambda_2 Y^2 + tZ = 0$$

7.7.2 Classificação das Quádricas

I) A equação de uma quádrica de centro é

$$\lambda_1 X^2 + \lambda_2 Y^2 + \lambda_3 Z^2 = Q$$

Dependendo dos valores de λ_1, λ_2, λ_3 e Q, a quádrica será do tipo *elipsóide* ou *hiperbolóide*.

II) A equação de uma quádrica sem centro é

$$\lambda_2 Y^2 + \lambda_3 Z^2 + rX = 0$$

ou:

$$\lambda_1 X^2 + \lambda_3 Z^2 + sY = 0$$

ou:

$$\lambda_1 X^2 + \lambda_2 Y^2 + tZ = 0$$

A quádrica representada por uma dessas equações é do tipo *parabolóide*.

7.8 PROBLEMAS RESOLVIDOS

1) Determinar a equação reduzida e o tipo da quádrica representada pela equação:

$$3x^2 + 5y^2 + 3z^2 - 2xy + 2xz - 2yz + \sqrt{3}y - \frac{7}{12} = 0$$

Solução

1ª Etapa: *Eliminação dos termos em* xy, xz e yz

1º Passo: A equação dada na forma matricial, de acordo com 7.7.1, é

$$[x \; y \; z] \begin{bmatrix} 3 & -1 & 1 \\ -1 & 5 & -1 \\ 1 & -1 & 3 \end{bmatrix} \begin{bmatrix} x \\ y \\ z \end{bmatrix} + [0 \; \sqrt{3} \; 0] \begin{bmatrix} x \\ y \\ z \end{bmatrix} - \frac{7}{12} = 0 \qquad (7)$$

2º Passo: Os valores próprios e os vetores próprios unitários da matriz simétrica

$$A = \begin{bmatrix} 3 & -1 & 1 \\ -1 & 5 & -1 \\ 1 & -1 & 3 \end{bmatrix}$$

são:

$\lambda_1 = 2, \quad u_1 = (\dfrac{1}{\sqrt{2}}, 0, -\dfrac{1}{\sqrt{2}})$

$\lambda_2 = 3, \quad u_2 = (\dfrac{1}{\sqrt{3}}, \dfrac{1}{\sqrt{3}}, \dfrac{1}{\sqrt{3}})$

$\lambda_3 = 6, \quad u_3 = (\dfrac{1}{\sqrt{6}}, -\dfrac{2}{\sqrt{6}}, \dfrac{1}{\sqrt{6}})$

3º Passo: Com as devidas substituições, a equação (7) fica:

$$[x' \ y' \ z'] \begin{bmatrix} 2 & 0 & 0 \\ 0 & 3 & 0 \\ 0 & 0 & 6 \end{bmatrix} \begin{bmatrix} x' \\ y' \\ z' \end{bmatrix} + [0 \ \sqrt{3} \ 0] \begin{bmatrix} \dfrac{1}{\sqrt{2}} & \dfrac{1}{\sqrt{3}} & \dfrac{1}{\sqrt{6}} \\ 0 & \dfrac{1}{\sqrt{3}} & -\dfrac{2}{\sqrt{6}} \\ -\dfrac{1}{\sqrt{2}} & \dfrac{1}{\sqrt{3}} & \dfrac{1}{\sqrt{6}} \end{bmatrix} \begin{bmatrix} x' \\ y' \\ z' \end{bmatrix} - \dfrac{7}{12} = 0$$

ou:

$$2x'^2 + 3y'^2 + 6z'^2 + y' - \sqrt{2}z' - \dfrac{7}{12} = 0$$

2ª Etapa: *Translação de Eixos*

$$2x'^2 + 3(y'^2 + \dfrac{y'}{3}) + 6(z'^2 - \dfrac{\sqrt{2}}{6}z') = \dfrac{7}{12}$$

$$2x'^2 + 3(y'^2 + \dfrac{y'}{3} + \dfrac{1}{36}) + 6(z'^2 - \dfrac{\sqrt{2}}{6}z' + \dfrac{1}{72}) = \dfrac{7}{12} + \dfrac{1}{12} + \dfrac{1}{12}$$

$$2x'^2 + 3(y' + \dfrac{1}{6})^2 + 6(z' - \dfrac{\sqrt{2}}{12})^2 = \dfrac{3}{4}$$

Fazendo:

$$X = x'$$
$$Y = y' + \frac{1}{6}$$
$$Z = z' - \frac{\sqrt{2}}{12}$$

a equação acima fica:

$$2X^2 + 3Y^2 + 6Z^2 = \frac{3}{4}$$

ou:

$$\frac{X^2}{\frac{8}{3}} + \frac{Y^2}{4} + \frac{Z^2}{8} = 1$$

que é a equação reduzida da quádrica dada, porém referida ao sistema O'XYZ, sendo $O'(0, -\frac{1}{6}, \frac{\sqrt{2}}{12})$.

Trata-se de um elipsóide.

2) Identificar e esboçar a quádrica representada pelas seguintes equações:

a) $36x^2 + 16y^2 - 9z^2 - 144 = 0$

b) $x^2 + z^2 - 4y = 0$

Solução

a) $36x^2 + 16y^2 - 9z^2 = 144$

Dividindo ambos os membros da equação por 144, vem:

$$\frac{x^2}{4} + \frac{y^2}{9} - \frac{z^2}{16} = 1$$

que é a forma canônica de um hiperbolóide de uma folha ao longo do eixo dos z (Figura 7.8a).

O traço no plano xOy é a elipse

$$\frac{x^2}{4} + \frac{y^2}{9} = 1, \quad z = 0$$

Os traços nos planos xOz e yOz são as hipérboles

$$\frac{x^2}{4} - \frac{z^2}{16} = 1, \quad y = 0 \quad e \quad \frac{y^2}{9} - \frac{z^2}{16} = 1, \quad x = 0$$

respectivamente.

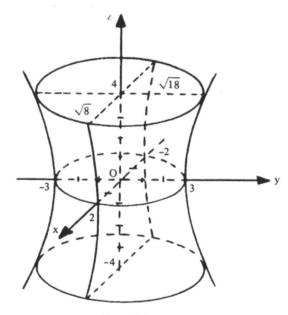

Figura 7.8a

b) $x^2 + z^2 - 4y = 0$

ou:

$$\frac{x^2}{1} + \frac{z^2}{1} = 4y$$

que é a forma canônica de um parabolóide elíptico ao longo do eixo dos y (Figura 7.8b).

O traço no plano xOz é a origem $(0, 0, 0)$.

Os traços nos planos xOy e yOz são as parábolas

$$x^2 = 4y, \quad z = 0 \quad e \quad z^2 = 4y, \quad x = 0$$

respectivamente.

Formas quadráticas 367

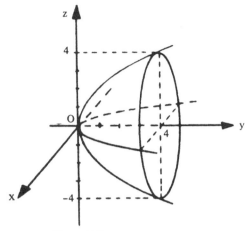

Figura 7.8b

7.8.1 Problemas Propostos

Por uma conveniente translação de eixos, transformar cada uma das equações seguintes na forma reduzida e identificar a quádrica que ela representa.

1) $2x^2 + 4y^2 + z^2 - 8x + 24y - 2z + 41 = 0$

2) $3x^2 + 2y^2 - 6z^2 - 18x + 4y + 29 = 0$

3) $3x^2 + 4y^2 + 24x - 8y + 24z + 100 = 0$

4) $2x^2 - y^2 - 2z^2 + 8x + 4 = 0$

5) $5x^2 + 5y^2 + 5z^2 - 10x + 20z - 3 = 0$

6) $9x^2 - 4y^2 - 16y - 36z - 16 = 0$

7) $x^2 + y^2 - 2y = 0$

8) $x^2 + 4y^2 - z^2 - 2x + 16y + 17 = 0$

Nos problemas 9 a 12 efetuar uma rotação e uma translação de eixos para referir a quádrica ao sistema $O'XYZ$ e identificá-la.

9) $3x^2 + 5y^2 + 3z^2 - 2xy + 2xz - 2yz - 4x + 6y - 2z + 2 = 0$

10) $y^2 - 4xz - 4x + 2y - 3 = 0$

11) $2x^2 + 2y^2 + 5z^2 - 4xy - 2xz + 2yz - 10x - 6y - 2z - 7 = 0$

12) $7x^2 + 6y^2 + 5z^2 - 4xy - 4yz - 18 = 0$

7.8.2   Respostas dos Problemas Propostos

1) $\dfrac{x'^2}{2} + \dfrac{y'^2}{1} + \dfrac{z'^2}{4} = 1$, elipsóide.

2) $\dfrac{x'^2}{2} + \dfrac{y'^2}{3} - \dfrac{z'^2}{1} = 1$, hiperbolóide de uma folha.

3) $\dfrac{x'^2}{4} + \dfrac{y'^2}{3} = -2z'$, parabolóide elíptico.

4) $\dfrac{x'^2}{2} - \dfrac{y'^2}{4} - \dfrac{z'^2}{2} = 1$, hiperbolóide de duas folhas.

5) $5x'^2 + 5y'^2 + 5z'^2 = 28$, superfície esférica.

6) $\dfrac{x'^2}{4} - \dfrac{y'^2}{9} = z$, parabolóide hiperbólico.

7) $x'^2 + y'^2 = 1$, superfície cilíndrica circular.

8) $\dfrac{x'^2}{4} + \dfrac{y'^2}{1} - \dfrac{z'^2}{4} = 0$, superfície cônica.

9) $4X^2 + 6Y^2 + 12Z^2 = 1$, elipsóide.

10) $2X^2 - Y^2 - 2Z^2 = 2$, hiperbolóide de duas folhas.

11) $6X^2 + 3Y^2 - 8\sqrt{2}\,Z = 0$, parabolóide elíptico.

12) $\dfrac{X^2}{6} + \dfrac{Y^2}{3} + \dfrac{Z^2}{2} = 1$, elipsóide.

APÊNDICE

MATRIZES
DETERMINANTES
SISTEMAS DE EQUAÇÕES LINEARES

MATRIZES

A.1 DEFINIÇÃO DE MATRIZ

Chama-se *matriz de ordem* m *por* n a um quadro de m × n elementos (números, polinômios, funções etc.) dispostos em m linhas e n colunas:

$$A = \begin{bmatrix} a_{11} & a_{12} & a_{13} & \cdots & a_{1n} \\ a_{21} & a_{22} & a_{23} & \cdots & a_{2n} \\ a_{31} & a_{32} & a_{33} & \cdots & a_{3n} \\ \vdots & \vdots & \vdots & \vdots & \vdots \\ a_{m1} & a_{m2} & a_{m3} & \cdots & a_{mn} \end{bmatrix}$$

A.1.1 Representação dos Elementos da Matriz

Cada elemento da matriz A está afetado de dois índices: a_{ij}.

O primeiro índice indica a linha e o segundo a coluna a que o elemento pertence.

A.1.2 Representação de uma Matriz

A matriz A pode ser representada abreviadamente por $A = [a_{ij}]$, i variando de 1 a m (i = 1, 2, 3, 4, ..., m) e j variando de 1 a n (j = 1, 2, 3, 4, ..., n).

Para entender porque a matriz A pode ser representada por $[a_{ij}]$, deve o leitor supor, inicialmente, que se fixe para i, por exemplo, o valor 1, e a seguir se faz j variar sucessivamente de 1 a n, obtendo-se:

a_{11} a_{12} a_{13} ... a_{1n}

Após, fixa-se para i o valor 2, e faz-se j variar de 1 a n, obtendo-se:

a_{21} a_{22} a_{23} ... a_{2n}

Em continuação, fixa-se para i o valor 3 e faz-se j variar de 1 a n, obtendo-se:

a_{31} a_{32} a_{33} ... a_{3n}

e assim sucessivamente até i atingir o valor m; quando isso ocorre, faz-se j variar de 1 a n, obtendo-se:

a_{m1} a_{m2} a_{m3} ... a_{mn}

Dessa forma, $[a_{ij}]$, com i variando de 1 a m e j variando de 1 a n, representa abreviadamente a matriz A, ou melhor, representa qualquer matriz A de ordem m por n.

A partir de agora, e sempre que for necessário, uma matriz B será representada por $[b_{ij}]$, uma C por $[c_{ij}]$ e assim por diante.

A.1.3 Ordem da Matriz — Notação

Se a matriz A é de ordem m por n, costuma-se escrever simplesmente $A_{(m,n)}$. Assim, se uma matriz A tiver 3 linhas e 4 colunas, escreve-se simplesmente $A_{(3,4)}$ e diz-se matriz de ordem 3 por 4.

A.1.4 Matriz Retangular

Uma matriz na qual $m \neq n$ é denominada matriz retangular.

A.1.5 Matriz-Coluna

A matriz de ordem n por 1 é uma *matriz-coluna:*

$$\begin{bmatrix} a_1 \\ a_2 \\ a_3 \\ \vdots \\ a_n \end{bmatrix}$$

Observação

A matriz-coluna de ordem n por 1 pode representar as componentes $(a_1, a_2, a_3, ..., a_n)$ de um vetor V do espaço vetorial E de dimensão n. Por esse motivo essa matriz é denominada *vetor-coluna*.

A.1.6 Matriz-Linha

A matriz de ordem 1 por n é uma *matriz-linha:*

$A = [a_1, a_2, a_3, ..., a_n]$

Observação

A matriz-linha é denominada *vetor-linha*.

A.2 MATRIZ QUADRADA

Quando o número de linhas é igual ao número de colunas, tem-se uma *matriz quadrada*.

$$A = \begin{bmatrix} a_{11} & a_{12} & a_{13} & \cdots & a_{1n} \\ a_{21} & a_{22} & a_{23} & \cdots & a_{2n} \\ a_{31} & a_{32} & a_{33} & \cdots & a_{3n} \\ \cdot & \cdot & \cdot & \cdots & \cdot \\ \cdot & \cdot & \cdot & \cdots & \cdot \\ a_{n1} & a_{n2} & a_{n3} & \cdots & a_{nn} \end{bmatrix}$$

A ordem da matriz quadrada é n por n, ou simplesmente n.

A.2.1 Diagonal Principal

Numa matriz quadrada $A = [a_{ij}]$, de ordem n, os elementos a_{ij}, em que i = j, constituem a *diagonal principal*.

Assim, a diagonal formada pelos elementos

$$a_{11},\ a_{22},\ a_{33},\ \ldots,\ a_{nn}$$

é a diagonal principal.

A.2.2 Diagonal Secundária

Numa matriz quadrada $A = [a_{ij}]$, de ordem n, os elementos a_{ij}, em que i + j = n + 1, constituem a *diagonal secundária*.

Assim, a diagonal formada pelos elementos

$$a_{1n},\ a_{2\ n-1},\ a_{3\ n-2},\ \ldots,\ a_{n1}$$

é a diagonal secundária.

A.2.3 Matriz Diagonal

A matriz quadrada $A = [a_{ij}]$ que tem os elementos $a_{ij} = 0$ quando $i \neq j$ é uma *matriz diagonal*.

$$A = \begin{bmatrix} a_{11} & 0 & 0 & \cdots & 0 \\ 0 & a_{22} & 0 & \cdots & 0 \\ 0 & 0 & a_{33} & \cdots & 0 \\ \cdot & \cdot & \cdot & \cdots & \cdot \\ \cdot & \cdot & \cdot & \cdots & \cdot \\ 0 & 0 & 0 & \cdots & a_{nn} \end{bmatrix}$$

A.2.4   Matriz Escalar

A matriz diagonal que tem os elementos a_{ij} iguais entre si para $i = j$ é uma *matriz escalar*.

Exemplo

$$A = \begin{bmatrix} 5 & 0 & 0 \\ 0 & 5 & 0 \\ 0 & 0 & 5 \end{bmatrix}$$

A.2.5   Matriz Unidade

A matriz escalar de qualquer ordem que tem os elementos $a_{ij} = 1$ para $i = j$ é uma *matriz unidade*. Indica-se a matriz unidade por I_n, ou simplesmente por I.

Exemplos

$$I_2 = \begin{bmatrix} 1 & 0 \\ 0 & 1 \end{bmatrix} \; ; \; I_3 = \begin{bmatrix} 1 & 0 & 0 \\ 0 & 1 & 0 \\ 0 & 0 & 1 \end{bmatrix}$$

A.3 MATRIZ ZERO

Uma *matriz zero* é a matriz cujos elementos a_{ij} são todos nulos.

Exemplo

$$0 = \begin{bmatrix} 0 & 0 & 0 \\ 0 & 0 & 0 \end{bmatrix}$$

A.4 IGUALDADE DE MATRIZES

Duas matrizes $A = [a_{ij}]$ e $B = [b_{ij}]$, de ordem (m, n), são *iguais* se, e somente se, $a_{ij} = b_{ij}$.

Exemplo

$$\begin{bmatrix} 2 & 4 \\ 3 & 1 \\ 0 & 2 \end{bmatrix} = \begin{bmatrix} 2 & 4 \\ 3 & 1 \\ 0 & 2 \end{bmatrix}$$

A.5 ADIÇÃO DE MATRIZES

A soma de duas matrizes $A = [a_{ij}]$ e $B = [b_{ij}]$, de ordem (m, n), é uma matriz $C = [c_{ij}]$ tal que:

$$c_{ij} = a_{ij} + b_{ij}$$

Exemplos

I) $\begin{bmatrix} a_{11} & a_{12} & a_{13} \\ a_{21} & a_{22} & a_{23} \end{bmatrix} + \begin{bmatrix} b_{11} & b_{12} & b_{13} \\ b_{21} & b_{22} & b_{23} \end{bmatrix} = \begin{bmatrix} a_{11} + b_{11} & a_{12} + b_{12} & a_{13} + b_{13} \\ a_{21} + b_{21} & a_{22} + b_{22} & a_{23} + b_{23} \end{bmatrix}$

II) $\begin{bmatrix} 5 & -2 & 3 \\ 2 & 1 & -4 \\ 1 & 0 & 2 \\ 3 & -1 & 4 \end{bmatrix} + \begin{bmatrix} -2 & 1 & 3 \\ 4 & 2 & 5 \\ 0 & 2 & -2 \\ -3 & 0 & 5 \end{bmatrix} = \begin{bmatrix} 3 & -1 & 6 \\ 6 & 3 & 1 \\ 1 & 2 & 0 \\ 0 & -1 & 9 \end{bmatrix}$

A.5.1 Observação

A *diferença* A - B de duas matrizes de ordem (m, n) é uma matriz C tal que:

$c_{ij} = a_{ij} - b_{ij}$

A.5.2 Propriedades da Adição de Matrizes

I) $A + (B + C) = (A + B) + C$

II) $A + 0 = 0 + A = A$

III) $-A + A = A - A = 0$

IV) $A + B = B + A$

A.6 PRODUTO DE UMA MATRIZ POR UM ESCALAR

Se λ é um escalar, o *produto* de uma matriz $A = [a_{ij}]$ por esse escalar é uma matriz $B = [b_{ij}]$ tal que:

$b_{ij} = \lambda a_{ij}$

Exemplo

$5 \times \begin{bmatrix} 4 & -2 & 1 \\ 3 & -5 & 0 \end{bmatrix} = \begin{bmatrix} 5 \times 4 & 5 \times (-2) & 5 \times 1 \\ 5 \times 3 & 5 \times (-5) & 5 \times 0 \end{bmatrix} = \begin{bmatrix} 20 & -10 & 5 \\ 15 & -25 & 0 \end{bmatrix}$

A.6.1 Propriedades da Multiplicação de uma Matriz por um Escalar

I) $(\lambda\mu) A = \lambda (\mu A)$

II) $(\lambda + \mu) A = \lambda A + \mu A$

III) $\lambda (A + B) = \lambda A + \lambda B$

IV) $1 A = A$

A.7 PRODUTO DE UMA MATRIZ POR OUTRA

Sejam as matrizes $A_{(1,4)}$ e $B_{(4,1)}$:

$$A = \begin{bmatrix} 4 & 3 & 2 & 5 \end{bmatrix} \quad e \quad B = \begin{bmatrix} 6 \\ 4 \\ 5 \\ 3 \end{bmatrix}$$

O produto AB é, por definição, uma matriz $C_{(1,1)} = [c_{11}]$ tal que:

$C_{11} = 4 \times 6 + 3 \times 4 + 2 \times 5 + 5 \times 3$

$C_{11} = 24 + 12 + 10 + 15$

$C_{11} = 61$.

Assim, C_{11} é a soma dos produtos, na ordem em que estão dispostos, dos elementos da matriz-linha A pelos elementos da matriz-coluna B, isto é, C_{11} é igual à soma dos produtos do 1º elemento de A pelo 1º elemento de B, do 2º elemento de A pelo 2º elemento de B, do 3º elemento de A pelo 3º elemento de B e do 4º elemento de A pelo 4º elemento de B. Diz-se que 61 é o produto da matriz A pela matriz B. O dispositivo da página seguinte, facilita, visualmente, entender a definição do produto da matriz A $_{(1,4)}$ pela matriz B $_{(4,1)}$.

A condição para multiplicar a matriz $A_{(1,4)}$ pela matriz $B_{(4,1)}$, , de acordo com a definição, é que o número de colunas de A (no caso, 4) seja igual ao número de linhas de B (no caso, também 4). Por outro lado, a ordem da matriz produto C é dada pelo número de linhas de A (no caso, 1) e pelo número de colunas de B (no caso, também 1), isto é, C_{11}.

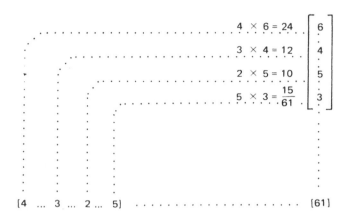

Se se escrever em seqüência a ordem da matriz A e a ordem da matriz B:

$$(1,4) \qquad (4,1)$$

o 2º e o 3º números, sendo iguais, indicam que a multiplicação é possível e o 1º e o 4º números indicam a ordem da matriz produto C:

$$A_{(1,4)} \times B_{(4,1)} = C_{11}$$

Suponhamos que se deseja multiplicar uma matriz $A_{(1,4)}$ por uma matriz $B_{(4,2)}$:

$$A_{(1,4)} \times B_{(4,2)}$$

Tendo em vista que o 2º e o 3º números são iguais (número de colunas de A igual ao número de linhas de B), a multiplicação é possível, e a ordem da matriz produto C será dada pelo 1º e 4º números (número de linhas de A e número de colunas de B):

$$A_{(1,4)} \times B_{(4,2)} = C_{(1,2)}$$

isto é, a matriz C terá 1 linha e 2 colunas.

Sejam as matrizes $A_{(1,4)}$ e $B_{(4,2)}$:

$$A = \begin{bmatrix} 4 & 3 & 2 & 5 \end{bmatrix} \quad e \quad B = \begin{bmatrix} 6 & 1 \\ 4 & 2 \\ 5 & 7 \\ 3 & 4 \end{bmatrix}$$

Para efetuar o produto da matriz-linha de $A_{(1,4)}$ pela matriz $B_{(4,2)}$, considera-se cada coluna de B como uma matriz-coluna e efetua-se o produto da matriz-linha A pela primeira matriz-coluna de B, obtendo-se o 1º elemento de C; a seguir, efetua-se o produto da matriz-linha A, pela segunda matriz-coluna de B, obtendo-se o 2º elemento de C. O dispositivo a seguir facilita o entendimento do processo:

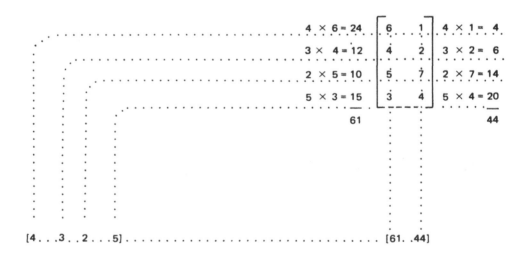

A matriz $C_{(1,2)} = \begin{bmatrix} 61 & 44 \end{bmatrix}$ é o produto das matrizes $A_{(1,4)}$ e $B_{(4,2)}$:

$$A_{(1,4)} \times B_{(4,2)} = C_{(1,2)}$$

Suponhamos, agora, que se deseja multiplicar uma matriz $A_{(2,3)}$ por uma matriz $B_{(3,4)}$:

$$A_{(2,3)} \times B_{(3,4)}$$

Tendo em vista que A é de ordem $(2,3)$ e que B é de ordem $(3,4)$, o produto existe e é uma matriz $C_{(2,4)}$:

$$A_{(2,3)} \times B_{(3,4)} = C_{(2,4)}$$

Sejam as matrizes:

$$A = \begin{bmatrix} 4 & 2 & 6 \\ 2 & 5 & 3 \end{bmatrix} \quad \text{e} \quad B = \begin{bmatrix} 5 & 2 & 4 & 1 \\ 2 & 3 & 1 & 0 \\ 1 & 2 & 7 & 6 \end{bmatrix}$$

Para efetuar o produto das matrizes A e B, considera-se cada linha da matriz A como uma matriz-linha (daqui por diante chamada simplesmente de linha) e cada coluna da matriz B como uma matriz-coluna (daqui por diante chamada simplesmente de coluna). A seguir, multiplica-se a 1ª linha de A sucessivamente pela 1ª, pela 2ª, pela 3ª e pela 4ª colunas de B, obtendo-se a primeira linha c_{11} c_{12} c_{13} c_{14} da matriz C. Em continuação, multiplica-se a 2ª linha de A sucessivamente pela 1ª, pela 2ª, pela 3ª e pela 4ª colunas de B, obtendo-se a segunda linha c_{21} c_{22} c_{23} c_{24} da matriz produto C. O dispositivo a seguir facilita o entendimento do processo:

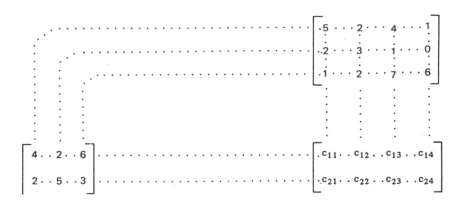

O elemento c_{11} da matriz C se obtém multiplicando a 1ª linha de A pela 1ª coluna de B, o elemento c_{12} se obtém multiplicando a 1ª linha de A pela 2ª coluna de B; o elemento c_{13} se obtém multiplicando a 1ª linha de A pela 3ª coluna de B; o elemento c_{14} se obtém multiplicando a 1ª linha de A pela 4ª coluna de B. Os elementos c_{21} c_{22} c_{23} c_{24} são obtidos multiplicando-se a 2ª linha de A sucessivamente pela 1ª, pela 2ª, pela 3ª e pela 4ª colunas de B. Assim, cada elemento c_{ij} da matriz C é obtido multiplicando a linha i da matriz A pela coluna j da matriz B. No exemplo dado:

c_{11} = 1ª linha de A × 1ª coluna de B = 4 × 5 + 2 × 2 + 6 × 1 = 20 + 4 + 6 = 30

c_{12} = 1ª linha de A × 2ª coluna de B = 4 × 2 + 2 × 3 + 6 × 2 = 8 + 6 + 12 = 26

c_{13} = 1ª linha de A × 3ª coluna de B = 4 × 4 + 2 × 1 + 6 × 7 = 16 + 2 + 42 = 60

c_{14} = 1ª linha de A × 4ª coluna de B = 4 × 1 + 2 × 0 + 6 × 6 = 4 + 0 + 36 = 40

c_{21} = 2ª linha de A × 1ª coluna de B = 2 × 5 + 5 × 2 + 3 × 1 = 10 + 10 + 3 = 23

c_{22} = 2ª linha de A × 2ª coluna de B = 2 × 2 + 5 × 3 + 3 × 2 = 4 + 15 + 6 = 25

c_{23} = 2ª linha de A × 3ª coluna de B = 2 × 4 + 5 × 1 + 3 × 7 = 8 + 5 + 21 = 34

c_{24} = 2ª linha de A × 4ª coluna de B = 2 × 1 + 5 × 0 + 3 × 6 = 2 + 0 + 18 = 20

Portanto, o produto das matrizes dadas $A_{(2,3)}$ e $B_{(3,4)}$ é a matriz

$$C_{(2,4)} = \begin{bmatrix} 30 & 26 & 60 & 40 \\ 23 & 25 & 34 & 20 \end{bmatrix}$$

De acordo com o que foi visto até agora, pode-se dizer, por exemplo, que

$A_{(3,5)}$ × $B_{(5,6)}$ = $C_{(3,6)}$

De fato, o produto AB é possível porque o número de colunas da 1ª matriz é igual ao número de linhas da 2ª matriz:

número de colunas de A = 5

número de linhas de B = 5

Matrizes. Determinantes. Sistema de equações lineares   *381*

A ordem da matriz C é (3, 6) porque:

número de linhas de   A = 3

número de colunas de B = 6

Do mesmo modo pode-se dizer, por exemplo, que

$A_{(2,7)} \times B_{(7,5)} = C_{(2,5)}$

$A_{(5,4)} \times B_{(4,8)} = C_{(5,8)}$

$A_{(9,2)} \times B_{(2,11)} = C_{(9,11)}$

e assim por diante.

A.7.1 Cálculo de um Elemento Qualquer de uma Matriz Produto

Sejam as matrizes

$$A = \begin{bmatrix} a_{11} & a_{12} & a_{13} \\ a_{21} & a_{22} & a_{23} \end{bmatrix} \quad e \quad B = \begin{bmatrix} b_{11} & b_{12} & b_{13} \\ b_{21} & b_{22} & b_{23} \\ b_{31} & b_{32} & b_{33} \end{bmatrix}$$

Tendo em vista que A é de ordem (2, 3) e que B é de ordem (3, 3), o produto é uma matriz C de ordem (2, 3):

$$A_{(2,3)} \times B_{(3,3)} = C_{(2,3)} = \begin{bmatrix} c_{11} & c_{12} & c_{13} \\ c_{21} & c_{22} & c_{23} \end{bmatrix}$$

Por meio do dispositivo já conhecido e que facilita, visualmente, o entendimento do processo, vejamos como calcular, por exemplo, o elemento c_{23} da matriz C:

c_{23} = 2ª linha de A × 3ª coluna de B = $a_{21}b_{13} + a_{22}b_{23} + a_{23}b_{33}$

$$\begin{bmatrix} b_{11} \cdot \cdot b_{12} \cdot \cdot b_{13} \\ b_{21} \cdot \cdot b_{22} \cdot \cdot b_{23} \\ b_{31} \cdot \cdot b_{32} \cdot \cdot b_{33} \end{bmatrix}$$

$$\begin{bmatrix} a_{11} \cdot \cdot a_{12} \cdot \cdot a_{13} \\ a_{21} \cdot \cdot a_{22} \cdot \cdot a_{23} \end{bmatrix} \quad \begin{bmatrix} c_{11} \cdot \cdot c_{12} \cdot \cdot c_{13} \\ c_{21} \cdot \cdot c_{22} \cdot \cdot c_{23} \end{bmatrix}$$

Assinalando o 2º índice de "a" e o 1º índice de "b", vê-se que, em cada parcela, eles são iguais:

$$c_{23} = a_{2①} b_{①3} + a_{2②} b_{②3} + a_{2③} b_{③3}$$

Essa expressão pode ser escrita do seguinte modo:

$$c_{23} = \sum_{k=1}^{k=3} a_{2k} b_{k3}$$

isto é, c_{23} é o somatório dos produtos $a_{2k} b_{k3}$, com k variando de 1 a 3.

Um elemento qualquer c_{ij} da matriz C será calculado do seguinte modo:

$$c_{ij} = \sum_{k=1}^{k=3} a_{ik} b_{kj}$$

Essa expressão é que, na verdade, define o produto C = AB.

Generalizando, se $A_{(m,n)} = [a_{ij}]$ e se $B_{(n,p)} = [b_{kj}]$, o produto AB é uma matriz $C = [c_{ij}]$ tal que:

$$c_{ij} = \sum_{k=1}^{k=n} a_{ik} b_{kj}$$

O produto $C = AB$ é uma matriz de ordem (m,p), uma vez que na expressão que define o elemento c_{ij}, o índice i varia de 1 a m, e o índice j varia de 1 a p:

$$A_{(m,n)} \times B_{(n,p)} = C_{(m,p)}$$

Assinale-se, ainda, que o índice k varia de 1 a n, pois que n é o número de colunas de A e também é o número de linhas de B, condição, aliás, indispensável para se efetuar o produto AB.

A.7.2 Comutatividade da Multiplicação de Duas Matrizes

Em geral, a existência do produto AB não implica a existência do produto BA.

Exemplo

$$A_{(3,5)} \times B_{(5,6)} = C_{(3,6)}$$

Entretanto, o produto

$$B_{(5,6)} \times A_{(3,5)}$$

não existe, porque $6 \neq 3$, isto é, o número de colunas da 1ª matriz não coincide com o número de linhas da 2ª matriz.

Mesmo quando as multiplicações $A \times B$ e $B \times A$ são possíveis, os dois produtos são, em geral, diferentes:

$$A_{(4,3)} \times B_{(3,4)} = C_{(4,4)}$$

$$B_{(3,4)} \times A_{(4,3)} = D_{(3,3)}$$

O produto $AB = C$ é uma matriz de ordem $(4,4)$, enquanto o produto $BA = D$ é uma matriz de ordem $(3,3)$.

Ainda que A e B fossem matrizes quadradas de ordem n, os produtos AB e BA seriam também matrizes quadradas de ordem n, e ainda assim, em geral, diferiríam.

Sejam, por exemplo, as matrizes:

$$A = \begin{bmatrix} 1 & 2 \\ 3 & 4 \end{bmatrix} \quad e \quad B = \begin{bmatrix} 5 & 7 \\ 6 & 8 \end{bmatrix}$$

$$AB = \begin{bmatrix} 1 & 2 \\ 3 & 4 \end{bmatrix} \begin{bmatrix} 5 & 7 \\ 6 & 8 \end{bmatrix} = \begin{bmatrix} 17 & 23 \\ 39 & 53 \end{bmatrix}$$

$$BA = \begin{bmatrix} 5 & 7 \\ 6 & 8 \end{bmatrix} \begin{bmatrix} 1 & 2 \\ 3 & 4 \end{bmatrix} = \begin{bmatrix} 26 & 38 \\ 30 & 44 \end{bmatrix}$$

Os produtos AB e BA são diferentes. Logo, a multiplicação de duas matrizes não é comutativa. Existem matrizes A e B, tais que AB = BA, porém essa não é a regra. A seguir o leitor terá oportunidade de ver dois desses casos especiais e que interessam muito no estudo das matrizes.

1º Caso: Sejam as matrizes quadradas:

$$A = \begin{bmatrix} 3 & 2 \\ 5 & 7 \end{bmatrix} \quad e \quad I = \begin{bmatrix} 1 & 0 \\ 0 & 1 \end{bmatrix}$$

$$AI = \begin{bmatrix} 3 & 2 \\ 5 & 7 \end{bmatrix} \begin{bmatrix} 1 & 0 \\ 0 & 1 \end{bmatrix} = \begin{bmatrix} 3 & 2 \\ 5 & 7 \end{bmatrix}$$

$$IA = \begin{bmatrix} 1 & 0 \\ 0 & 1 \end{bmatrix} \begin{bmatrix} 3 & 2 \\ 5 & 7 \end{bmatrix} = \begin{bmatrix} 3 & 2 \\ 5 & 7 \end{bmatrix}$$

Como se vê:

AI = IA = A

É fácil generalizar dizendo que, dadas duas matrizes A e I, de mesma ordem n, a multiplicação dessas matrizes é comutativa e a matriz produto é igual à matriz A.

2º Caso: Sejam as matrizes quadradas:

$$A = \begin{bmatrix} 11 & 3 \\ 7 & 2 \end{bmatrix} \text{ e } B = \begin{bmatrix} 2 & -3 \\ -7 & 11 \end{bmatrix}$$

$$AB = \begin{bmatrix} 11 & 3 \\ 7 & 2 \end{bmatrix} \begin{bmatrix} 2 & -3 \\ -7 & 11 \end{bmatrix} = \begin{bmatrix} 1 & 0 \\ 0 & 1 \end{bmatrix}$$

$$BA = \begin{bmatrix} 2 & -3 \\ -7 & 11 \end{bmatrix} \begin{bmatrix} 11 & 3 \\ 7 & 2 \end{bmatrix} = \begin{bmatrix} 1 & 0 \\ 0 & 1 \end{bmatrix}$$

Como se vê:

AB = BA = I

A matriz B que satisfaz à condição

AB = BA = I

diz-se inversa de A e se representa por A^{-1}

$$AA^{-1} = A^{-1}A = I$$

Assim, para saber se, dadas duas matrizes quadradas A e B, de mesma ordem, uma é inversa da outra, basta multiplicar uma pela outra e verificar se o produto é a matriz I.

Nesse caso, dir-se-á que B é inversa de A e se representa por A^{-1} (ou que A é inversa de B e se representa por B^{-1}).

Se uma matriz A admite inversa, esta é única.

A maneira de determinar a matriz inversa de uma matriz dada será vista no item A.36.

A.7.3 Propriedades da Multiplicação de Uma Matriz por Outra

I) Dadas as matrizes A, B, C de ordem (m, n), (n, p) e (p, r), respectivamente, tem-se:

(AB) C = A (BC)

II) Dadas as matrizes A, B, C de ordem (m, n), (m, n) e (n, p), respectivamente, tem-se:

(A + B) C = AC + BC

III) Dadas as matrizes A, B, C de ordem (n, p), (n, p) e (m, n), respectivamente, tem-se:

C (A + B) = CA + CB

IV) Se A(m, n), tem-se:

$I_m A = A I_n = A$

V) Dadas as matrizes A e B de ordem (m, n) e (n, p), respectivamente, tem-se, para todo número λ:

$(\lambda A) B = A (\lambda B) = \lambda (AB)$

VI) A multiplicação matricial não é, em geral, comutativa.

Exemplo

$$\begin{bmatrix} 4 & 2 & 0 \\ 2 & 5 & 1 \end{bmatrix} \times \begin{bmatrix} 5 & 2 \\ 0 & 3 \\ 1 & 2 \end{bmatrix} = \begin{bmatrix} 20 & 14 \\ 11 & 21 \end{bmatrix}$$

$$\begin{bmatrix} 5 & 2 \\ 0 & 3 \\ 1 & 2 \end{bmatrix} \times \begin{bmatrix} 4 & 2 & 0 \\ 2 & 5 & 1 \end{bmatrix} = \begin{bmatrix} 24 & 20 & 2 \\ 6 & 15 & 3 \\ 8 & 12 & 2 \end{bmatrix}$$

VII) Dadas duas matrizes A e B, se o produto delas for a matriz zero [0], não é necessário que A ou B sejam matrizes zero.

Exemplo

$$\begin{bmatrix} 0 & 1 \\ 0 & 1 \end{bmatrix} \begin{bmatrix} 1 & 1 \\ 0 & 0 \end{bmatrix} = \begin{bmatrix} 0 & 0 \\ 0 & 0 \end{bmatrix}$$

Entretanto, se AB = 0 qualquer que seja B, então A = 0. Do mesmo modo, se AB = 0 qualquer que seja A, então B = 0.

A.8 PROBLEMAS RESOLVIDOS

1) Dadas as matrizes

$$A = \begin{bmatrix} y+4 & 2 \\ 9 & x^2+4 \end{bmatrix} \quad e \quad B = \begin{bmatrix} 12 & 2 \\ 9 & 53 \end{bmatrix}$$

calcular y e x de modo que A seja igual a B, isto é:

$$\begin{bmatrix} y+4 & 2 \\ 9 & x^2+4 \end{bmatrix} = \begin{bmatrix} 12 & 2 \\ 9 & 53 \end{bmatrix}$$

Pela definição de igualdade de matrizes, deve-se ter:

$y + 4 = 12 \quad \therefore \quad y = 8$

$x^2 + 4 = 53$

$x^2 = 53 - 4$

$x^2 = 49$

$x = \pm \sqrt{49}$

$x = \pm 7$

Para que as matrizes A e B sejam iguais, é necessário que $y = 8$ e $x = \pm 7$.

Dadas as matrizes

$$A = \begin{bmatrix} 2 & 3 & 8 \\ -5 & 9 & -6 \\ 7 & 4 & -1 \end{bmatrix}, B = \begin{bmatrix} -3 & 7 & 1 \\ -4 & 2 & 5 \\ 0 & 9 & 4 \end{bmatrix} \text{ e } C = \begin{bmatrix} 7 & -8 & 3 \\ 4 & -3 & 2 \\ 9 & -5 & 1 \end{bmatrix}$$

2) Calcular A + B.

Solução

$$A + B = \begin{bmatrix} 2 & 3 & 8 \\ -5 & 9 & -6 \\ 7 & 4 & -1 \end{bmatrix} + \begin{bmatrix} -3 & 7 & 1 \\ -4 & 2 & 5 \\ 0 & 9 & 4 \end{bmatrix} = \begin{bmatrix} -1 & 10 & 9 \\ -9 & 11 & -1 \\ 7 & 13 & 3 \end{bmatrix}$$

3) Calcular C - A.

Solução

$$C - A = \begin{bmatrix} 7 & -8 & 3 \\ 4 & -3 & 2 \\ 9 & -5 & 1 \end{bmatrix} - \begin{bmatrix} 2 & 3 & 8 \\ -5 & 9 & -6 \\ 7 & 4 & 1 \end{bmatrix} = \begin{bmatrix} 5 & -11 & -5 \\ 9 & -12 & 8 \\ 2 & -9 & 0 \end{bmatrix}$$

4) Calcular 3A - 2B + 4C.

Solução

Fazendo D = 3A - 2B + 4C, vem:

$$D = 3 \times \begin{bmatrix} 2 & 3 & 8 \\ -5 & 9 & -6 \\ 7 & 4 & -1 \end{bmatrix} - 2 \times \begin{bmatrix} -3 & 7 & 1 \\ -4 & 2 & 5 \\ 0 & 9 & 4 \end{bmatrix} + 4 \times \begin{bmatrix} 7 & -8 & 3 \\ 4 & -3 & 2 \\ 9 & -5 & 1 \end{bmatrix}$$

$$D = \begin{bmatrix} 6 & 9 & 24 \\ -15 & 27 & -18 \\ 21 & 12 & -3 \end{bmatrix} + \begin{bmatrix} 6 & -14 & -2 \\ 8 & -4 & -10 \\ 0 & -18 & -8 \end{bmatrix} + \begin{bmatrix} 28 & -32 & 12 \\ 16 & -12 & 8 \\ 36 & -20 & 4 \end{bmatrix}$$

$$D = \begin{bmatrix} 12 & -5 & 22 \\ -7 & 23 & -28 \\ 21 & -6 & -11 \end{bmatrix} + \begin{bmatrix} 28 & -32 & 12 \\ 16 & -12 & 8 \\ 36 & -20 & 4 \end{bmatrix}$$

$$D = \begin{bmatrix} 40 & -37 & 34 \\ 9 & 11 & -20 \\ 57 & -26 & -7 \end{bmatrix}$$

5) Calcular o produto das matrizes:

$$A_{(2,4)} = \begin{bmatrix} -8 & 4 & -6 & 1 \\ 2 & -5 & 7 & 3 \end{bmatrix} \quad e \quad B_{(4,2)} = \begin{bmatrix} 0 & 4 \\ 2 & -2 \\ 1 & -5 \\ 3 & 8 \end{bmatrix}$$

Solução

$$A_{(2,4)} \times B_{(4,2)} = C_{(2,2)}$$

Para efetuar a multiplicação, vamos utilizar o dispositivo prático:

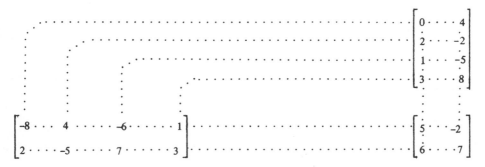

Portanto:

$$A \times B = C = \begin{bmatrix} 5 & -2 \\ 6 & 7 \end{bmatrix}$$

Observação

Daqui por diante, a multiplicação de duas matrizes $A_{(m,n)}$ e $B_{(n,p)}$ será feita sem a utilização do dispositivo prático: cada elemento c_{ij} da matriz $C_{(m,p)}$ será calculado de acordo com o disposto no item A.7.

6) Calcular o produto das matrizes

$$A = \begin{bmatrix} 2 & 3 & 4 \\ 3 & 5 & -4 \\ 4 & 7 & -2 \end{bmatrix} \quad e \quad X = \begin{bmatrix} x \\ y \\ z \end{bmatrix}$$

Solução

$$A_{(3,3)} \times X_{(3,1)} = C_{(3,1)}$$

$$C = A \times X = \begin{bmatrix} 2 & 3 & 4 \\ 3 & 5 & -4 \\ 4 & 7 & -2 \end{bmatrix} \times \begin{bmatrix} x \\ y \\ z \end{bmatrix} = \begin{bmatrix} 2x + 3y + 4z \\ 3x + 5y - 4z \\ 4x + 7y - 2z \end{bmatrix}$$

É interessante assinalar que a matriz C tem 3 linhas e uma só coluna:

- o elemento da 1ª linha é: $2x + 3y + 4z$;
- o elemento da 2ª linha é: $3x + 5y - 4z$;
- o elemento da 3ª linha é: $4x + 7y - 2z$.

Observação

O fato de que a matriz C do problema anterior tem 3 linhas e uma só coluna permite escrever, sob a forma matricial, o seguinte sistema de equações:

$$\begin{cases} 2x + 3y + 4z = -4 \\ 3x + 5y - 4z = 25 \\ 4x + 7y - 2z = 24 \end{cases}$$

Fazendo

$$A = \begin{bmatrix} 2 & 3 & 4 \\ 3 & 5 & -4 \\ 4 & 7 & -2 \end{bmatrix}, X = \begin{bmatrix} x \\ y \\ z \end{bmatrix} \text{ e } B = \begin{bmatrix} -4 \\ 25 \\ 24 \end{bmatrix}$$

pode-se escrever:

$$AX = B \text{ ou } \begin{bmatrix} 2 & 2 & 4 \\ 3 & 5 & -4 \\ 4 & 7 & -2 \end{bmatrix} \times \begin{bmatrix} x \\ y \\ z \end{bmatrix} = \begin{bmatrix} -4 \\ 25 \\ 24 \end{bmatrix}$$

De fato, efetuando o produto das matrizes do 1º membro, vem:

$$\begin{bmatrix} 2x + 3y + 4z \\ 3x + 5y - 4z \\ 4x + 7y - 2z \end{bmatrix} = \begin{bmatrix} -4 \\ 25 \\ 24 \end{bmatrix}$$

e, de acordo com a definição de igualdade de matrizes:

$$\begin{cases} 2x + 3y + 4z = -4 \\ 3x + 5y - 4z = 25 \\ 4x + 7y - 2z = 24 \end{cases}$$

7) Dadas as matrizes

$$A = \begin{bmatrix} -1 & -1 & 0 \\ 0 & -1 & -1 \\ 1 & -1 & -3 \end{bmatrix} \quad e \quad B = \begin{bmatrix} -2 & 3 & -1 \\ 1 & -3 & 1 \\ -1 & 2 & -1 \end{bmatrix}$$

verificar se B é inversa de A.

Solução

Para que a matriz B seja inversa da matriz A, é necessário que AB = I. Calculemos o produto AB:

$$AB = \begin{bmatrix} -1 & -1 & 0 \\ 0 & -1 & -1 \\ 1 & -1 & -3 \end{bmatrix} \times \begin{bmatrix} -2 & 3 & -1 \\ 1 & -3 & 1 \\ -1 & 2 & -1 \end{bmatrix} = \begin{bmatrix} 1 & 0 & 0 \\ 0 & 1 & 0 \\ 0 & 0 & 1 \end{bmatrix} = I$$

Tendo em vista que AB = I, a matriz B, que se representa por A^{-1}, é inversa de A.

Observação

O produto BA também é igual a I, o que significa que $A = B^{-1}$ é inversa de B. Deixamos a cargo do estudante calcular o produto BA, a título de exercício.

8) Dadas as matrizes

$$A = \begin{bmatrix} 9 & 5 \\ 7 & 4 \end{bmatrix} \quad e \quad B = \begin{bmatrix} 4 & n \\ m & 9 \end{bmatrix}$$

calcular m e n para que B seja inversa de A.

Solução

Efetuando o produto AB, vem:

$$AB = \begin{bmatrix} 9 & 5 \\ 7 & 4 \end{bmatrix} \times \begin{bmatrix} 4 & n \\ m & 9 \end{bmatrix} = \begin{bmatrix} 36 + 5m & 9n + 45 \\ 28 + 4m & 7n + 36 \end{bmatrix}$$

Mas AB deve ser igual a I, isto é:

$$\begin{bmatrix} 36 + 5m & 9n + 45 \\ 28 + 4m & 7n + 36 \end{bmatrix} = \begin{bmatrix} 1 & 0 \\ 0 & 1 \end{bmatrix}$$

Pela definição de igualdade de matrizes, deve-se ter:

$36 + 5m = 1 \therefore m = -7$

$28 + 4m = 0 \therefore m = -7$

$9n + 45 = 0 \therefore n = -5$

$7n + 36 = 1 \therefore n = -5$

Para que B seja inversa de A, deve-se ter $m = -7$ e $n = -5$.

De fato:

$$AB = \begin{bmatrix} 9 & 5 \\ 7 & 4 \end{bmatrix} \times \begin{bmatrix} 4 & -5 \\ -7 & 9 \end{bmatrix} = \begin{bmatrix} 1 & 0 \\ 0 & 1 \end{bmatrix} = I$$

A.8.1 Problemas Propostos

Nos problemas de 1 a 3, calcular os valores de m e n para que as matrizes A e B sejam iguais.

1) $A = \begin{bmatrix} 8 & 15n \\ 12 + m & 3 \end{bmatrix}$ e $B = \begin{bmatrix} 8 & 75 \\ 6 & 3 \end{bmatrix}$

2)
$$A = \begin{bmatrix} m^2 - 40 & n^2 + 4 \\ 6 & 3 \end{bmatrix} \quad e \quad B = \begin{bmatrix} 41 & 13 \\ 6 & 3 \end{bmatrix}$$

3)
$$A = \begin{bmatrix} 7 & 8 \\ 4 & x^2 \end{bmatrix} \quad e \quad B = \begin{bmatrix} 7 & 8 \\ 4 & 10x - 25 \end{bmatrix}.$$

Dadas as matrizes:

$$A = \begin{bmatrix} 2 & 3 & 8 \\ 4 & -1 & -6 \end{bmatrix}, \quad B = \begin{bmatrix} 5 & -7 & -9 \\ 0 & 4 & 1 \end{bmatrix} \quad e \quad C = \begin{bmatrix} 0 & 9 & 8 \\ 1 & 4 & 6 \end{bmatrix}.$$

4) Calcular A + B.

5) Calcular B + C.

6) Calcular A + C.

7) Calcular A - B.

8) Calcular A - C.

9) Calcular B - C.

10) Calcular X = 4A - 3B + 5C.

11) Calcular X = 2B - 3A - 6C.

12) Calcular X = 4C + 2A - 6B.

Nos problemas 13 a 15, efetuar a multiplicação das matrizes A e X.

13) $A = \begin{bmatrix} 2 & 6 \\ -5 & 4 \end{bmatrix}$ e $X = \begin{bmatrix} x \\ y \end{bmatrix}$

14) $A = \begin{bmatrix} 1 & 2 & 3 \\ -2 & -5 & 7 \\ 3 & 9 & -8 \end{bmatrix}$ e $X = \begin{bmatrix} x_1 \\ x_2 \\ x_3 \end{bmatrix}$

15) $A = \begin{bmatrix} -3 & 4 & 2 & 8 \\ 0 & 1 & 3 & -6 \\ -2 & 4 & 5 & -7 \\ 9 & -9 & -8 & 6 \end{bmatrix}$ e $X = \begin{bmatrix} x_1 \\ x_2 \\ x_3 \\ x_4 \end{bmatrix}$

Dadas as matrizes:

$A = \begin{bmatrix} 1 & -2 \\ 3 & 1 \\ 7 & -4 \\ 5 & 9 \end{bmatrix}$, $B = \begin{bmatrix} 1 & 3 & -5 & -7 \\ 6 & 2 & -8 & 3 \end{bmatrix}$, $C = \begin{bmatrix} 2 & 4 \\ -3 & 5 \end{bmatrix}$ e

$D = \begin{bmatrix} 1 & 7 & 3 & -8 \\ -3 & -1 & -1 & -3 \\ 4 & 1 & 9 & 0 \\ 5 & 3 & 2 & -3 \end{bmatrix}$

16) Calcular AB.

17) Calcular (AB)D.

18) Calcular A(BD).

19) Calcular BA.

20) Calcular (BA)C.

21) Calcular B(AC).

Nos problemas de 22 a 26, verificar se a matriz B é inversa da matriz A.

22) $A = \begin{bmatrix} -0{,}5 & -1{,}5 & 1 \\ -0{,}5 & -2{,}5 & 0{,}5 \\ -0{,}5 & -2 & 1 \end{bmatrix}$ e $B = \begin{bmatrix} -12 & -4 & 14 \\ 2 & 0 & -2 \\ -2 & -2 & 4 \end{bmatrix}$

23) $A = \begin{bmatrix} -2 & -4 & -6 \\ -4 & -6 & -6 \\ -4 & -4 & -2 \end{bmatrix}$ e $B = \begin{bmatrix} -1{,}5 & 2 & -1{,}5 \\ 2 & -2{,}5 & 1{,}5 \\ -1 & 1 & -0{,}5 \end{bmatrix}$

24) $A = \begin{bmatrix} -4 & -2 & 0 \\ 2 & -6 & -2 \\ 10 & -8 & -4 \end{bmatrix}$ e $B = \begin{bmatrix} -1 & 1 & -0{,}5 \\ 1{,}5 & -2 & 1 \\ -5{,}5 & 6{,}5 & -3{,}5 \end{bmatrix}$

25) $A = \begin{bmatrix} 4 & 5 & 0 \\ 2 & 3 & 0 \\ -6 & -1 & -2 \end{bmatrix}$ e $B = \begin{bmatrix} 9 & 3 & 4 \\ -7 & 2 & 5 \\ 1 & 6 & 8 \end{bmatrix}$

26) $A = \begin{bmatrix} 0 & 4 & -2 \\ 2 & 8 & -4 \\ -2 & -14 & 6 \end{bmatrix}$ e $B = \begin{bmatrix} -1 & 0{,}5 & 0 \\ -0{,}5 & -0{,}5 & -0{,}5 \\ -1{,}5 & -1 & -1 \end{bmatrix}$

Nos problemas 27 e 28, calcular m e n para que a matriz B seja inversa da matriz A.

27) $A = \begin{bmatrix} m & -22 \\ -2 & n \end{bmatrix}$ e $B = \begin{bmatrix} 5 & 22 \\ 2 & 9 \end{bmatrix}$

28) $A = \begin{bmatrix} 2 & 5 \\ 3 & 8 \end{bmatrix}$ e $B = \begin{bmatrix} 8 & m \\ n & 2 \end{bmatrix}$

A.8.2 Respostas ou Roteiros para os Problemas Propostos

1. $n = 5$ e $m = -6$
2. $m = \pm 9$ e $n = \pm 3$
3. $x = 5$

4 a 6. Roteiro: Esses problemas se resolvem de forma análoga à do problema 2 do item A.8.

7 a 9. Roteiro: Esses problemas se resolvem de forma análoga à do problema 3 do item A.8.

10 a 12. Roteiro: Esses problemas se resolvem de forma análoga à do problema 4 do item A.8.

13. $AX = \begin{bmatrix} 2x + 6y \\ -5x + 4y \end{bmatrix}$

14. $AX = \begin{bmatrix} x_1 + 2x_2 + 3x_3 \\ -2x_1 - 5x_2 + 7x_3 \\ 3x_1 + 9x_2 - 8x_3 \end{bmatrix}$

15. $AX = \begin{bmatrix} -3x_1 + 4x_2 + 2x_3 + 8x_4 \\ x_2 + 3x_3 - 6x_4 \\ -2x_1 + 4x_2 + 5x_3 - 7x_4 \\ 9x_1 - 9x_2 - 8x_3 + 6x_4 \end{bmatrix}$

16. Roteiro: Esse problema se resolve de forma análoga à do problema 5 do item A.8.

17. Roteiro: 1º) Calcular $E_{(4,4)} = A_{(4,2)} \times B_{(2,4)}$

   (No caso, já foi calculado no problema 16).

   2º) Calcular $F_{(4,4)} = E_{(4,4)} \times D_{(4,4)}$.

18. Roteiro: 1º) Calcular $G_{(2,4)} = B_{(2,4)} \times D_{(4,4)}$.

   2º) Calcular $H_{(4,4)} = A_{(4,2)} \times G_{(2,4)}$.

19. Roteiro: Esse problema se resolve de maneira análoga à do problema 5 do item A.8.

20. Roteiro: 1º) Calcular $J_{(2,2)} = B_{(2,4)} \times A_{(4,2)}$

   (No caso já foi calculado no problema 19).

   2º) Calcular $L_{(2,2)} = J_{(2,2)} \times C_{(2,2)}$.

21. Roteiro: 1º) Calcular $M_{(4,2)} = A_{(4,2)} \times C_{(2,2)}$.

   2º) Calcular $N_{(2,2)} = B_{(2,4)} \times M_{(4,2)}$.

22 a 26. Roteiro: Efetuar o produto AB. Se:

   a) $AB = I$, B é inversa de A;

   b) $AB \neq I$, B não é inversa de A.

27. $m = 9$ e $n = 5$

28. $m = -5$ e $n = -3$

A.9 MATRIZ TRANSPOSTA

A *matriz transposta* da matriz A, de ordem m por n, é a matriz A^T, de ordem n por m, que se obtém da matriz A permutando as linhas pelas colunas de mesmo índice.

Exemplo

$$A = \begin{bmatrix} a_{11} & a_{12} & a_{13} \\ a_{21} & a_{22} & a_{23} \end{bmatrix} \; ; \; A^T = \begin{bmatrix} a_{11} & a_{21} \\ a_{12} & a_{22} \\ a_{13} & a_{23} \end{bmatrix}$$

A.9.1 Propriedades da Matriz Transposta

I) $(A + B)^T = A^T + B^T$

II) $(\lambda A)^T = \lambda A^T$

III) $(A^T)^T = A$

IV) $(AB)^T = B^T A^T$

Observação

As propriedades I, II e III são imediatas. A propriedade IV será verificada por meio do seguinte exemplo:

a) Sejam as matrizes

$$A_{(3,2)} = \begin{bmatrix} 1 & 3 \\ 0 & 2 \\ 2 & 4 \end{bmatrix} \; e \; B_{(2,2)} = \begin{bmatrix} 1 & 2 \\ 3 & 4 \end{bmatrix}$$

O produto $A_{(3,2)} \times B_{(2,2)}$ existe e é de ordem $(3, 2)$, isto é $(AB)_{(3,2)}$:

$$AB = \begin{bmatrix} 1 & 3 \\ 0 & 2 \\ 2 & 4 \end{bmatrix} \times \begin{bmatrix} 1 & 2 \\ 3 & 4 \end{bmatrix} = \begin{bmatrix} 10 & 14 \\ 6 & 8 \\ 14 & 20 \end{bmatrix} \; \therefore \; (AB)^T = \begin{bmatrix} 10 & 6 & 14 \\ 14 & 8 & 20 \end{bmatrix}$$

b) Sejam as matrizes

$$A^T_{(2,3)} = \begin{bmatrix} 1 & 0 & 2 \\ 3 & 2 & 4 \end{bmatrix} \quad e \quad B^T_{(2,2)} = \begin{bmatrix} 1 & 3 \\ 2 & 4 \end{bmatrix}$$

O produto $B^T_{(2,2)} \times A^T_{(2,3)}$ existe e é de ordem $(2,3)$, isto é $(B^T A^T)_{(2,3)}$:

$$B^T A^T = \begin{bmatrix} 1 & 3 \\ 2 & 4 \end{bmatrix} \times \begin{bmatrix} 1 & 0 & 2 \\ 3 & 2 & 4 \end{bmatrix} = \begin{bmatrix} 10 & 6 & 14 \\ 14 & 8 & 20 \end{bmatrix}$$

Comparando a) com b), verifica-se que $(AB)^T = B^T A^T$.

A.10 MATRIZ SIMÉTRICA

Uma matriz quadrada $S = [a_{ij}]$ é *simétrica* se $S^T = S$.

Exemplo

$$S = S^T = \begin{bmatrix} 1 & 5 & 9 \\ 5 & 3 & 8 \\ 9 & 8 & 7 \end{bmatrix}$$

A.10.1 Observações

a) Se $A = [a_{ij}]$ é uma matriz simétrica, os elementos dispostos simetricamente em relação à diagonal principal são iguais, isto é, $a_{ij} = a_{ji}$.

b) O produto de uma matriz quadrada A pela sua transposta A^T é uma matriz simétrica.

Exemplo

$$A = \begin{bmatrix} 2 & 0 & 2 \\ 1 & -1 & 2 \\ 0 & 3 & 0 \end{bmatrix} \therefore A^T = \begin{bmatrix} 2 & 1 & 0 \\ 0 & -1 & 3 \\ 2 & 2 & 0 \end{bmatrix}$$

$$S = AA^T = \begin{bmatrix} 2 & 0 & 2 \\ 1 & -1 & 2 \\ 0 & 3 & 0 \end{bmatrix} \begin{bmatrix} 2 & 1 & 0 \\ 0 & -1 & 3 \\ 2 & 2 & 0 \end{bmatrix} = \begin{bmatrix} 8 & 6 & 0 \\ 6 & 4 & -3 \\ 0 & -3 & 0 \end{bmatrix}$$

$$S = S^T$$

A.11 MATRIZ ANTI-SIMÉTRICA

Uma matriz quadrada $A = [a_{ij}]$ é *anti-simétrica* se $A^T = -A$.

Exemplo

A matriz

$$A = \begin{bmatrix} 0 & 3 & 4 \\ -3 & 0 & -6 \\ -4 & 6 & 0 \end{bmatrix}$$

é anti-simétrica.

De fato:

$$A^T = \begin{bmatrix} 0 & -3 & -4 \\ 3 & 0 & 6 \\ 4 & -6 & 0 \end{bmatrix}$$

isto é:

$$A^T = -A$$

A.11.1 Observação

Se $A = [a_{ij}]$ é uma matriz anti-simétrica, os elementos dispostos simetricamente em relação à diagonal principal são opostos e os elementos da diagonal principal são nulos.

A.12 MATRIZ ORTOGONAL

Uma matriz M cuja inversa coincide com a transposta é denominada *matriz ortogonal*:

$$M^{-1} = M^T$$

isto é:

$$M \cdot M^T = M^T \cdot M = I$$

Exemplo

A matriz

$$M = \begin{bmatrix} \dfrac{1}{2} & \dfrac{\sqrt{3}}{2} \\ \dfrac{\sqrt{3}}{2} & -\dfrac{1}{2} \end{bmatrix}$$

é uma matriz ortogonal.

De fato:

$$\text{se } M = \begin{bmatrix} \dfrac{1}{2} & \dfrac{\sqrt{3}}{2} \\ \dfrac{\sqrt{3}}{2} & -\dfrac{1}{2} \end{bmatrix}, \quad M^T = \begin{bmatrix} \dfrac{1}{2} & \dfrac{\sqrt{3}}{2} \\ \dfrac{\sqrt{3}}{2} & -\dfrac{1}{2} \end{bmatrix}$$

Observando que $M = M^T$, vem:

$$MM^T = M^T M = \begin{bmatrix} \frac{1}{2} & \frac{\sqrt{3}}{2} \\ \frac{\sqrt{3}}{2} & -\frac{1}{2} \end{bmatrix} \times \begin{bmatrix} \frac{1}{2} & \frac{\sqrt{3}}{2} \\ \frac{\sqrt{3}}{2} & -\frac{1}{2} \end{bmatrix} = \begin{bmatrix} 1 & 0 \\ 0 & 1 \end{bmatrix}$$

Tendo em vista que:

$$MM^T = M^T M = I$$

isto é:

$$M^T = M^{-1}$$

a matriz M é ortogonal.

A.13 MATRIZ TRIANGULAR SUPERIOR

A matriz quadrada $A = [a_{ij}]$, que tem os elementos $a_{ij} = 0$ para $i > j$, é uma *matriz triangular superior*.

Exemplo

$$A = \begin{bmatrix} 5 & 4 & 7 & 9 \\ 0 & 3 & -8 & 4 \\ 0 & 0 & -2 & 3 \\ 0 & 0 & 0 & 6 \end{bmatrix}$$

A.14 MATRIZ TRIANGULAR INFERIOR

A matriz quadrada $A = [a_{ij}]$, que tem os elementos $a_{ij} = 0$ para $i < j$, é uma *matriz triangular inferior*.

Exemplo

$$\begin{bmatrix} 5 & 0 & 0 & 0 \\ 2 & 7 & 0 & 0 \\ -3 & 4 & 3 & 0 \\ 6 & -2 & 8 & 9 \end{bmatrix}$$

A.15 POTÊNCIA DE UMA MATRIZ

Uma matriz quadrada $A = [a_{ij}]$ pode ser multiplicada n vezes por si mesma. A matriz que resulta dessas operações, e que se representa por A^n, é chamada *potência* n *da matriz* A.

Exemplos

Se $A = \begin{bmatrix} 1 & 2 \\ 4 & 3 \end{bmatrix}$

a) $A^2 = \begin{bmatrix} 1 & 2 \\ 4 & 3 \end{bmatrix} \times \begin{bmatrix} 1 & 2 \\ 4 & 3 \end{bmatrix} = \begin{bmatrix} 9 & 8 \\ 16 & 17 \end{bmatrix}$

b) $A^3 = \begin{bmatrix} 1 & 2 \\ 4 & 3 \end{bmatrix} \times \begin{bmatrix} 1 & 2 \\ 4 & 3 \end{bmatrix} \times \begin{bmatrix} 1 & 2 \\ 4 & 3 \end{bmatrix} = \begin{bmatrix} 9 & 8 \\ 16 & 17 \end{bmatrix} \times \begin{bmatrix} 1 & 2 \\ 4 & 3 \end{bmatrix} = \begin{bmatrix} 41 & 42 \\ 84 & 83 \end{bmatrix}$

A.15.1 Matriz Periódica

Dada uma matriz quadrada A, diz-se que A é uma *matriz periódica* se $A^n = A$, sendo $n \geqslant 2$. Se n é o menor inteiro para o qual $A^n = A$, diz-se que o período de A é n - 1.

A.15.1.1 Matriz Idempotente

Dada uma matriz periódica A, tal que $A^2 = A$, diz-se que A é uma *matriz idempotente*. O período da matriz idempotente é $2 - 1 = 1$.

Exemplo

$$A = \begin{bmatrix} 2 & -1 & 1 \\ -3 & 4 & -3 \\ -5 & 5 & -4 \end{bmatrix},$$

$$A^2 = \begin{bmatrix} 2 & -1 & 1 \\ -3 & 4 & -3 \\ -5 & 5 & -4 \end{bmatrix} \times \begin{bmatrix} 2 & -1 & 1 \\ -3 & 4 & -3 \\ -5 & 5 & -4 \end{bmatrix} = \begin{bmatrix} 2 & -1 & 1 \\ -3 & 4 & -3 \\ -5 & 5 & -4 \end{bmatrix}$$

A matriz A é idempotente, uma vez que $A^2 = A$.

Se $A^2 = A$, então $A^3 = A^4 = A^5 = ... = A^n = A$

A.15.1.2 Matriz Nihilpotente

Dada uma matriz quadrada A, se existir um número p, inteiro e positivo, tal que = 0, diz-se que A é uma *matriz nihilpotente*. Se p é o menor inteiro positivo tal que = 0, diz-se que A é uma matriz nihilpotente de "índice" p.

Exemplos

a) Se

$$A = \begin{bmatrix} 1 & -1 & 1 \\ -3 & 3 & -3 \\ -4 & 4 & -4 \end{bmatrix}$$

$$A^2 = \begin{bmatrix} 1 & -1 & 1 \\ -3 & 3 & -3 \\ -4 & 4 & -4 \end{bmatrix} \times \begin{bmatrix} 1 & -1 & 1 \\ -3 & 3 & -3 \\ -4 & 4 & -4 \end{bmatrix} = \begin{bmatrix} 0 & 0 & 0 \\ 0 & 0 & 0 \\ 0 & 0 & 0 \end{bmatrix}$$

A matriz A é nihilpotente de índice 2.

Se $A^2 = 0$, então $A^3 = A^4 = A^5 = \ldots = A^n = 0$.

b) Se

$$A = \begin{bmatrix} 1 & 1 & 3 \\ 5 & 2 & 6 \\ -2 & -1 & -3 \end{bmatrix}$$

$$A^2 = \begin{bmatrix} 1 & 1 & 3 \\ 5 & 2 & 6 \\ -2 & -1 & -3 \end{bmatrix} \times \begin{bmatrix} 1 & 1 & 3 \\ 5 & 2 & 6 \\ -2 & -1 & -3 \end{bmatrix} = \begin{bmatrix} 0 & 0 & 0 \\ 3 & 3 & 9 \\ -1 & -1 & -3 \end{bmatrix}$$

$$A^3 = A^2 \times A = \begin{bmatrix} 0 & 0 & 0 \\ 3 & 3 & 9 \\ -1 & -1 & -3 \end{bmatrix} \times \begin{bmatrix} 1 & 1 & 3 \\ 5 & 2 & 6 \\ -2 & -1 & -3 \end{bmatrix} = \begin{bmatrix} 0 & 0 & 0 \\ 0 & 0 & 0 \\ 0 & 0 & 0 \end{bmatrix}$$

A matriz A é nihilpotente de índice 3.

Se $A^3 = 0$, então $A^4 = A^5 = A^6 = \ldots = A^n = 0$.

A.16 PROBLEMAS RESOLVIDOS

1) Determinar a matriz A^T transposta da matriz

$$A = \begin{bmatrix} 2 & 3 & -5 & 8 \\ 3 & -7 & 1 & 9 \end{bmatrix}$$

Solução

$$A^T = \begin{bmatrix} 2 & 3 \\ 3 & -7 \\ -5 & 1 \\ 8 & 9 \end{bmatrix}$$

Dadas as matrizes:

$$A = \begin{bmatrix} 4 & -5 \\ 3 & -7 \\ -2 & 4 \end{bmatrix}, \quad B = \begin{bmatrix} -4 & 6 & -3 \\ -3 & 5 & 8 \end{bmatrix},$$

$$C = \begin{bmatrix} 4 & -3 \\ 1 & 2 \end{bmatrix} \quad e \quad D = \begin{bmatrix} 1 & -5 & 0 \\ 0 & 0 & 2 \\ 1 & 1 & 0 \end{bmatrix}$$

2) Calcular $(AB)^T$.

Solução

a) Cálculo de $A_{(3, 2)} \times B_{(2, 3)} = E_{(3, 3)}$.

$$E = \begin{bmatrix} 4 & -5 \\ 3 & -7 \\ -2 & 4 \end{bmatrix} \times \begin{bmatrix} -4 & 6 & -3 \\ -3 & 5 & 8 \end{bmatrix} = \begin{bmatrix} -1 & -1 & -52 \\ 9 & -17 & -65 \\ -4 & 8 & 38 \end{bmatrix}$$

b) Determinação de $(AB)^T = E^T$:

$$(AB)^T = E^T = \begin{bmatrix} -1 & 9 & -4 \\ -1 & -17 & 8 \\ -52 & -65 & 38 \end{bmatrix}$$

3) Calcular $B^T C$.

Solução

a) Determinação de B^T:

$$B^T = \begin{bmatrix} -4 & -3 \\ 6 & 5 \\ -3 & 8 \end{bmatrix}$$

b) Cálculo de $B^T_{(3,2)} \times C_{(2,2)} = F_{(3,2)}$:

$$B^T C = F = \begin{bmatrix} -4 & -3 \\ 6 & 5 \\ -3 & 8 \end{bmatrix} \times \begin{bmatrix} 4 & -3 \\ 1 & 2 \end{bmatrix} = \begin{bmatrix} -19 & 6 \\ 29 & -8 \\ -4 & 25 \end{bmatrix}$$

4) Calcular $(AB)^T D$.

Solução

a) Cálculo de $(AB)^T$:

(No caso presente, $(AB)^T = E^T$ já foi calculado no problema 2.)

$$(AB)^T = E^T = \begin{bmatrix} -1 & 9 & -4 \\ -1 & -17 & 8 \\ -52 & -65 & 38 \end{bmatrix}$$

b) Cálculo de $(AB)^T D = E^F_{(3,3)} \times D_{(3,3)} = G_{(3,3)}$:

$$(AB)^T D = G = \begin{bmatrix} -1 & 9 & -4 \\ -1 & -17 & 8 \\ -52 & -65 & 38 \end{bmatrix} \times \begin{bmatrix} 1 & -5 & 0 \\ 0 & 0 & 2 \\ 1 & 1 & 0 \end{bmatrix} = \begin{bmatrix} -5 & 1 & 18 \\ 7 & 13 & -34 \\ -14 & 298 & -130 \end{bmatrix}$$

5) Dada a matriz:

$$A = \begin{bmatrix} 2 & 5 & 9 \\ 4 & 7 & 1 \\ 3 & 6 & 2 \end{bmatrix}$$

classificar a matriz $A + A^T = S$.

Solução

a) Determinação da matriz A^T.

$$A^T = \begin{bmatrix} 2 & 4 & 3 \\ 5 & 7 & 6 \\ 9 & 1 & 8 \end{bmatrix}$$

b) Cálculo da matriz $A + A^T = S$.

$$S = A + A^T \begin{bmatrix} 2 & 5 & 9 \\ 4 & 7 & 1 \\ 3 & 6 & 8 \end{bmatrix} + \begin{bmatrix} 2 & 4 & 3 \\ 5 & 7 & 6 \\ 9 & 1 & 8 \end{bmatrix} = \begin{bmatrix} 4 & 9 & 12 \\ 9 & 14 & 7 \\ 12 & 7 & 16 \end{bmatrix}$$

c) Determinação de S^T.

$$S^T = \begin{bmatrix} 4 & 9 & 12 \\ 9 & 14 & 7 \\ 12 & 7 & 16 \end{bmatrix}$$

Tendo em vista que $A + A^T = S = S^T$, $A + A^T$ é uma matriz simétrica.

6) Dada a matriz

$$A = \begin{bmatrix} 6 & 1 & 4 \\ -3 & 8 & -5 \\ 2 & -6 & 7 \end{bmatrix}$$

classificar a matriz $A - A^T = P$.

Solução

a) Determinação de A^T.

$$A^T = \begin{bmatrix} 6 & -3 & 2 \\ 1 & 8 & -6 \\ 4 & -5 & 7 \end{bmatrix}$$

b) Cálculo de $A - A^T = P$.

$$P = A - A^T = \begin{bmatrix} 6 & 1 & 4 \\ -3 & 8 & -5 \\ 2 & -6 & 7 \end{bmatrix} - \begin{bmatrix} 6 & -3 & 2 \\ 1 & 8 & -6 \\ 4 & -5 & 7 \end{bmatrix} = \begin{bmatrix} 0 & 4 & 2 \\ -4 & 0 & 1 \\ -2 & -1 & 0 \end{bmatrix}$$

c) Determinação de P^T:

$$P^T = \begin{bmatrix} 0 & -4 & -2 \\ 4 & 0 & -1 \\ 2 & 1 & 0 \end{bmatrix}$$

Tendo em vista que $A - A^T = P = -P^T$, $A - A^T$ é uma matriz anti-simétrica.

7) Dada a matriz

$$A = \begin{bmatrix} 2 & 3 \\ 5 & -7 \end{bmatrix}$$

classificar a matriz $AA^T = S$.

Solução

a) Determinação de A^T:

$$A^T = \begin{bmatrix} 2 & 5 \\ 3 & -7 \end{bmatrix}$$

b) Cálculo de $AA^T = S$:

$$S = AA^T = \begin{bmatrix} 2 & 3 \\ 5 & -7 \end{bmatrix} \times \begin{bmatrix} 2 & 5 \\ 3 & -7 \end{bmatrix} = \begin{bmatrix} 13 & -11 \\ -11 & 24 \end{bmatrix}$$

c) Determinação de S^T

$$S^T = \begin{bmatrix} 13 & -11 \\ -11 & 24 \end{bmatrix}$$

Tendo em vista que $A \cdot A^T = S = S^T$, AA^T é uma matriz simétrica.

8) Dada a matriz:

$$M = \begin{bmatrix} \cos\theta & -\operatorname{sen}\theta & 0 \\ \operatorname{sen}\theta & \cos\theta & 0 \\ 0 & 0 & 1 \end{bmatrix}$$

calcular MM^T e classificar a matriz M.

Solução

a) Determinação de M^T:

$$M^T = \begin{bmatrix} \cos\theta & \text{sen }\theta & 0 \\ -\text{sen }\theta & \cos\theta & 0 \\ 0 & 0 & 1 \end{bmatrix}$$

b) Cálculo de $MM^T = Q$:

$$Q = MM^T = \begin{bmatrix} \cos\theta & -\text{sen }\theta & 0 \\ \text{sen }\theta & \cos\theta & 0 \\ 0 & 0 & 1 \end{bmatrix} \times \begin{bmatrix} \cos\theta & \text{sen }\theta & 0 \\ -\text{sen }\theta & \cos\theta & 0 \\ 0 & 0 & 1 \end{bmatrix}$$

$$Q = MM^T = \begin{bmatrix} \cos^2\theta + \text{sen}^2\theta + 0 & \cos\theta\,\text{sen }\theta - \text{sen }\theta\cos\theta + 0 & 0 \\ \text{sen }\theta\cos\theta - \cos\theta\,\text{sen }\theta + 0 & \text{sen}^2\theta + \cos^2\theta + 0 & 0 \\ 0 & 0 & 1 \end{bmatrix} = \begin{bmatrix} 1 & 0 & 0 \\ 0 & 1 & 0 \\ 0 & 0 & 1 \end{bmatrix}$$

Se $Q = MM^T = I$, $M^T = M^{-1}$ e, por conseguinte, a matriz M é ortogonal.

9) Dada a matriz

$$A = \begin{bmatrix} 10 & -25 \\ -4 & -10 \end{bmatrix}$$

calcular A^2 e classificar a matriz A.

Solução

$$A^2 = \begin{bmatrix} 10 & -25 \\ 4 & -10 \end{bmatrix} \times \begin{bmatrix} 10 & -25 \\ 4 & -10 \end{bmatrix} = \begin{bmatrix} 0 & 0 \\ 0 & 0 \end{bmatrix}$$

Tendo em vista que A^2 é igual à matriz zero, A é nihilpotente de índice 2.

10) Dada a matriz

$$A = \begin{bmatrix} -2 & 1 & -1 \\ 2 & -3 & 2 \\ 4 & -4 & 3 \end{bmatrix}$$

calcular A^2 e classificar a matriz A.

Solução

$$A^2 = \begin{bmatrix} 2 & -1 & 1 \\ -2 & 3 & -2 \\ -4 & 4 & -3 \end{bmatrix} \times \begin{bmatrix} 2 & -1 & 1 \\ -2 & 3 & -2 \\ -4 & 4 & -3 \end{bmatrix} = \begin{bmatrix} 2 & -1 & 1 \\ -2 & 3 & -2 \\ -4 & 4 & -3 \end{bmatrix}$$

Tendo em vista que $A^2 = A$, a matriz A é idempotente (período igual a 1).

Dadas as matrizes triangulares superiores (A e B) e inferiores (C e D).

$$A = \begin{bmatrix} 1 & 2 & 1 \\ 0 & 3 & -2 \\ 0 & 0 & -4 \end{bmatrix}, \quad B = \begin{bmatrix} 2 & -1 & 2 \\ 0 & 1 & -3 \\ 0 & 0 & 1 \end{bmatrix},$$

$$C = \begin{bmatrix} 3 & 0 & 0 \\ -2 & 2 & 0 \\ 1 & 1 & -3 \end{bmatrix} \quad e \quad D = \begin{bmatrix} -1 & 0 & 0 \\ -3 & 4 & 0 \\ 2 & 1 & 1 \end{bmatrix}$$

11) Calcular AB e classificar a matriz AB = E.

Solução

$$E = AB = \begin{bmatrix} 1 & 2 & 1 \\ 0 & 3 & -2 \\ 0 & 0 & -4 \end{bmatrix} \times \begin{bmatrix} 2 & -1 & 2 \\ 0 & 1 & -3 \\ 0 & 0 & 1 \end{bmatrix} = \begin{bmatrix} 2 & 1 & -3 \\ 0 & 3 & -11 \\ 0 & 0 & -4 \end{bmatrix}$$

A matriz AB = E é uma matriz triangular superior.

12) Calcular CD e classificar CD = F.

Solução

$$F = CD = \begin{bmatrix} 3 & 0 & 0 \\ -2 & 2 & 0 \\ 1 & 1 & -3 \end{bmatrix} \times \begin{bmatrix} -1 & 0 & 0 \\ -3 & 4 & 0 \\ 2 & 1 & 1 \end{bmatrix} = \begin{bmatrix} -3 & 0 & 0 \\ -4 & 8 & 0 \\ -10 & 1 & -3 \end{bmatrix}$$

A matriz CD = F é uma matriz triangular inferior.

A.16.1 Problemas Propostos

1) Determinar a matriz A^T transposta da matriz

$$A = \begin{bmatrix} 2 & 4 & 3 & -5 \\ 1 & -7 & 0 & -2 \\ 8 & -9 & 6 & -4 \end{bmatrix}$$

Dadas as matrizes:

$$A = \begin{bmatrix} 5 & 0 & 6 \\ -8 & 0 & 3 \\ -2 & 2 & 7 \\ 1 & -1 & -5 \end{bmatrix}, \quad B = \begin{bmatrix} 1 & -3 & -2 & 4 \\ 7 & 8 & 5 & 9 \\ 0 & 6 & 3 & -8 \end{bmatrix}, \quad C = \begin{bmatrix} 2 & 3 & 0 \\ 1 & 1 & -8 \\ 3 & 5 & 4 \end{bmatrix}$$

e $D = \begin{bmatrix} 5 & 0 & 3 & 2 \\ -8 & 1 & -2 & 4 \\ -3 & 2 & 1 & -5 \\ 0 & 1 & 0 & 2 \end{bmatrix}$

2) Calcular $(AB)^T$.

3) Calcular $(AB)D^T$.

4) Calcular $A(BD^T)$.

5) Calcular B^TC.

6) $2(A^TB^T) + 3C^T$.

Dadas as matrizes:

$A = \begin{bmatrix} 2 & -7 & 1 \\ 3 & 4 & 2 \\ 5 & -9 & 6 \end{bmatrix}, B = \begin{bmatrix} 0 & -9 & 3 \\ 4 & 8 & 1 \\ 7 & 3 & 1 \end{bmatrix}$ e $C = \begin{bmatrix} 4 & 3 & 5 \\ -1 & 2 & -7 \\ 8 & 1 & -9 \end{bmatrix}$

7) Classificar $A + A^T$.

8) Classificar $B + B^T$.

9) Classificar $A \cdot A^T$.

10) Classificar $A - A^T$.

11) Classificar $B - B^T$.

12) Classificar $C - C^T$.

Dadas as matrizes:

$$A = \begin{bmatrix} 0 & 1 \\ 1 & 0 \end{bmatrix}, \quad B = \begin{bmatrix} \dfrac{1}{3} & \dfrac{2\sqrt{2}}{3} \\ \dfrac{2\sqrt{2}}{3} & -\dfrac{1}{3} \end{bmatrix}, \quad C = \begin{bmatrix} \dfrac{1}{5} & -\dfrac{2\sqrt{6}}{5} \\ \dfrac{2\sqrt{6}}{5} & \dfrac{1}{5} \end{bmatrix}, \quad D = \begin{bmatrix} \operatorname{sen}\theta & -\cos\theta \\ \cos\theta & -\operatorname{sen}\theta \end{bmatrix}$$

$$E = \begin{bmatrix} \dfrac{\sqrt{3}}{3} & \dfrac{\sqrt{3}}{3} & \dfrac{\sqrt{3}}{3} \\ -\dfrac{\sqrt{6}}{3} & \dfrac{\sqrt{6}}{6} & \dfrac{\sqrt{6}}{6} \\ 0 & -\dfrac{\sqrt{2}}{2} & \dfrac{\sqrt{2}}{2} \end{bmatrix}, \quad F = \begin{bmatrix} 6 & 9 \\ -4 & -6 \end{bmatrix}, \quad G = \begin{bmatrix} 12 & 16 \\ -9 & -12 \end{bmatrix},$$

$$H = \begin{bmatrix} -\dfrac{1}{2} & -\dfrac{5}{2} & 1 \\ -\dfrac{1}{2} & -1 & \dfrac{1}{2} \\ -\dfrac{3}{2} & -3 & \dfrac{3}{2} \end{bmatrix}$$

$$J = \begin{bmatrix} 5 & 10 \\ -2 & -4 \end{bmatrix}, \quad L = \begin{bmatrix} 6 & 10 \\ -3 & -5 \end{bmatrix}, \quad M = \begin{bmatrix} -1 & 2 & 6 \\ 3 & -2 & -9 \\ -2 & 0 & 3 \end{bmatrix}$$

13) Calcular AA^T e classificar a matriz A.

14) Calcular BB^T e classificar a matriz B.

15) Calcular CC^T e classificar a matriz C.

16) Calcular DD^T e classificar a matriz D.

17) Calcular EE^T e classificar a matriz E.

18) Calcular F^2 e classificar a matriz F.

19) Calcular G^2 e classificar a matriz G.

20) Calcular H^3 e classificar a matriz H.

21) Calcular J^2 e classificar a matriz J.

22) Calcular L^2 e classificar a matriz L.

23) Calcular M^3 e classificar a matriz M.

Dadas as matrizes triangulares superiores (A e B) e inferiores (C e D):

$$A = \begin{bmatrix} 1 & 2 & 8 \\ 0 & 1 & 2 \\ 0 & 0 & 4 \end{bmatrix}, B = \begin{bmatrix} 2 & -3 & 1 \\ 0 & 2 & -1 \\ 0 & 0 & 3 \end{bmatrix}, C = \begin{bmatrix} 1 & 0 & 0 \\ -1 & 3 & 0 \\ -2 & -1 & 2 \end{bmatrix} \text{ e}$$

$$D = \begin{bmatrix} 4 & 0 & 0 \\ 1 & -1 & 0 \\ -1 & -3 & -2 \end{bmatrix}$$

24) Calcular AB e classificar a matriz AB = E.

25) Calcular CD e classificar a matriz CD = F.

26) Dadas as matrizes diagonais:

$$A = \begin{bmatrix} 2 & 0 & 0 \\ 0 & 7 & 0 \\ 0 & 0 & 3 \end{bmatrix} \text{ e } B = \begin{bmatrix} 4 & 0 & 0 \\ 0 & 5 & 0 \\ 0 & 0 & 6 \end{bmatrix}$$

calcular AB e classificar esse produto.

418   Álgebra linear

A.16.2 Respostas ou Roteiros para os Problemas Propostos

1)
$$A^T = \begin{bmatrix} 2 & 1 & 8 \\ 4 & -7 & -9 \\ 3 & 0 & 6 \\ -5 & -2 & -4 \end{bmatrix}$$

2) Roteiro: 1º) Calcular $AB = E$.

   2º) Calcular $E^T = (AB)^T$.

   ou:

   1º) Determinar A^T.

   2º) Determinar B^T.

   3º) Calcular $B^T A^T = (AB)^T$ (IV Propriedade da matriz transposta, item A.9.1.)

Observação

Esse roteiro é conveniente quando já se conhecem as transpostas de A e de B.

3) Roteiro: 1º) Calcular $AB = E$ (já calculado no problema 2).

   2º) Determinar D^T.

   3º) Calcular $E \cdot D^T = F$.

4) Roteiro: 1º) Determinar D^T (já determinado no problema 3).

   2º) Calcular $BD^T = G$.

   3º) Calcular $AG = H$.

5) Roteiro: 1º) Determinar B^T (já determinado no problema 2).

   2º) Calcular $B^T C = J$.

6) Roteiro: 1º) Determinar A^T (já determinado no problema 2).

2º) Determinar B^T (já determinado no problema 2).

3º) Calcular $A^T B^T = K$.

4º) Calcular $2K$.

5º) Determinar C^T.

6º) Calcular $3C^T = L$.

7º) Somar $2K + L$.

7) $A + A^T$ é simétrica.

8) $B + B^T$ é simétrica.

9) $A \cdot A^T$ é simétrica.

10) $A - A^T$ é anti-simétrica.

11) $B - B^T$ é anti-simétrica.

12) $C - C^T$ é anti-simétrica.

13) A é ortogonal.

14) B é ortogonal.

15) C é ortogonal.

16) D é ortogonal.

17) E é ortogonal.

18) F é nihilpotente de índice $p = 2$.

19) G é nihilpotente de índice $p = 2$.

20) H é nihilpotente de índice $p = 3$.

21) J é idempotente (período igual a 1).

22) L é idempotente (período igual a 1).

23) M é periódica de período igual a 2.

24) AB = E é uma matriz triangular superior.

25) CD = F é uma matriz triangular inferior.

26)
$$AB = \begin{bmatrix} 8 & 0 & 0 \\ 0 & 35 & 0 \\ 0 & 0 & 18 \end{bmatrix}$$

é uma matriz diagonal.

DETERMINANTES

A.17 CLASSE DE UMA PERMUTAÇÃO

Consideremos uma permutação

a c b

dos três elementos a, b, c e tomemos para permutação principal a permutação:

a b c

na qual os elementos estão na ordem alfabética.

Diz-se que dois elementos de uma permutação formam uma inversão se estão em ordem inversa à da permutação principal.

Assim, na permutação dada acb, os elementos c e b formam uma inversão.

Uma permutação é de classe par ou de classe ímpar, conforme apresente um número par ou ímpar de inversões.

A permutação acb é de classe ímpar.

A.18 TERMO PRINCIPAL

Dada a matriz quadrada A, de ordem n, ao produto dos elementos da diagonal principal dá-se o nome de *termo principal*:

$a_{11} \cdot a_{22} \cdot a_{33} \cdot \ldots \cdot a_{nn}$

A.19 TERMO SECUNDÁRIO

Dada a matriz quadrada A, de ordem n, ao produto dos elementos da diagonal secundária dá-se o nome de *termo secundário*:

$a_{1n} \cdot a_{2\,n-1} \cdot a_{3\,n-2} \cdot \ldots \cdot a_{n1}$

A.20 DETERMINANTE DE UMA MATRIZ

Chama-se *determinante de uma matriz quadrada* à soma algébrica dos produtos que se obtém efetuando todas as permutações dos segundos índices do termo principal, fixados os primeiros índices, e fazendo-se preceder os produtos do sinal + ou −, conforme a permutação dos segundos índices seja de classe par ou de classe ímpar.

A utilização da definição e o cálculo de determinantes serão feitos logo após serem dadas algumas informações necessárias para a melhor compreensão do assunto.

A.21 ORDEM DE UM DETERMINANTE

Chama-se *ordem* de um determinante a ordem da matriz a que o mesmo corresponde. Assim, se a matriz é de ordem 3, por exemplo, o determinante será de ordem 3.

A.22 REPRESENTAÇÃO DE UM DETERMINANTE

A representação do determinante de uma matriz A, que será designado por det A, faz-se de maneira análoga à da matriz, colocada entre dois traços verticais.

$$\det A = \begin{vmatrix} a_{11} & a_{12} & a_{13} & \cdots & a_{1n} \\ a_{21} & a_{22} & a_{23} & \cdots & a_{2n} \\ \cdot & \cdot & \cdot & \cdots & \cdot \\ \cdot & \cdot & \cdot & \cdots & \cdot \\ \cdot & \cdot & \cdot & \cdots & \cdot \\ a_{n1} & a_{n2} & a_{n3} & \cdots & a_{nn} \end{vmatrix}$$

A.22.1 Linhas e Colunas de um Determinante

Apesar de o determinante de uma matriz quadrada $A = [a_{ij}]$, de ordem n, ser um número real, costuma-se, por comodidade, uma vez que aquele número é calculado a partir dos elementos das linhas e das colunas da matriz, falar nas linhas e nas colunas do determinante.

A.23 PRELIMINARES PARA O CÁLCULO DOS DETERMINANTES DE 2ª E DE 3ª ORDEM

Para a correta aplicação da definição de determinante de uma matriz, consideremos as tabelas constantes dos itens A.23.1 e A.23.2.

A.23.1 Tabela Referente às Permutações dos Números 1 e 2

O total de permutações dos número 1 e 2 é:

$P_2 = 2! = 1 \times 2 = 2$

Permutação principal	Permutação	Número de inversões	Classe da permutação	Sinal que precede o produto
12	12	0	par	+
12	21	1	ímpar	−

A.23.2 Tabela Referente às Permutações dos Números 1, 2 e 3

O total de permutações dos números 1, 2 e 3 é:

$P_3 = 3! = 1 \times 2 \times 3 = 6$

Permutação principal	Permutação	Número de inversões	Classe da permutação	Sinal que precede o produto
1 2 3	1 2 3	0	par	+
1 2 3	1 3 2	1	ímpar	−
1 2 3	3 1 2	2	par	+
1 2 3	2 1 3	1	ímpar	−
1 2 3	2 3 1	2	par	+
1 2 3	3 2 1	3	ímpar	−

A.24 CÁLCULO DO DETERMINANTE DE 2ª ORDEM

Dada a matriz

$$A = \begin{bmatrix} a_{11} & a_{12} \\ a_{21} & a_{22} \end{bmatrix},$$

para calcular o determinante dessa matriz

$$\det A = \begin{vmatrix} a_{11} & a_{12} \\ a_{21} & a_{22} \end{vmatrix},$$

deve-se, de acordo com a definição, proceder da seguinte maneira:

1º) Escrever os elementos que compõem o termo principal, um após o outro, somente com os primeiros índices (deixando lugar para colocar depois os segundos índices), tantas vezes quantas forem as permutações dos números 1 e 2 (no caso, duas vezes):

$a_1 \quad a_2 \qquad\qquad a_1 \quad a_2$

2º) Colocar nas duas expressões anteriores, como segundos índices, as permutações 12 e 21, uma permutação em cada expressão e não necessariamente nessa ordem:

$a_{11} \quad a_{22} \qquad\qquad a_{12} \quad a_{21}$

3º) Fazer preceder cada um dos dois produtos assim formados dos sinais + ou −, conforme a permutação dos segundos índices for de classe par ou de classe ímpar. No caso, se pode ver, na Tabela do item A.23.1, que o sinal que precede o 1º produto é +, porque a permutação 1 2 é de classe par, e que o sinal que precede o 2º produto é −, porque a permutação 2 1 é de classe ímpar.

$+a_{11} \quad a_{22} \qquad\qquad -a_{12} \quad a_{21}$

4º) Efetuar a soma algébrica dos produtos assim obtidos, com o que se terá:

$\det A = a_{11} a_{22} - a_{12} a_{21}$

isto é:

$$\det A = \begin{vmatrix} a_{11} & a_{12} \\ a_{21} & a_{22} \end{vmatrix} = a_{11} a_{22} - a_{12} a_{21}$$

Por comodidade costuma-se dizer que o determinante de 2ª ordem é igual ao termo principal menos o termo secundário.

Exemplos

1) Calcular o determinante da matriz

$$A = \begin{bmatrix} 7 & 5 \\ 2 & 4 \end{bmatrix}$$

Solução

$$\det A = \begin{vmatrix} 7 & 5 \\ 2 & 4 \end{vmatrix} = 7 \times 4 - 2 \times 5 = 28 - 10 = 18$$

Daqui por diante, se dirá simplesmente:

Calcular:

$$\det A = \begin{vmatrix} 7 & 5 \\ 2 & 4 \end{vmatrix}$$

2) Calcular:

$$\det A = \begin{vmatrix} -3 & -8 \\ -5 & -2 \end{vmatrix}$$

Solução

$$\det A = (-3) \times (-2) - (-8) \times (-5) = 6 - 40 = -34$$

3) Calcular:

$$\det I = \begin{vmatrix} 1 & 0 \\ 0 & 1 \end{vmatrix}$$

Solução

$$\det I = 1 \times 1 - 0 \times 0 = 1 - 0 = 1$$

4) Calcular:

$$\det A = \begin{vmatrix} 6 & 3 \\ 0 & 5 \end{vmatrix}$$

Solução

$\det A = 6 \times 5 - 3 \times 0 = 30 - 0 = 30$

A.25 CÁLCULO DO DETERMINANTE DE 3ª ORDEM

Dada a matriz

$$A = \begin{bmatrix} a_{11} & a_{12} & a_{13} \\ a_{21} & a_{22} & a_{23} \\ a_{31} & a_{32} & a_{33} \end{bmatrix},$$

para calcular o determinante dessa matriz

$$\det A = \begin{vmatrix} a_{11} & a_{12} & a_{13} \\ a_{21} & a_{22} & a_{23} \\ a_{31} & a_{32} & a_{33} \end{vmatrix}$$

deve-se, de acordo com a definição, proceder do seguinte modo:

1º) Escrever os elementos que compõem o termo principal, um após o outro, somente com os primeiros índices (deixando lugar para colocar depois os segundos índices), tantas vezes quantas forem as permutações dos números 1, 2 e 3 (no caso, seis vezes):

$a_1 \quad a_2 \quad a_3 \qquad a_1 \quad a_2 \quad a_3 \qquad a_1 \quad a_2 \quad a_3$

$a_1 \quad a_2 \quad a_3 \qquad a_1 \quad a_2 \quad a_3 \qquad a_1 \quad a_2 \quad a_3$

2º) Colocar, nas seis expressões anteriores, como segundos índices, as permutações 123, 132, 312, 213, 231 e 321, uma permutação em cada expressão e não necessariamente nessa ordem:

$a_{11} \; a_{22} \; a_{33}$ $a_{11} \; a_{23} \; a_{32}$ $a_{13} \; a_{21} \; a_{32}$

$a_{12} \; a_{21} \; a_{33}$ $a_{12} \; a_{23} \; a_{31}$ $a_{13} \; a_{22} \; a_{31}$

3º) Fazer preceder cada um dos produtos assim formados dos sinais + ou –, conforme a permutação dos segundos índices for de classe par ou de classe ímpar. No caso, como se pode ver na Tabela do item A.23.2:

a) o sinal que precede o 1º produto é +, porque a permutação 123 é de classe par;

b) o sinal que precede o 2º produto é –, porque a permutação 132 é de classe ímpar;

c) o sinal que precede o 3º produto é +, porque a permutação 312 é de classe par;

d) o sinal que precede o 4º produto é –, porque a permutação 213 é de classe ímpar;

e) o sinal que precede o 5º produto é +, porque a permutação 231 é de classe par;

f) o sinal que precede o 6º produto é –, porque a permutação 321 é de classe ímpar:

$+a_{11} \; a_{22} \; a_{23}$ $-a_{11} \; a_{23} \; a_{32}$ $+a_{13} \; a_{21} \; a_{32}$

$-a_{12} \; a_{21} \; a_{33}$ $+a_{12} \; a_{23} \; a_{31}$ $-a_{13} \; a_{22} \; a_{31}$

4º) Efetuar a soma algébrica dos produtos assim obtidos, com o que se terá:

$\det A = a_{11}a_{22}a_{33} - a_{11}a_{23}a_{32} + a_{13}a_{21}a_{32} - a_{12}a_{21}a_{33} + a_{12}a_{23}a_{31} - a_{13}a_{22}a_{31}$

Essa fórmula pode ser transformada na seguinte:

$\det A = a_{11}(a_{22}a_{33} - a_{23}a_{32}) - a_{12}(a_{21}a_{33} - a_{23}a_{31}) + a_{13}(a_{21}a_{32} - a_{22}a_{31})$

É muito fácil escrever essa fórmula partindo da matriz

$$A = \begin{bmatrix} a_{11} & a_{12} & a_{13} \\ a_{21} & a_{22} & a_{22} \\ a_{31} & a_{32} & a_{33} \end{bmatrix}$$

e efetuando as seguintes operações:

• multiplicar o elemento a_{11} (da 1ª linha) pelo determinante menor da submatriz de A, que se obtém eliminando a 1ª linha e a 1ª coluna:

$$\begin{bmatrix} \boxed{a_{11}} & \cdots & a_{12} & \cdots & a_{13} \\ a_{21} & & a_{22} & & a_{23} \\ a_{31} & & a_{32} & & a_{33} \end{bmatrix} \quad ; \quad a_{11} \begin{vmatrix} a_{22} & a_{23} \\ a_{32} & a_{33} \end{vmatrix} = a_{11}(a_{22}a_{33} - a_{23}a_{32})$$

• multiplicar o elemento a_{12} (da 1ª linha) pelo determinante menor da submatriz de A, que se obtém eliminando a 1ª linha e a 2ª coluna:

$$\begin{bmatrix} a_{11} & \cdots & \boxed{a_{12}} & & a_{13} \\ a_{21} & & a_{22} & & a_{23} \\ a_{31} & & a_{32} & & a_{33} \end{bmatrix} \quad ; \quad a_{12} \begin{vmatrix} a_{21} & a_{23} \\ a_{31} & a_{33} \end{vmatrix} = a_{12}(a_{21}a_{33} - a_{23}a_{31})$$

• multiplicar o elemento a_{13} (da 1ª linha) pelo determinante menor da submatriz de A, que se obtém eliminando a 1ª linha e a 3ª coluna:

$$\begin{bmatrix} a_{11} & \cdots & a_{12} & \cdots & \boxed{a_{13}} \\ a_{21} & & a_{22} & & a_{23} \\ a_{31} & & a_{32} & & a_{33} \end{bmatrix} \quad ; \quad a_{13} \begin{vmatrix} a_{21} & a_{22} \\ a_{31} & a_{32} \end{vmatrix} = a_{13}(a_{21}a_{32} - a_{22}a_{31})$$

Matrizes. Determinantes. Sistema de equações lineares 429

• fazer os três produtos obtidos anteriormente serem precedidos alternadamente pelos sinais + e −, iniciando pelo sinal +:

$$\det A = \begin{vmatrix} a_{11} & a_{12} & a_{13} \\ a_{21} & a_{22} & a_{23} \\ a_{31} & a_{32} & a_{33} \end{vmatrix} = a_{11}(a_{22}a_{33} - a_{23}a_{32}) - a_{12}(a_{21}a_{33} - a_{23}a_{31}) + a_{13}(a_{21}a_{32} - a_{22}a_{31})$$

ou, simplificadamente:

$$\det A = \begin{vmatrix} a_{11} & a_{12} & a_{13} \\ a_{21} & a_{22} & a_{23} \\ a_{31} & a_{32} & a_{33} \end{vmatrix} = a_{11} \begin{vmatrix} a_{22} & a_{23} \\ a_{32} & a_{33} \end{vmatrix} - a_{12} \begin{vmatrix} a_{21} & a_{23} \\ a_{31} & a_{33} \end{vmatrix} + a_{13} \begin{vmatrix} a_{21} & a_{22} \\ a_{31} & a_{32} \end{vmatrix} \quad (A.25)$$

Essa maneira de escrever a fórmula para calcular o determinante de uma matriz de 3ª ordem é comumente denominada *desenvolvimento do determinante pela 1ª linha*.

Exemplos

1) Calcular:

$$\det A = \begin{vmatrix} 2 & 5 & 7 \\ 3 & 1 & 4 \\ 6 & 8 & 2 \end{vmatrix}$$

A solução se obtém pela fórmula (A.25):

$$\det A = 2 \times \begin{vmatrix} 1 & 4 \\ 8 & 2 \end{vmatrix} - 5 \times \begin{vmatrix} 3 & 4 \\ 6 & 2 \end{vmatrix} + 7 \times \begin{vmatrix} 3 & 1 \\ 6 & 8 \end{vmatrix}$$

$\det A = 2(1 \times 2 - 4 \times 8) - 5(3 \times 2 - 4 \times 6) + 7(3 \times 8 - 1 \times 6)$

$\det A = 2(2 - 32) - 5(6 - 24) + 7(24 - 6)$

det A = 2 (-30) - 5 (-18) + 7 × 18

det A = -60 + 90 + 126

det A = 156.

2) Calcular:

$$\det A = \begin{vmatrix} 3 & 1 & -2 \\ -5 & 4 & -6 \\ 0 & 2 & 7 \end{vmatrix}$$

A solução se obtém pela fórmula (A.25):

$$\det A = 3 \times \begin{vmatrix} 4 & -6 \\ 2 & 7 \end{vmatrix} - 1 \times \begin{vmatrix} -5 & -6 \\ 0 & 7 \end{vmatrix} + (-2) \times \begin{vmatrix} -5 & 4 \\ 0 & 2 \end{vmatrix}$$

det A = 3 [4 × 7 - (-6) × 2] - 1 [-5 × 7 - (-6) × 0] - 2 (-5 × 2 - 4 × 0)

det A = 3 (28 + 12) - 1 (-35 + 0) - 2 (-10 - 0)

det A = 3 × 40 - 1 × (-35) - 2 × (-10)

det A = 120 + 35 + 20

det A = 175.

A.25.1 Observação

Assim como se pode calcular um determinante desenvolvendo-o pela 1ª linha, pode-se também calculá-lo desenvolvendo-o por qualquer linha ou por qualquer coluna, devendo-se ter absoluto cuidado com a alternância dos sinais + e — que precedem os produtos formados. Assim, no caso do determinante de 3ª ordem, a alternância dos sinais + e — dos produtos por linha e por coluna é a seguinte:

$$\begin{array}{ccc} + & - & + \\ - & + & - \\ + & - & + \end{array} \qquad (A.25.1)$$

3) Calcular:

$$\det A = \begin{vmatrix} 2 & 5 & 7 \\ 3 & 1 & 4 \\ 6 & 8 & 2 \end{vmatrix}$$

desenvolvendo-o pela 2ª coluna.

A solução do problema se obtém com a fórmula análoga à obtida em (A.25) com as seguintes diferenças:

a) A coluna a ser eliminada para formar o determinante menor será sempre a 2ª, e a linha a ser eliminada será aquela em que se situa o elemento da matriz que vai multiplicar o referido determinante menor.

b) Os sinais que precedem os produtos são os dados no Quadro (A.25.1):

$$\det A = -5 \times \begin{vmatrix} 3 & 4 \\ 6 & 2 \end{vmatrix} + 1 \times \begin{vmatrix} 2 & 7 \\ 6 & 2 \end{vmatrix} - 8 \times \begin{vmatrix} 2 & 7 \\ 3 & 4 \end{vmatrix}$$

$\det A = -5\,(3 \times 2 - 4 \times 6) + 1\,(2 \times 2 - 7 \times 6) - 8\,(2 \times 4 - 7 \times 3)$

$\det A = -5\,(6 - 24) + 1\,(4 - 42) - 8\,(8 - 21)$

$\det A = -5(-18) + 1\,(-38) - 8\,(-13)$

$\det A = 90 - 38 + 104$

$\det A = 156$

Esse resultado foi o mesmo obtido no Exemplo 1.

A.26 DESENVOLVIMENTO DE UM DETERMINANTE POR UMA LINHA OU POR UMA COLUNA

Se se repetir o raciocínio e o roteiro do cálculo de um determinante de 3ª ordem para um determinante de 4ª ordem, por exemplo, se chegará à mesma conclusão: o determinante poderá ser calculado desenvolvendo-o por qualquer linha ou por qualquer coluna, devendo-se ter absoluto cuidado com a alternância dos sinais + e − que precedem os produtos formados, alternância essa que, para o determinante de 4ª ordem, é a seguinte:

```
+   −   +   −
−   +   −   +
+   −   +   −
−   +   −   +
```

Exemplo

Calcular:

$$\det A = \begin{vmatrix} 3 & 2 & 1 & 4 \\ 0 & 1 & 9 & 8 \\ 5 & 6 & 7 & 2 \\ 3 & 1 & 4 & 6 \end{vmatrix}$$

desenvolvendo-o pela 1ª linha.

Roteiro para a solução:

$$\det A = 3 \times \begin{vmatrix} 1 & 9 & 8 \\ 6 & 7 & 2 \\ 1 & 4 & 6 \end{vmatrix} -2 \times \begin{vmatrix} 0 & 9 & 8 \\ 5 & 7 & 2 \\ 3 & 4 & 6 \end{vmatrix} +1 \times \begin{vmatrix} 0 & 1 & 8 \\ 5 & 6 & 2 \\ 3 & 1 & 6 \end{vmatrix} -$$

$$-4 \times \begin{vmatrix} 0 & 1 & 9 \\ 5 & 6 & 7 \\ 3 & 1 & 4 \end{vmatrix}$$

Calculando cada um dos 4 determinantes de 3ª ordem e efetuando as demais operações indicadas, se obterá o valor do det A. Igualmente, se pode calcular um determinante de ordem n = 5, 6, 7, 8, 10, 20, 50 etc., desenvolvendo-o por uma linha ou por uma coluna, pelo mesmo processo que se calcula um determinante de 4ª ordem. Entretanto esse processo, por envolver um número excessivamente elevado de operações, torna-se quase impraticável. Por isso, no item A.28 será visto um processo em que, apesar de conter ainda um número elevado de operações, esse número é sensivelmente menor do que o do desenvolvimento do determinante por uma linha ou por uma coluna e é, geralmente, usado com o auxílio de um computador.

A.27 PROPRIEDADES DOS DETERMINANTES

Dentre as diversas propriedades dos determinantes serão relacionadas, a seguir, aquelas que de uma forma ou outra dizem mais de perto com o cálculo dos determinantes de qualquer ordem ou com as propriedades dos vetores. Essas propriedades não serão demonstradas, mas tão-somente verificadas por meio de exemplos:

I) O determinante de uma matriz A não se altera quando se trocam as linhas pelas colunas:

$$\begin{vmatrix} a_1 & b_1 & c_1 \\ a_2 & b_2 & c_2 \\ a_3 & b_3 & c_3 \end{vmatrix} = \begin{vmatrix} a_1 & a_2 & a_3 \\ b_1 & b_2 & b_3 \\ c_1 & c_2 & c_3 \end{vmatrix}$$

Exemplo

$$\begin{vmatrix} 2 & 5 \\ 7 & 3 \end{vmatrix} = 2 \times 3 - 5 \times 7 = 6 - 35 = -29$$

$$\begin{vmatrix} 2 & 7 \\ 5 & 3 \end{vmatrix} = 2 \times 3 - 7 \times 5 = 6 - 35 = -29$$

II) Se a matriz A possui uma linha (ou coluna) constituída de elementos todos nulos, o determinante é nulo:

$$\det A = \begin{vmatrix} a_1 & b_1 & 0 \\ a_2 & b_2 & 0 \\ a_3 & b_3 & 0 \end{vmatrix} = 0$$

Exemplo

$$\det A = \begin{vmatrix} 0 & 0 & 0 \\ 5 & 4 & 1 \\ 3 & 2 & 7 \end{vmatrix} = 0 \times \begin{vmatrix} 4 & 1 \\ 2 & 7 \end{vmatrix} - 0 \times \begin{vmatrix} 5 & 1 \\ 3 & 7 \end{vmatrix} + 0 \times \begin{vmatrix} 5 & 4 \\ 3 & 2 \end{vmatrix} = 0 - 0 + 0 = 0$$

Esse determinante foi desenvolvido pela 1ª linha, observadas as alternâncias dos sinais que precedem os produtos.

III) Se a matriz A tem duas linhas (ou duas colunas) iguais, o determinante é nulo:

$$\det A = \begin{vmatrix} a_1 & a_1 & c_1 \\ a_2 & a_2 & c_2 \\ a_3 & a_3 & c_3 \end{vmatrix} = 0$$

Exemplo

$$\det A = \begin{vmatrix} 5 & 5 & 2 \\ 3 & 3 & 1 \\ 4 & 4 & 6 \end{vmatrix} = 5 \times \begin{vmatrix} 3 & 1 \\ 4 & 6 \end{vmatrix} - 5 \times \begin{vmatrix} 3 & 1 \\ 4 & 6 \end{vmatrix} + 2 \times \begin{vmatrix} 3 & 3 \\ 4 & 4 \end{vmatrix}$$

Esse determinante foi desenvolvido pela 1.ª linha, observadas as alternâncias dos sinais que precedem os produtos.

$\det A = 5(3 \times 6 - 1 \times 4) - 5(3 \times 6 - 1 \times 4) + 2(3 \times 4 - 3 \times 4)$

$\det A = 5(18 - 4) - 5(18 - 4) + 2(12 - 12)$

det A = 5 × 14 - 5 × 14 + 2 × 0

det A = 70 - 70 + 0

det A = 0

IV) Se na matriz A duas linhas (ou colunas) têm seus elementos correspondentes proporcionais, o determinante é nulo (numa matriz A, dois elementos são correspondentes quando, situados em linhas diferentes, estão na mesma coluna, ou quando, situados em colunas diferentes, estão na mesma linha):

$$\det A = \begin{vmatrix} a_1 & ka_1 \\ a_2 & ka_2 \end{vmatrix} = 0$$

Exemplo

$$\begin{vmatrix} 2 & 6 \\ 3 & 9 \end{vmatrix} = 2 \times 9 - 6 \times 3 = 18 - 18 = 0$$

Nesse determinante os elementos correspondentes das 2 colunas são proporcionais:

$$\frac{6}{2} = \frac{9}{3} = 3$$

V) Se na matriz A cada elemento de uma linha (ou coluna) é uma soma de duas parcelas, o determinante de A pode ser expresso sob a forma de uma soma dos determinantes de duas matrizes, a saber:

$$\begin{vmatrix} a_1 & b_1 + c_1 \\ a_2 & b_2 + c_2 \end{vmatrix} = \begin{vmatrix} a_1 & b_1 \\ a_2 & b_2 \end{vmatrix} + \begin{vmatrix} a_1 & c_1 \\ a_2 & c_2 \end{vmatrix}$$

Exemplo

$$\begin{vmatrix} 2 & 3+5 \\ 7 & 4+6 \end{vmatrix} = \begin{vmatrix} 2 & 3 \\ 7 & 4 \end{vmatrix} + \begin{vmatrix} 2 & 5 \\ 7 & 6 \end{vmatrix}$$

De fato:

$$\begin{vmatrix} 2 & 3+5 \\ 7 & 4+6 \end{vmatrix} = \begin{vmatrix} 2 & 8 \\ 7 & 10 \end{vmatrix} = 2 \times 10 - 8 \times 7 = 20 - 56 = -36$$

mas:

$$\begin{vmatrix} 2 & 3 \\ 7 & 4 \end{vmatrix} = 2 \times 4 - 3 \times 7 = 8 - 21 = -13$$

e:

$$\begin{vmatrix} 2 & 5 \\ 7 & 6 \end{vmatrix} = 2 \times 6 - 5 \times 7 = 12 - 35 = -23$$

logo:

$$\begin{vmatrix} 2 & 3 \\ 7 & 4 \end{vmatrix} + \begin{vmatrix} 2 & 5 \\ 7 & 6 \end{vmatrix} = -13 - 23 = -36$$

VI) O determinante de uma matriz diagonal A (superior ou inferior) é igual ao termo principal, isto é, é igual ao produto dos elementos da diagonal principal:

$$\det A = \begin{vmatrix} a_{11} & a_{12} & a_{13} \\ 0 & a_{22} & a_{23} \\ 0 & 0 & a_{33} \end{vmatrix} = a_{11} a_{22} a_{33}$$

Exemplos

1) Calcular:

$$\det A = \begin{vmatrix} 1 & 3 & 5 \\ 0 & 1 & 3 \\ 0 & 0 & 2 \end{vmatrix}$$

Desenvolvendo o determinante pela 1ª coluna e observando a alternância dos sinais que precedem os produtos, vem:

$$\det A = 1 \times \begin{vmatrix} 1 & 3 \\ 0 & 2 \end{vmatrix} - 0 \times \begin{vmatrix} 3 & 5 \\ 0 & 2 \end{vmatrix} + 0 \times \begin{vmatrix} 3 & 5 \\ 1 & 3 \end{vmatrix}$$

$\det A = 1 \times (1 \times 2 - 3 \times 0) - 0 \times (3 \times 2 - 5 \times 0) + 0 \times (3 \times 3 - 5 \times 1)$

$\det A = 1 \times (1 \times 2 - 0) - 0 \times (6 - 0) + 0 \times (9 - 5)$

$\det A = 1 \times 1 \times 2 - 0 + 0 = 1 \times 1 \times 2$

2) Calcular:

$$\det A = \begin{vmatrix} 6 & 5 & 4 & 7 \\ 0 & 1 & 3 & 5 \\ 0 & 0 & 1 & 3 \\ 0 & 0 & 0 & 2 \end{vmatrix}$$

Desenvolvendo o determinante pela 1ª linha e observando a alternância dos sinais que precedem os produtos, vem:

$$\det A = 6 \times \begin{vmatrix} 1 & 3 & 5 \\ 0 & 1 & 3 \\ 0 & 0 & 2 \end{vmatrix} - 5 \times \begin{vmatrix} 0 & 3 & 5 \\ 0 & 1 & 3 \\ 0 & 0 & 2 \end{vmatrix} + 4 \times \begin{vmatrix} 0 & 1 & 5 \\ 0 & 0 & 3 \\ 0 & 0 & 2 \end{vmatrix} - 7 \times \begin{vmatrix} 0 & 1 & 3 \\ 0 & 0 & 1 \\ 0 & 0 & 0 \end{vmatrix}$$

O 1º determinante, como foi visto no Exemplo 1, é igual a $1 \times 1 \times 2$, e os outros 3 determinantes, por terem uma coluna constituída de elementos todos nulos, são nulos (II propriedade). Logo:

det A = $6 \times 1 \times 1 \times 2$

VII) Trocando-se entre si duas linhas (ou colunas) da matriz A, o determinante muda de sinal, isto é, fica multiplicado por -1:

$$\begin{vmatrix} a_1 & b_1 & c_1 \\ a_2 & b_2 & c_2 \\ a_3 & b_3 & c_3 \end{vmatrix} = - \begin{vmatrix} a_1 & b_1 & c_1 \\ a_3 & b_3 & c_3 \\ a_2 & b_2 & c_2 \end{vmatrix}$$

Exemplo

Calcular:

$$\det A = \begin{vmatrix} 1 & 3 & 5 \\ 0 & 0 & 2 \\ 0 & 4 & 12 \end{vmatrix}$$

a) Desenvolvendo o determinante pela 2ª linha e observando a alternância dos sinais que precedem os produtos, vem:

$$\det A = -0 \times \begin{vmatrix} 3 & 5 \\ 4 & 12 \end{vmatrix} + 0 \times \begin{vmatrix} 1 & 5 \\ 0 & 12 \end{vmatrix} - 2 \times \begin{vmatrix} 1 & 3 \\ 0 & 4 \end{vmatrix}$$

det A = $-0 \times (3 \times 12 - 5 \times 4) + 0 \times (1 \times 12 - 5 \times 0) - 2 \times (1 \times 4 - 3 \times 0)$

det A = $-0 \times (36 - 20) + 0 \times (12 - 0) - 2(4 - 0)$

det A = $-0 \times 16 + 0 \times 12 - 2 \times 4$

det A = $-0 + 0 - 8$

det A = -8

Trocando, na matriz A, a 2ª linha pela 3ª, vem:

$$\det A_1 = \begin{vmatrix} 1 & 3 & 5 \\ 0 & 4 & 12 \\ 0 & 0 & 2 \end{vmatrix}$$

b) Desenvolvendo o determinante pela 3ª linha e observando a alternância dos sinais que precedem os produtos, vem:

$$\det A_1 = +0 \times \begin{vmatrix} 3 & 5 \\ 4 & 12 \end{vmatrix} - 0 \times \begin{vmatrix} 1 & 5 \\ 0 & 12 \end{vmatrix} + 2 \times \begin{vmatrix} 1 & 3 \\ 0 & 4 \end{vmatrix}$$

$\det A_1 = 0 \times (3 \times 12 - 5 \times 4) - 0 \times (1 \times 12 - 5 \times 0) + 2 \times (1 \times 4 - 3 \times 0)$

$\det A_1 = 0 \times (36 - 20) - 0 \times (12 - 0) + 2(4 - 0)$

$\det A_1 = 0 \times 16 - 0 \times 12 + 2 \times 4$

$\det A_1 = 0 - 0 + 8$

$\det A_1 = 8$

Como se vê, o det A, ao serem trocadas entre si duas linhas da matriz A, ficou multiplicado por -1, isto é, seu valor foi alterado. Para que se mantenha o valor do det A, no caso de haver necessidade de trocar entre si duas linhas (ou colunas), se procederá do seguinte modo:

$$\det A = \begin{vmatrix} 1 & 3 & 5 \\ 0 & 0 & 2 \\ 0 & 4 & 12 \end{vmatrix} = -1 \times \begin{vmatrix} 1 & 3 & 5 \\ 0 & 4 & 12 \\ 0 & 0 & 2 \end{vmatrix}$$

Na realidade, tendo em vista que o det A foi multiplicado por -1, ele, para manter seu valor, deveria ser dividido por -1 (ou multiplicado pelo inverso -1, no caso $-\frac{1}{1}$). Como, porém, o resultado seria o mesmo, se optou pela solução mais simples.

Quando se desejar trocar a 2ª linha pela 3ª de uma matriz A para facilitar o cálculo de seu determinante, se escreverá assim:

$$\det A = \begin{vmatrix} 1 & 3 & 5 \\ 0 & 0 & 2 \\ 0 & 4 & 12 \end{vmatrix} \to L_{23}$$

$$\det A = -1 \times \begin{vmatrix} 1 & 3 & 5 \\ 0 & 4 & 12 \\ 0 & 0 & 2 \end{vmatrix}$$

Essa operação será utilizada no cálculo de um determinante de qualquer ordem, quando, como aconteceu no presente caso, num determinado estágio do processo do cálculo, não puder haver o número zero na diagonal principal: a troca da 2ª linha pela 3ª tirou o zero da diagonal principal e colocou em seu lugar o número 4.

VIII) Quando se multiplicam por um número real todos os elementos de uma linha (ou de uma coluna) da matriz A, o determinante fica multiplicado por esse número:

$$\begin{vmatrix} a_1 & b_1 & c_1 \\ ka_2 & kb_2 & kc_2 \\ a_3 & b_3 & c_3 \end{vmatrix} = k \times \begin{vmatrix} a_1 & b_1 & c_1 \\ a_2 & b_2 & c_2 \\ a_3 & b_3 & c_3 \end{vmatrix}$$

Exemplo

Seja:

$$\det A_1 = \begin{vmatrix} 1 & 3 & 5 \\ 0 & 4 & 12 \\ 0 & 0 & 2 \end{vmatrix}$$

Este determinante foi calculado, como Exemplo, na propriedade VII, e o valor encontrado foi det A_1 = 8.

Suponha o leitor que se deseja multiplicar a 2ª linha por 1/4 (o que é o mesmo que dividir os elementos da linha por 4):

$$\det A_2 = \begin{vmatrix} 1 & 3 & 5 \\ 0 & 1 & 3 \\ 0 & 0 & 2 \end{vmatrix}$$

Desenvolvendo o determinante pela 3ª linha e observando a alternância dos sinais que precedem os produtos, vem:

$$\det A_2 = +0 \times \begin{vmatrix} 3 & 5 \\ 1 & 3 \end{vmatrix} - 0 \times \begin{vmatrix} 1 & 5 \\ 0 & 3 \end{vmatrix} + 2 \times \begin{vmatrix} 1 & 3 \\ 0 & 1 \end{vmatrix}$$

$\det A_2 = 0 \times (3 \times 3 - 5 \times 1) - 0 \times (1 \times 3 - 5 \times 0) + 2(1 \times 1 - 3 \times 0)$

$\det A_2 = 0 \times (9 - 5) - 0 \times (3 - 0) + 2 \times (1 - 0)$

$\det A_2 = 0 \times 4 - 0 \times 3 + 2 \times 1$

$\det A_2 = 0 - 0 + 2$

$\det A_2 = 2$

Como se vê, o $\det A_1$ ficou multiplicado por $\frac{1}{4}$ ao se multiplicar os elementos da 2ª linha por $\frac{1}{4}$, uma vez que:

$\det A_2 = 2 = 8 \times \frac{1}{4}$

isto é, o valor de $\det A_1$ ficou alterado. Para que se mantenha o valor do $\det A_1$, no caso de haver necessidade de multiplicar a 2ª linha por $\frac{1}{4}$, se procederá do seguinte modo:

$$\det A_1 = \begin{vmatrix} 1 & 3 & 5 \\ 0 & 4 & 12 \\ 0 & 0 & 2 \end{vmatrix} = 4 \times \begin{vmatrix} 1 & 3 & 5 \\ 0 & 1 & 3 \\ 0 & 0 & 2 \end{vmatrix}$$

Repetindo o que já foi dito, multiplicar os elementos de uma linha por $\frac{1}{4}$ é o mesmo que dividir os elementos da linha por 4 (ou, o mesmo que dividir o determinante por 4). Daí por que, para compensar, isto é, para que o determinante mantenha seu valor, é necessário multiplicá-lo pelo inverso de $\frac{1}{4}$, ou seja, por 4.

Quando se desejar multiplicar a 2ª linha de uma matriz A por $\frac{1}{4}$ para facilitar o cálculo de seu determinante, se escreverá assim:

$$\det A_1 = \begin{vmatrix} 1 & 3 & 5 \\ 0 & 4 & 12 \\ 0 & 0 & 2 \end{vmatrix} \rightarrow L_2(\frac{1}{4})$$

$$\det A_1 = 4 \times \begin{vmatrix} 1 & 3 & 5 \\ 0 & 1 & 3 \\ 0 & 0 & 2 \end{vmatrix}$$

Essa operação será utilizada no cálculo de um determinante de qualquer ordem, quando, como aconteceu no presente caso, num determinado estágio do processo do cálculo, se desejar obter o número 1 como um dos elementos da diagonal principal: a multiplicação do número 4, que estava na 2ª linha como elemento da diagonal principal, por $\frac{1}{4}$ colocou o número 1 em seu lugar.

Admitamos que se queira obter o número 1 em lugar do número 2 no $\det A_2$:

$$\det A_2 = \begin{vmatrix} 1 & 3 & 5 \\ 0 & 1 & 3 \\ 0 & 0 & 2 \end{vmatrix}$$

Nesse caso, basta multiplicar a 3ª linha por $\frac{1}{2}$ e fazer a respectiva compensação multiplicando $\det A_2$ pelo inverso de $\frac{1}{2}$, isto é, por 2:

$$\det A_2 = \begin{vmatrix} 1 & 3 & 5 \\ 0 & 1 & 3 \\ 0 & 0 & 2 \end{vmatrix} \longrightarrow L_3(\frac{1}{2})$$

$$\det A_2 = 2 \times \begin{vmatrix} 1 & 3 & 5 \\ 0 & 1 & 3 \\ 0 & 0 & 1 \end{vmatrix}$$

Recapitulando todas as operações feitas até agora com o det A da propriedade VIII, tem-se:

$$\det A = \begin{vmatrix} 1 & 3 & 5 \\ 0 & 0 & 2 \\ 0 & 4 & 12 \end{vmatrix} \longrightarrow L_{23}$$

$$\det A = -1 \times \begin{vmatrix} 1 & 3 & 5 \\ 0 & 4 & 12 \\ 0 & 0 & 2 \end{vmatrix} \longrightarrow L_2 \left(\frac{1}{4}\right)$$

$$\det A = -1 \times 4 \times \begin{vmatrix} 1 & 3 & 5 \\ 0 & 1 & 3 \\ 0 & 0 & 2 \end{vmatrix} \longrightarrow L_3 \left(\frac{1}{2}\right)$$

$$\det A = -1 \times 4 \times 2 \times \begin{vmatrix} 1 & 3 & 5 \\ 0 & 1 & 3 \\ 0 & 0 & 1 \end{vmatrix}$$

Tendo em vista que, pela propriedade VI, o determinante de uma matriz triangular é igual ao termo principal e como, nesse caso, o termo principal TP é igual a 1 (TP = 1 × 1 × 1), vem:

$$\det A = -1 \times 4 \times 2 \times 1 = -8$$

Esse valor −8 já havia sido encontrado para o determinante dado:

$$\begin{vmatrix} 1 & 3 & 5 \\ 0 & 0 & 2 \\ 0 & 4 & 12 \end{vmatrix}$$

ao ser desenvolvido pela 2ª linha (exemplo da propriedade VII, alínea a).

IX) Um determinante não se altera quando se somam aos elementos de uma linha (coluna) da matriz A os elementos correspondentes de outra linha (coluna) previamente multiplicados por um número real diferente de zero:

$$\begin{vmatrix} a_1 & b_1 & c_1 \\ a_2 & b_2 & c_2 \\ a_3 & b_3 & c_3 \end{vmatrix} = \begin{vmatrix} a_1 & b_1 & c_1 \\ a_2 + ka_1 & b_2 + kb_1 & c_2 + kc_1 \\ a_3 & b_3 & c_3 \end{vmatrix}$$

Exemplo

Calcular:

$$\det A = \begin{vmatrix} 1 & 2 & 4 \\ 4 & 10 & 12 \\ 5 & 7 & 9 \end{vmatrix}$$

a) Desenvolvendo o determinante pela 1ª linha e observando a alternância dos sinais que precedem os produtos, vem:

$$\det A = +1 \times \begin{vmatrix} 10 & 12 \\ 7 & 9 \end{vmatrix} - 2 \times \begin{vmatrix} 4 & 12 \\ 5 & 9 \end{vmatrix} + 4 \times \begin{vmatrix} 4 & 10 \\ 5 & 7 \end{vmatrix}$$

$\det A = 1 \times (10 \times 9 - 12 \times 7) - 2 \times (4 \times 9 - 12 \times 5) + 4 \times (4 \times 7 - 10 \times 5)$

$\det A = 1 \times (90 - 84) - 2 \times (36 - 60) + 4 \times (28 - 50)$

$\det A = 1 \times 6 - 2 \times (-24) + 4 \times (-22)$

$\det A = 6 + 48 - 88$

$\det A = -34$

Pretende-se, agora, substituir a 2ª linha do det A pela soma de seus elementos com os elementos correspondentes da 1ª linha previamente multiplicados por -4:

2ª linha:				4	10	12	
1ª linha:	1	2	4				
Multiplicador:			-4	-4	-8	-16	
Nova 2ª linha:				0	2	-4	

$$\det A_1 = \begin{vmatrix} 1 & 2 & 4 \\ 0 & 2 & -4 \\ 5 & 7 & 9 \end{vmatrix}$$

b) Desenvolvendo o determinante pela 1ª linha e observando a alternância dos sinais que precedem os produtos, vem:

$$\det A_1 = +1 \times \begin{vmatrix} 2 & -4 \\ 7 & 9 \end{vmatrix} -2 \times \begin{vmatrix} 0 & -4 \\ 5 & 9 \end{vmatrix} +4 \times \begin{vmatrix} 0 & 2 \\ 5 & 7 \end{vmatrix}$$

$\det A_1 = 1 \times [2 \times 9 - (-4) \times 7] - 2 \times [0 \times 9 - (-4) \times 5] + 4 \times (0 \times 7 - 2 \times 5)$

$\det A_1 = 1 \times (18 + 28) - 2 \times (0 + 20) + 4 \times (0 - 10)$

$\det A_1 = 1 \times 46 - 40 - 40$

$\det A_1 = -34$

Portanto, $\det A_1 = \det A$, com o que a propriedade fica verificada.

Quando se desejar somar os elementos da 2ª linha com os correspondentes elementos da 1ª linha, previamente multiplicados por -4, se escreverá assim:

$$\det A = \begin{vmatrix} 1 & 2 & 4 \\ 4 & 10 & 12 \\ 5 & 7 & 9 \end{vmatrix} \longrightarrow L_2 = L_2 + L_1(-4)$$

$$\det A = \begin{vmatrix} 1 & 2 & 4 \\ 0 & 2 & -4 \\ 5 & 7 & 9 \end{vmatrix}$$

O sinal = da expressão $L_2 = L_2 + L_1(-4)$ não tem o significado convencional; é empregado, entretanto, para indicar que a expressão $L_2 = L_2 + L_1(-4)$, utilizada em lugar de L_2, não altera o "valor" do det A.

Essa operação será utilizada no cálculo de um determinante de qualquer ordem, quando, como aconteceu agora, num determinado estágio do processo do cálculo, se desejar o número "zero" para formar uma matriz triangular. Para facilitar a obtenção do zero é que se utiliza a propriedade VIII, isto é, se faz a operação adequada para substituir o número que está na diagonal principal pelo número 1; e é isso o que veremos no próximo item.

A.28 CÁLCULO DE UM DETERMINANTE DE QUALQUER ORDEM

Para calcular o determinante de uma matriz quadrada A, de ordem n (para $n \geq 2$, isto é, n = 5, 6, 10, 20, 50, 100 etc.), será utilizado o processo de triangulação.

Assim, dada uma matriz quadrada A, de ordem n, se procederão com as linhas (ou colunas) de seu determinante as operações adequadas para transformar a matriz A numa matriz triangular superior (ou inferior), ao mesmo tempo que se efetuarão com o det A as necessárias compensações, quando for o caso, para manter inalterado seu valor, tudo de acordo com as propriedades dos determinantes já vistas e verificadas.

Antes de dar um exemplo, uma explicação se faz necessária ao leitor: o ideal seria calcular um determinante de ordem elevada, mas, no caso, o cálculo se tornaria demorado e repetitivo, porque, como já tivemos oportunidade de verificar, o processo para se obter o número zero é sempre o mesmo, assim como o processo para se obter o número 1, na diagonal principal, também é sempre o mesmo. Dessa forma, o exemplo a ser dado será o de um determinante de 3ª ordem.

Aliás, com isso haverá uma dupla vantagem: primeiro, se poderá calcular o determinante desenvolvendo-o por uma linha (ou coluna) qualquer; segundo, se poderá verificar se, calculando o determinante por triangulação, ele conserva seu valor.

Não é demais insistir em que o processo de triangulação não é específico para o cálculo de um determinante de ordem 3 (embora o exemplo a seguir seja de um determinante dessa ordem), mas é para um determinante de qualquer ordem. Por outro lado, é preciso declarar que o cálculo de determinantes de ordem muito grande só foi possível a partir do uso dos computadores que, em geral, com algumas variações, utilizam o processo de triangulação. Dada a explicação ao leitor, convém ainda dizer que, por comodidade, facilidade nos cálculos e por ser bastante prático, para executar o processo de triangulação, se procura colocar, por meio das operações adequadas (e das respectivas compensações quando for o caso), como elementos da diagonal principal, exceto o último, o número 1.

Obtido o número 1 na 1ª linha e 1ª coluna, isto é, $a_{11} = 1$, substituem-se, por meio das operações competentes, todos os demais elementos da 1ª coluna por zeros; da mesma forma, depois de obter $a_{22} = 1$, substituem-se os demais elementos da 2ª coluna, situados abaixo (acima) de a_{22} por zeros, e assim por diante. Quanto a cada um dos elementos da diagonal principal da matriz A, três hipóteses podem ocorrer:

1ª) O elemento é igual a zero. Nesse caso deve-se proceder à operação de troca de linhas e multiplicar o det A por -1, como compensação, isto é, para que det A conserve seu valor;

2ª) O elemento é igual a k. Nesse caso, deve-se multiplicar todos os elementos da linha por $\frac{1}{k}$, com o que se obtém o número 1 como elemento da diagonal principal dessa linha. Por outro lado, para compensar, isto é, para que det A mantenha seu valor, deve-se multiplicá-lo pelo inverso de $\frac{1}{k}$, isto é, por k.

3ª) O elemento é igual a 1. Nesse caso, nada a fazer no que diz respeito à diagonal principal.

Exemplo

Calcular:

$$\det A = \begin{vmatrix} 2 & 1 & 7 \\ 1 & 3 & 2 \\ 5 & 3 & 4 \end{vmatrix}$$

448 Álgebra linear

Solução

a) Desenvolvendo o determinante pela 1ª linha e observando a alternância dos sinais que precedem os produtos, vem:

$$\det A = \begin{vmatrix} 2 & 1 & 7 \\ 1 & 3 & 2 \\ 5 & 3 & 4 \end{vmatrix} = +2 \times \begin{vmatrix} 3 & 2 \\ 3 & 4 \end{vmatrix} - 1 \times \begin{vmatrix} 1 & 2 \\ 5 & 4 \end{vmatrix} + 7 \times \begin{vmatrix} 1 & 3 \\ 5 & 3 \end{vmatrix}$$

$\det A = 2 \times (3 \times 4 - 2 \times 3) - 1 \times (1 \times 4 - 2 \times 5) + 7 \times (1 \times 3 - 3 \times 5)$

$\det A = 2 \times (12 - 6) - 1(4 - 10) + 7(3 - 15)$

$\det A = 2 \times 6 - 1 \times (-6) + 7(-12)$

$\det A = 12 + 6 - 84$

$\det A = -66$

b) O mesmo determinante será calculado, agora, pelo processo de triangulação, segundo as instruções prestadas anteriormente.

$$\det A = \begin{vmatrix} 2 & 1 & 7 \\ 1 & 3 & 2 \\ 5 & 3 & 4 \end{vmatrix} \longrightarrow L_1(\tfrac{1}{2})$$

$$\det A = 2 \times \begin{vmatrix} 1 & \tfrac{1}{2} & \tfrac{7}{2} \\ 1 & 3 & 2 \\ 5 & 3 & 4 \end{vmatrix} \longrightarrow L_2 = L_2 + L_1(-1)$$

$$\det A = 2 \times \begin{vmatrix} 1 & \tfrac{1}{2} & \tfrac{7}{2} \\ 0 & \tfrac{5}{2} & -\tfrac{3}{2} \\ 5 & 3 & 4 \end{vmatrix} \longrightarrow L_3 = L_3 + L_1(-5)$$

$$\det A = 2 \times \begin{vmatrix} 1 & \frac{1}{2} & \frac{7}{2} \\ 0 & \frac{5}{2} & -\frac{3}{2} \\ 0 & \frac{1}{2} & -\frac{27}{2} \end{vmatrix} \longrightarrow L_2(\frac{2}{5})$$

$$\det A = 2 \times \frac{5}{2} \times \begin{vmatrix} 1 & \frac{1}{2} & \frac{7}{2} \\ 0 & 1 & -\frac{6}{10} \\ 0 & \frac{1}{2} & -\frac{27}{2} \end{vmatrix} \longrightarrow L_3 = L_3 + L_2(-\frac{1}{2})$$

$$\det A = 2 \times 5 \times \begin{vmatrix} 1 & \frac{1}{2} & \frac{6}{2} \\ 0 & 1 & -\frac{6}{10} \\ 0 & 0 & -\frac{132}{10} \end{vmatrix}$$

O termo principal é: $T = 1 \times 1 \times (-\frac{132}{10}) = -\frac{132}{10}$,

logo:

$$\det A = 2 \times \frac{5}{2} \times (-\frac{132}{10}) = \frac{10}{2} \times (-\frac{132}{10}) = -\frac{132}{2} = -66$$

Como se vê, pelo processo de triangulação se obteve para o det A o mesmo valor que se obteve quando se desenvolveu esse determinante pela 1ª linha.

A.29 PROBLEMAS RESOLVIDOS

1) Calcular:

$$\det A = \begin{vmatrix} 2 & 4 & 6 \\ 5 & 9 & 8 \\ 7 & 2 & 1 \end{vmatrix}$$

Solução

Desenvolvendo o determinante pela 1ª linha e observando a alternância dos sinais que precedem os produtos, vem:

$$\det A = 2 \times \begin{vmatrix} 9 & 8 \\ 2 & 1 \end{vmatrix} - 4 \times \begin{vmatrix} 5 & 8 \\ 7 & 1 \end{vmatrix} + 6 \times \begin{vmatrix} 5 & 9 \\ 7 & 2 \end{vmatrix}$$

$\det A = 2(9 \times 1 - 8 \times 2) - 4(5 \times 1 - 8 \times 7) + 6(5 \times 2 - 9 \times 7)$

$\det A = 2(9 - 16) - 4(5 - 56) + 6(10 - 63)$

$\det A = 2(-7) - 4(-51) + 6(-53)$

$\det A = -14 + 204 - 318$

$\det A = -128$

2) Calcular o determinante do problema anterior pelo processo de triangulação.

Solução

$$\det A = \begin{vmatrix} 2 & 4 & 6 \\ 5 & 9 & 8 \\ 7 & 2 & 1 \end{vmatrix} \longrightarrow L_1(\frac{1}{2})$$

$$\det A = 2 \times \begin{vmatrix} 1 & 2 & 3 \\ 5 & 9 & 8 \\ 7 & 2 & 1 \end{vmatrix} \longrightarrow L_2 = L_2 + L_1(-5)$$

$$\det A = 2 \times \begin{vmatrix} 1 & 2 & 3 \\ 0 & -1 & -7 \\ 7 & 2 & 1 \end{vmatrix} \longrightarrow L_3 = L_3 + L_1(-7)$$

$$\det A = 2 \times \begin{vmatrix} 1 & 2 & 3 \\ 0 & -1 & -7 \\ 0 & -12 & -20 \end{vmatrix} \longrightarrow L_2(-1)$$

$$\det A = 2 \times (-1) \times \begin{vmatrix} 1 & 2 & 3 \\ 0 & 1 & 7 \\ 0 & -12 & -20 \end{vmatrix} \longrightarrow L_3 = L_3 + L_2(12)$$

$$\det A = 2 \times (-1) \times \begin{vmatrix} 1 & 2 & 3 \\ 0 & 1 & 7 \\ 0 & 0 & 64 \end{vmatrix}$$

mas o determinante de uma matriz triangular (superior ou inferior) é igual ao termo principal:

$T = 1 \times 1 \times 64 = 64$

logo:

$\det A = 2 \times (-1) \times 64$

$\det A = -128$

Observação

O cálculo de um determinante pelo processo de triangulação poderia ser feito com menos trabalho e mais rapidamente se, uma vez obtido o número 1 de uma coluna, as operações para obter os zeros dessa coluna não fossem indicadas uma de cada vez, e sim todas de uma só vez.

Assim:

$$\det A = \begin{vmatrix} 2 & 4 & 6 \\ 5 & 9 & 8 \\ 7 & 2 & 1 \end{vmatrix} \longrightarrow L_1(\tfrac{1}{2})$$

$$\det A = 2 \times \begin{vmatrix} 1 & 2 & 3 \\ 5 & 9 & 8 \\ 7 & 2 & 1 \end{vmatrix} \begin{array}{l} \longrightarrow L_2 = L_2 + L_1(-5) \\ \longrightarrow L_3 = L_3 + L_1(-7) \end{array}$$

$$\det A = 2 \times \begin{vmatrix} 1 & 2 & 3 \\ 0 & -1 & -7 \\ 0 & -12 & -20 \end{vmatrix} \longrightarrow L_2(-1)$$

$$\det A = 2 \times (-1) \times \begin{vmatrix} 1 & 2 & 3 \\ 0 & 1 & 7 \\ 0 & -12 & -20 \end{vmatrix} \longrightarrow L_3 = L_3 + L_2(12)$$

$$\det A = 2 \times (-1) \times \begin{vmatrix} 1 & 2 & 3 \\ 0 & 1 & 7 \\ 0 & 0 & 64 \end{vmatrix}$$

$\det A = 2 \times (-1) \times 64$

$\det A = -128$

A conveniência de se indicar de uma só vez as operações para se obter os zeros de cada coluna se tornará bem clara no cálculo de um determinante de ordem maior que 3, como se verá no problema seguinte.

3) Calcular pelo processo de triangulação:

$$\det A = \begin{vmatrix} -2 & -3 & -1 & -2 \\ -1 & 0 & 1 & -2 \\ -3 & -1 & -4 & 1 \\ -2 & 2 & -3 & -1 \end{vmatrix}$$

Solução

$$\det A = \begin{vmatrix} -2 & -3 & -1 & -2 \\ -1 & 0 & 1 & -2 \\ -3 & -1 & -4 & 4 \\ -2 & 2 & -3 & -1 \end{vmatrix} \longrightarrow L_1(-\frac{1}{2})$$

$$\det A = (-2) \times \begin{vmatrix} 1 & \frac{3}{2} & \frac{1}{2} & 1 \\ -1 & 0 & 1 & -2 \\ -3 & -1 & -4 & 1 \\ -2 & 2 & -3 & -1 \end{vmatrix} \begin{matrix} \longrightarrow L_2 = L_2 + L_1 \\ \longrightarrow L_3 = L_3 + L_1(3) \\ \longrightarrow L_4 = L_4 + L_1(2) \end{matrix}$$

$$\det A = (-2) \times \begin{vmatrix} 1 & \frac{3}{2} & \frac{3}{2} & 1 \\ 0 & \frac{3}{2} & \frac{3}{2} & -1 \\ 0 & \frac{7}{2} & -\frac{5}{2} & 4 \\ 0 & 5 & -2 & 1 \end{vmatrix} \longrightarrow L_2(\frac{2}{3})$$

454   Álgebra linear

$$\det A = (-2) \times \frac{3}{2} \times \begin{vmatrix} 1 & \frac{3}{2} & \frac{1}{2} & 1 \\ 0 & 1 & 1 & -\frac{2}{3} \\ 0 & \frac{7}{2} & -\frac{5}{2} & 4 \\ 0 & 5 & -2 & 1 \end{vmatrix} \begin{matrix} \\ \\ \longrightarrow L_3 = L_3 + L_2(-\frac{7}{2}) \\ \longrightarrow L_4 = L_4 = L_2(-5) \end{matrix}$$

$$\det A = (-2) \times \frac{3}{2} \times \begin{vmatrix} 0 & \frac{3}{2} & \frac{1}{2} & 1 \\ 0 & 1 & 1 & -\frac{2}{3} \\ 0 & 0 & -6 & \frac{19}{3} \\ 0 & 0 & -7 & \frac{13}{3} \end{vmatrix} \longrightarrow L_3 \left(-\frac{1}{6}\right)$$

$$\det A = (-2) \times \frac{3}{2} \, (-6) \times \begin{vmatrix} 1 & \frac{3}{2} & \frac{1}{2} & 1 \\ 0 & 1 & 1 & -\frac{2}{3} \\ 0 & 0 & 1 & -\frac{19}{18} \\ 0 & 0 & -7 & \frac{13}{3} \end{vmatrix} \longrightarrow L_4 = L_4 + L_3(7)$$

$$\det A = (-2) \times \frac{3}{2} \times (-6) \times \begin{vmatrix} 1 & \frac{3}{2} & \frac{1}{2} & 1 \\ 0 & 1 & 1 & -\frac{2}{3} \\ 0 & 0 & 1 & -\frac{19}{8} \\ 0 & 0 & 0 & -\frac{55}{18} \end{vmatrix}$$

mas o determinante de uma matriz triangular é igual ao termo principal

$$T = 1 \times 1 \times 1 \times (-\frac{55}{18}) = -\frac{55}{18}$$

logo:

$$\det A = 18 \times (-\frac{55}{18}) = -55$$

4) Resolva a equação:

$$\begin{vmatrix} x-2 & x+3 & x-1 \\ 2 & 1 & 3 \\ 3 & 2 & 1 \end{vmatrix} = 60$$

Solução

Desenvolvendo o determinante do 1º membro da equação pela 1ª linha e observando a alternância dos sinais que precedem os produtos, vem:

$$(x-2) \times \begin{vmatrix} 1 & 3 \\ 2 & 1 \end{vmatrix} - (x+3) \times \begin{vmatrix} 2 & 3 \\ 3 & 1 \end{vmatrix} + (x-1) \times \begin{vmatrix} 2 & 1 \\ 3 & 2 \end{vmatrix} = 60$$

$(x-2)(1-6) - (x+3)(2-9) + (x-1)(4-3) = 60$

$(x-2)(-5) - (x+3)(-7) + (x-1)(1) = 60$

$-5x + 10 - (-7x - 21) + x - 1 = 60$

$-5x + 10 + 7x + 21 + x - 1 = 60$

$3x + 30 = 60$

$3x = 60 - 30$

$3x = 30$

$x = \dfrac{30}{3}$

$x = 10$

5) Resolver a equação:

$$\begin{vmatrix} x & 3 & 2 \\ 5 & x & 1 \\ 1 & 3 & 1 \end{vmatrix} = 12$$

Solução

Desenvolvendo o determinante do 1º membro da equação pela 1ª linha e observando a alternância dos sinais que precedem os produtos, vem:

$$x \times \begin{vmatrix} x & 1 \\ 3 & 1 \end{vmatrix} - 3 \times \begin{vmatrix} 5 & 1 \\ 1 & 1 \end{vmatrix} + 2 \times \begin{vmatrix} 5 & x \\ 1 & 3 \end{vmatrix} = 12$$

$x(x-3) - 3(5-1) + 2(15-x) = 12$

$x^2 - 3x - 3 \times 4 + 30 - 2x = 12$

$x^2 - 3x - 12 + 30 - 2x = 12$

$x^2 - 5x - 12 + 30 - 12 = 0$

$x^2 - 5x + 6 = 0$

$x = \dfrac{5 \pm \sqrt{(-5)^2 - 4 \times 1 \times 6}}{2 \times 1}$

$x = \dfrac{5 \pm \sqrt{25 - 24}}{2}$

$$x = \frac{5 \pm \sqrt{1}}{2}$$

$$x = \frac{5 \pm 1}{2}$$

$$x = \frac{5 + 1}{2} = \frac{6}{2} = 3$$

ou:

$$x = \frac{5 - 1}{2} = \frac{4}{2} = 2$$

6) Resolver a equação:

$$\begin{vmatrix} 3 & 2 & x \\ 1 & -2 & x \\ 2 & -1 & x \end{vmatrix} = 8$$

Solução

Desenvolvendo o determinante do 1º membro da equação pela 3ª coluna e observando a alternância dos sinais que precedem os produtos, vem:

$$x \times \begin{vmatrix} 1 & -2 \\ 2 & -1 \end{vmatrix} - x \times \begin{vmatrix} 3 & 2 \\ 2 & -1 \end{vmatrix} + x \times \begin{vmatrix} 3 & 2 \\ 1 & -2 \end{vmatrix} = 8$$

$$x(-1 + 4) - x(-3 - 4) + x(-6 - 2) = 8$$

$$x(3) - x(-7) + x(-8) = 8$$

$$3x + 7x - 8x = 8$$

$$2x = 8$$

$$x = \frac{8}{2}$$

$$x = 4$$

458   Álgebra linear

7) Resolver a equação:

$$\begin{vmatrix} 2 & x-2 & 1 \\ 1 & x+3 & 4 \\ 3 & x+1 & 5 \end{vmatrix} = 56$$

Solução

Desenvolvendo o determinante do 1º membro da equação pela 2ª coluna e observando a alternância dos sinais que precedem os produtos, vem:

$$-(x-2) \times \begin{vmatrix} 1 & 4 \\ 3 & 5 \end{vmatrix} + (x+3) \times \begin{vmatrix} 2 & 1 \\ 3 & 5 \end{vmatrix} - (x+1) \times \begin{vmatrix} 2 & 1 \\ 1 & 4 \end{vmatrix} = 56$$

$-(x-2)(5-12) + (x+3)(10-3) - (x+1)(8-1) = 56$

$-(x-2)(-7) + (x+3)(7) - (x+1)(7) = 56$

$-(-7x + 14) + 7x + 21 - (7x + 7) = 56$

$7x - 14 + 7x + 21 - 7x - 7 = 56$

$7x = 56$

$x = \dfrac{56}{7} = 8$

8) Calcular, desenvolvendo pela 1ª linha:

$$\det A = \begin{vmatrix} -2 & -3 & -1 & -2 \\ -1 & 0 & 1 & -2 \\ -3 & -1 & -4 & 1 \\ -2 & 2 & -3 & -1 \end{vmatrix}$$

Solução

$$\det A = +(-2) \times \begin{vmatrix} 0 & 1 & -2 \\ -1 & -4 & 1 \\ 2 & -3 & -1 \end{vmatrix} - (-3) \times \begin{vmatrix} -1 & 1 & -2 \\ -3 & -4 & 1 \\ -2 & -3 & -1 \end{vmatrix} +$$

$$+ (-1) \times \begin{vmatrix} -1 & 0 & -2 \\ -3 & -1 & 1 \\ -2 & 2 & -1 \end{vmatrix} - (-2) \times \begin{vmatrix} -1 & 0 & 1 \\ -3 & -1 & -4 \\ -2 & 2 & -3 \end{vmatrix}$$

$$\det A = -2 \times \begin{vmatrix} 0 & 1 & -2 \\ -1 & -4 & 1 \\ 2 & -3 & -1 \end{vmatrix} + 3 \times \begin{vmatrix} -1 & 1 & -2 \\ -3 & -4 & 1 \\ -2 & -3 & -1 \end{vmatrix} - 1 \times \begin{vmatrix} -1 & 0 & 2 \\ -3 & -1 & 1 \\ -2 & 2 & -1 \end{vmatrix} +$$

$$+ 2 \times \begin{vmatrix} -1 & 0 & 1 \\ -3 & -1 & -4 \\ -2 & 2 & -3 \end{vmatrix} \quad (a)$$

mas:

$$\det B = \begin{vmatrix} 0 & 1 & -2 \\ -1 & -4 & 1 \\ 2 & -3 & -1 \end{vmatrix} = +0 \times \begin{vmatrix} -4 & 1 \\ -3 & -1 \end{vmatrix} - 1 \times \begin{vmatrix} -1 & 1 \\ 2 & -1 \end{vmatrix} + (-2) \times \begin{vmatrix} -1 & -4 \\ 2 & -3 \end{vmatrix}$$

$\det B = 0 \times (4+3) - 1(1-2) - 2(3+8) = 0 \times 7 - 1(-1) - 2(11)$

$\det B = 0 + 1 - 22 = -21$

$$\det C = \begin{vmatrix} -1 & 1 & -2 \\ -3 & -4 & 1 \\ -2 & -3 & -1 \end{vmatrix} = +(-1) \times \begin{vmatrix} -4 & 1 \\ -3 & -1 \end{vmatrix} - 1 \times \begin{vmatrix} -3 & 1 \\ -2 & -1 \end{vmatrix} + (-2) \times \begin{vmatrix} -3 & -4 \\ -2 & -3 \end{vmatrix}$$

det C = -1 (4 + 3) - 1 (3 + 2) - 2 (9 - 8) = -1 (7) - 1 (5) - 2 (1)

det C = -7 - 5 - 2 = -14

$$\det D = \begin{vmatrix} -1 & 0 & -2 \\ -3 & -1 & 1 \\ -2 & 2 & -1 \end{vmatrix} = +(-1) \times \begin{vmatrix} -1 & 1 \\ 2 & -1 \end{vmatrix} - 0 \times \begin{vmatrix} -3 & 1 \\ -2 & -1 \end{vmatrix} + (-2) \times \begin{vmatrix} -3 & -1 \\ -2 & 2 \end{vmatrix}$$

det D = -1 (1 - 2) - 0 (3 + 2) - 2 (-6 - 2) = -1 (-1) - 0 (5) - 2 (-8)

det D = 1 - 0 + 16 = 17

$$\det E = \begin{vmatrix} -1 & 0 & 1 \\ -3 & -1 & -4 \\ -2 & 2 & -3 \end{vmatrix} = (-1) \times \begin{vmatrix} -1 & -4 \\ 2 & -3 \end{vmatrix} - 0 \times \begin{vmatrix} -3 & -4 \\ -2 & -3 \end{vmatrix} + 1 \times \begin{vmatrix} -3 & -1 \\ -2 & 2 \end{vmatrix}$$

det E = -1 (3 + 8) - 0 (9 - 8) + 1 (-6 - 2)

det E = -1 (11) - 0 (1) + 1 (-8) = -11 - 0 - 8 = -19

Substituindo det B, det C, det D e det E em (a), vem:

det A = -2 (-21) + 3 (-14) - 1 (17) + 2 (-19) = 42 - 42 - 17 - 38

det A = -55

Observação

O cálculo desse determinante já foi feito no problema 3 pelo processo de triangulação e, como era de esperar, o resultado foi o mesmo. Os principais motivos pelos quais o mesmo determinante foi calculado novamente, por outro processo, são os seguintes:

a) mostrar que um determinante de ordem $n \geqslant 3$ pode ser calculado desenvolvendo-o por uma linha (coluna) e como fazê-lo;

b) chamar a atenção para o número de determinantes de ordem n = 2 que se deve calcular quando se faz o cálculo de um determinante de ordem $n \geqslant 3$ pelo processo de desenvolvê-lo por uma linha (coluna). Assim:

- o cálculo de um determinante de ordem 3 implica calcular 3 determinantes de ordem 2;

- o cálculo de um determinante de ordem 4 implica calcular $4 \times 3 = 12$ determinantes de ordem 2;

- o cálculo de um determinante de ordem 5 implica calcular $5 \times 4 \times 3 = 60$ determinantes de ordem 2;

- o cálculo de um determinante de ordem 6 implica calcular $6 \times 5 \times 4 \times 3 = 360$ determinantes de ordem 2 etc.

c) Alertar para o fato de que quando $n \geqslant 4$, é muito natural que enganos sejam cometidos e que, portanto, o cálculo feito não corresponda ao valor do determinante. Por essa razão (e mesmo que o processo de triangulação seja menos trabalhoso), atualmente se calcula um determinante por computador, por meio de um PROGRAMA adequado previamente elaborado.

A.29.1 Problemas Propostos

Dadas as matrizes:

$$A = \begin{bmatrix} 3 & 4 & 1 \\ -5 & -2 & -9 \\ 7 & 8 & 6 \end{bmatrix}, \quad B = \begin{bmatrix} 4 & -1 & 3 \\ 3 & 0 & 1 \\ 7 & 2 & -4 \end{bmatrix} \text{ e } C = \begin{bmatrix} 2 & 6 & 8 \\ 3 & 9 & 12 \\ -1 & -2 & -3 \end{bmatrix}$$

calcular, pelo processo de triangulação ou pelo desenvolvimento de uma linha (ou coluna):

1) det A

2) det B

3) det C

4) det (A + B)

5) det (A - B)

6) det (2A - 3B + 4C)

7) det (BC)

8) det (AC^T)

9) det (CB) A

10) det C (BA)

11) Verificar se det (A + B) = det A + det B

12) Verificar se det (BC) = det B × det C

Dada a matriz:

$$A = \begin{bmatrix} -2 & 3 & 1 & -1 \\ 0 & 1 & 2 & 3 \\ 1 & -1 & 1 & -2 \\ 4 & -3 & 5 & 1 \end{bmatrix}$$

13) Calcular det A pelo processo de triangulação

14) Calcular det A desenvolvendo-o pela 2ª linha

Nos problemas 15 a 22, resolver as equações:

15) $\begin{vmatrix} 4 & 6 & x \\ 5 & 2 & -x \\ 7 & 4 & 2x \end{vmatrix} = -128$

16) $\begin{vmatrix} 3 & 5 & 7 \\ 2x & x & 3x \\ 4 & 6 & 7 \end{vmatrix} = 39$

17) $\begin{vmatrix} 5 & 1 & 3 \\ 3x & 0 & 1 \\ 7x & 2 & 1 \end{vmatrix} = 100$

18) $\begin{vmatrix} x+3 & x+1 & x+4 \\ 4 & 5 & 3 \\ 9 & 10 & 7 \end{vmatrix} = -7$

19) $\begin{vmatrix} 12-x & 1 & 1 \\ 18-2x & 3 & 2 \\ 15-2x & 0 & 1 \end{vmatrix} = 10$

20) $\begin{vmatrix} 1 & 0 & x-1 \\ 1 & 1 & x-2 \\ 2 & 1 & x-4 \end{vmatrix} = 0$

21) $\begin{vmatrix} 2 & x & 2 \\ 1 & 1 & x \\ 1 & 1 & 6 \end{vmatrix} = -3$

22) $\begin{vmatrix} 2 & 6 & 2 \\ 4 & x & 2 \\ 2x & 8 & 4 \end{vmatrix} = 0$

A.29.2 Respostas ou Roteiros para os Problemas Propostos

1 a 3. Roteiro: Esses problemas se resolvem de forma análoga à dos problemas 1 ou 2 do item A.29.

4)   Roteiro: 1º) Calcular $A + B = E$

                 2º) Calcular det E

5)   Roteiro: 1º) Calcular $A - B = F$

                 2º) Calcular det F

6)   Roteiro: 1º) Fazer $G = 2A - 3B + 4C$

                 2º) Calcular G

                 3º) Calcular det G

7)   Roteiro: 1º) Calcular $BC = H$

                 2º) Calcular det H

8)   Roteiro: 1º) Determinar C^T

                 2º) Calcular $AC^T = J$

                 3º) Calcular det J

9)   Roteiro: 1º) Calcular $CB = L$

                 2º) Calcular $LA = M$

                 3º) Calcular det M

10)   Roteiro: 1º) Calcular $BA = N$

                 2º) Calcular $CN = P$

                 3º) Calcular det P

11) Roteiro: 1º) Calcular det A

2º) Calcular det B

3º) Calcular A + B

4º) Calcular det (A + B)

5º) Calcular det A + det B

6º) Comparar det (A + B) com det A + det B

12) Roteiro: 1º) Calcular det B

2º) Calcular det C

3º) Calcular BC

4º) Calcular det (BC)

5º) Calcular det B × det C

6º) Comparar det (BC) com det B × det C

13 e 14. Roteiro: Esses problemas se resolvem de forma análoga à dos problemas 3 e 8, respectivamente, do item A.29.

15) $x = 2$

16) $x = 3$

17) $x = 5$

18) $x = 1$

19) $x = 7$

20) $x = -1$

21) $x = 5$ e $x = 3$

22) $x = 4$

INVERSÃO DE MATRIZES

A.30 MATRIZ INVERSA

Em A.7.2 (2º caso) viu-se que, dada uma matriz quadrada A, de ordem n, se existir uma matriz quadrada B, de mesma ordem, que satisfaça à condição:

$AB = BA = I$

B é inversa de A e se representa por A^{-1}:

$AA^{-1} = A^{-1}A = I$

A.31 MATRIZ SINGULAR

Uma matriz quadrada $A = [a_{ij}]$ cujo determinante é nulo é uma *matriz singular*.

Exemplo

A matriz

$$A = \begin{bmatrix} 1 & 4 & 7 \\ 2 & 5 & 8 \\ 3 & 6 & 9 \end{bmatrix}$$

é singular porque

$$\det A = \begin{vmatrix} 1 & 4 & 7 \\ 2 & 5 & 8 \\ 3 & 6 & 9 \end{vmatrix} = 0$$

De fato, desenvolvendo o determinante pela 1ª linha e observando a alternância dos sinais que precedem os produtos, vem:

$$\det A = \begin{vmatrix} 1 & 4 & 7 \\ 2 & 5 & 8 \\ 3 & 6 & 9 \end{vmatrix} = +1 \times \begin{vmatrix} 5 & 8 \\ 6 & 9 \end{vmatrix} - 4 \times \begin{vmatrix} 2 & 8 \\ 3 & 9 \end{vmatrix} + 7 \times \begin{vmatrix} 2 & 5 \\ 3 & 6 \end{vmatrix}$$

$\det A = 1 \times (5 \times 9 - 8 \times 6) - 4 \times (2 \times 9 - 8 \times 3) + 7 \times (2 \times 6 - 5 \times 3)$

$\det A = 1 \times (45 - 48) - 4 \times (18 - 24) + 7 \times (12 - 15)$

$\det A = 1 \times (-3) - 4 \times (-6) + 7 \times (-3)$

$\det A = -3 + 24 - 21$

$\det A = 0$

A matriz singular *não tem* inversa.

A.32 MATRIZ NÃO-SINGULAR

Uma matriz quadrada $A = [a_{ij}]$ cujo determinante é diferente de zero é uma matriz *não-singular* ou *regular*.

Exemplo

A matriz

$$A = \begin{bmatrix} 2 & 3 & 1 \\ 5 & 2 & 2 \\ 3 & 1 & 3 \end{bmatrix}$$

é uma matriz não-singular, porque o det A é diferente de zero.

De fato, desenvolvendo o determinante pela 1ª linha e observando a alternância dos sinais que precedem os produtos, vem:

$$\det A = \begin{vmatrix} 2 & 3 & 1 \\ 5 & 2 & 2 \\ 3 & 1 & 3 \end{vmatrix} = +2 \times \begin{vmatrix} 2 & 2 \\ 1 & 3 \end{vmatrix} - 3 \times \begin{vmatrix} 5 & 2 \\ 3 & 3 \end{vmatrix} + 1 \times \begin{vmatrix} 5 & 2 \\ 3 & 1 \end{vmatrix}$$

det A = 2 × (2 × 3 - 2 × 1) - 3 × (5 × 3 - 2 × 3) + 1 × (5 × 1 - 2 × 3)

det A = 2 × (6 - 2) - 3 × (15 - 6) + 1 × (5 - 6)

det A = 2 × 4 - 3 × 9 + 1 × (-1)

det A = 8 - 27 - 1

det A = - 20

A matriz não-singular *sempre* tem inversa.

A.33 PROPRIEDADES DA MATRIZ INVERSA

I) Se a matriz A admite inversa (det A ≠ 0), esta é única.

II) Se a matriz A é não-singular, sua inversa A^{-1} também é. A matriz inversa de A^{-1} é A.

III) A matriz unidade I é não-singular (det I = 1) e é a sua própria inversa: $I = I^{-1}$.

IV) Se a matriz A é não-singular, sua transposta A^T também é. A matriz inversa de A^T é $(A^{-1})^T$.

V) Se as matrizes A e B são não-singulares e de mesma ordem, o produto AB é uma matriz não-singular. A matriz inversa de AB é a matriz $B^{-1}A^{-1}$.

Exemplo

a) Verificar se a matriz C é inversa de A.

$$A = \begin{bmatrix} 8 & 5 \\ 3 & 2 \end{bmatrix} \quad e \quad C = \begin{bmatrix} 2 & -5 \\ -3 & 8 \end{bmatrix}$$

$$AC = \begin{bmatrix} 8 & 5 \\ 3 & 2 \end{bmatrix} \times \begin{bmatrix} 2 & -5 \\ -3 & 8 \end{bmatrix} = \begin{bmatrix} 1 & 0 \\ 0 & 1 \end{bmatrix}$$

A matriz C é inversa de A, isto é:

$$A^{-1} = \begin{bmatrix} 2 & -5 \\ -3 & 8 \end{bmatrix}$$

b) Verificar se a matriz F é inversa de B.

$$B = \begin{bmatrix} 9 & 7 \\ 5 & 4 \end{bmatrix} \quad e \quad F = \begin{bmatrix} 4 & -7 \\ -5 & 9 \end{bmatrix}$$

$$BF = \begin{bmatrix} 9 & 7 \\ 5 & 4 \end{bmatrix} \times \begin{bmatrix} 4 & -7 \\ -5 & 9 \end{bmatrix} = \begin{bmatrix} 1 & 0 \\ 0 & 1 \end{bmatrix}$$

A matriz F é inversa de B, isto é:

$$B^{-1} = \begin{bmatrix} 4 & -7 \\ -5 & 9 \end{bmatrix}$$

c) Efetuar o produto das matrizes A e B.

$$AB = \begin{bmatrix} 8 & 5 \\ 3 & 2 \end{bmatrix} \times \begin{bmatrix} 9 & 7 \\ 5 & 4 \end{bmatrix} = \begin{bmatrix} 97 & 76 \\ 37 & 29 \end{bmatrix}$$

d) Efetuar o produto das matrizes B^{-1} e A^{-1}.

$$B^{-1}A^{-1} = \begin{bmatrix} 4 & -7 \\ -5 & 9 \end{bmatrix} \times \begin{bmatrix} 2 & -5 \\ -3 & 8 \end{bmatrix} = \begin{bmatrix} 29 & -76 \\ -37 & 97 \end{bmatrix}$$

e) Se o produto das matrizes AB e $B^{-1}A^{-1}$ for igual a I, então $B^{-1}A^{-1}$ é a inversa de AB:

$$(AB) \times (B^{-1}A^{-1}) = \begin{bmatrix} 97 & 76 \\ 37 & 29 \end{bmatrix} \times \begin{bmatrix} 29 & -76 \\ -37 & 97 \end{bmatrix} = \begin{bmatrix} 1 & 0 \\ 0 & 1 \end{bmatrix}$$

Portanto, a inversa de AB é $B^{-1}A^{-1}$.

A.34 OPERAÇÕES ELEMENTARES

Denominam-se *operações elementares* de uma matriz as seguintes:

I) Permutação de duas linhas (ou de duas colunas).

II) Multiplicação de todos os elementos de uma linha (ou coluna) por um número real diferente de zero.

III) Substituição dos elementos de uma linha (coluna) pela soma deles com os elementos correspondentes de outra linha (coluna) previamente multiplicados por um número real diferente de zero.

Matrizes. Determinantes. Sistema de equações lineares   471

A.35 EQUIVALÊNCIA DE MATRIZES

Dadas as matrizes A e B, de mesma ordem, diz-se que a matriz B é *equivalente* à matriz A, e se representa por B ~ A, se for possível transformar A em B por meio de uma sucessão finita de operações elementares.

Com relação às operações elementares para transformar uma matriz em outra equivalente a ela, convém ter presente o seguinte:

a) Quando se desejar permutar, por exemplo, a 2ª linha pela 3ª de uma matriz A, se escreverá assim:

$$A = \begin{bmatrix} 1 & 3 & 5 \\ 0 & 0 & 2 \\ 0 & 4 & 12 \end{bmatrix} \longrightarrow L_{23}$$

$$A_1 = \begin{bmatrix} 1 & 3 & 5 \\ 0 & 4 & 12 \\ 0 & 0 & 2 \end{bmatrix}$$

b) Quando se desejar multiplicar todos os elementos da 2ª linha, por exemplo, da matriz A_1, por $\frac{1}{4}$, se escreverá assim:

$$A_1 = \begin{bmatrix} 1 & 3 & 5 \\ 0 & 4 & 12 \\ 0 & 0 & 2 \end{bmatrix} \longrightarrow L_2(\frac{1}{4}) \qquad = B$$

$$A_2 = \begin{vmatrix} 1 & 3 & 5 \\ 0 & 1 & 3 \\ 0 & 0 & 2 \end{vmatrix}$$

c) Quando se desejar substituir os elementos da 1ª linha, por exemplo, da matriz A_2, pela soma deles com os elementos correspondentes da 2ª linha previamente multiplicados por -3, se escreverá assim:

$$A_2 = \begin{bmatrix} 1 & 3 & 5 \\ 0 & 1 & 3 \\ 0 & 0 & 2 \end{bmatrix} \longrightarrow L_1 = L_1 + L_2(-3)$$

$$A_3 = \begin{bmatrix} 1 & 0 & -4 \\ 0 & 1 & 3 \\ 0 & 0 & 2 \end{bmatrix}$$

O sinal = da expressão $L_1 = L_1 + L_2(-3)$ não tem o significado convencional: é empregado, entretanto, para indicar que a expressão $L_1 = L_1 + L_2(-3)$, utilizada em lugar de L_1, transforma a matriz A_2 na matriz equivalente A_3.

d) Recapitulando as operações elementares que foram efetuadas com a matriz A até obter a matriz equivalente A_3, verifica-se que:

I) A operação L_{23} foi realizada para tirar um zero da diagonal principal e poder colocar, em seu lugar, após adequada operação, o número 1.

II) A operação $L_2(\frac{1}{4})$ foi efetuada para, em lugar do número 4 na diagonal principal, se obter o número 1.

III) A operação $L_1 = L_1 + L_2 (-3)$ foi efetuada para, em lugar do número 3, situado acima do número 1 da diagonal principal, se obter um zero.

Como se vê, com as operações elementares se obtém os mesmos resultados já obtidos com as propriedades VII, VIII e IX dos determinantes: é que aquelas propriedades eram, na realidade, operações elementares. No caso, entretanto, dos determinantes, a VII e a VIII propriedades, quando aplicadas, alteram seu valor, daí a necessidade de efetuar compensações, isto é, realizar operações que anulem tais alterações e mantenham o valor do determinante. Não é o caso, porém, das matrizes: as operações elementares têm por objetivo transformar, por intermédio delas, uma matriz A em uma matriz B, equivalente a ela.

A.35.1 Transformação de uma Matriz na Matriz Unidade

Qualquer matriz quadrada A, de ordem n, não-singular, pode ser transformada na matriz equivalente I, de mesma ordem, por meio de uma sucessão finita de operações elementares, isto é, I ~ A.

Para transformar uma matriz quadrada A, não-singular, na matriz I, se procederão com as linhas (ou colunas) operações elementares adequadas que:

a) transformem a matriz A numa matriz triangular superior (inferior), ao mesmo tempo em que são substituídos cada um dos elementos da diagonal principal pelo número 1;

b) substituam todos os elementos situados acima (abaixo) da diagonal principal por zeros, isto é, processem a diagonalização da matriz A.

Do mesmo modo que se procedeu com o cálculo do determinante de qualquer ordem, será dado aqui um exemplo de uma matriz quadrada, de ordem 3, para ser transformada na matriz I, de mesma ordem, e isso será feito tão-somente por comodidade, para não ser repetitivo, por ser prático, uma vez que o processo é o mesmo para uma matriz de ordem n (para $n \geqslant 2$, isto é, n = 5, 6, 10, 20, 50, 100 etc.).

Antes do exemplo, porém, uma informação ao leitor: ao mesmo tempo em que se transforma a matriz A na matriz equivalente I, pode-se calcular o det A; por essa razão, será colocado um asterisco ao lado de cada operação que altera o valor do determinante e, ao final, feitas as operações para compensar as alterações, isto é, para manter o valor do determinante, será feito seu cálculo.

Exemplo

Transformar a matriz A na matriz equivalente I:

$$A = \begin{bmatrix} 2 & 1 & 3 \\ 4 & 2 & 2 \\ 2 & 5 & 3 \end{bmatrix} \longrightarrow L_1(\frac{1}{2})*$$

$$A_1 = \begin{bmatrix} 1 & \frac{1}{2} & \frac{3}{2} \\ 4 & 2 & 2 \\ 2 & 5 & 3 \end{bmatrix} \longrightarrow L_2 = L_2 + L_1(-4)$$

$$A_2 = \begin{bmatrix} 1 & \frac{1}{2} & \frac{3}{2} \\ 0 & 0 & -4 \\ 2 & 5 & 3 \end{bmatrix} \longrightarrow L_3 = L_3 + L_1(-2)$$

$$A_3 = \begin{bmatrix} 1 & \frac{1}{2} & \frac{3}{2} \\ 0 & 0 & -4 \\ 0 & 4 & 0 \end{bmatrix}$$

Tendo em vista que há um zero na diagonal principal (2ª linha), há necessidade de permutar a 2ª linha pela 3ª; com essa providência, em lugar do zero se obterá o número 4 na diagonal principal (2ª linha); por outro lado, de acordo com a propriedade VII dos determinantes, o determinante ficará multiplicado por -1:

$$A_3 = \begin{bmatrix} 1 & \frac{1}{2} & \frac{3}{2} \\ 0 & 0 & -4 \\ 0 & 4 & 0 \end{bmatrix} \longrightarrow L_{23}*$$

$$A_4 = \begin{bmatrix} 1 & \frac{1}{2} & \frac{3}{2} \\ 0 & 4 & 0 \\ 0 & 0 & -4 \end{bmatrix} \longrightarrow L_2(\frac{1}{4})*$$

$$A_5 = \begin{bmatrix} 1 & \frac{1}{2} & \frac{3}{2} \\ 0 & 1 & 0 \\ 0 & 0 & -4 \end{bmatrix} \longrightarrow L_3(-\frac{1}{4})*$$

$$A_6 = \begin{bmatrix} 1 & \frac{1}{2} & \frac{3}{2} \\ 0 & 1 & 0 \\ 0 & 0 & 1 \end{bmatrix} \longrightarrow L_1 = L_1 + L_2\left(-\frac{1}{2}\right)$$

$$A_7 = \begin{bmatrix} 1 & 0 & \frac{3}{2} \\ 0 & 1 & 0 \\ 0 & 0 & 1 \end{bmatrix} \longrightarrow L_1 = L_1 + L_3\left(-\frac{3}{2}\right)$$

$$A_8 = I = \begin{bmatrix} 1 & 0 & 0 \\ 0 & 1 & 0 \\ 0 & 0 & 1 \end{bmatrix}$$

Como se viu, a matriz A, por meio de uma sucessão finita (8) de operações elementares, foi transformada na matriz equivalente I.

Tendo em vista que o $\det A_8 = \det I$ é igual a 1 e que as operações realizadas com as matrizes A, A_3, A_4 e A_5 alteraram o det A, as operações a seguir anularão as alterações e permitirão calcular o det A:

det A = 2 × (-1) × 4 × (-4) × 1

det A = 32

O leitor poderá conferir o resultado obtido para o det A, desenvolvendo-o pela 1ª linha e observando a alternância dos sinais que precedem os produtos:

$$\det A = \begin{vmatrix} 2 & 1 & 3 \\ 4 & 2 & 2 \\ 2 & 5 & 3 \end{vmatrix} = +2 \times \begin{vmatrix} 2 & 2 \\ 5 & 3 \end{vmatrix} - 1 \times \begin{vmatrix} 4 & 2 \\ 2 & 3 \end{vmatrix} + 3 \times \begin{vmatrix} 4 & 2 \\ 2 & 5 \end{vmatrix}$$

det A = 2 × (2 × 3 - 2 × 5) - 1 × (4 × 3 - 2 × 2) + 3 × (4 × 5 - 2 × 2)

det A = 2 × (6 - 10) - 1 × (12 - 4) + 3 × (20 - 4)

det A = 2 × (−4) − 1 × (8) + 3 × 16

det A = −8 − 8 + 48

det A = 32

A.36 INVERSÃO DE UMA MATRIZ POR MEIO DE OPERAÇÕES ELEMENTARES

A mesma sucessão finita de operações elementares que transforma a matriz A na matriz unidade I transforma a matriz I na matriz A^{-1}, inversa de A.

Para determinar, pois, a matriz inversa de A:

a) coloca-se ao lado da matriz A a matriz I, separada por um traço vertical;

b) transforma-se, por meio de operações elementares, a matriz A na matriz I, aplicando-se, simultaneamente, à matriz I, colocada ao lado da matriz A, as mesmas operações elementares.

Exemplos

1) Determinar a matriz inversa da matriz

$$A = \begin{bmatrix} 2 & 1 & 3 \\ 4 & 2 & 2 \\ 2 & 5 & 3 \end{bmatrix}$$

Solução

$$\left[\begin{array}{ccc|ccc} 2 & 1 & 3 & 1 & 0 & 0 \\ 4 & 2 & 2 & 0 & 1 & 0 \\ 2 & 5 & 3 & 0 & 0 & 1 \end{array}\right] \longrightarrow L_1(\frac{1}{2})*$$

$$\begin{bmatrix} 1 & \frac{1}{2} & \frac{3}{2} & \bigg| & \frac{1}{2} & 0 & 0 \\ 4 & 2 & 2 & \bigg| & 0 & 1 & 0 \\ 2 & 5 & 3 & \bigg| & 0 & 0 & 1 \end{bmatrix} \longrightarrow L_2 = L_2 + L_1(-4)$$

$$\begin{bmatrix} 1 & \frac{1}{2} & \frac{3}{2} & \bigg| & \frac{1}{2} & 0 & 0 \\ 0 & 0 & -4 & \bigg| & -2 & 1 & 0 \\ 2 & 5 & 3 & \bigg| & 0 & 0 & 1 \end{bmatrix} \longrightarrow L_3 = L_3 + L_1(-2)$$

$$\begin{bmatrix} 1 & \frac{1}{2} & \frac{3}{2} & \bigg| & \frac{1}{2} & 0 & 0 \\ 0 & 0 & -4 & \bigg| & -2 & 1 & 0 \\ 0 & 4 & 0 & \bigg| & -1 & 0 & 1 \end{bmatrix} \longrightarrow L_{23}*$$

$$\begin{bmatrix} 1 & \frac{1}{2} & \frac{3}{2} & \bigg| & \frac{1}{2} & 0 & 0 \\ 0 & 4 & 0 & \bigg| & -1 & 0 & 1 \\ 0 & 0 & -4 & \bigg| & -2 & 1 & 0 \end{bmatrix} \longrightarrow L_2(\frac{1}{4})*$$

$$\begin{bmatrix} 1 & \frac{1}{2} & \frac{3}{2} & \bigg| & \frac{1}{2} & 0 & 0 \\ 0 & 1 & 0 & \bigg| & -\frac{1}{4} & 0 & \frac{1}{4} \\ 0 & 0 & -4 & \bigg| & -2 & 1 & 0 \end{bmatrix} \longrightarrow L_3(-\frac{1}{4})*$$

$$\begin{bmatrix} 1 & \frac{1}{2} & \frac{3}{2} & \bigg| & \frac{1}{2} & 0 & 0 \\ 0 & 1 & 0 & \bigg| & -\frac{1}{4} & 0 & \frac{1}{4} \\ 0 & 0 & 1 & \bigg| & \frac{1}{2} & -\frac{1}{4} & 0 \end{bmatrix} \longrightarrow L_1 = L_1 + L_2(-\frac{1}{2})$$

$$\begin{bmatrix} 1 & 0 & \frac{3}{2} & \frac{5}{8} & 0 & -\frac{1}{8} \\ 0 & 1 & 0 & -\frac{1}{4} & 1 & \frac{1}{4} \\ 0 & 0 & 1 & \frac{1}{2} & -\frac{1}{4} & 0 \end{bmatrix} \longrightarrow L_1 = L_1 + L_3(-\frac{3}{2})$$

$$\begin{bmatrix} 1 & 0 & 0 & -\frac{1}{8} & \frac{3}{8} & -\frac{1}{8} \\ 0 & 1 & 0 & -\frac{1}{4} & 0 & \frac{1}{4} \\ 0 & 0 & 1 & \frac{1}{2} & -\frac{1}{4} & 0 \end{bmatrix}$$

Uma vez que a matriz A foi transformada na matriz I, a matriz:

$$B = \begin{bmatrix} -\frac{1}{8} & \frac{3}{8} & -\frac{1}{8} \\ -\frac{1}{4} & 0 & \frac{1}{4} \\ \frac{1}{2} & -\frac{1}{4} & 0 \end{bmatrix}$$

é a matriz A^{-1}, inversa de A.

Pode-se fazer a verificação efetuando o produto AB, cujo resultado deve ser I; antes, porém, para facilitar os cálculos, os elementos da matriz B serão todos colocados com o mesmo denominador, exceto os zeros:

$$\begin{bmatrix} -\frac{1}{8} & \frac{3}{8} & -\frac{1}{8} \\ -\frac{2}{8} & 0 & \frac{2}{8} \\ \frac{4}{8} & -\frac{2}{8} & 0 \end{bmatrix}$$

O dispositivo a seguir, como já se sabe, facilita o processo da multiplicação de A por B:

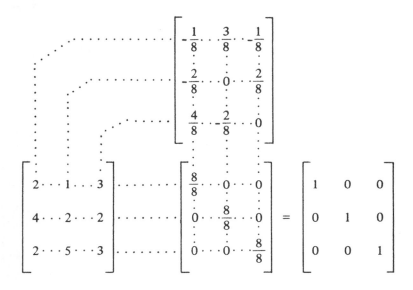

Tendo em vista que a matriz B foi obtida de uma matriz I por meio das mesmas operações elementares que transformaram a matriz A numa matriz unidade, B é inversa de A, isto é:

$B = A^{-1}$

O det A, considerando as alterações assinaladas com asterisco e feitas as devidas compensações, é:

det $A = 2 \times (-1) \times 4 \times (-4) \times 1 = 32$

Esse determinante já foi calculado no exemplo do item A.35.1.

2) Determinar a inversa da matriz

$$A = \begin{bmatrix} 2 & 1 & 7 \\ 1 & 3 & 2 \\ 5 & 3 & 4 \end{bmatrix}$$

Procedendo de acordo com as instruções, vem:

$$\begin{bmatrix} 2 & 1 & 7 & | & 1 & 0 & 0 \\ 1 & 3 & 2 & | & 0 & 1 & 0 \\ 5 & 3 & 4 & | & 0 & 0 & 1 \end{bmatrix} \longrightarrow L_1(\frac{1}{2})*$$

$$\begin{bmatrix} 1 & \frac{1}{2} & \frac{7}{2} & | & \frac{1}{2} & 0 & 0 \\ 1 & 3 & 2 & | & 0 & 1 & 0 \\ 5 & 3 & 4 & | & 0 & 0 & 1 \end{bmatrix} \longrightarrow L_2 = L_2 + L_1(-1)$$

$$\begin{bmatrix} 1 & \frac{1}{2} & \frac{7}{2} & | & \frac{1}{2} & 0 & 0 \\ 0 & \frac{5}{2} & -\frac{3}{2} & | & -\frac{1}{2} & 1 & 0 \\ 5 & 3 & 4 & | & 0 & 0 & 1 \end{bmatrix} \longrightarrow L_3 = L_3 + L_1(-5)$$

$$\begin{bmatrix} 1 & \frac{1}{2} & \frac{7}{2} & | & \frac{1}{2} & 0 & 0 \\ 0 & \frac{5}{2} & -\frac{3}{2} & | & -\frac{1}{2} & 1 & 0 \\ 0 & \frac{1}{2} & -\frac{27}{2} & | & -\frac{5}{2} & 0 & 1 \end{bmatrix} \longrightarrow L_2(\frac{2}{5})*$$

$$\begin{bmatrix} 1 & \frac{1}{2} & \frac{7}{2} & | & \frac{1}{2} & 0 & 0 \\ 0 & 1 & -\frac{6}{10} & | & -\frac{2}{10} & \frac{2}{5} & 0 \\ 0 & \frac{1}{2} & -\frac{27}{2} & | & -\frac{5}{2} & 0 & 1 \end{bmatrix} \longrightarrow L_3 = L_3 + L_2'(-\frac{1}{2})$$

$$\begin{bmatrix} 1 & \dfrac{1}{2} & \dfrac{7}{2} & \Bigg| & \dfrac{1}{2} & 0 & 0 \\ 0 & 1 & -\dfrac{6}{10} & \Bigg| & -\dfrac{2}{10} & \dfrac{2}{5} & 0 \\ 0 & 0 & -\dfrac{132}{10} & \Bigg| & -\dfrac{24}{10} & -\dfrac{2}{10} & 1 \end{bmatrix} \longrightarrow L_3(-\dfrac{10}{132})^*$$

$$\begin{bmatrix} 1 & \dfrac{1}{2} & \dfrac{7}{2} & \Bigg| & \dfrac{1}{2} & 0 & 0 \\ 0 & 1 & -\dfrac{6}{10} & \Bigg| & -\dfrac{2}{10} & \dfrac{2}{5} & 0 \\ 0 & 0 & 1 & \Bigg| & \dfrac{24}{132} & \dfrac{2}{132} & -\dfrac{10}{132} \end{bmatrix} \longrightarrow L_1 = L_1 + L_2(-\dfrac{1}{2})$$

$$\begin{bmatrix} 1 & 0 & \dfrac{38}{10} & \Bigg| & \dfrac{6}{10} & -\dfrac{2}{10} & 0 \\ 0 & 1 & -\dfrac{6}{10} & \Bigg| & -\dfrac{2}{10} & \dfrac{2}{5} & 0 \\ 0 & 0 & 1 & \Bigg| & \dfrac{24}{132} & \dfrac{2}{132} & -\dfrac{10}{132} \end{bmatrix} \longrightarrow L_1 = L_1 + L_3(-\dfrac{38}{10})$$

$$\begin{bmatrix} 1 & 0 & 0 & \Bigg| & -\dfrac{12}{132} & -\dfrac{34}{132} & \dfrac{38}{132} \\ 0 & 1 & -\dfrac{6}{10} & \Bigg| & -\dfrac{2}{10} & \dfrac{2}{5} & 0 \\ 0 & 0 & 1 & \Bigg| & \dfrac{24}{132} & \dfrac{2}{132} & -\dfrac{10}{132} \end{bmatrix} \longrightarrow L_2 = L_2 + L_3(\dfrac{6}{10})$$

$$\begin{bmatrix} 1 & 0 & 0 & \Bigg| & -\dfrac{12}{132} & -\dfrac{34}{132} & \dfrac{38}{132} \\ 0 & 1 & 0 & \Bigg| & -\dfrac{12}{132} & \dfrac{54}{132} & -\dfrac{6}{132} \\ 0 & 0 & 1 & \Bigg| & \dfrac{24}{132} & \dfrac{2}{132} & -\dfrac{10}{132} \end{bmatrix}$$

Uma vez que a matriz A foi transformada na matriz I, a matriz

$$B = \begin{bmatrix} -\dfrac{12}{132} & -\dfrac{34}{132} & \dfrac{38}{132} \\ -\dfrac{12}{132} & \dfrac{54}{132} & -\dfrac{6}{132} \\ \dfrac{24}{132} & \dfrac{2}{132} & -\dfrac{10}{132} \end{bmatrix} = \begin{bmatrix} -\dfrac{6}{66} & -\dfrac{17}{66} & \dfrac{19}{66} \\ -\dfrac{6}{66} & \dfrac{27}{66} & -\dfrac{3}{66} \\ \dfrac{12}{66} & \dfrac{1}{66} & -\dfrac{5}{66} \end{bmatrix}$$

é a matriz A^{-1}, inversa de A.

Pode-se fazer a verificação efetuando o produto AB, cujo resultado deve ser I; o dispositivo a seguir, como já se sabe, facilita o processo da multiplicação de A por B:

$$\begin{bmatrix} 2 & 1 & 7 \\ 1 & 3 & 2 \\ 5 & 3 & 4 \end{bmatrix} \begin{bmatrix} -\dfrac{6}{66} & -\dfrac{17}{66} & \dfrac{19}{66} \\ -\dfrac{6}{66} & \dfrac{27}{66} & -\dfrac{3}{66} \\ \dfrac{12}{66} & \dfrac{1}{66} & -\dfrac{5}{66} \\ \dfrac{66}{66} & 0 & 0 \\ 0 & \dfrac{66}{66} & 0 \\ 0 & 0 & \dfrac{66}{66} \end{bmatrix} = \begin{bmatrix} 1 & 0 & 0 \\ 0 & 1 & 0 \\ 0 & 0 & 1 \end{bmatrix}$$

Tendo em vista que a matriz B foi obtida de uma matriz I por meio das mesmas operações elementares que transformaram a matriz A na matriz unidade, B é inversa de A, isto é:

$B = A^{-1}$

O det A, considerando as alterações assinaladas com asteriscos e feitas as devidas compensações, é:

$$\det A = 2 \times \frac{5}{2} \times (-\frac{132}{10}) \times 1 = -\frac{132}{2} = -66$$

Esse determinante já foi calculado no exemplo do item A.28.

A.37 PROBLEMAS RESOLVIDOS

Nos problemas de 1 a 3, transformar na matriz unidade as matrizes dadas.

1) $A = \begin{bmatrix} 12 & 7 \\ 5 & 3 \end{bmatrix}$

Solução

$\begin{bmatrix} 12 & 7 \\ 5 & 3 \end{bmatrix} \longrightarrow L_1(\frac{1}{12})$

$\begin{bmatrix} 1 & \frac{7}{12} \\ 5 & 3 \end{bmatrix} \longrightarrow L_2 = L_2 + L_1(-5)$

$\begin{bmatrix} 1 & \frac{7}{12} \\ 0 & \frac{1}{12} \end{bmatrix} \longrightarrow L_2(12)$

$$\begin{bmatrix} 1 & \frac{7}{12} \\ 0 & 1 \end{bmatrix} \longrightarrow L_1 = L_1 + L_2(-\frac{7}{12})$$

$$I = \begin{bmatrix} 1 & 0 \\ 0 & 1 \end{bmatrix}$$

2) $B = \begin{bmatrix} -2 & 3 & -1 \\ 1 & -3 & 1 \\ -1 & 2 & -1 \end{bmatrix}$

Solução

$$\begin{bmatrix} -2 & 3 & -1 \\ 1 & -3 & 1 \\ -1 & 2 & -1 \end{bmatrix} \longrightarrow L_1(-\frac{1}{2})$$

$$\begin{bmatrix} 1 & -\frac{3}{2} & \frac{1}{2} \\ 1 & -3 & 1 \\ -1 & 2 & -1 \end{bmatrix} \begin{array}{l} \longrightarrow L_2 = L_2 + L_1(-1) \\ \longrightarrow L_3 = L_3 + L_1(-1) \end{array}$$

$$\begin{bmatrix} 1 & -\frac{3}{2} & \frac{1}{2} \\ 0 & -\frac{3}{2} & \frac{1}{2} \\ 0 & \frac{1}{2} & -\frac{1}{2} \end{bmatrix} \longrightarrow L_2(-\frac{2}{3})$$

$$\begin{bmatrix} 1 & -\frac{3}{2} & \frac{1}{2} \\ 0 & 1 & -\frac{1}{3} \\ 0 & \frac{1}{2} & -\frac{1}{2} \end{bmatrix} \begin{matrix} \longrightarrow L_1 = L_1 + L_2(\frac{3}{2}) \\ \\ \longrightarrow L_3 = L_3 + L_2(-\frac{1}{2}) \end{matrix}$$

$$\begin{bmatrix} 1 & 0 & 0 \\ 0 & 1 & -\frac{1}{3} \\ 0 & 0 & -\frac{1}{3} \end{bmatrix} \longrightarrow L_3(-3)$$

$$\begin{bmatrix} 1 & 0 & 0 \\ 0 & 1 & -\frac{1}{3} \\ 0 & 0 & 1 \end{bmatrix} \longrightarrow L_2 = L_2 + L_3(\frac{1}{3})$$

$$I = \begin{bmatrix} 1 & 0 & 0 \\ 0 & 1 & 0 \\ 0 & 0 & 1 \end{bmatrix}$$

3) $$C = \begin{bmatrix} -2 & -1 & 0 & 2 \\ 3 & 1 & -2 & -2 \\ -4 & -1 & 2 & 3 \\ 3 & 1 & -1 & -2 \end{bmatrix}$$

Solução

$$\begin{bmatrix} -2 & -1 & 0 & 2 \\ 3 & 1 & -2 & -2 \\ -4 & -1 & 2 & 3 \\ 3 & 1 & -1 & -2 \end{bmatrix} \begin{matrix} \longrightarrow L_1(-\frac{1}{2}) \\ \longrightarrow L_2 = L_2 + L_1(-3) \\ \longrightarrow L_3 = L_3 + L_1(4) \\ \longrightarrow L_4 = L_4 + L_1(-3) \end{matrix}$$

$$\begin{bmatrix} 1 & \frac{1}{2} & 0 & -1 \\ 0 & -\frac{1}{2} & -2 & 1 \\ 0 & 1 & 2 & -1 \\ 0 & -\frac{1}{2} & -1 & 1 \end{bmatrix} \longrightarrow L_2(-2)$$

$$\begin{bmatrix} 1 & \frac{1}{2} & 0 & -1 \\ 0 & 1 & 4 & -2 \\ 0 & 1 & 2 & -1 \\ 0 & -\frac{1}{2} & -1 & 1 \end{bmatrix} \begin{matrix} \longrightarrow L_1 = L_1 + L_2(-\frac{1}{2}) \\ \\ \longrightarrow L_3 = L_3 + L_2(-1) \\ \longrightarrow L_4 = L_4 + L_2(\frac{1}{2}) \end{matrix}$$

$$\begin{bmatrix} 1 & 0 & -2 & 0 \\ 0 & 1 & 4 & -2 \\ 0 & 0 & -2 & 1 \\ 0 & 0 & 1 & 0 \end{bmatrix} \longrightarrow L_{34}$$

$$\begin{bmatrix} 1 & 0 & -2 & 0 \\ 0 & 1 & 4 & -2 \\ 0 & 0 & 1 & 0 \\ 0 & 0 & -2 & 1 \end{bmatrix} \begin{matrix} \longrightarrow L_1 = L_1 + L_3(2) \\ \longrightarrow L_2 = L_2 + L_3(-4) \\ \\ \longrightarrow L_4 = L_4 + L_3(2) \end{matrix}$$

$$\begin{bmatrix} 1 & 0 & 0 & 0 \\ 0 & 1 & 0 & -2 \\ 0 & 0 & 1 & 0 \\ 0 & 0 & 0 & 1 \end{bmatrix} \longrightarrow L_2 = L_2 + L_4(2)$$

$$I = \begin{bmatrix} 1 & 0 & 0 & 0 \\ 0 & 1 & 0 & 0 \\ 0 & 0 & 1 & 0 \\ 0 & 0 & 0 & 1 \end{bmatrix}$$

Nos problemas de 4 a 7, calcular, por operações elementares, a matriz inversa de cada uma das matrizes dadas.

4) $$A = \begin{bmatrix} 12 & 7 \\ 5 & 3 \end{bmatrix}$$

Solução

$$\begin{bmatrix} 12 & 7 & | & 1 & 0 \\ 5 & 3 & | & 0 & 1 \end{bmatrix} \longrightarrow L_1(\tfrac{1}{2})$$

$$\begin{bmatrix} 1 & \tfrac{7}{12} & | & \tfrac{1}{12} & 0 \\ 5 & 3 & | & 0 & 1 \end{bmatrix} \longrightarrow L_2 = L_2 + L_1(-5)$$

$$\begin{bmatrix} 1 & \tfrac{7}{12} & | & \tfrac{1}{12} & 0 \\ 0 & \tfrac{1}{12} & | & -\tfrac{5}{12} & 1 \end{bmatrix} \longrightarrow L_2(12) \begin{bmatrix} 1 & \tfrac{7}{12} & | & \tfrac{1}{12} & 0 \\ 0 & 1 & | & -5 & 12 \end{bmatrix} \rightarrow L_1 = L_1 + L_2(-\tfrac{7}{12})$$

$$\begin{bmatrix} 1 & 0 & | & 3 & -7 \\ 0 & 1 & | & -5 & 12 \end{bmatrix}$$

logo:

$$A^{-1} = \begin{bmatrix} 3 & -7 \\ -5 & 12 \end{bmatrix}$$

5) $B = \begin{bmatrix} -2 & 3 & -1 \\ 1 & -3 & 1 \\ -1 & 2 & -1 \end{bmatrix}$

Solução

$$\begin{bmatrix} -2 & 3 & -1 & | & 1 & 0 & 0 \\ 1 & -3 & 1 & | & 0 & 1 & 0 \\ -1 & 2 & -1 & | & 0 & 0 & 1 \end{bmatrix} \longrightarrow L_1(-\tfrac{1}{2})$$

$$\begin{bmatrix} 1 & -\tfrac{3}{2} & \tfrac{1}{2} & | & -\tfrac{1}{2} & 0 & 0 \\ 1 & -3 & 1 & | & 0 & 1 & 0 \\ -1 & 2 & -1 & | & 0 & 0 & 1 \end{bmatrix} \begin{array}{l} \longrightarrow L_2 = L_2 + L_1(-1) \\ \longrightarrow L_3 = L_3 + L_1 \end{array}$$

$$\begin{bmatrix} 1 & -\tfrac{3}{2} & \tfrac{1}{2} & | & -\tfrac{1}{2} & 0 & 0 \\ 0 & -\tfrac{3}{2} & \tfrac{1}{2} & | & \tfrac{1}{2} & 1 & 1 \\ 0 & \tfrac{1}{2} & -\tfrac{1}{2} & | & -\tfrac{1}{2} & 0 & 1 \end{bmatrix} \longrightarrow L_2(-\tfrac{2}{3})$$

$$\begin{bmatrix} 1 & -\dfrac{3}{2} & \dfrac{1}{2} & -\dfrac{1}{2} & 0 & 0 \\ 0 & 1 & -\dfrac{1}{3} & -\dfrac{1}{3} & -\dfrac{2}{3} & 0 \\ 0 & \dfrac{1}{2} & -\dfrac{1}{2} & -\dfrac{1}{2} & 0 & 1 \end{bmatrix} \longrightarrow \begin{array}{l} L_1 = L_1 + L_2(\dfrac{3}{2}): \\ \\ L_3 = L_3 + L_2(-\dfrac{1}{2}) \end{array}$$

$$\begin{bmatrix} 1 & 0 & 0 & -1 & -1 & 0 \\ 0 & 1 & -\dfrac{1}{3} & -\dfrac{1}{3} & -\dfrac{2}{3} & 0 \\ 0 & 0 & -\dfrac{1}{3} & -\dfrac{1}{3} & -\dfrac{1}{3} & 1 \end{bmatrix} \longrightarrow L_3(-3)$$

$$\begin{bmatrix} 1 & 0 & 0 & -1 & -1 & 0 \\ 0 & 1 & -\dfrac{1}{3} & -\dfrac{1}{3} & -\dfrac{2}{3} & 0 \\ 0 & 0 & 1 & 1 & -1 & -3 \end{bmatrix} \longrightarrow L_2 = L_2 + L_3(\dfrac{1}{3})$$

$$\begin{bmatrix} 1 & 0 & 0 & -1 & -1 & 0 \\ 0 & 1 & 0 & 0 & -1 & -1 \\ 0 & 0 & 1 & 1 & -1 & -3 \end{bmatrix}$$

logo:

$$B^{-1} = \begin{bmatrix} -1 & -1 & 0 \\ 0 & -1 & -1 \\ 1 & -1 & -3 \end{bmatrix}$$

6)
$$C = \begin{bmatrix} -2 & -1 & 0 & 2 \\ 3 & 1 & -2 & -2 \\ -4 & -1 & 2 & 3 \\ 3 & 1 & -1 & -2 \end{bmatrix}$$

Solução

$$\left[\begin{array}{cccc|cccc} -2 & -1 & 0 & 2 & 1 & 0 & 0 & 0 \\ 3 & 1 & -2 & -2 & 0 & 1 & 0 & 0 \\ -4 & -1 & 2 & 3 & 0 & 0 & 1 & 0 \\ 3 & 1 & -1 & -2 & 0 & 0 & 0 & 1 \end{array}\right] \longrightarrow L_1\left(-\frac{1}{2}\right)$$

$$\left[\begin{array}{cccc|cccc} 1 & \frac{1}{2} & 0 & -1 & -\frac{1}{2} & 0 & 0 & 0 \\ 3 & 1 & -2 & -2 & 0 & 1 & 0 & 0 \\ -4 & -1 & 2 & 3 & 0 & 0 & 1 & 0 \\ 3 & 1 & -1 & -2 & 0 & 0 & 0 & 1 \end{array}\right] \begin{array}{l} \\ \longrightarrow L_2 = L_2 + L_1(-3) \\ \longrightarrow L_3 = L_3 + L_1(4) \\ \longrightarrow L_4 = L_4 + L_1(-3) \end{array}$$

$$\left[\begin{array}{cccc|cccc} 1 & \frac{1}{2} & 0 & -1 & -\frac{1}{2} & 0 & 0 & 0 \\ 0 & -\frac{1}{2} & -2 & 1 & \frac{3}{2} & 1 & 0 & 0 \\ 0 & 1 & 2 & -1 & -2 & 0 & 1 & 0 \\ 0 & -\frac{1}{2} & -1 & 1 & \frac{3}{2} & 0 & 0 & 1 \end{array}\right] \longrightarrow L_2(-2)$$

$$\begin{bmatrix} 1 & \frac{1}{2} & 0 & -1 & -\frac{1}{2} & 0 & 0 & 0 \\ 0 & 1 & 4 & -2 & -3 & -2 & 0 & 0 \\ 0 & 1 & 2 & -1 & -2 & 0 & 1 & 0 \\ 0 & -\frac{1}{2} & -1 & 1 & \frac{3}{2} & 0 & 0 & 1 \end{bmatrix} \begin{matrix} \longrightarrow L_1 = L_1 + L_2(-\frac{1}{2}) \\ \\ \longrightarrow L_3 = L_3 + L_2(-1) \\ \longrightarrow L_4 = L_4 + L_2(\frac{1}{2}) \end{matrix}$$

$$\begin{bmatrix} 1 & 0 & -2 & 0 & 1 & 1 & 0 & 0 \\ 0 & 1 & 4 & -2 & -3 & -2 & 0 & 0 \\ 0 & 0 & -2 & 1 & 1 & 2 & 1 & 0 \\ 0 & 0 & 1 & 0 & 0 & -1 & 0 & 1 \end{bmatrix} \longrightarrow L_{34}$$

$$\begin{bmatrix} 1 & 0 & -2 & 0 & 1 & 1 & 0 & 0 \\ 0 & 1 & 4 & -2 & -3 & -2 & 0 & 0 \\ 0 & 0 & 1 & 0 & 0 & -1 & 0 & 1 \\ 0 & 0 & -2 & 1 & 1 & 2 & 1 & 0 \end{bmatrix} \begin{matrix} \longrightarrow L_1 = L_1 + L_3(2) \\ \longrightarrow L_2 = L_2 + L_3(-4) \\ \\ \longrightarrow L_4 = L_4 + L_3(2) \end{matrix}$$

$$\begin{bmatrix} 1 & 0 & 0 & 0 & 1 & -1 & 0 & 2 \\ 0 & 1 & 0 & -2 & -3 & 2 & 0 & -4 \\ 0 & 0 & 1 & 0 & 0 & -1 & 0 & 1 \\ 0 & 0 & 0 & 1 & 1 & 0 & 1 & 2 \end{bmatrix} \longrightarrow L_2 = L_2 + L_4(2)$$

$$\begin{bmatrix} 1 & 0 & 0 & 0 & 1 & -1 & 0 & 2 \\ 0 & 1 & 0 & 0 & -1 & 2 & 2 & 0 \\ 0 & 0 & 1 & 0 & 0 & -1 & 0 & 1 \\ 0 & 0 & 0 & 1 & 1 & 0 & 1 & 2 \end{bmatrix}$$

logo:

$$C^{-1} \begin{bmatrix} 1 & -1 & 0 & 2 \\ -1 & 2 & 2 & 0 \\ 0 & -1 & 0 & 1 \\ 1 & 0 & 1 & 2 \end{bmatrix}$$

Observação

A operação L_{34} não era indispensável; ela foi feita para se obter, de imediato, o número 1 como elemento da diagonal principal da 3ª linha e da 4ª linha. Entretanto, o resultado seria o mesmo se o procedimento fosse o que vinha sendo feito. De fato:

$$\left[\begin{array}{cccc|cccc} 1 & 0 & -2 & 0 & 1 & 1 & 0 & 0 \\ 0 & 1 & 4 & -2 & -3 & -2 & 0 & 0 \\ 0 & 0 & -2 & 1 & 1 & 2 & 1 & 0 \\ 0 & 0 & 1 & 0 & 0 & -1 & 0 & 1 \end{array}\right] \longrightarrow L_3(-\tfrac{1}{2})$$

$$\left[\begin{array}{cccc|cccc} 1 & 0 & -2 & 0 & 1 & 1 & 0 & 0 \\ 0 & 1 & 4 & -2 & -3 & -2 & 0 & 0 \\ 0 & 0 & 1 & -\tfrac{1}{2} & -\tfrac{1}{2} & -1 & -\tfrac{1}{2} & 0 \\ 0 & 0 & 1 & 0 & 0 & -1 & 0 & 1 \end{array}\right] \begin{array}{l} \longrightarrow L_1 = L_1 + L_3(2) \\ \longrightarrow L_2 = L_2 + L_3(-4) \\ \\ \longrightarrow L_4 = L_4 + L_3(-1) \end{array}$$

$$\left[\begin{array}{cccc|cccc} 1 & 0 & 0 & -1 & 0 & -1 & -1 & 0 \\ 0 & 1 & 0 & 0 & -1 & 2 & 2 & 0 \\ 0 & 0 & 1 & -\tfrac{1}{2} & -\tfrac{1}{2} & -1 & -\tfrac{1}{2} & 0 \\ 0 & 0 & 0 & \tfrac{1}{2} & \tfrac{1}{2} & 0 & \tfrac{1}{2} & 1 \end{array}\right] \longrightarrow L_4(2)$$

$$\begin{bmatrix} 1 & 0 & 0 & -1 & | & 0 & -1 & -1 & 0 \\ 0 & 1 & 0 & 0 & | & -1 & 2 & 2 & 0 \\ 0 & 0 & 1 & -\frac{1}{2} & | & -\frac{1}{2} & -1 & -\frac{1}{2} & 0 \\ 0 & 0 & 0 & 1 & | & 1 & 0 & 1 & 2 \end{bmatrix} \begin{array}{l} \longrightarrow L_1 = L_1 + L_4 \\ \\ \longrightarrow L_3 = L_3 + L_4(\frac{1}{2}) \end{array}$$

$$\begin{bmatrix} 1 & 0 & 0 & 0 & | & 1 & -1 & 0 & 2 \\ 0 & 1 & 0 & 0 & | & -1 & 2 & 2 & 0 \\ 0 & 0 & 1 & 0 & | & 0 & -1 & 0 & 1 \\ 0 & 0 & 0 & 1 & | & 1 & 0 & 1 & 2 \end{bmatrix}$$

logo:

$$C^{-1} = \begin{bmatrix} 1 & -1 & 0 & 2 \\ -1 & 2 & 2 & 0 \\ 0 & -1 & 0 & 1 \\ 1 & 0 & 1 & 2 \end{bmatrix}$$

7)
$$D = \begin{bmatrix} 2 & 3 & 1 \\ -4 & -2 & -2 \\ 2 & -5 & 1 \end{bmatrix}$$

Solução

$$\begin{bmatrix} 2 & 3 & 1 & | & 1 & 0 & 0 \\ -4 & -2 & -2 & | & 0 & 1 & 0 \\ 2 & -5 & 1 & | & 0 & 0 & 1 \end{bmatrix} \longrightarrow L_1(\frac{1}{2})$$

$$\begin{bmatrix} 1 & \frac{3}{2} & \frac{1}{2} & \bigg| & \frac{1}{2} & 0 & 0 \\ -4 & -2 & -2 & \bigg| & 0 & 1 & 0 \\ 2 & -5 & 1 & \bigg| & 0 & 0 & 1 \end{bmatrix} \begin{array}{l} \longrightarrow L_2 = L_2 + L_1(4) \\ \longrightarrow L_4 = L_4 + L_1(-2) \end{array}$$

$$\begin{bmatrix} 1 & \frac{3}{2} & \frac{1}{2} & \bigg| & \frac{1}{2} & 0 & 0 \\ 0 & 4 & 0 & \bigg| & 2 & 1 & 0 \\ 0 & -8 & 0 & \bigg| & -1 & 0 & 1 \end{bmatrix} \longrightarrow L_2(\frac{1}{4})$$

$$\begin{bmatrix} 1 & \frac{3}{2} & \frac{1}{2} & \bigg| & \frac{1}{2} & 0 & 0 \\ 0 & 1 & 0 & \bigg| & \frac{1}{2} & \frac{1}{4} & 0 \\ 0 & -8 & 0 & \bigg| & -1 & 0 & 1 \end{bmatrix} \begin{array}{l} \longrightarrow L_1 = L_1 + L_2(-\frac{3}{2}) \\ \\ \longrightarrow L_3 = L_3 + L_2(8) \end{array}$$

$$\begin{bmatrix} 1 & 0 & \frac{1}{2} & \bigg| & -\frac{1}{4} & \frac{3}{8} & 0 \\ 0 & 1 & 0 & \bigg| & \frac{1}{2} & 1 & 0 \\ 0 & 0 & 0 & \bigg| & 3 & 2 & 1 \end{bmatrix}$$

Tendo em vista que a matriz D não pode ser transformada na matriz I, ela não tem inversa, isto é, D é matriz singular e seu determinante é igual a zero. De fato, desenvolvendo o determinante de D pela 1ª linha e observando a alternância dos sinais que precedem os produtos, vem:

$$\det D = \begin{vmatrix} 2 & 3 & 1 \\ -4 & -2 & -2 \\ 2 & -5 & 1 \end{vmatrix} = +2 \times \begin{vmatrix} -2 & -2 \\ -5 & 1 \end{vmatrix} - 3 \times \begin{vmatrix} -4 & -2 \\ 2 & 1 \end{vmatrix} + 1 \times \begin{vmatrix} -4 & -2 \\ 2 & -5 \end{vmatrix}$$

det D = 2 (-2 - 10) - 3 (-4 + 4) + 1 (20 + 4)

det D = 2 × (-12) - 3 × 0 + 1 × 24

det D = -24 + 0 + 24 = 0.

Nos problemas de 8 a 10, supondo as matrizes A, B e C quadradas, de mesma ordem e inversíveis, resolver as equações matriciais nas quais X é a variável.

8) A B X = C

Solução

a) Pré-multiplicando ambos os membros da equação por A^{-1}, vem:

$$A^{-1} A B X = A^{-1} C$$

mas:

$$A^{-1} A = I$$

logo:

$$IBX = A^{-1} C$$

e:

$$IB = B$$

portanto:

$$BX = A^{-1} C$$

b) Pré-multiplicando ambos os membros por B^{-1}, vem:

$$B^{-1} BX = B^{-1} A^{-1} C$$

$$B^{-1} B = I$$

$$IX = B^{-1}A^{-1}C$$

$$IX = X$$

$$X = B^{-1}A^{-1}C$$

9) $CAX^T = C$

Solução

a) Pré-multiplicando ambos os membros da equação por C^{-1}, vem:

$$C^{-1}CAX^T = C^{-1}C$$

mas:

$$C^{-1}C = I$$

logo:

$$IAX^T = I$$

e:

$$IA = A$$

portanto:

$$AX^T = I$$

b) Pré-multiplicando ambos os membros por A^{-1}, vem:

$$A^{-1}AX^T = A^{-1}I$$

mas:

$$A^{-1}A = I$$

e:

$$A^{-1}I = A^{-1}$$

logo:

$$IX^T = A^{-1}$$

$$IX^T = X^T$$

$$X^T = A^{-1}$$

$$X = (A^{-1})^T$$

10) $AX^2C = AXBC$

Solução

a) Pré-multiplicando ambos os membros da equação por A^{-1}, vem:

$$A^{-1}AX^2C = A^{-1}AXBC$$

mas:

$$A^{-1}A = I$$

logo:

$$IX^2C = IXBC$$

mas:

$$IX^2 = X^2$$

e:

$$IX = X$$

portanto:

$$X^2C = XBC$$

ou:

$$XXC = XBC$$

b) Pré-multiplicando ambos os membros da equação por X^{-1}, vem:

$$X^{-1}XXC = X^{-1}XBC$$

$$X^{-1}X = I$$

$$IXC = IBC$$

$$IX = X$$

$$IB = B$$

$$XC = BC$$

c) Pós-multiplicando ambos os membros da equação por C^{-1}, vem:

$$XCC^{-1} = BCC^{-1}$$

$$CC^{-1} = I$$

$$XI = BI$$

$$XI = X$$

$$BI = B$$

$$X = B.$$

A.37.1 Problemas Propostos

Nos problemas de 1 a 3, transformar na matriz unidade as matrizes dadas.

1) $A = \begin{bmatrix} 3 & 5 \\ 1 & 2 \end{bmatrix}$

2) $B = \begin{bmatrix} -3 & 4 & -5 \\ 0 & -1 & 2 \\ 3 & -5 & 4 \end{bmatrix}$

3) $C = \begin{bmatrix} 1 & 0 & 0 & 0 \\ -2 & 1 & 0 & 0 \\ 1 & -2 & 1 & 0 \\ 0 & 1 & -2 & 1 \end{bmatrix}$

Nos problemas de 4 a 20, calcular a matriz inversa de cada uma das matrizes dadas.

4) $A = \begin{bmatrix} 3 & 5 \\ 1 & 2 \end{bmatrix}$

5) $B = \begin{bmatrix} -3 & 4 & -5 \\ 0 & 1 & 2 \\ 3 & -5 & 4 \end{bmatrix}$

6) $C = \begin{bmatrix} 1 & 0 & 0 & 0 \\ 2 & 1 & 0 & 0 \\ 3 & 2 & 1 & 0 \\ 4 & 3 & 2 & 1 \end{bmatrix}$

7) $D = \begin{bmatrix} 1 & 0 & -2 \\ 2 & -2 & -2 \\ -3 & 0 & 2 \end{bmatrix}$

8) $E = \begin{bmatrix} -4 & 0 & -10 \\ -2 & -4 & -4 \\ 2 & -2 & 6 \end{bmatrix}$

9) $F = \begin{bmatrix} -3 & -6 & -12 \\ 0 & 3 & -3 \\ -6 & -9 & -24 \end{bmatrix}$

10) $G = \begin{bmatrix} -1 & 10 & -7 \\ -1 & -4 & 3 \\ 1 & -2 & 1 \end{bmatrix}$

11) $H = \begin{bmatrix} 2 & 2 & 2 \\ 3 & 4 & 7 \\ 1 & 2 & 5 \end{bmatrix}$

12) $J = \begin{bmatrix} -1 & -2 & -3 \\ -2 & -4 & -5 \\ -3 & -5 & -6 \end{bmatrix}$

13) $L = \begin{bmatrix} -3 & -1 & -3 \\ 2 & -4 & -1 \\ -1 & -2 & -2 \end{bmatrix}$

14) $M = \begin{bmatrix} -1 & 0 & 0 \\ -1 & -1 & 0 \\ -1 & -1 & -1 \end{bmatrix}$

15) $N = \begin{bmatrix} 1 & -2 & -4 \\ -2 & -1 & 2 \\ 3 & 0 & -5 \end{bmatrix}$

16) $P = \begin{bmatrix} 0 & 2 & -1 \\ 1 & 4 & -2 \\ -1 & -7 & 3 \end{bmatrix}$

17) $Q = \begin{bmatrix} -1 & -1 & -1 \\ -3 & -3 & -4 \\ -3 & -4 & -3 \end{bmatrix}$

18) $R = \begin{bmatrix} 2 & 0 & 0 \\ 0 & 3 & 0 \\ 0 & 0 & 7 \end{bmatrix}$

19) $S = \begin{bmatrix} 0 & 0 & 5 \\ 0 & 6 & 0 \\ 9 & 0 & 0 \end{bmatrix}$

20) $\begin{bmatrix} -1 & 2 & 0 & -8 \\ 0 & -1 & 2 & 1 \\ 0 & 0 & -1 & 1 \\ 0 & 0 & 0 & -1 \end{bmatrix}$

21) Calcular o valor de k para que a matriz

$A = \begin{bmatrix} 2 & 3 \\ 6 & k \end{bmatrix}$

não tenha inversa.

Nos problemas de 22 a 26, supondo as matrizes A, B, C e D quadradas, de mesma ordem e inversíveis, resolver as equações matriciais nas quais X é a variável.

22) ADX = ABC

23) $DX^T = DC$

24) $ABCX^2D^2 = ABCXD$

25) $D^{-1}XD = AC$

26) CX + 2B = 3B

A.37.2 Respostas ou Roteiros para os Problemas Propostos

1 a 3. Roteiro: Esses problemas se resolvem de forma análoga à dos problemas 1, 2 e 3, respectivamente, do item A.37.

4) $A^{-1} = \begin{bmatrix} 2 & -5 \\ -1 & 3 \end{bmatrix}$

5) $B^{-1} = \begin{bmatrix} -\frac{14}{3} & -\frac{9}{3} & -\frac{13}{3} \\ -2 & -1 & -2 \\ 1 & 1 & 1 \end{bmatrix}$

6) $C^{-1} = \begin{bmatrix} 1 & 0 & 0 & 0 \\ -2 & 1 & 0 & 0 \\ 1 & -2 & 1 & 0 \\ 0 & 1 & -2 & 1 \end{bmatrix}$

7) $$D^{-1} = \begin{bmatrix} -\frac{1}{2} & 0 & -\frac{1}{2} \\ \frac{1}{4} & -\frac{1}{2} & -\frac{1}{4} \\ -\frac{3}{4} & 0 & \frac{1}{4} \end{bmatrix}$$

8) $$E^{-1} = \begin{bmatrix} -4 & \frac{5}{2} & -5 \\ \frac{1}{2} & -\frac{1}{2} & \frac{1}{2} \\ \frac{3}{2} & -1 & 2 \end{bmatrix}$$

9) $$F^{-1} = \begin{bmatrix} \frac{11}{3} & \frac{4}{3} & -2 \\ -\frac{2}{3} & 0 & \frac{1}{3} \\ -\frac{2}{3} & -\frac{1}{3} & \frac{1}{3} \end{bmatrix}$$

10) $$G^{-1} = \begin{bmatrix} -\frac{1}{2} & -1 & -\frac{1}{2} \\ -1 & -\frac{3}{2} & -\frac{5}{2} \\ \frac{3}{2} & -2 & -\frac{7}{2} \end{bmatrix}$$

11) H não tem inversa.

12) $$J^{-1} = \begin{bmatrix} -1 & 3 & -2 \\ 3 & -3 & 1 \\ -2 & 1 & 0 \end{bmatrix}$$

13) $L^{-1} = \begin{bmatrix} 6 & 4 & -11 \\ 5 & 3 & -9 \\ -8 & -5 & 14 \end{bmatrix}$

14) $M^{-1} = \begin{bmatrix} -1 & 0 & 0 \\ 1 & -1 & 0 \\ 0 & 1 & -1 \end{bmatrix}$

15) $N^{-1} = \begin{bmatrix} 5 & -10 & -8 \\ -4 & 7 & 6 \\ 3 & -6 & -5 \end{bmatrix}$

16) $P^{-1} = \begin{bmatrix} -2 & 1 & 0 \\ -1 & -1 & -1 \\ -3 & -2 & -2 \end{bmatrix}$

17) $Q^{-1} = \begin{bmatrix} -7 & 1 & 1 \\ 3 & 0 & -1 \\ 3 & -1 & 0 \end{bmatrix}$

18) $R^{-1} = \begin{bmatrix} \frac{1}{2} & 0 & 0 \\ 0 & \frac{1}{3} & 0 \\ 0 & 0 & \frac{1}{7} \end{bmatrix}$

19) $\begin{bmatrix} 0 & 0 & \frac{1}{9} \\ 0 & \frac{1}{6} & 0 \\ \frac{1}{5} & 0 & 0 \end{bmatrix}$

20) $\begin{bmatrix} -1 & -2 & -4 & 2 \\ 0 & -1 & -2 & -3 \\ 0 & 0 & -1 & -1 \\ 0 & 0 & 0 & -1 \end{bmatrix}$

21) Roteiro: Resolver a equação

$$\begin{vmatrix} 2 & 3 \\ 6 & k \end{vmatrix} = 0$$

pois a matriz cujo determinante é nulo não tem inversa.

22) $X = D^{-1} BC$

23) $X = C^T$

24) $X = D^{-1}$

25) $X = DACD^{-1}$

26) $X = C^{-1} B$

SISTEMAS DE EQUAÇÕES LINEARES

A.38 EQUAÇÃO LINEAR

Equação linear é uma equação da forma:

$$a_1 x_1 + a_2 x_2 + a_3 x_3 + \ldots + a_n x_n = b$$

na qual $x_1, x_2, x_3, \ldots, x_n$ são as variáveis; $a_1, a_2, a_3, \ldots, a_n$ são os respectivos coeficientes das variáveis, e b é o termo independente.

A.38.1 SOLUÇÃO DE UMA EQUAÇÃO LINEAR

Os valores das variáveis que transformam uma equação linear em identidade, isto é, que satisfazem à equação, constituem sua solução. Esses valores são denominados *raízes* da equação linear.

A.39 SISTEMAS DE EQUAÇÕES LINEARES

A um conjunto de equações lineares se dá o nome de *sistema de equações lineares*:

$$\begin{cases} a_{11} x_1 + a_{12} x_2 + a_{13} x_3 + \ldots + a_{1n} x_n = b_1 \\ a_{21} x_1 + a_{22} x_2 + a_{23} x_3 + \ldots + a_{2n} x_n = b_2 \\ a_{31} x_1 + a_{32} x_2 + a_{33} x_3 + \ldots + a_{3n} x_n = b_3 \\ \quad \vdots \\ a_{m1} x_1 + a_{m2} x_2 + a_{m3} x_3 + \ldots + a_{mn} x_n = b_m \end{cases}$$

A.40 SOLUÇÃO DE UM SISTEMA LINEAR

Os valores das variáveis que transformam simultaneamente as equações de um sistema linear em identidade, isto é, que satisfazem a todas as equações do sistema, constituem sua solução. Esses valores são denominados *raízes* do sistema de equações lineares.

A.41 SISTEMA COMPATÍVEL

Diz-se que um sistema de equações lineares é *compatível* quando admite solução, isto é, quando tem raízes.

A.41.1 Sistema Determinado

Um sistema compatível é *determinado* quando admite uma única solução.

Exemplo

O sistema

$$\begin{cases} 2x + 3y = 18 \\ 3x + 4y = 25 \end{cases}$$

é compatível e determinado, pois tem como raízes unicamente

$x = 3$

$y = 4$

A.41.2 Sistema Indeterminado

Um sistema compatível é *indeterminado* quando admite mais de uma solução (na verdade, admite infinitas soluções).

Exemplo

O sistema

$$\begin{cases} 4x + 2y = 100 \\ 8x + 4y = 200 \end{cases}$$

é compatível e indeterminado, pois admite infinitas soluções:

y	0	2	4	6	8	10	12	14	16	18	...
x	25	24	23	22	21	20	19	18	17	16	...

A.41.3 Sistema Incompatível

Diz-se que um sistema de equações lineares é *incompatível* quando não admite solução.

Exemplo

O sistema

$$\begin{cases} 3x + 9y = 12 \\ 3x + 9y = 15 \end{cases}$$

é incompatível, pois a expressão $3x + 9y$ não pode ser simultaneamente igual a 12 e igual a 15 para mesmos valores de x e y.

A.42 SISTEMAS EQUIVALENTES

Diz-se que dois sistemas de equações lineares são equivalentes quando admitem a mesma solução.

Exemplo

Os sistemas

$$\begin{cases} 3x + 6y = 42 \\ 2x - 4y = 12 \end{cases}$$

e

$$\begin{cases} x + 2y = 14 \\ x - 2y = 6 \end{cases}$$

são equivalentes porque admitem a mesma solução:

$x = 10$

$y = 2$

A.43 OPERAÇÕES ELEMENTARES E SISTEMAS EQUIVALENTES

Um sistema de equações lineares se transforma num sistema equivalente quando se efetuam as seguintes operações elementares:

I — Permutação de duas equações.

II — Multiplicação de uma equação por um número real diferente de zero.

III — Substituição de uma equação por sua soma com outra equação previamente multiplicada por um número real diferente de zero.

A.43.1 Observações

a) Quando se desejar permutar, por exemplo, a 2ª equação pela 3ª de um sistema de equações lineares, se escreverá assim:

$$\begin{cases} 2x + 4y - 6z = 10 \\ 4x + 2y + 2z = 16 \\ 2x + 8y - 4z = 24 \end{cases} \longrightarrow L_{23}$$

$$\begin{cases} 2x + 4y - 6z = 10 \\ 2x + 8y - 4z = 24 \\ 4x + 2y + 2z = 16 \end{cases}$$

b) Quando se desejar multiplicar a 1ª equação, por exemplo, por $\frac{1}{2}$, se escreverá assim:

$$\begin{cases} 2x + 4y - 6z = 10 \\ 2x + 8y - 4z = 24 \\ 4x + 2y + 2z = 16 \end{cases} \longrightarrow L_1(\frac{1}{2})$$

$$\begin{cases} 1x + 2y - 3z = 5 \\ 2x + 8y - 4z = 24 \\ 4x + 2y + 2z = 16 \end{cases}$$

c) Quando se desejar substituir a 2ª equação, por exemplo, pela soma dela com a 1ª equação, previamente multiplicada por -2, se escreverá assim:

$$\begin{cases} 1x + 2y - 3z = 5 \\ 2x + 8y - 4z = 24 \\ 4x + 2y + 2z = 16 \end{cases} \longrightarrow L_2 = L_2 + L_1(-2)$$

$$\begin{cases} 1x + 2y - 3z = 5 \\ 0x + 4y + 2z = 14 \\ 4x + 2y + 2z = 16 \end{cases}$$

O sinal = da expressão $L_2 = L_2 + L_1(-2)$ não tem o significado convencional: é empregado, entretanto, para indicar que a expressão $L_2 + L_1(-2)$, utilizada em lugar de L_2, não altera o sistema, ou melhor, o transforma num sistema equivalente.

d) O leitor poderá verificar, a título de exercício, que todos os sistemas constantes das observações a), b) e c) são equivalentes, isto é, têm a mesma solução:

x = 2

y = 3

z = 1

A.44 SISTEMA LINEAR HOMOGÊNEO

Quando num sistema de equações lineares os termos independentes são todos nulos, o sistema é chamado *homogêneo*.

Exemplo

$$\begin{cases} 2x - 5y - 3z = 0 \\ 7x - 2y + 4z = 0 \\ 3x + 8y - 5z = 0 \\ 9x + 3y - 8z = 0 \end{cases}$$

Todo sistema linear homogêneo tem pelo menos uma solução; essa solução, denominada *solução trivial*, é, qualquer que seja o sistema, $x_i = 0$, x_i representando as variáveis e $i = 1, 2, 3, ..., m$.

A.45 ESTUDO E SOLUÇÃO DOS SISTEMAS DE EQUAÇÕES LINEARES

Por razões de ordem didática, o estudo e a solução dos sistemas de equações lineares será feito separadamente, nos três casos em que podem se apresentar:

1º) Sistema de n equações lineares com igual número de variáveis.

2º) Sistema de m equações lineares com n variáveis (para $m \neq n$).

3º) Sistema de equações lineares homogêneo (para $m = n$ ou $m \neq n$).

A.45.1 Sistema de N Equações Lineares Com N Variáveis

Para resolver um sistema de n equações lineares com n variáveis, serão apresentados dois métodos: o método de Gauss-Jordan e o método da matriz inversa. Ao mesmo tempo se informará em que casos é mais conveniente utilizar um ou outro método.

A.45.1.1. Método de Gauss-Jordan

Consideremos, inicialmente, o seguinte sistema de equações lineares e sua transformação em sistemas equivalentes até obter a solução do sistema:

$$\begin{cases} 2x + 4y = 22 \\ 5x - 15y = -20 \end{cases} \longrightarrow L_1(\frac{1}{2})$$

$$\begin{cases} 1x + 2y = 11 \\ 5x - 15y = -20 \end{cases} \longrightarrow L_2 = L_2 + L_1(-5)$$

$$\begin{cases} 1x + 2y = 11 \\ 0x - 25y = -75 \end{cases} \longrightarrow L_2(-\frac{1}{25})$$

$$\begin{cases} 1x + 2y = 11 \\ 0x + 1y = 3 \end{cases} \longrightarrow L_1 = L_1 + L_2(-2)$$

$$\begin{cases} 1x + 0y = 5 \\ 0x + 1y = 3 \end{cases}$$

O sistema inicial ficou transformado no sistema equivalente:

$$\begin{cases} 1x = 5 \\ 1y = 3 \end{cases}$$

isto é:

x = 5

y = 3

Calculadas as raízes do sistema, foi encontrada sua solução.

O leitor atento terá verificado que:

a) a matriz dos coeficientes das variáveis foi transformada, por meio de operações adequadas na matriz unidade; ao mesmo tempo, submetida às mesmas operações, a matriz-coluna dos termos independentes foi transformada nas raízes das equações, isto é, na solução do sistema;

b) as variáveis x e y, durante as operações realizadas, praticamente não participaram do processo, a não ser por sua presença ao lado dos coeficientes.

Diante dessas duas constatações, é fácil explicar e entender o método de Gauss-Jordan, que, por sua vez, é muito simples:

1) coloca-se ao lado da matriz dos coeficientes das variáveis, separada por um traço vertical, a matriz-coluna dos termos independentes:

$$\begin{bmatrix} 2 & 4 & | & 22 \\ 5 & -15 & | & -20 \end{bmatrix}$$

Essa matriz, associada ao sistema dado de equações lineares, é chamada de *matriz ampliada do sistema*. Cada linha dessa matriz é uma representação abreviada da equação correspondente no sistema. O traço vertical é dispensável, mas é colocado para facilitar a visualização da matriz dos coeficientes das variáveis e da matriz-coluna dos termos independentes;

2) transforma-se, por meio de operações adequadas, a matriz dos coeficientes das variáveis na matriz-unidade, aplicando-se, simultaneamente, à matriz-coluna, colocada ao lado da matriz dos coeficientes das variáveis, as mesmas operações;

3) transformada a matriz dos coeficientes das variáveis na matriz-unidade, a matriz dos termos independentes ficará transformada, ao final, na solução do sistema.

Exemplo

Resolver o sistema

$$\begin{cases} 2x_1 + 1x_2 + 3x_3 = 8 \\ 4x_1 + 2x_2 + 2x_3 = 4 \\ 2x_1 + 5x_2 + 3x_3 = -12 \end{cases}$$

Solução

$$\begin{bmatrix} 2 & 1 & 3 & | & 8 \\ 4 & 2 & 2 & | & 4 \\ 2 & 5 & 3 & | & -12 \end{bmatrix} \longrightarrow L_1(\frac{1}{2})$$

$$\begin{bmatrix} 1 & \frac{1}{2} & \frac{3}{2} & | & 4 \\ 4 & 2 & 2 & | & 4 \\ 2 & 5 & 3 & | & -12 \end{bmatrix} \longrightarrow L_2 = L_2 + L_1(-4)$$

$$\begin{bmatrix} 1 & \frac{1}{2} & \frac{3}{2} & | & 4 \\ 0 & 0 & -4 & | & -12 \\ 2 & 5 & 3 & | & -12 \end{bmatrix} \longrightarrow L_3 = L_3 + L_1(-2)$$

$$\begin{bmatrix} 1 & \frac{1}{2} & \frac{3}{2} & | & 4 \\ 0 & 0 & -4 & | & -12 \\ 0 & 4 & 0 & | & -20 \end{bmatrix} \longrightarrow L_{23}$$

$$\begin{bmatrix} 1 & \frac{1}{2} & \frac{3}{2} & | & 4 \\ 0 & 4 & 0 & | & -20 \\ 0 & 0 & -4 & | & -12 \end{bmatrix} \longrightarrow L_2(\frac{1}{4})$$

$$\begin{bmatrix} 1 & \frac{1}{2} & \frac{3}{2} & | & 4 \\ 0 & 1 & 0 & | & -5 \\ 0 & 0 & -4 & | & -12 \end{bmatrix} \longrightarrow L_3(-\frac{1}{4})$$

$$\begin{bmatrix} 1 & \frac{1}{2} & \frac{3}{2} & \bigg| & 4 \\ 0 & 1 & 0 & \bigg| & -5 \\ 0 & 0 & 1 & \bigg| & 3 \end{bmatrix} \longrightarrow L_1 = L_1 + L_2(-\frac{1}{2})$$

$$\begin{bmatrix} 1 & 0 & \frac{3}{2} & \bigg| & \frac{13}{2} \\ 0 & 1 & 0 & \bigg| & -5 \\ 0 & 0 & 1 & \bigg| & 3 \end{bmatrix} \longrightarrow L_1 = L_1 + L_3(-\frac{3}{2})$$

$$\begin{bmatrix} 1 & 0 & 0 & \bigg| & 2 \\ 0 & 1 & 0 & \bigg| & -5 \\ 0 & 0 & 1 & \bigg| & 3 \end{bmatrix}$$

De acordo com o que ficou explicado, o sistema inicial de equações lineares se transformou no sistema equivalente:

$$\begin{cases} 1x_1 + 0x_2 + 0x_3 = 2 \\ 0x_1 + 1x_2 + 0x_3 = -5 \\ 0x_1 + 0x_2 + 1x_3 = 3 \end{cases}$$

isto é:

$x_1 = 2$

$x_2 = -5$

$x_3 = 3$

Esses valores das variáveis são as raízes do sistema e, portanto, sua solução.

A.45.1.2 Método da Matriz Inversa

Seja o sistema de n equações lineares com n variáveis:

$$\begin{cases} a_{11}x_1 + a_{12}x_2 + a_{13}x_3 + \ldots + a_{1n}x_n = b_1 \\ a_{21}x_1 + a_{22}x_2 + a_{23}x_3 + \ldots + a_{2n}x_n = b_2 \\ a_{31}x_1 + a_{32}x_2 + a_{33}x_3 + \ldots + a_{3n}x_n = b_3 \\ \phantom{a_{11}x_1} \cdot \phantom{+ a_{12}x_2} \cdot \phantom{+ a_{13}x_3} \cdot \cdot \\ a_{n1}x_1 + a_{n2}x_2 + a_{n3}x_3 + \ldots + a_{nn}x_n = b_n \end{cases}$$

fazendo

$$A = \begin{bmatrix} a_{11} & a_{12} & a_{13} & \ldots & a_{1n} \\ a_{21} & a_{22} & a_{23} & \ldots & a_{2n} \\ a_{31} & a_{32} & a_{33} & \ldots & a_{3n} \\ \cdot & \cdot & \cdot & \ldots & \cdot \\ \cdot & \cdot & \cdot & \ldots & \cdot \\ a_{n1} & a_{n2} & a_{n3} & \ldots & a_{nn} \end{bmatrix} ; X = \begin{bmatrix} x_1 \\ x_2 \\ x_3 \\ \cdot \\ \cdot \\ x_n \end{bmatrix} ; B = \begin{bmatrix} b_1 \\ b_2 \\ b_3 \\ \cdot \\ \cdot \\ b_n \end{bmatrix}$$

o sistema pode ser escrito sob a forma matricial

$$\begin{bmatrix} a_{11} & a_{12} & a_{13} & \ldots & a_{1n} \\ a_{21} & a_{22} & a_{23} & \ldots & a_{2n} \\ a_{31} & a_{32} & a_{33} & \ldots & a_{3n} \\ \cdot & \cdot & \cdot & \ldots & \cdot \\ \cdot & \cdot & \cdot & \ldots & \cdot \\ a_{n1} & a_{n2} & a_{n3} & \ldots & a_{nn} \end{bmatrix} \times \begin{bmatrix} x_1 \\ x_2 \\ x_3 \\ \cdot \\ \cdot \\ x_n \end{bmatrix} = \begin{bmatrix} b_1 \\ b_2 \\ b_3 \\ \cdot \\ \cdot \\ b_n \end{bmatrix}$$

ou, utilizando a notação abreviada, vem:

$$AX = B$$

Admitindo a existência da matriz A^{-1} e pré-multiplicando ambos os membros da igualdade por A^{-1}, vem:

$$A^{-1}AX = A^{-1}B$$

mas:

$$A^{-1}A = I,$$

logo:

$$IX = A^{-1}B$$

mas:

$$IX = X,$$

logo:

$$X = A^{-1}B \qquad (A.45.1.2)$$

A solução do sistema é bastante simples: basta multiplicar a matriz inversa A^{-1} da matriz A dos coeficientes das variáveis pela matriz-coluna B dos termos independentes.

A.45.1.3 Observações

a) É conveniente empregar o método de Gauss-Jordan para resolver sistemas de n equações lineares com n variáveis nos dois seguintes casos:

1º) quando se tem para resolver um único sistema;

2º) quando se tem para resolver um conjunto de sistemas de n equações (e igual número de variáveis), tais que as matrizes dos coeficientes das variáveis de cada sistema sejam diferentes umas das outras.

O método de Gauss-Jordan é, com certeza, muito prático para resolver qualquer um dos dois casos, em especial quando o número n de equações for relativamente grande.

b) O método de Gauss-Jordan exige que se transforme a matriz A dos coeficientes das variáveis na matriz unidade, enquanto o método da matriz inversa exige que se transforme a referida matriz A em sua inversa A^{-1}, o que, sem dúvida, é mais trabalhoso. Por isso é conveniente empregar o método da matriz inversa no caso em que se tem para resolver conjuntos de sistemas, todos com n equações (e igual número de variáveis), tais que as matrizes dos coeficientes das variáveis de cada sistema sejam todas iguais, variando somente os termos independentes. Nesse caso, basta calcular somente a inversa de uma única matriz, com a qual, por meio da fórmula (A.45.1.2), se resolverão todos os sistemas.

Exemplo

Resolver os seguintes sistemas de equações lineares:

$$\begin{cases} 2x_1 + 1x_2 + 7x_3 = b_1 \\ 1x_1 + 3x_2 + 2x_3 = b_2 \\ 5x_1 + 3x_2 + 4x_3 = b_3 \end{cases}$$

1) Para $b_1 = 16$, $b_2 = -5$, $b_3 = 11$

2) Para $b_1 = 25$, $b_2 = -11$, $b_3 = -5$

3) Para $b_1 = 3$, $b_2 = 5$, $b_3 = -5$

Solução

Fazendo:

$$A = \begin{bmatrix} 2 & 1 & 7 \\ 1 & 3 & 2 \\ 5 & 3 & 4 \end{bmatrix}; \quad X = \begin{bmatrix} x_1 \\ x_2 \\ x_3 \end{bmatrix}; \quad B_1 = \begin{bmatrix} b_1 \\ b_2 \\ b_3 \end{bmatrix} = \begin{bmatrix} 16 \\ -5 \\ 11 \end{bmatrix}; \quad B_2 = \begin{bmatrix} b_1 \\ b_2 \\ b_3 \end{bmatrix} = \begin{bmatrix} 25 \\ -11 \\ -5 \end{bmatrix}; \quad B_3 = \begin{bmatrix} b_1 \\ b_2 \\ b_3 \end{bmatrix} = \begin{bmatrix} 3 \\ 5 \\ -5 \end{bmatrix}$$

os três sistemas se transformam em:

1) $AX = B_1$
2) $AX = B_2$
3) $AX = B_3$

e a solução deles é dada pela fórmula (A.45.1.2):

1) $X = A^{-1} B_1$
2) $X = A^{-1} B_2$
3) $X = A^{-1} B_3$,

mas a inversa da matriz A, como foi visto no Exemplo 2 do item A.36, é:

$$A^{-1} = \begin{bmatrix} -\dfrac{6}{66} & -\dfrac{17}{66} & \dfrac{19}{66} \\ -\dfrac{6}{66} & \dfrac{27}{66} & -\dfrac{3}{66} \\ \dfrac{12}{66} & \dfrac{1}{66} & -\dfrac{5}{66} \end{bmatrix},$$

por conseguinte:

1)
$$X = \begin{bmatrix} -\dfrac{6}{66} & -\dfrac{17}{66} & \dfrac{19}{66} \\ -\dfrac{6}{66} & \dfrac{27}{66} & -\dfrac{3}{66} \\ \dfrac{12}{66} & \dfrac{1}{66} & -\dfrac{5}{66} \end{bmatrix} \times \begin{bmatrix} 16 \\ -5 \\ 11 \end{bmatrix} = \begin{bmatrix} 3 \\ -4 \\ 2 \end{bmatrix} = \begin{bmatrix} x_1 \\ x_2 \\ x_3 \end{bmatrix}$$

isto é:

$x_1 = 3$
$x_2 = -4$
$x_3 = 2$

2)
$$X = \begin{bmatrix} -\frac{6}{66} & -\frac{17}{66} & \frac{19}{66} \\ -\frac{6}{66} & \frac{27}{66} & -\frac{3}{66} \\ \frac{12}{66} & \frac{1}{66} & -\frac{5}{66} \end{bmatrix} \times \begin{bmatrix} 25 \\ -11 \\ 5 \end{bmatrix} = \begin{bmatrix} 2 \\ -7 \\ 4 \end{bmatrix} = \begin{bmatrix} x_1 \\ x_2 \\ x_3 \end{bmatrix}$$

isto é:

$x_1 = 2$

$x_2 = -7$

$x_3 = 4$

3)
$$X = \begin{bmatrix} -\frac{6}{66} & -\frac{17}{66} & \frac{19}{66} \\ -\frac{6}{66} & \frac{27}{66} & -\frac{3}{66} \\ \frac{12}{66} & \frac{1}{66} & -\frac{5}{66} \end{bmatrix} \times \begin{bmatrix} 3 \\ 5 \\ -5 \end{bmatrix} = \begin{bmatrix} -3 \\ 2 \\ 1 \end{bmatrix} = \begin{bmatrix} x_1 \\ x_2 \\ x_3 \end{bmatrix}$$

isto é:

$x_1 = -3$

$x_2 = 2$

$x_3 = 1$

c) Conjuntos de sistemas desse último tipo se encontram em *Macroeconomia*, como, por exemplo, no Quadro de Insumo-Produto de Leontieff — Fluxo de Bens de Serviços. Países altamente desenvolvidos obtêm, desse quadro, conjuntos de sistemas de dezenas ou centenas de equações lineares (e igual número de variáveis), cada sistema com a mesma matriz dos coeficientes das variáveis, mudando somente as matrizes-coluna dos termos independentes. A solução desses sistemas (que implica a inversão de uma única matriz) permite calcular a produção que deve ter cada setor em que a Economia Nacional foi dividida, a fim de atender às exigências diretas e indiretas para as utilizações intermediárias (setor produtivo) e final.

A inversão de uma dessas matrizes só foi possível com o advento dos computadores.

d) A solução de um sistema de n equações lineares com n variáveis, quer pelo método de Gauss-Jordan, quer pelo método da matriz inversa, exige que a matriz dos coeficientes das variáveis possa ser transformada na matriz-unidade (o que implica a possibilidade da inversão dessa matriz). Nesse caso, como se viu, o sistema é compatível e determinado. Entretanto, podem ocorrer casos em que a matriz dos coeficientes das variáveis não possa ser transformada na matriz-unidade. Esses casos serão examinados no item A.45.2.4 (observação b) sob outro ponto de vista.

A.45.2 Sistema de M Equações Lineares com N Variáveis (para M ≠ N)

O método para resolver um sistema de m equações lineares com n variáveis é semelhante ao método de Gauss-Jordan, visto em A.45.1.1, com a diferença de que a matriz dos coeficientes das variáveis não pode ser transformada na matriz-unidade, porque ela é uma matriz retangular. Entretanto, o procedimento inicial é o mesmo: transforma-se no número 1, por meio de operações adequadas, cada elemento a_{ij}, no qual $i = j$, e em zeros os demais elementos das colunas em que se situam esses a_{ij}. Depois, feitas algumas considerações, se encontrará a solução do sistema. A seguir serão dados três exemplos dos casos que podem ocorrer e que facilitarão a compreensão do método.

Exemplos

1) Resolver o sistema de 3 equações com 2 variáveis:

$$\begin{cases} 2x_1 + 4x_2 = 16 \\ 5x_1 - 2x_2 = 4 \\ 10x_1 - 4x_2 = 3 \end{cases}$$

Solução

$$\begin{bmatrix} 2 & 4 & | & 16 \\ 5 & -2 & | & 4 \\ 10 & -4 & | & 3 \end{bmatrix} \longrightarrow L_1(\frac{1}{2})$$

$$\begin{bmatrix} 1 & 2 & | & 8 \\ 5 & -2 & | & 4 \\ 10 & -4 & | & 3 \end{bmatrix} \longrightarrow L_2 = L_2 + L_1(-5)$$

$$\begin{bmatrix} 1 & 2 & | & 8 \\ 0 & -12 & | & -36 \\ 10 & -4 & | & 3 \end{bmatrix} \longrightarrow L_3 = L_3 + L_1(-10)$$

$$\begin{bmatrix} 1 & 2 & | & 8 \\ 0 & -12 & | & -36 \\ 0 & -24 & | & -77 \end{bmatrix} \longrightarrow L_2(-\frac{1}{12})$$

$$\begin{bmatrix} 1 & 2 & | & 8 \\ 0 & 1 & | & 3 \\ 0 & -24 & | & -77 \end{bmatrix} \longrightarrow L_1 = L_1 + L_2(-2)$$

$$\begin{bmatrix} 1 & 0 & | & 2 \\ 0 & 1 & | & 3 \\ 0 & -24 & | & -77 \end{bmatrix} \longrightarrow L_3 = L_3 + L_2(24)$$

$$\begin{bmatrix} 1 & 0 & | & 2 \\ 0 & 1 & | & 3 \\ 0 & 0 & | & -5 \end{bmatrix}$$

Essa matriz corresponde ao sistema:

$$\begin{cases} 1x_1 + 0x_2 = 2 \\ 0x_1 + 1x_2 = 3 \\ 0x_1 + 0x_2 = -5 \end{cases}$$

equivalente ao sistema dado.

Ora, como não existem valores de x_1 e x_2 que satisfazem a 3ª equação $(0x_1 + 0x_2 = -5)$, o sistema é incompatível.

2) Resolver o sistema de 4 equações com 2 variáveis:

$$\begin{cases} 2x_1 + 4x_2 = 16 \\ 5x_1 - 2x_2 = 4 \\ 3x_1 + 1x_2 = 9 \\ 4x_1 - 5x_2 = -7 \end{cases}$$

Solução

$$\begin{bmatrix} 2 & 4 & | & 16 \\ 5 & -2 & | & 4 \\ 3 & 1 & | & 9 \\ 4 & -5 & | & -7 \end{bmatrix} \longrightarrow L_1(\frac{1}{2})$$

$$\begin{bmatrix} 1 & 2 & | & 8 \\ 5 & -2 & | & 4 \\ 3 & 1 & | & 9 \\ 4 & -5 & | & -7 \end{bmatrix} \longrightarrow L_2 = L_2 + L_1(-5)$$

$$\begin{bmatrix} 1 & 2 & | & 8 \\ 0 & -12 & | & -36 \\ 3 & 1 & | & 9 \\ 4 & -5 & | & -7 \end{bmatrix} \longrightarrow L_3 = L_3 + L_1(-3)$$

$$\begin{bmatrix} 1 & 2 & | & 8 \\ 0 & -12 & | & -36 \\ 0 & -5 & | & -15 \\ 4 & -5 & | & -7 \end{bmatrix} \longrightarrow L_4 = L_4 + L_1(-4)$$

$$\begin{bmatrix} 1 & 2 & | & 8 \\ 0 & -12 & | & -36 \\ 0 & -5 & | & -15 \\ 0 & -13 & | & -39 \end{bmatrix} \longrightarrow L_2(-\frac{1}{12})$$

$$\begin{bmatrix} 1 & 2 & | & 8 \\ 0 & 1 & | & 3 \\ 0 & -5 & | & -15 \\ 0 & -13 & | & -39 \end{bmatrix} \longrightarrow L_1 = L_1 + L_2(-2)$$

$$\begin{bmatrix} 1 & 0 & | & 2 \\ 0 & 1 & | & 3 \\ 0 & -5 & | & -15 \\ 0 & -13 & | & -39 \end{bmatrix} \longrightarrow L_3 = L_3 + L_2(5)$$

$$\begin{bmatrix} 1 & 0 & | & 2 \\ 0 & 1 & | & 3 \\ 0 & 0 & | & 0 \\ 0 & -13 & | & -39 \end{bmatrix} \longrightarrow L_4 = L_4 + L_2(13)$$

$$\begin{bmatrix} 1 & 0 & | & 2 \\ 0 & 1 & | & 3 \\ 0 & 0 & | & 0 \\ 0 & 0 & | & 0 \end{bmatrix}$$

Essa matriz corresponde ao sistema

$$\begin{cases} 1x_1 + 0x_2 = 2 \\ 0x_1 + 1x_2 = 3 \\ 0x_1 + 0x_2 = 0 \\ 0x_1 + 0x_2 = 0 \end{cases}$$

equivalente ao sistema dado.

A 3ª e 4ª equações não estabelecem nenhuma condição para x_1 e x_2; elas são satisfeitas para quaisquer valores de x_1 e x_2. Portanto, a solução do sistema será dada pelas duas primeiras equações:

$$1x_1 + 0x_2 = 2$$
$$0x_1 + 1x_2 = 3$$

isto é:

$$x_1 = 2$$
$$x_2 = 3.$$

Nota: A última matriz, equivalente à primeira, representante do sistema inicial, poderia ser obtida mais rapidamente e com menos trabalho se, uma vez obtido o número 1 de uma coluna, as operações para obter cada zero dessa coluna não fossem indicadas uma de cada vez, mas sim todas de uma só vez, como, aliás, já foi feito em problemas sobre determinantes e sobre inversão de matrizes. Assim:

$$\begin{bmatrix} 2 & 4 & | & 16 \\ 5 & -2 & | & 4 \\ 3 & 1 & | & 9 \\ 4 & -5 & | & -7 \end{bmatrix} \longrightarrow L_1(\tfrac{1}{2})$$

$$\begin{bmatrix} 1 & 2 & | & 8 \\ 5 & -2 & | & 4 \\ 3 & 1 & | & 9 \\ 4 & -5 & | & -7 \end{bmatrix} \begin{array}{l} \\ \longrightarrow L_2 = L_2 + L_1(-5) \\ \longrightarrow L_3 = L_3 + L_1(-3) \\ \longrightarrow L_4 = L_4 + L_1(-4) \end{array}$$

$$\begin{bmatrix} 1 & 2 & | & 8 \\ 0 & -12 & | & -36 \\ 0 & -5 & | & -15 \\ 0 & -13 & | & -39 \end{bmatrix} \longrightarrow L_2(-\frac{1}{12})$$

$$\begin{bmatrix} 1 & 2 & | & 8 \\ 0 & 1 & | & 3 \\ 0 & -5 & | & -15 \\ 0 & -13 & | & -39 \end{bmatrix} \begin{array}{l} \longrightarrow L_1 = L_1 + L_2(-2) \\ \\ \longrightarrow L_3 = L_3 + L_2(5) \\ \longrightarrow L_4 = L_4 + L_2(13) \end{array}$$

$$\begin{bmatrix} 1 & 0 & | & 2 \\ 0 & 1 & | & 3 \\ 0 & 0 & | & 0 \\ 0 & 0 & | & 0 \end{bmatrix}$$

3) Resolver o sistema de 2 equações com 4 variáveis:

$$\begin{cases} 2x_1 - 8x_2 + 24x_3 + 18x_4 = 84 \\ 4x_1 - 14x_2 + 52x_3 + 42x_4 = 190 \end{cases}$$

Solução

$$\begin{bmatrix} 2 & -8 & 24 & 18 & | & 84 \\ 4 & -14 & 52 & 42 & | & 190 \end{bmatrix} \longrightarrow L_1(\frac{1}{2})$$

$$\begin{bmatrix} 1 & -4 & 12 & 9 & | & 42 \\ 4 & -14 & 52 & 42 & | & 190 \end{bmatrix} \longrightarrow L_2 = L_2 + L_1(-4)$$

$$\begin{bmatrix} 1 & -4 & 12 & 9 & | & 42 \\ 0 & 2 & 4 & 6 & | & 22 \end{bmatrix} \longrightarrow L_2(\frac{1}{2})$$

$$\begin{bmatrix} 1 & -4 & 12 & 9 & | & 42 \\ 0 & 1 & 2 & 3 & | & 11 \end{bmatrix} \longrightarrow L_1 = L_1 + L_2(4)$$

$$\begin{bmatrix} 1 & 0 & 20 & 21 & | & 86 \\ 0 & 1 & 2 & 3 & | & 11 \end{bmatrix}$$

Essa matriz corresponde ao sistema

$$\begin{cases} x_1 = 86 - 20x_3 - 21x_4 \\ x_2 = 11 - 2x_3 - 3x_4 \end{cases}$$

isto é, o sistema é compatível e indeterminado, pois admite infinitas soluções. Os valores de x_1 e x_2 se obtêm atribuindo valores arbitrários a x_3 e x_4:

arbitrários	x_3	3	1	0	5	2	4	.	.	.
	x_4	1	2	0	3	5	4	.	.	.
calculados	x_1	5	24	86	-77	-59	-78	.	.	.
	x_2	2	3	11	-13	-8	-9	.	.	.

A.45.2.1 Características de uma Matriz

Quando se dispõe de uma matriz ampliada de um sistema de n equações lineares com n variáveis e se utiliza o método exposto no item anterior para a solução do sistema, isto é, quando se transforma no número 1, por meio de operações adequadas, cada elemento a_{ij}, para $i = j$ (a_{11}, a_{22}, ...), e em zeros os demais elementos das colunas em que se situam esses elementos a_{ij}, diz-se que a matriz inicial foi transformada numa *matriz em forma de escada*. A matriz ampliada do sistema será designada por A e a matriz em forma de escada por B.

Nos três exemplos dados no item anterior, obtiveram-se as seguintes matrizes em forma de escada:

a) No exemplo 1:

$$B = \begin{bmatrix} 1 & 0 & | & 2 \\ 0 & 1 & | & 3 \\ 0 & 0 & | & -5 \end{bmatrix}$$

A denominação *matriz em forma de escada* se deve ao modo como está disposto o número 1 em cada coluna:

$$\begin{bmatrix} 1 & 0 & | & 2 \\ 0 & 1 & | & 3 \\ 0 & 0 & | & -5 \end{bmatrix}$$

b) No exemplo 2:

$$B = \begin{bmatrix} 1 & 0 & | & 2 \\ 0 & 1 & | & 3 \\ 0 & 0 & | & 0 \\ 0 & 0 & | & 0 \end{bmatrix}$$

c) No exemplo 3:

$$B = \begin{bmatrix} 1 & 0 & 20 & 21 & | & 86 \\ 0 & 1 & 2 & 3 & | & 11 \end{bmatrix}$$

A matriz B, equivalente à matriz A, contém, à esquerda do traço vertical, a matriz V dos coeficientes das variáveis. São, portanto, 3 matrizes a considerar. Assim, usando como referência o exemplo 1:

I) Matriz Ampliada
do sistema (matriz A)

$$A = \begin{bmatrix} 2 & 4 & | & 16 \\ 5 & -2 & | & 4 \\ 10 & -4 & | & 3 \end{bmatrix}$$

II) Matriz B em forma de escada

$$B = \begin{bmatrix} 1 & 0 & | & 2 \\ 0 & 1 & | & 3 \\ 0 & 0 & | & -5 \end{bmatrix}$$

III) Matriz V dos coeficientes das variáveis

$$V = \begin{bmatrix} 1 & 0 \\ 0 & 1 \\ 0 & 0 \end{bmatrix}$$

Examinando as matrizes B e V, verifica-se que:

a) a matriz B tem 3 linhas com elementos não todos nulos;

b) a matriz V (contida em B) tem 2 linhas com elementos não todos nulos.

Chama-se *característica* de A (da matriz ampliada do sistema), e se representa por Ca, ao número de linhas com elementos não todos nulos de B (matriz em forma de escada equivalente a A).

No exemplo 1, Ca = 3 porque a matriz B tem 3 linhas com elementos não todos nulos.

Chama-se *característica* de V (da matriz dos coeficientes das variáveis contida em B), e se representa por Cv, ao número de linhas com elementos não todos nulos de V.

No exemplo 1, Cv = 2 porque a matriz V tem 2 linhas com elementos não todos nulos.

Como se vê, nesse exemplo 1 B representa um sistema de 3 equações (m = 3) com 2 variáveis (n = 2) e Ca > Cv. Nesse caso, o sistema é incompatível: a última linha de B representa a equação linear $0x_1 + 0x_2 = -5$ que não é satisfeita para nenhum valor de x_1 e de x_2.

No exemplo 2, tem-se:

$$B = \begin{bmatrix} 1 & 0 & | & 2 \\ 0 & 1 & | & 3 \\ 0 & 0 & | & 0 \\ 0 & 0 & | & 0 \end{bmatrix} \quad ; \quad V = \begin{bmatrix} 1 & 0 \\ 0 & 1 \\ 0 & 0 \\ 0 & 0 \end{bmatrix}$$

Nesse exemplo B representa um sistema de 4 equações (m = 4) com 2 variáveis (n = 2) e Ca = Cv = 2 porque tanto a matriz B como a matriz V têm 2 linhas com elementos não todos nulos. Nesse caso, o sistema é compatível e as duas primeiras linhas de B informam que $x_1 = 2$ e $x_2 = 3$.

No exemplo 3, tem-se:

$$B = \begin{bmatrix} 1 & 0 & 20 & 21 & | & 86 \\ 0 & 1 & 2 & 3 & | & 11 \end{bmatrix} \quad ; \quad V = \begin{bmatrix} 1 & 0 & 20 & 21 \\ 0 & 1 & 2 & 3 \end{bmatrix}$$

Nesse exemplo B representa um sistema de 2 equações (m = 2) com 4 variáveis (n = 4) e Ca = Cv = 2. O sistema é compatível: a primeira linha de B informa que $x_1 = 86 - 20 x_3 - 21 x_4$ enquanto que a segunda linha informa ser $x_2 = 11 - 2 x_3 - 3 x_4$; os valores de x_1 e x_2 se obtêm atribuindo valores arbitrários a x_3 e x_4.

Observações

a) Quando Ca = Cv se dirá que a *característica* de B (matriz em forma de escada) é C:

$$Ca = Cv = C$$

b) As definições permitem concluir que:

$$Ca \geq Cv$$

De fato:

Em virtude de V estar contida em B, as linhas de V com elementos não todos nulos estão contidas em mesmas linhas de B com elementos não todos nulos, o que implica ser, no mínimo, Ca = Cv.

Por outro lado, em virtude de B conter V, as linhas de B com elementos não todos nulos podem, eventualmente, ser em maior número do que as linhas de V com elementos não todos nulos, o que implica poder ser Ca > Cv. (Os exemplos 1, 2 e 3 são bastante esclarecedores.)

A.45.2.2 Característica e Número de Variáveis

Neste item se tratará somente do caso em que Ca = Cv = C, isto é, em que o sistema é compatível. Examinemos as seguintes considerações:

1º) A característica C não pode ser maior que o número de variáveis. Para que a característica C seja maior que o número de variáveis, se deverá ter uma matriz reduzida à forma de escada do seguinte tipo, por exemplo:

$$\begin{bmatrix} 1 & 0 & | & 4 \\ 0 & 1 & | & 9 \\ 0 & 4 & | & r \end{bmatrix}$$

sendo r um número real. Nesse caso, a característica C seria 3, e o número de variáveis n seria 2. Entretanto, a matriz dada não é uma matriz reduzida à forma de escada; o número 4 que aparece na 3ª linha pode ser transformado em zero por adequada operação, enquanto o número r também deverá ser transformado em zero pela mesma operação (se r fosse transformado num número diferente de zero, se estaria fora da hipótese, pois que, no caso, Ca seria maior que Cv, e a hipótese em que se está trabalhando é que o sistema é compatível, isto é, que Ca = Cv = C).

Assim, na verdade, a matriz antes citada é:

$$\begin{bmatrix} 1 & 0 & | & 4 \\ 0 & 1 & | & 9 \\ 0 & 0 & | & 0 \end{bmatrix}$$

e a característica C = 2 é igual ao número de variáveis n = 2.

2º) Quando a característica C é igual ao número de variáveis, o sistema é compatível e determinado. É o que acontece com o exemplo 2 citado anteriormente. A matriz reduzida à forma de escada

$$\begin{bmatrix} 1 & 0 & | & 2 \\ 0 & 1 & | & 3 \\ 0 & 0 & | & 0 \\ 0 & 0 & | & 0 \end{bmatrix}$$

representa um sistema que tem

m = 4

n = 2

C = n = 2

e a solução, como já foi visto, é:

$x_1 = 2$,

$x_2 = 3$.

3º) Quando a característica C é menor que o número de variáveis, o sistema é compatível e indeterminado. É o que acontece com o exemplo 3 citado anteriormente. A matriz reduzida à forma de escada

$$\begin{bmatrix} 1 & 0 & 20 & 21 & | & 86 \\ 0 & 1 & 2 & 3 & | & 11 \end{bmatrix}$$

representa um sistema que tem

    m = 2

    n = 4

    C = 2

    C < n

e a solução, como já foi visto, é:

    $x_1 = 86 - 20x_3 - 21x_4$

    $x_2 = 11 - 2x_3 - 3x_4$

sendo os valores de x_1 e x_2 obtidos atribuindo-se valores arbitrários a x_3 e x_4.

A.45.2.3 Grau de Liberdade de um Sistema

Chama-se *grau de liberdade* de um sistema de equações lineares à diferença g = n - C. No já tantas vezes citado exemplo 2, o grau de liberdade do sistema é:

    g = n - C

mas:

    n = 4

    C = 2

logo:

    g = 4 - 2

    g = 2

O significado de grau de liberdade de um sistema de equações lineares, o leitor certamente já percebeu: informa o número de variáveis às quais devem ser atribuídos valores arbitrários para calcular cada uma das variáveis restantes.

A.45.2.4 Observações

a)   O que foi dito e explicado nos três itens anteriores pode ser assim resumido:

1) A característica Ca de uma matriz ampliada A, que representa um sistema de m equações lineares com n variáveis, não pode ser menor que a característica Cv da matriz V dos coeficientes das variáveis contidas na matriz B reduzida à forma de escada.

2) Quando Ca é maior do que Cv, o sistema é incompatível.

3) Quando Ca = Cv = C, C recebe a denominação de característica da matriz reduzida à forma de escada.

4) C não pode ser maior que n.

5) Quando C é igual a n, o sistema é compatível e determinado.

6) Quando C é menor do que n, o sistema é compatível e indeterminado.

7) Grau de liberdade de um sistema é a diferença g = n - C.

b)   Em A.45.1.3 (Observação d), dissemos que, num sistema de n equações com n variáveis, nem sempre a matriz dos coeficientes das variáveis poderia ser transformada na matriz unidade e os casos em que isso ocorresse seriam aqui tratados. Dois exemplos esclarecerão o problema e indicarão a maneira de obter a solução desses sistemas.

Exemplos

1)   Resolver o sistema de 2 equações com 2 variáveis:

$$\begin{cases} 3x + 9y = 12 \\ 3x + 9y = 15 \end{cases}$$

Solução

$$\begin{bmatrix} 3 & 9 & | & 12 \\ 3 & 9 & | & 15 \end{bmatrix} \longrightarrow L_1(\frac{1}{3})$$

$$\begin{bmatrix} 1 & 3 & | & 4 \\ 3 & 9 & | & 15 \end{bmatrix} \longrightarrow L_2 = L_2 + L_1(-3)$$

$$\begin{bmatrix} 1 & 3 & | & 4 \\ 0 & 0 & | & 3 \end{bmatrix}$$

Tendo em vista que $Ca = 2$ e que $Cv = 1$, isto é, que $Ca > Cv$, o sistema é incompatível.

2) Resolver o sistema de 2 equações com 2 variáveis:

$$\begin{cases} 4x + 2y = 100 \\ 8x + 4y = 200 \end{cases}$$

Solução

$$\begin{bmatrix} 4 & 2 & | & 100 \\ 8 & 4 & | & 200 \end{bmatrix} \longrightarrow L_1(\frac{1}{4})$$

$$\begin{bmatrix} 1 & \frac{1}{2} & | & 25 \\ 8 & 4 & | & 200 \end{bmatrix} \longrightarrow L_2 = L_2 + L_1(-8)$$

$$\begin{bmatrix} 1 & \frac{1}{2} & | & 25 \\ 0 & 0 & | & 0 \end{bmatrix}$$

Tendo em vista que $Ca = Cv = C$, o sistema é compatível; mas $n = 2$ e $C = 1$, isto é, $C < n$, o que significa que o sistema é indeterminado. Por outro lado, $g = n - C = 2 - 1 = 1$, isto é, o grau de liberdade do sistema é 1. A 1ª linha da matriz reduzida à forma de escada, que representa a equação $1x + 0,5y = 25$, terá os valores de x calculados ao se atribuir valores arbitrários à variável y:

$$x = 25 - 0,5y$$

arbitrários:	y	0	2	4	6	8	10	12	14	16	18	.	.	.
calculados:	x	25	24	23	22	21	20	19	18	17	16	.	.	.

Esses dois exemplos já foram mencionados em A.41.3 e A.41.2, respectivamente.

c) Os sistemas resolvidos, a título de exemplo, de n equações lineares com n variáveis, tanto pelo método de Gauss-Jordan, em A.45.1.1, como pelo método da matriz inversa, em A.45.1.2 e A.45.1.3, são sistemas compatíveis e determinados, isto é, são sistemas que têm

$$Ca = Cv = C = n$$

A.45.3 Sistema de Equações Lineares Homogêneo

Um sistema de equações lineares homogêneo, definido em A.44, pode ter outras soluções, denominadas *soluções próprias*, além da solução trivial. O método para encontrar essas soluções, se existirem, é o mesmo método utilizado para resolver um sistema de m equações lineares com n variáveis.

Exemplos

1) Resolver o sistema linear homogêneo de 2 equações com 3 variáveis:

$$\begin{cases} 3x_1 + 6x_2 - 9x_3 = 0 \\ 2x_1 + 4x_2 - 6x_3 = 0 \end{cases}$$

Solução trivial:

$$x_1 = x_2 = x_3 = 0$$

Soluções próprias:

$$\begin{bmatrix} 3 & 6 & -9 & | & 0 \\ 2 & 4 & -6 & | & 0 \end{bmatrix} \longrightarrow L_1(\frac{1}{3})$$

$$\begin{bmatrix} 1 & 2 & -3 & | & 0 \\ 2 & 4 & -6 & | & 0 \end{bmatrix} \longrightarrow L_2 = L_2 + L_1(-2)$$

$$\begin{bmatrix} 1 & 2 & -3 & | & 0 \\ 0 & 0 & 0 & | & 0 \end{bmatrix}$$

Tendo em vista que Ca = Cv = C e que C = 1 e n = 3, isto é, C < n, o sistema é indeterminado, e o grau de liberdade de sistema é g = n - C = 3 - 1 = 2. A 1ª linha da matriz reduzida à forma de escada, que representa a equação $1x_1 + 2x_2 - 3x_3 = 0$, terá os valores de x_1 calculados ao se atribuir valores arbitrários às variáveis x_2 e x_3:

$$x_1 = 0 - 2x_2 + 3x_3$$

arbitrários:	x_2	1	2	3	4	5	2	6	10	7	-8	.	.	.
	x_3	2	1	4	3	2	7	5	9	-2	-5	.	.	.
calculados:	x_1	4	-1	6	1	-4	17	3	7	-20	1	.	.	.

2) Resolver o sistema homogêneo de 3 equações com 2 variáveis

$$\begin{cases} 2x_1 + 4x_2 = 0 \\ 16x_1 - 8x_2 = 0 \\ 12x_1 - 2x_2 = 0 \end{cases}$$

Solução trivial:

$$x_1 = x_2 = 0$$

Soluções próprias:

$$\begin{bmatrix} 2 & 4 & | & 0 \\ 16 & -8 & | & 0 \\ 12 & -2 & | & 0 \end{bmatrix} \longrightarrow L_1(\frac{1}{2})$$

$$\begin{bmatrix} 1 & 2 & | & 0 \\ 16 & -8 & | & 0 \\ 12 & -2 & | & 0 \end{bmatrix} \begin{array}{l} \longrightarrow L_2 = L_2 + L_1(-16) \\ \longrightarrow L_3 = L_3 + L_1(-12) \end{array}$$

$$\begin{bmatrix} 1 & 2 & | & 0 \\ 0 & -40 & | & 0 \\ 0 & -26 & | & 0 \end{bmatrix} \longrightarrow L_2(-\frac{1}{40})$$

$$\begin{bmatrix} 1 & 2 & | & 0 \\ 0 & 1 & | & 0 \\ 0 & -26 & | & 0 \end{bmatrix} \begin{array}{l} \longrightarrow L_1 = L_1 + L_2(-2) \\ \longrightarrow L_3 = L_3 + L_2(26) \end{array}$$

$$\begin{bmatrix} 1 & 0 & | & 0 \\ 0 & 1 & | & 0 \\ 0 & 0 & | & 0 \end{bmatrix}$$

Tendo em vista que Ca = Cv = C = 2 e n = 2, isto é, C = n, o sistema é determinado, o que significa que não tem soluções próprias; a única solução do sistema é a solução trivial:

$x_1 = x_2 = 0$

3) Resolver o sistema homogêneo de 3 equações com 3 variáveis

$$\begin{cases} 1x_1 - 3x_2 - 4x_3 = 0 \\ 1x_1 - 1x_2 - 1x_3 = 0 \\ 1x_1 - 1x_2 + 3x_3 = 0 \end{cases}$$

Solução trivial:

$x_1 = x_2 = x_3 = 0$

Soluções próprias:

$$\begin{bmatrix} 1 & -3 & -4 & | & 0 \\ 1 & -1 & -1 & | & 0 \\ 1 & -1 & 3 & | & 0 \end{bmatrix} \longrightarrow \begin{matrix} \\ L_2 = L_2 + L_1(-1) \\ L_3 = L_3 + L_1(-1) \end{matrix}$$

$$\begin{bmatrix} 1 & -3 & -4 & | & 0 \\ 0 & 2 & 3 & | & 0 \\ 0 & 2 & 7 & | & 0 \end{bmatrix} \longrightarrow L_2(\frac{1}{2})$$

$$\begin{bmatrix} 1 & -3 & -4 & | & 0 \\ 0 & 1 & \frac{3}{2} & | & 0 \\ 0 & 2 & 7 & | & 0 \end{bmatrix} \longrightarrow \begin{matrix} L_1 = L_1 + L_2(3) \\ \\ L_3 = L_3 + L_2(-2) \end{matrix}$$

$$\begin{bmatrix} 1 & 0 & \frac{1}{2} & | & 0 \\ 0 & 1 & \frac{3}{2} & | & 0 \\ 0 & 0 & 4 & | & 0 \end{bmatrix} \longrightarrow L_3(\frac{1}{4})$$

$$\begin{bmatrix} 1 & 0 & \frac{1}{2} & | & 0 \\ 0 & 1 & \frac{3}{2} & | & 0 \\ 0 & 0 & 1 & | & 0 \end{bmatrix} \longrightarrow \begin{matrix} L_1 = L_1 + L_3(-\frac{1}{2}) \\ \\ L_2 = L_2 + L_3(-\frac{3}{2}) \end{matrix}$$

$$\begin{bmatrix} 1 & 0 & 0 & | & 0 \\ 0 & 1 & 0 & | & 0 \\ 0 & 0 & 1 & | & 0 \end{bmatrix}$$

Tendo em vista que Ca = Cv = C = 3 e n = 3, isto é, C = n, o sistema é determinado, o que significa que não tem soluções próprias; a única solução do sistema é a solução trivial

$x_1 = x_2 = x_3 = 0$

Esse exemplo é o de um sistema homogêneo de n equações lineares com n variáveis, caso particular de um sistema de m equações lineares com n variáveis (m = n). Como se viu nesse exemplo, o método utilizado é geral, isto é, vale para qualquer sistema de equações lineares com qualquer número de variáveis.

A.46 PROBLEMAS RESOLVIDOS

Antes de iniciar a solução de problemas, vamos esclarecer que:

I) Para classificar qualquer sistema de equações lineares (m = n, m ≠ n, homogêneo ou não), será usada sempre a mesma notação e utilizado sempre o mesmo critério. Assim:

a) A é a matriz ampliada do sistema (contém a matriz dos coeficientes das variáveis e a matriz-coluna dos termos independentes, ambas separadas por um traço vertical);

b) B é a matriz ampliada reduzida à forma de escada;

c) Ca é a característica da matriz ampliada (número de linhas com elementos não todos nulos de B);

d) Cv é a característica da matriz V dos coeficientes das variáveis (número de linhas com elementos não todos nulos dessa matriz dos coeficientes das variáveis, contida em B);

e) C (quando Ca = Cv = C, o que nem sempre acontece, pois Ca pode ser maior que Cv) é a característica da matriz B reduzida à forma de escada;

f) m é o número de equações;

g) n é o número de variáveis;

h) g é o grau de liberdade do sistema.

Por outro lado:

i) Se Ca > Cv, o sistema é incompatível;

j) Se Ca = Cv = C, o sistema é compatível. Nesse caso:

    j1) Se C = n, o sistema é determinado;

    j2) Se C < n, o sistema é indeterminado;

k) Quando o sistema é compatível e indeterminado, g = n - C é o grau de liberdade do sistema.

II) Por razões de ordem didática, o estudo da solução de sistemas de equações lineares foi feito, separadamente, nos três casos em que podem se apresentar, nos itens A.45.1, A.45.2 e A.45.3 (m = n, m ≠ n e homogêneo ou não). Entretanto, daqui por diante, para a solução de qualquer sistema de equações lineares, com uma única exceção, que será vista adiante em III, será utilizado o método da transformação da matriz ampliada do sistema na matriz reduzida à forma de escada. Quando se tiver um sistema de n equações com n variáveis, por exemplo, compatível e determinado, o método de Gauss-Jordan passa a ser um caso particular daquele; de fato, na matriz reduzida à forma de escada, a matriz dos coeficientes das variáveis é transformada na matriz-unidade, e a matriz-coluna dos termos independentes é transformada na solução do sistema.

III) Quando se tiver que resolver vários sistemas de equações lineares nos quais a matriz dos coeficientes das variáveis seja sempre a mesma, variando somente os termos independentes, será utilizado o método da matriz inversa; nesse caso, geralmente a matriz inversa da matriz dos coeficientes das variáveis é conhecida ou, então, se sabe que ela existe em virtude da natureza do problema.

Nos problemas de 1 a 11, classificar e resolver os sistemas:

1) $\begin{cases} 2x - 3y = 4 \\ 6x - 9y = 15 \end{cases}$

540   *Álgebra linear*

Solução

$$A = \begin{bmatrix} 2 & -3 & | & 4 \\ 6 & -9 & | & 15 \end{bmatrix} \longrightarrow L_1(\tfrac{1}{2})$$

$$\begin{bmatrix} 1 & -\tfrac{3}{2} & | & 2 \\ 6 & -9 & | & 15 \end{bmatrix} \longrightarrow L_2 = L_2 + L_1(-6)$$

$$B = \begin{bmatrix} 1 & -\tfrac{3}{2} & | & 2 \\ 0 & 0 & | & 3 \end{bmatrix}$$

Examinando a matriz B (matriz reduzida à forma de escada), verifica-se que:

Ca = 2

Cv = 1

isto é:

Ca > Cv,

logo, o sistema é incompatível.

2) $\begin{cases} 3x + 2y - 5z = 8 \\ 2x - 4y - 2z = -4 \\ 1x - 2y - 3z = -4 \end{cases}$

Solução

$$A = \begin{bmatrix} 3 & 2 & -5 & | & 8 \\ 2 & -4 & -2 & | & -4 \\ 1 & -2 & -3 & | & -4 \end{bmatrix} \longrightarrow L_1(\tfrac{1}{3})$$

$$\begin{bmatrix} 1 & \dfrac{2}{3} & -\dfrac{5}{3} & \bigg| & \dfrac{8}{3} \\ 2 & -4 & -2 & \bigg| & -4 \\ 1 & -2 & -3 & \bigg| & -4 \end{bmatrix} \begin{array}{l} \longrightarrow L_2 = L_2 + L_1(-2) \\ \longrightarrow L_3 = L_3 + L_1(-1) \end{array}$$

$$\begin{bmatrix} 1 & \dfrac{2}{3} & -\dfrac{5}{3} & \bigg| & \dfrac{8}{3} \\ 0 & -\dfrac{16}{3} & \dfrac{4}{3} & \bigg| & -\dfrac{28}{3} \\ 0 & -\dfrac{8}{3} & -\dfrac{4}{3} & \bigg| & -\dfrac{20}{3} \end{bmatrix} \longrightarrow L_2\left(-\dfrac{3}{16}\right)$$

$$\begin{bmatrix} 1 & \dfrac{2}{3} & -\dfrac{5}{3} & \bigg| & \dfrac{8}{3} \\ 0 & 1 & -\dfrac{1}{4} & \bigg| & \dfrac{7}{4} \\ 0 & -\dfrac{8}{3} & -\dfrac{4}{3} & \bigg| & -\dfrac{20}{3} \end{bmatrix} \begin{array}{l} \longrightarrow L_1 = L_1 + L_2\left(-\dfrac{2}{3}\right) \\ \\ \longrightarrow L_3 = L_3 + L_2\left(\dfrac{8}{3}\right) \end{array}$$

$$\begin{bmatrix} 1 & 0 & -\dfrac{3}{2} & \bigg| & \dfrac{3}{2} \\ 0 & 1 & -\dfrac{1}{4} & \bigg| & \dfrac{7}{4} \\ 0 & 0 & -2 & \bigg| & -2 \end{bmatrix} \longrightarrow L_3\left(-\dfrac{1}{2}\right)$$

$$\begin{bmatrix} 1 & 0 & -\dfrac{3}{2} & \bigg| & \dfrac{3}{2} \\ 0 & 1 & -\dfrac{1}{4} & \bigg| & \dfrac{7}{4} \\ 0 & 0 & 1 & \bigg| & 1 \end{bmatrix} \begin{array}{l} \longrightarrow L_1 = L_1 + L_3\left(\dfrac{3}{2}\right) \\ \\ \longrightarrow L_2 = L_2 + L_3\left(\dfrac{1}{4}\right) \end{array}$$

$$B = \begin{bmatrix} 1 & 0 & 0 & \bigg| & 3 \\ 0 & 1 & 0 & \bigg| & 2 \\ 0 & 0 & 1 & \bigg| & 1 \end{bmatrix}$$

542 *Álgebra linear*

Examinando a matriz B, verifica-se que:

$Ca = Cv = C = 3 = n$

logo, o sistema é compatível e determinado.

A matriz B representa o sistema

$1x + 0y + 0z = 3$

$0x + 1y + 0z = 2$

$0x + 0y + 1z = 1$

equivalente ao sistema inicial. Desse último sistema, vem:

$x = 3$

$y = 2$

$z = 1$

3) $\begin{cases} 2x + 4y + 6z = -6 \\ 3x - 2y - 4z = -38 \\ 1x + 2y + 3z = -3 \end{cases}$

Solução

$A = \begin{bmatrix} 2 & 4 & 6 & | & -6 \\ 3 & -2 & -4 & | & -38 \\ 1 & 2 & 3 & | & -3 \end{bmatrix} \longrightarrow L_1(\frac{1}{2})$

$\begin{bmatrix} 1 & 2 & 3 & | & -3 \\ 3 & -2 & -4 & | & -38 \\ 1 & 2 & 3 & | & -3 \end{bmatrix} \begin{array}{l} \\ \longrightarrow L_2 = L_2 + L_1(-3) \\ \longrightarrow L_3 = L_3 + L_1(-1) \end{array}$

$$\begin{bmatrix} 1 & 2 & 3 & | & -3 \\ 0 & -8 & -13 & | & -29 \\ 0 & 0 & 0 & | & 0 \end{bmatrix} \longrightarrow L_2(-\frac{1}{8})$$

$$\begin{bmatrix} 1 & 2 & 3 & | & -3 \\ 0 & 1 & \frac{13}{8} & | & \frac{29}{8} \\ 0 & 0 & 0 & | & 0 \end{bmatrix} \longrightarrow L_1 = L_1 + L_2(-2)$$

$$B = \begin{bmatrix} 1 & 0 & -\frac{1}{4} & | & -\frac{41}{4} \\ 0 & 1 & \frac{13}{8} & | & \frac{29}{8} \\ 0 & 0 & 0 & | & 0 \end{bmatrix}$$

Examinando a matriz B, verifica-se que:

Ca = Cv = C = 2

logo, o sistema é compatível.

Mas:

n = 3

isto é:

C < n

portanto, o sistema é compatível e indeterminado, e seu grau de liberdade é

g = n - C = 3 - 2 = 1

A matriz B representa o sistema

$$\begin{cases} 1x + 0y - \dfrac{1}{4}z = -\dfrac{41}{4} \\ 0x + 1y + \dfrac{13}{8}z = \dfrac{29}{8} \\ 0x + 0y + 0z = 0 \end{cases}$$

equivalente ao sistema inicial.

A 3ª equação não estabelece nenhuma condição para x, y e z; por isso, a solução do sistema é dada pelas 2 primeiras equações

$$x = \frac{-41 + z}{4}$$

$$y = \frac{29 - 13z}{8}$$

Os valores de x e y são obtidos atribuindo valores arbitrários a z. Assim, se z = 1, por exemplo, vem:

$$x = \frac{-41 + 1}{4} = -\frac{40}{4} = -10$$

$$y = \frac{29 - 13}{8} = \frac{16}{8} = 2$$

Para outros valores de z, são obtidas outras soluções para o sistema.

4) $\begin{cases} x + y - z = 0 \\ 2x - 3y + z = 0 \\ 4x - 4y - 2z = 0 \end{cases}$

Solução trivial:

x = y = z = 0

Soluções próprias:

$$A = \begin{bmatrix} 1 & 1 & -1 & | & 0 \\ 2 & -3 & 1 & | & 0 \\ 4 & -4 & -2 & | & 0 \end{bmatrix} \begin{array}{l} \longrightarrow L_2 = L_2 + L_1(-2) \\ \longrightarrow L_3 = L_3 + L_1(-4) \end{array}$$

$$\begin{bmatrix} 1 & 1 & -1 & | & 0 \\ 0 & -5 & 3 & | & 0 \\ 0 & -8 & 2 & | & 0 \end{bmatrix} \longrightarrow L_2(-\frac{1}{5})$$

$$\begin{bmatrix} 1 & 1 & -1 & | & 0 \\ 0 & 1 & -\frac{3}{5} & | & 0 \\ 0 & -8 & 2 & | & 0 \end{bmatrix} \begin{array}{l} \longrightarrow L_1 = L_1 + L_2(-1) \\ \\ \longrightarrow L_3 = L_3 + L_2(8) \end{array}$$

$$\begin{bmatrix} 1 & 0 & -\frac{2}{5} & | & 0 \\ 0 & 1 & -\frac{3}{5} & | & 0 \\ 0 & 0 & -\frac{14}{5} & | & 0 \end{bmatrix} \longrightarrow L_3 = (-\frac{5}{14})$$

$$\begin{bmatrix} 1 & 0 & -\frac{2}{5} & | & 0 \\ 0 & 1 & -\frac{3}{5} & | & 0 \\ 0 & 0 & 1 & | & 0 \end{bmatrix} \begin{array}{l} \longrightarrow L_1 = L_1 + L_3(\frac{2}{5}) \\ \longrightarrow L_2 = L_2 + L_3(\frac{3}{5}) \end{array}$$

$$B = \begin{bmatrix} 1 & 0 & 0 & | & 0 \\ 0 & 1 & 0 & | & 0 \\ 0 & 0 & 1 & | & 0 \end{bmatrix}$$

Examinando a matriz B, verifica-se que:

$C_a = C_v = C = 3 = n$,

logo, o sistema é compatível e determinado. Tendo em vista que o sistema inicial é homogêneo e que é compatível e determinado, não possui soluções próprias, isto é, só admite a solução trivial.

5) $\begin{cases} x + 3z = -8 \\ 2x - 4y = -4 \\ 3x - 2y - 5z = 26 \end{cases}$

Esse sistema pode ser escrito assim:

$\begin{cases} 1x + 0y + 3z = -8 \\ 2x - 4y + 0z = -4 \\ 3x - 2y - 5z = 26 \end{cases}$

Solução

$A = \begin{bmatrix} 1 & 0 & 3 & | & -8 \\ 2 & -4 & 0 & | & -4 \\ 3 & -2 & -5 & | & 26 \end{bmatrix}$ $\longrightarrow L_2 = L_2 + L_1(-2)$
$\longrightarrow L_3 = L_3 + L_1(-3)$

$\begin{bmatrix} 1 & 0 & 3 & | & -8 \\ 0 & -4 & -6 & | & 12 \\ 0 & -2 & -14 & | & 50 \end{bmatrix}$ $\longrightarrow L_2(-\frac{1}{4})$

$\begin{bmatrix} 1 & 0 & 3 & | & -8 \\ 0 & 1 & \frac{3}{2} & | & -3 \\ 0 & -2 & -14 & | & 50 \end{bmatrix}$ $\longrightarrow L_3 = L_3 + L_2(2)$

$$\begin{bmatrix} 1 & 0 & 3 & | & -8 \\ 0 & 1 & \frac{3}{2} & | & -3 \\ 0 & 0 & -11 & | & 44 \end{bmatrix} \longrightarrow L_3(-\frac{1}{11})$$

$$\begin{bmatrix} 1 & 0 & 3 & | & -8 \\ 0 & 1 & \frac{3}{2} & | & -3 \\ 0 & 0 & 1 & | & -4 \end{bmatrix} \begin{array}{l} \longrightarrow L_1 = L_1 + L_3(-3) \\ \longrightarrow L_2 = L_2 + L_3(-\frac{3}{2}) \end{array}$$

$$B = \begin{bmatrix} 1 & 0 & 0 & | & 4 \\ 0 & 1 & 0 & | & 3 \\ 0 & 0 & 1 & | & -4 \end{bmatrix}$$

Examinando a matriz B, verifica-se que:

Ca = Cv = C = 3 = n

logo, o sistema é compatível e determinado. A matriz B representa o sistema

$$\begin{cases} 1x + 0y + 0z = 4 \\ 0x + 1y + 0z = 3 \\ 0x + 0y + 1z = -4 \end{cases}$$

equivalente ao sistema inicial. Desse último sistema, vem:

x = 4

y = 3

z = −4

6) $\begin{cases} x - z = 0 \\ 3x + y + 2z = 0 \\ 4x + 2y + 2z = 0 \end{cases}$

Esse sistema pode ser escrito assim

$$\begin{cases} 1x + 0y - 1z = 0 \\ 3x + 1y + 2z = 0 \\ 4x + 2y + 2z = 0 \end{cases}$$

Solução trivial:

$x = y = z = 0$

Soluções próprias:

$$A = \begin{bmatrix} 1 & 0 & -1 & | & 0 \\ 3 & 1 & 2 & | & 0 \\ 4 & 2 & 2 & | & 0 \end{bmatrix} \begin{matrix} \longrightarrow L_2 = L_2 + L_1(-3) \\ \longrightarrow L_3 = L_3 + L_1(-4) \end{matrix}$$

$$\begin{bmatrix} 1 & 0 & -1 & | & 0 \\ 0 & 1 & 5 & | & 0 \\ 0 & 2 & 6 & | & 0 \end{bmatrix} \longrightarrow L_3 = L_3 + L_2(-2)$$

$$\begin{bmatrix} 1 & 0 & -1 & | & 0 \\ 0 & 1 & 5 & | & 0 \\ 0 & 0 & -4 & | & 0 \end{bmatrix} \longrightarrow L_3(-\frac{1}{4})$$

$$\begin{bmatrix} 1 & 0 & -1 & | & 0 \\ 0 & 1 & 5 & | & 0 \\ 0 & 0 & 1 & | & 0 \end{bmatrix} \begin{matrix} \longrightarrow L_1 = L_1 + L_3 \\ \longrightarrow L_2 = L_2 + L_3(-5) \end{matrix}$$

$$B = \begin{bmatrix} 1 & 0 & 0 & | & 0 \\ 0 & 1 & 0 & | & 0 \\ 0 & 0 & 1 & | & 0 \end{bmatrix}$$

Examinando a matriz B, verifica-se que:

Ca = Cv = C = 3 = n

logo, o sistema é compatível e determinado. Tendo em vista que o sistema inicial é homogêneo e que é compatível e determinado, não possui soluções próprias, isto é, só admite a solução trivial.

7) $\begin{cases} 6x + 2y + 4z = 0 \\ -9x - 3y - 6z = 0 \end{cases}$

Solução trivial:

x = y = z = 0

Soluções próprias:

$$A = \begin{bmatrix} 6 & 2 & 4 & | & 0 \\ -9 & -3 & -6 & | & 0 \end{bmatrix} \longrightarrow L_1(\frac{1}{6})$$

$$\begin{bmatrix} 1 & \frac{1}{3} & \frac{2}{3} & | & 0 \\ -9 & -3 & -6 & | & 0 \end{bmatrix} \longrightarrow L_2 = L_2 + L_1(9)$$

$$B = \begin{bmatrix} 1 & \frac{1}{3} & \frac{2}{3} & | & 0 \\ 0 & 0 & 0 & | & 0 \end{bmatrix}$$

Examinando a matriz B, verifica-se que:

Ca = Cv = C = 1

Mas:

n = 3

isto é:

C < n

portanto, o sistema é indeterminado, e seu grau de liberdade é

g = n - C = 3 - 1 = 2

A matriz B representa o sistema

$$\begin{cases} 1x + \frac{1}{3}y + \frac{2}{3}z = 0 \\ 0x + 0y + 0z = 0 \end{cases}$$

A 2ª equação não estabelece nenhuma condição para x e y; por isso, a solução do sistema é dada pela 1ª equação:

$$x = -\frac{1}{3}y - \frac{2}{3}z = \frac{-y - 2z}{3}$$

Os valores de x são obtidos atribuindo valores arbitrários a y e z.

8) $$A = \begin{cases} 3x + 6y = 0 \\ 12x + 24y = 0 \\ \frac{3}{2}x + 3y = 0 \\ \frac{3}{4}x + \frac{3}{2}y = 0 \end{cases}$$

Solução trivial:

x = y = z = 0

Soluções próprias:

$$A = \begin{bmatrix} 3 & 6 & 0 \\ 12 & 24 & 0 \\ \dfrac{3}{2} & 3 & 0 \\ \dfrac{3}{4} & \dfrac{3}{2} & 0 \end{bmatrix} \longrightarrow L_1(\dfrac{1}{3})$$

$$\begin{bmatrix} 1 & 2 & 0 \\ 12 & 24 & 0 \\ \dfrac{3}{2} & 3 & 0 \\ \dfrac{3}{4} & \dfrac{3}{2} & 0 \end{bmatrix} \begin{array}{l} \longrightarrow L_2 = L_2 + L_1(-12) \\ \longrightarrow L_3 = L_3 + L_1(-\dfrac{3}{2}) \\ \longrightarrow L_4 = L_4 + L_1(-\dfrac{3}{4}) \end{array}$$

$$B = \begin{bmatrix} 1 & 2 & 0 \\ 0 & 0 & 0 \\ 0 & 0 & 0 \\ 0 & 0 & 0 \end{bmatrix}$$

Examinando a matriz B, verifica-se que:

$Ca = Cv = C = 1$

Mas:

$n = 2$

isto é:

$C < n$

logo, o sistema é compatível e indeterminado, e seu grau de liberdade é

$g = n - C = 2 - 1 = 1$

A matriz B representa o sistema

$$\begin{cases} 1x + 2y = 0 \\ 0x + 0y = 0 \\ 0x + 0y = 0 \\ 0x + 0y = 0 \end{cases}$$

As 3 últimas equações não estabelecem nenhuma condição para x e y; por isso a solução do sistema é dada pela 1ª equação:

$1x + 2y = 0$

ou:

$x = -2y$

Os valores de x são obtidos atribuindo valores arbitrários a y.

9) $\begin{cases} x - y = 0 \\ 2y + 4z = 6 \\ x + y + 4z = 6 \end{cases}$

Esse sistema pode ser escrito assim:

$$\begin{cases} 1x - 1y + 0z = 0 \\ 0x + 2y + 4z = 6 \\ 1x + 1y + 4z = 6 \end{cases}$$

Solução

$$A = \begin{bmatrix} 1 & -1 & 0 & | & 0 \\ 0 & 2 & 4 & | & 6 \\ 1 & 1 & 4 & | & 6 \end{bmatrix} \longrightarrow L_3 = L_3 + L_1(-1)$$

$$\begin{bmatrix} 1 & -1 & 0 & | & 0 \\ 0 & 2 & 4 & | & 6 \\ 0 & 2 & 4 & | & 6 \end{bmatrix} \longrightarrow L_2(\frac{1}{2})$$

$$\begin{bmatrix} 1 & -1 & 0 & | & 0 \\ 0 & 1 & 2 & | & 3 \\ 0 & 2 & 4 & | & 6 \end{bmatrix} \begin{array}{l} \longrightarrow L_1 = L_1 + L_2 \\ \longrightarrow L_3 = L_3 + L_2(-2) \end{array}$$

$$B = \begin{bmatrix} 1 & 0 & 2 & | & 3 \\ 0 & 1 & 2 & | & 3 \\ 0 & 0 & 0 & | & 0 \end{bmatrix}$$

Examinando a matriz B, verifica-se que

$Ca = Cv = C = 2$

Mas:

$n = 3$

isto é:

$C < n$

logo, o sistema é compatível e indeterminado, e seu grau de liberdade é

$g = n - C = 3 - 2 = 1$

A matriz B representa o sistema

$$\begin{cases} 1x + 0y + 2z = 3 \\ 0x + 1y + 2z = 3 \\ 0x + 0y + 0z = 0 \end{cases}$$

A última equação não estabelece nenhuma condição para x e y; por isso, a solução do sistema é dada pelas duas primeiras equações:

x = 3 - 2z

y = 3 - 2z

Os valores de x e y (que são iguais) são obtidos atribuindo valores arbitrários a z.

10) $\begin{cases} a_1 + 2a_2 = -4 \\ -3a_1 + 4a_2 = -18 \\ 2a_1 - a_2 = 7 \end{cases}$

Solução

$$A = \begin{bmatrix} 1 & 2 & | & -4 \\ -3 & 4 & | & -18 \\ 2 & -1 & | & 7 \end{bmatrix} \begin{array}{l} \longrightarrow L_2 = L_2 + L_1(3) \\ \longrightarrow L_3 = L_3 + L_1(-2) \end{array}$$

$$\begin{bmatrix} 1 & 2 & | & -4 \\ 0 & 10 & | & -30 \\ 0 & -5 & | & 15 \end{bmatrix} \longrightarrow L_2 \left(\frac{1}{10}\right)$$

$$\begin{bmatrix} 1 & 2 & | & -4 \\ 0 & 1 & | & -3 \\ 0 & -5 & | & 15 \end{bmatrix} \begin{array}{l} \longrightarrow L_1 = L_1 + L_2(-2) \\ \longrightarrow L_3 = L_3 + L_2(5) \end{array}$$

$$B = \begin{bmatrix} 1 & 0 & | & 2 \\ 0 & 1 & | & -3 \\ 0 & 0 & | & 0 \end{bmatrix}$$

Examinando a matriz B, verifica-se que:

Ca = Cv = C = 2 = n

logo, o sistema é compatível e determinado.

A matriz B representa o sistema

$$\begin{cases} 1a + 0b = 2 \\ 0a + 1b = -3 \\ 0a + 0b = 0 \end{cases}$$

A última equação não estabelece nenhuma condição para a e b; por isso, a solução do sistema é dada pelas duas primeiras equações:

a = 2

b = -3

11) $\begin{cases} a_1 + 2a_2 = 4 \\ -3a_1 + 4a_2 = 3 \\ 2a_1 - a_2 = -6 \end{cases}$

Solução

$$A = \begin{bmatrix} 1 & 2 & | & 4 \\ -3 & 4 & | & 3 \\ 2 & -1 & | & -6 \end{bmatrix} \begin{array}{l} \longrightarrow L_2 = L_2 + L_1(3) \\ \longrightarrow L_3 = L_3 + L_1(-2) \end{array}$$

$$\begin{bmatrix} 1 & 2 & | & 4 \\ 0 & 10 & | & 15 \\ 0 & -5 & | & -14 \end{bmatrix} \longrightarrow L_2(\frac{1}{10})$$

$$\begin{bmatrix} 1 & 2 & | & 4 \\ 0 & 1 & | & 1,5 \\ 0 & -5 & | & -14 \end{bmatrix} \begin{array}{l} \longrightarrow L_1 = L_1 + L_2(-2) \\ \\ \longrightarrow L_3 = L_3 + L_2(5) \end{array}$$

$$B = \begin{bmatrix} 1 & 0 & | & 1 \\ 0 & 1 & | & 1,5 \\ 0 & 0 & | & -6,5 \end{bmatrix}$$

Examinando a matriz B, verifica-se que:

Ca = 3

Cv = 2

isto é:

Ca > Cv

logo, o sistema é incompatível.

12) Estabelecer a condição que deve ser satisfeita pelos termos independentes x, y e z para que o sistema

$$\begin{cases} a_1 + 2a_2 = x \\ -3a_1 + 4a_2 = y \\ 2a_1 - a_2 = z \end{cases}$$

seja compatível.

Solução

$$\begin{bmatrix} 1 & 2 & | & x \\ -3 & 4 & | & y \\ 2 & -1 & | & z \end{bmatrix} \begin{array}{l} \\ \longrightarrow L_2 = L_2 + L_1(3) \\ \longrightarrow L_3 = L_3 + L_1(-2) \end{array}$$

$$\begin{bmatrix} 1 & 2 & | & x \\ 0 & 10 & | & y+3x \\ 0 & -5 & | & z-2x \end{bmatrix} \longrightarrow L_2 \left(\frac{1}{10}\right)$$

$$\begin{bmatrix} 1 & 2 & | & x \\ 0 & 1 & | & \frac{y+3x}{10} \\ 0 & -5 & | & z-2x \end{bmatrix} \longrightarrow L_3 = L_3 + L_2(5)$$

$$\begin{bmatrix} 1 & 2 & | & x \\ 0 & 1 & | & \frac{y+3x}{10} \\ 0 & 0 & | & z-2x+\frac{y+3x}{2} \end{bmatrix}$$

Se $z - 2x + \frac{y+3x}{2}$ fosse diferente de zero, teríamos:

Ca = 3

Cv = 2

isto e:

Ca > Cv

e o sistema seria incompatível. Portanto, para que o sistema seja compatível é necessário que

$$z - 2x + \frac{y+3x}{2} = 0$$

ou:

$2z - 4x + y + 3x = 0$

$-x + y + 2z = 0$

$x - y - 2z = 0$

$x = y + 2z.$

Observações

a) Nada impede que as variáveis sejam designadas pelas letras a, b, c etc. e que os termos independentes sejam designados por x, y, z etc.

b) Comparando os sistemas 10, 11 e 12, verifica-se que todos têm a mesma matriz dos coeficientes:

- o 1º é compatível;
- o 2º é incompatível;
- o 3º estabelece a condição que deve ser satisfeita pelos termos independentes para que o sistema seja compatível.

Essa condição exprime que:

$x = y + 2z$

Ora, na 1ª equação

$x = -4$

$y = -18$

$z = 7$

isto é:

$-4 = -18 + 2 \times 7$

$-4 = -18 + 14$

$-4 = -4$

o que tornou compatível o sistema.

Já na 2ª equação:

x = 4

y = 3

z = –6

isto é:

4 ≠ 3 + 2(–6)

4 ≠ 3 – 12

4 ≠ –9

Tendo em vista que a condição de compatibilidade não foi satisfeita, o sistema se mostrou incompatível.

c) Esses sistemas, bem como alguns outros que ainda serão resolvidos, constam do Capítulo sobre Espaços Vetoriais somente com as respostas.

d) Nos problemas sobre sistemas, nos quais se solicita que alguma condição seja estabelecida para que sejam compatíveis ou admitam solução não-trivial etc., quer nos termos independentes, quer em coeficientes das variáveis, embora se inicie transformando a matriz ampliada na matriz reduzida à forma de escada, geralmente não é necessário chegar ao final; quase sempre, um simples raciocínio, no decorrer da execução do processo, resolve o problema.

Nos problemas 13 e 14, estabelecer a condição que deve ser satisfeita pelos termos independentes para que sejam compatíveis os sistemas:

13) $\begin{cases} a + 2b = x \\ -2a + b = y \\ -a + b = z \end{cases}$

Solução

$A = \begin{bmatrix} 1 & 2 & | & x \\ -2 & 1 & | & y \\ -1 & 1 & | & z \end{bmatrix} \begin{array}{l} \longrightarrow L_2 = L_2 + L_1(2) \\ \longrightarrow L_3 = L_3 + L_1 \end{array}$

$$\begin{bmatrix} 1 & 2 & | & x \\ 0 & 5 & | & y+2x \\ 0 & 3 & | & z+x \end{bmatrix} \longrightarrow L_2(\frac{1}{5})$$

$$\begin{bmatrix} 1 & 2 & | & x \\ 0 & 1 & | & \frac{y+2x}{5} \\ 0 & 3 & | & z+x \end{bmatrix} \longrightarrow L_3 = L_3 + L_2(-3)$$

$$\begin{bmatrix} 1 & 2 & | & x \\ 0 & 1 & | & \frac{y+2x}{5} \\ 0 & 0 & | & z+x-\frac{3(y+2x)}{5} \end{bmatrix}$$

Se $z + x - \frac{3(y+2x)}{5}$ fosse diferente de zero, teríamos:

Ca = 3

Cv = 2

isto é:

Ca > Cv

e o sistema seria incompatível. Portanto, para que o sistema seja compatível é necessário que:

$$z + x - \frac{3(y+2x)}{5} = 0$$

$5z + 5x - 3(y + 2x) = 0$

$5z + 5x - 3y - 6x = 0$

$-x - 3y + 5z = 0$

$x + 3y - 5z = 0$

ou:

x = 5z - 3y

14) $\begin{cases} -a + 3b = x \\ 2a - 1b = y \\ -2a + 1b = z \\ 3a + 1b = t \end{cases}$

Solução

$$A = \begin{bmatrix} -1 & 3 & | & x \\ 2 & -1 & | & y \\ -2 & 1 & | & z \\ 3 & 1 & | & t \end{bmatrix} \longrightarrow L_1(-1)$$

$$\begin{bmatrix} 1 & -3 & | & -x \\ 2 & -1 & | & y \\ -2 & 1 & | & z \\ 3 & 1 & | & t \end{bmatrix} \begin{array}{l} \\ \longrightarrow L_2 = L_2 + L_1(-2) \\ \longrightarrow L_3 = L_3 + L_1(2) \\ \longrightarrow L_4 = L_4 + L_1(-3) \end{array}$$

$$\begin{bmatrix} 1 & -3 & | & -x \\ 0 & 5 & | & y + 2x \\ 0 & -5 & | & z - 2x \\ 0 & 10 & | & t + 3x \end{bmatrix} \longrightarrow L_2(\frac{1}{5})$$

$$\begin{bmatrix} 1 & -3 & | & -x \\ 0 & 1 & | & \frac{y + 2x}{5} \\ 0 & -5 & | & z - 2x \\ 0 & 10 & | & t + 3x \end{bmatrix} \begin{array}{l} \\ \\ \longrightarrow L_3 = L_3 + L_2(5) \\ \longrightarrow L_4 = L_4 + L_2(-10) \end{array}$$

$$\begin{bmatrix} 1 & -3 & \bigg| & -x \\ 0 & 1 & \bigg| & \dfrac{y+2x}{5} \\ 0 & 0 & \bigg| & z-2x+y+2x \\ 0 & 0 & \bigg| & t+3x-2(y+2x) \end{bmatrix}$$

Se:

$$z - 2x + y + 2x$$

e

$$t + 3x - 2(y + 2x)$$

fossem diferentes de zero, teríamos:

$$Ca = 4$$

$$Cv = 2$$

isto é:

$$Ca > Cv$$

e o sistema seria incompatível.

Portanto, para que o sistema seja compatível é necessário que:

$$z - 2x + y + 2x = 0$$

$$t + 3x - 2y - 4x = 0$$

ou:

$$z + y = 0$$

$$t - x - 2y = 0$$

ou, ainda:

$z = -y$

$x = t - 2y$

15) Calcular o valor de k para que seja compatível o sistema:

$$\begin{cases} a_1 + 2a_2 = -1 \\ -3a_1 + 4a_2 = k \\ 2a_1 - a_2 = -7 \end{cases}$$

Solução

$$A = \begin{bmatrix} 1 & 2 & -1 \\ -3 & 4 & k \\ 2 & -1 & -7 \end{bmatrix} \begin{matrix} \longrightarrow L_2 = L_2 + L_1(3) \\ \longrightarrow L_3 = L_3 + L_1(-2) \end{matrix}$$

$$\begin{bmatrix} 1 & 2 & -1 \\ 0 & 10 & k-3 \\ 0 & -5 & -5 \end{bmatrix} \longrightarrow L_2(\frac{1}{10})$$

$$\begin{bmatrix} 1 & 2 & -1 \\ 0 & 1 & \frac{k-3}{10} \\ 0 & -5 & -5 \end{bmatrix} \longrightarrow L_3 = L_3 + L_2(5)$$

$$\begin{bmatrix} 1 & 2 & -1 \\ 0 & 1 & \frac{k-3}{10} \\ 0 & 0 & -5 + \frac{k-3}{2} \end{bmatrix}$$

Se $-5 + \frac{k-3}{2}$ fosse diferente de zero, teríamos:

Ca = 3

Cv = 2

isto é:

Ca > Cv

e o sistema seria incompatível. Portanto, para que o sistema seja compatível é necessário que:

$-5 + \frac{k-3}{2} = 0$

$-10 + k - 3 = 0$

$k = 10 + 3$

$k = 13$

Observação

Esse sistema tem a mesma matriz dos coeficientes do problema 12. Ali foi estabelecido que para ser compatível, os termos independentes x, y e z do sistema deveriam satisfazer à condição:

x = y + 2z

Ora, nesse sistema:

x = -1

y = 13

z = -7

isto é:

$-1 = 13 + 2 \times (-7)$

$-1 = 13 - 14$

$-1 = -1$

o que tornou compatível o sistema.

16) Resolver, em função de x e y, o sistema:

$$\begin{cases} 3a_1 + 5a_2 = x \\ a_1 + 2a_2 = y \end{cases}$$

Solução

$$A = \left[\begin{array}{cc|c} 3 & 5 & x \\ 1 & 2 & y \end{array}\right] \longrightarrow L_{12}$$

$$\left[\begin{array}{cc|c} 1 & 2 & y \\ 3 & 5 & x \end{array}\right] \longrightarrow L_3 = L_3 + L_1(-3)$$

$$\left[\begin{array}{cc|c} 1 & 2 & y \\ 0 & -1 & x - 3y \end{array}\right] \longrightarrow L_2(-1)$$

$$\left[\begin{array}{cc|c} 1 & 2 & y \\ 0 & 1 & 3y - x \end{array}\right] \longrightarrow L_1 = L_1 + L_2(-2)$$

$$B = \left[\begin{array}{cc|c} 1 & 0 & y - 2(3y - x) \\ 0 & 1 & 3y - x \end{array}\right]$$

Essa matriz representa o sistema

$$\begin{cases} 1a_1 + 0a_2 = y - 2(3y - x) \\ 0a_1 + 1a_2 = 3y - x \end{cases}$$

ou:

$$a_1 = y - 6y + 2x$$

$$a_2 = 3y - x$$

ou, ainda:

$$a_1 = 2x - 5y$$

$$a_2 = 3y - x$$

Nos problemas 17 e 18, estabelecer a condição que deve ser satisfeita pelos termos independentes, para que sejam compatíveis os sistemas.

17) $\begin{cases} 3x + 9y = a \\ 6x + 18y = b \end{cases}$

Solução

$$A = \begin{bmatrix} 3 & 9 & | & a \\ 6 & 18 & | & b \end{bmatrix} \longrightarrow L_1(\tfrac{1}{3})$$

$$\begin{bmatrix} 1 & 3 & | & \tfrac{a}{3} \\ 6 & 18 & | & b \end{bmatrix} \longrightarrow L_2 = L_2 + L_1(-6)$$

$$\begin{bmatrix} 1 & 3 & | & \tfrac{a}{3} \\ 0 & 0 & | & b - 2a \end{bmatrix}$$

Se b - 2a fosse diferente de zero, teríamos:

Ca = 2

Cv = 1

isto é:

Ca > Cv

e o sistema seria incompatível.

Portanto, para que o sistema seja compatível é necessário que:

b - 2a = 0

ou

b = 2a

De fato, fazendo, por exemplo, a = 21 e b = 42, o sistema inicial seria:

$$\begin{cases} 3x + 9y = 21 \\ 6x + 18y = 42 \end{cases}$$

Resolvendo o sistema, vem:

$A = \begin{bmatrix} 3 & 9 & | & 21 \\ 6 & 18 & | & 42 \end{bmatrix} \longrightarrow L_1(\frac{1}{3})$

$\begin{bmatrix} 1 & 3 & | & 7 \\ 6 & 18 & | & 42 \end{bmatrix} \longrightarrow L_3 = L_3 + L_1(-6)$

$B = \begin{bmatrix} 1 & 3 & | & 7 \\ 0 & 0 & | & 0 \end{bmatrix}$

Examinando a matriz B, verifica-se que:

Ca = Cv = C = 1

Mas:

n = 2

isto é:

C < n

e o sistema é compatível e indeterminado, e seu grau de liberdade é:

g = n - C = 2 - 1 = 1

A matriz B representa o sistema

$$\begin{cases} 1x + 3y = 7 \\ 0x + 0y = 0 \end{cases}$$

equivalente ao sistema inicial.

A 2ª equação não estabelece nenhuma condição para x e y; por isso a solução do sistema é dada pela 1ª equação:

x = 7 - 3y

Como se vê, quando b = 2a, (42 = 2 × 21), o sistema é compatível e indeterminado.

18) $\begin{cases} x - 2y - z = a \\ 2x + y + 3z = b \\ 4x - 3y + z = c \end{cases}$

Solução

$$\begin{bmatrix} 1 & -2 & -1 & | & a \\ 2 & 1 & 3 & | & b \\ 4 & -3 & 1 & | & c \end{bmatrix} \begin{array}{l} \longrightarrow L_2 = L_2 + L_1(-2) \\ \longrightarrow L_3 = L_3 + L_1(-4) \end{array}$$

$$\begin{bmatrix} 1 & -2 & -1 & | & a \\ 0 & 5 & 5 & | & b-2a \\ 0 & 5 & 5 & | & c-4a \end{bmatrix}$$

As duas últimas linhas representam as equações:

$$\begin{cases} 0x + 5y + 5z = b - 2a \\ 0x + 5y + 5z = c - 4a \end{cases}$$

ou:

$$\begin{cases} 5y + 5z = b - 2a \\ 5y + 5z = c - 4a \end{cases}$$

Os primeiros membros das duas equações são iguais a $5y + 5z$. Ora, $5y + 5z$, para mesmos valores de x e mesmos valores de y, não pode assumir valores diferentes; logo, para que o sistema seja compatível, deve-se ter:

b $-$ 2a = c $-$ 4a

b $-$ 2a $-$ c + 4a = 0

2a + b $-$ c = 0

19) Determinar o valor de k para que admita solução não-trivial o sistema

$$\begin{cases} x - y - z = 0 \\ x - 2y - 2z = 0 \\ 2x + ky + z = 0 \end{cases}$$

Solução

$$A = \begin{bmatrix} 1 & -1 & -1 & | & 0 \\ 1 & -2 & -2 & | & 0 \\ 2 & k & 1 & | & 0 \end{bmatrix} \quad \begin{array}{l} \longrightarrow L_2 = L_2 + L_1(-1) \\ \longrightarrow L_3 = L_3 + L_1(-2) \end{array}$$

$$\begin{bmatrix} 1 & -1 & -1 & | & 0 \\ 0 & -1 & -1 & | & 0 \\ 0 & 2+k & 3 & | & 0 \end{bmatrix} \quad \longrightarrow L_2(-1)$$

$$\begin{bmatrix} 1 & -1 & -1 & | & 0 \\ 0 & 1 & 1 & | & 0 \\ 0 & 2+k & 3 & | & 0 \end{bmatrix} \quad \longrightarrow L_3 = L_3 + L_2(-2-k)$$

$$\begin{bmatrix} 1 & -1 & -1 & | & 0 \\ 0 & 1 & 1 & | & 0 \\ 0 & 0 & 1-k & | & 0 \end{bmatrix}$$

Se $1-k$ fosse igual a 1, isto é, se $k = 0$, a matriz ficaria:

$$\begin{bmatrix} 1 & -1 & -1 & | & 0 \\ 0 & 1 & 1 & | & 0 \\ 0 & 0 & 1 & | & 0 \end{bmatrix}$$

e a matriz dos coeficientes das variáveis poderia ser transformada na matriz-unidade, do que resultaria:

$$Ca = Cv = C = 3 = n$$

e o sistema seria compatível e determinado, isto é, admitiria somente a solução trivial:

$$x = y = z = 0$$

Portanto, para que o sistema admita solução não-trivial, é necessário que:

1 - k = 0

isto é:

k = 1.

Nesse caso, como os elementos da 3ª linha seriam todos nulos, a matriz inicial teria, ao final:

Ca = Cv = C = 2

e:

n = 3

ou:

C < n

Logo, para k = 1, o sistema é compatível e indeterminado.

Nos problemas de 20 a 23, resolver os sistemas pelo método matricial.

$$\begin{cases} x + 2y - 2z = b_1 \\ 2x + 5y - 4z = b_2 \\ 3x + 7y - 5z = b_3 \end{cases}$$

20) Para $b_1 = 0$, $b_2 = 3$ e $b_3 = 7$.

Solução

Fazendo:

$$A = \begin{bmatrix} 1 & 2 & -2 \\ 2 & 5 & -4 \\ 3 & 7 & -5 \end{bmatrix} ; X = \begin{bmatrix} x \\ y \\ z \end{bmatrix} ; B = \begin{bmatrix} b_1 \\ b_2 \\ b_3 \end{bmatrix} = \begin{bmatrix} 0 \\ 3 \\ 7 \end{bmatrix},$$

o sistema pode ser escrito sob a forma matricial:

$$AX = B$$

e:

$$X = A^{-1}B$$

a) Cálculo de A^{-1}:

$$\begin{bmatrix} 1 & 2 & -2 & | & 1 & 0 & 0 \\ 2 & 5 & -4 & | & 0 & 1 & 0 \\ 3 & 7 & -5 & | & 0 & 0 & 1 \end{bmatrix} \begin{array}{l} \longrightarrow L_2 = L_2 + L_1(-2) \\ \longrightarrow L_3 = L_3 + L_1(-3) \end{array}$$

$$\begin{bmatrix} 1 & 2 & -2 & | & 1 & 0 & 0 \\ 0 & 1 & 0 & | & -2 & 1 & 0 \\ 0 & 1 & 1 & | & -3 & 0 & 1 \end{bmatrix} \begin{array}{l} \longrightarrow L_1 = L_1 + L_2(-2) \\ \\ \longrightarrow L_3 = L_3 + L_2(-1) \end{array}$$

$$\begin{bmatrix} 1 & 0 & -2 & | & 5 & -2 & 0 \\ 0 & 1 & 0 & | & -2 & 1 & 0 \\ 0 & 0 & 1 & | & -1 & -1 & 1 \end{bmatrix} \longrightarrow L_1 = L_1 + L_3(2)$$

$$\begin{bmatrix} 1 & 0 & 0 & | & 3 & -4 & 2 \\ 0 & 1 & 0 & | & -2 & 1 & 0 \\ 0 & 0 & 1 & | & -1 & -1 & 1 \end{bmatrix}$$

logo:

$$A^{-1} = \begin{bmatrix} 3 & -4 & 2 \\ -2 & 1 & 0 \\ -1 & -1 & 1 \end{bmatrix}$$

b) Cálculo das raízes do sistema:

$$X = A^{-1} B$$

$$X = \begin{bmatrix} 3 & -4 & 2 \\ -2 & 1 & 0 \\ -1 & -1 & 1 \end{bmatrix} \times \begin{bmatrix} 0 \\ 3 \\ 7 \end{bmatrix} = \begin{bmatrix} 2 \\ 3 \\ 4 \end{bmatrix} = \begin{bmatrix} x \\ y \\ z \end{bmatrix}$$

logo:

$x = 2$

$y = 3$

$z = 4$

21) Para $b_1 = 2$, $b_2 = 5$ e $b_3 = 7$.

Solução

Fazendo:

$$A = \begin{bmatrix} 1 & 2 & -2 \\ 2 & 5 & -4 \\ 3 & 7 & -5 \end{bmatrix}, X = \begin{bmatrix} x \\ y \\ z \end{bmatrix}, B = \begin{bmatrix} b_1 \\ b_2 \\ b_3 \end{bmatrix} = \begin{bmatrix} 2 \\ 5 \\ 7 \end{bmatrix}$$

o sistema pode ser escrito sob a forma matricial:

$AX = B$

e:

$X = A^{-1} B$

mas:

$$A^{-1} = \begin{bmatrix} 3 & -4 & 2 \\ -2 & 1 & 0 \\ -1 & -1 & 1 \end{bmatrix}$$

e:

$$X = \begin{bmatrix} 3 & -4 & 2 \\ -2 & 1 & 0 \\ -1 & -1 & 1 \end{bmatrix} \times \begin{bmatrix} 2 \\ 5 \\ 7 \end{bmatrix} = \begin{bmatrix} 0 \\ 1 \\ 0 \end{bmatrix} = \begin{bmatrix} x \\ y \\ z \end{bmatrix}$$

logo:

$x = 0$

$y = 1$

$z = 0$

22) Para $b_1 = 1$, $b_2 = 7$ e $b_3 = 6$.

Solução

Fazendo:

$$A = \begin{bmatrix} 1 & 2 & -2 \\ 2 & 5 & -4 \\ 3 & 7 & -5 \end{bmatrix} ; X = \begin{bmatrix} x \\ y \\ z \end{bmatrix} ; B = \begin{bmatrix} b_1 \\ b_2 \\ b_3 \end{bmatrix} = \begin{bmatrix} 1 \\ 7 \\ 6 \end{bmatrix}$$

o sistema pode ser escrito sob a forma matricial:

AX = B

e:

$X = A^{-1} B$

mas:

$$A^{-1} = \begin{bmatrix} 3 & -4 & 2 \\ -2 & 1 & 0 \\ -1 & -1 & 1 \end{bmatrix}$$

e:

$$X = \begin{bmatrix} 3 & -4 & 2 \\ -2 & 1 & 0 \\ -1 & -1 & 1 \end{bmatrix} \times \begin{bmatrix} 1 \\ 7 \\ 6 \end{bmatrix} = \begin{bmatrix} -13 \\ 5 \\ -2 \end{bmatrix} = \begin{bmatrix} x \\ y \\ z \end{bmatrix}$$

logo:

$x = -13$

$y = 5$

$z = -2$

23) Para $b_1 = 3$, $b_2 = 2$ e $b_3 = 5$.

Solução

Fazendo:

$$A = \begin{bmatrix} 1 & 2 & -2 \\ 2 & 5 & -4 \\ 3 & 7 & -5 \end{bmatrix}; \quad X = \begin{bmatrix} x \\ y \\ z \end{bmatrix}; \quad B = \begin{bmatrix} b_1 \\ b_2 \\ b_3 \end{bmatrix} = \begin{bmatrix} 3 \\ 2 \\ 5 \end{bmatrix},$$

o sistema pode ser escrito sob a forma matricial:

$AX = B$

e:

$X = A^{-1} B$

mas:

$$A^{-1} = \begin{bmatrix} 3 & -4 & 2 \\ -2 & 1 & 0 \\ -1 & -1 & 1 \end{bmatrix}$$

e:

$$X = \begin{bmatrix} 3 & -4 & 2 \\ -2 & 1 & 0 \\ -1 & -1 & 1 \end{bmatrix} \times \begin{bmatrix} 3 \\ 2 \\ 5 \end{bmatrix} = \begin{bmatrix} 11 \\ -4 \\ 0 \end{bmatrix} = \begin{bmatrix} x \\ y \\ z \end{bmatrix}$$

logo:

$x = 11$

$y = -4$

$z = 0$

A.46.1 Problemas Propostos

Nos problemas de 1 a 23, classificar e resolver os sistemas.

1) $\begin{cases} 5x + 8y = 34 \\ 10x + 16y = 50 \end{cases}$

2) $\begin{cases} 4x - y - 3z = 15 \\ 3x - 2y + 5z = -7 \\ 2x + 3y + 4z = 7 \end{cases}$

3) $\begin{cases} 2x + 3y - 2z = 2 \\ 3x - 5y + 4z = 5 \\ x - 2y - 7z = -24 \end{cases}$

4) $\begin{cases} x + 4y + 6z = 0 \\ -\dfrac{3}{2} - 6y - 9z = 0 \end{cases}$

5) $\begin{cases} x + 2y + 3z = 10 \\ 3x + 4y + 6z = 23 \\ 3x + 2y + 3z = 10 \end{cases}$

6) $\begin{cases} 5x - 3y - 7z = -5 \\ 4x - y - z = 2 \\ -2x + 4y + 8z = 10 \end{cases}$

7) $\begin{cases} 3x - 8y - 9z = 14 \\ 7x + 3y + 2z = -12 \\ -8x - 9y + 6z = 11 \end{cases}$

8) $\begin{cases} 4x - 3y = -18 \\ 2y + 5z = -8 \\ x - 2y - 3z = 0 \end{cases}$

9) $\begin{cases} 2x - 5y - z = -8 \\ 3x - 2y - 4z = -11 \\ -5x + y + z = -9 \end{cases}$

10) $\begin{cases} 3x + 9y + 12z = 24 \\ 4x + 16y + 26z = 46 \\ x + 7y + 14z = 20 \end{cases}$

11) $\begin{cases} 5x + y + z = 7 \\ 6x - y - z = 4 \\ 7x + 2y + 2z = 14 \end{cases}$

12) $\begin{cases} 6x + 2y + 4z = 0 \\ -9x - 3y - 6z = 0 \end{cases}$

13) $\begin{cases} -8x + 3y + 2z = 16 \\ 4x - 2z = 0 \\ 3y + 4z = -32 \end{cases}$

14) $\begin{cases} 3x + 2y - 3z = 18 \\ 2x - 4y + 4z = 12 \\ -4x + 3y - 5z = -24 \end{cases}$

15) $\begin{cases} x + 4y + 6z = 11 \\ 2x + 3y + 4z = 9 \\ 3x + 2y + 2z = 7 \end{cases}$

16) $\begin{cases} 2x + 2y + 4z = 0 \\ 3x + 5y + 8z = 0 \\ 5x + 25y + 20z = 0 \end{cases}$

17) $\begin{cases} x - 3y - 7z = 1 \\ - x - 2y - 4z = -2 \\ -2x - 4y - 5z = -1 \end{cases}$

18) $\begin{cases} 10x + 8y - 7z = 1 \\ 5x + 3y - 8z = 19 \\ 7x - 9y + 4z = -15 \end{cases}$

19) $\begin{cases} x - y = 0 \\ 2y + 4z = 6 \\ x + y + 4z = 6 \end{cases}$

20) $\begin{cases} 6x - 9y - 5z = -35 \\ 2x + 3y + 4z = 29 \\ 5x - 2y - 1z = 0 \end{cases}$

21) $\begin{cases} 4x + 8y + 12z = 24 \\ x - z = 0 \\ -5x - 8y - 11z = -24 \end{cases}$

22) $\begin{cases} 7x - 2y + 4z = -15 \\ 9x + 3y - 3z = 0 \\ x - 4y - z = -8 \end{cases}$

23) $\begin{cases} 2x + 3y + 4z = 53 \\ 3x + 5y - 4z = 2 \\ 4x + 7y - 2z = 31 \end{cases}$

Nos problemas de 24 a 27, estabelecer a condição que deve ser satisfeita pelos termos independentes para que sejam compatíveis os sistemas.

24) $\begin{cases} 4x + 12y + 8z = a \\ 2x + 5y + 3z = b \\ -4y - 4z = c \end{cases}$

25) $\begin{cases} 2x + 4y + 2z = a \\ 3x + 8y + 5z = b \\ -3x - 4y - 1z = c \end{cases}$

26) $\begin{cases} 2x + 2y + 4z = a \\ 6x + 11y + 8z = b \\ 2x + 7y = c \end{cases}$

27) $\begin{cases} x + y - z = a \\ -x + 2z = b \\ y + z = c \end{cases}$

28) Calcular o valor de k para que admita solução não-trivial o seguinte sistema:

$$\begin{cases} 2x + 6y = 0 \\ 4x + ky = 0 \end{cases}$$

Nos problemas de 29 a 33, resolver os sistemas pelo método matricial.

$$\begin{cases} -2x + 3y - z = b_1 \\ x - 3y + z = b_2 \\ -x + 2y - z = b_3 \end{cases}$$

29) Para $b_1 = 2$, $b_2 = 5$ e $b_3 = 7$.

30) Para $b_1 = 1$, $b_2 = 6$ e $b_3 = 0$.

31) Para $b_1 = 2$, $b_2 = -8$ e $b_3 = 9$.

32) Para $b_1 = -4$, $b_2 = -3$ e $b_3 = -2$.

33) Para $b_1 = 4$, $b_2 = 7$ e $b_3 = 9$.

Nos problemas de 34 a 37, resolver os sistemas pelo método matricial.

$$\begin{cases} -2x_1 - x_2 + 2x_4 = b_1 \\ 3x_1 + x_2 - 2x_3 - 2x_4 = b_2 \\ -4x_1 - x_2 + 2x_3 + 3x_4 = b_3 \\ 3x_1 + x_2 - x_3 - 2x_4 = b_4 \end{cases}$$

34) Para $b_1 = 5$, $b_2 = 3$, $b_3 = 12$ e $b_4 = 10$.

35) Para $b_1 = -8$, $b_2 = -4$, $b_3 = -9$ e $b_4 = 8$.

36) Para $b_1 = 4$, $b_2 = 0$, $b_3 = -2$ e $b_4 = 3$.

37) Para $b_1 = -9$, $b_2 = 6$, $b_3 = 3$ e $b_4 = 1$.

A.46.2   Respostas dos Problemas Propostos

1. Incompatível.

2. Compatível e determinado:

   x = 3, y = 3 e z = -2

3. Compatível e determinado:

   x = 1, y = 2 e z = 3

4. Compatível e indeterminado:

   a) Grau de liberdade: g = 2.
   b) Solução trivial: x = y = z = 0.
   c) Soluções próprias:

   x = -4y - 6z

5. Incompatível.

6. Compatível e determinado:

   x = y = z = 1

7. Compatível e determinado:

   x = y = z = -1

   Compatível e determinado:

   x = 0, y = 6 e z = -4

9. Compatível e determinado:

   x = 3, y = 2 e z = 4

10. Incompatível.

11. Compatível e determinado:

    $x = 1$, $y = 7$ e $z = -5$.

12. Compatível e indeterminado

    a) Grau de liberdade: $g = 2$.

    b) Solução trivial: $x = y = z = 0$.

    c) Soluções próprias:

    $$x = -\frac{y}{3} - \frac{2z}{3} = \frac{-y - 2z}{3}$$

13. Compatível e determinado:

    $x = -4$, $y = 0$ e $z = -8$

14. Compatível e determinado:

    $x = 6$, $y = z = 0$

15. Compatível e indeterminado:

    a) $x = \dfrac{3 + 2z}{5}$

    $y = \dfrac{13 - 8z}{5}$

    b) Grau de liberdade: $g = 1$.

16. Compatível e determinado. O sistema admite somente a solução trivial:

    $x = y = z = 0$

17. Compatível e determinado:

    x = 2, y = -2 e z = 1

18. Compatível e determinado:

    x = 1, y = 2 e z = -1

19. Compatível e indeterminado:

    a) x = y = 3 - 2z

    b) Grau de liberdade: g = 1.

20. Compatível e determinado:

    x = 2, y = 3 e z = 4

21. Compatível e indeterminado:

    a) x = z

      y = 3 - 2z

    b) Grau de liberdade: g = 1.

22. Compatível e determinado:

    x = -1, y = 2 e z = -1

23. Compatível e determinado:

    x = 3, y = 5 e z = 8

24. 2a - 4b + c = 0

25. 3a - b + c = 0

26. $2a - b + c = 0$

27   $a + b - c = 0$

28. $k = 12$

29. $x = -7$, $y = -12$ e $z = -24$

30. $x = -7$, $y = -6$ e $z = -5$

31   $x = 6$, $y = -1$ e $z = -17$

32. $x = 7$, $y = 5$ e $z = 5$

33. $x = -11$, $y = -16$ e $z = -30$

34. $x_1 = 22$, $x_2 = 25$, $x_3 = 7$ e $x_4 = 37$

35. $x_1 = 12$, $x_2 = -18$, $x_3 = 12$ e $x_4 = -1$

36. $x_1 = 10$, $x_2 = -8$, $x_3 = 3$ e $x_4 = 8$

37. $x_1 = -13$, $x_2 = 27$, $x_3 = -5$ e $x_4 = -4$